理工系のための

線形代数

［改訂版］

高木　悟・長谷川研二・熊ノ郷直人
菊田　伸・森澤貴之
共著

培風館

はじめに (改訂にあたって)

初版発行からまだ2年ほどしか経過していないが, クォーター (4学期) 制の講義・演習・試験を意識し, 教員・学生ともに対応しやすいよう改訂した.

⊙ 第1クォーター (第1セメスター前半) : 第1章から第3章
⊙ 第2クォーター (第1セメスター後半) : 第4章から第5章
⊙ 第3クォーター (第2セメスター前半) : 第6章から第7章
⊙ 第4クォーター (第2セメスター後半) : 第8章

の進度が内容的に理想であるが, たとえ授業で省略した単元があったとしても, 本書を読めば理解できるよう丁寧に記述した. 本書のねらいや内容については, 初版のまえがきを参照いただきたい. 以下に主な改訂点を述べる.

- 章末問題を充実させ, 初学者から熟練者まで楽しめるよう工夫した.
- 基本変形において「行による」基本変形を意識するよう文言を変えた.
- 階段行列と階段化という言葉を定義し, 簡約化するよりも簡単に階数を求められるようにした.
- 置換の説明を簡素化し, 置換の符号は差積を使った定義に変更した.
- 付録を新たに設け, 置換や写像のより詳しい説明を追記した.

これらの大幅な改訂作業にともない, 菊田伸准教授と森澤貴之准教授にも著者として加わってもらい, 新たな問題案や改訂案の提示, 校正をしていただいた. また, 着任早々の豊田哲准教授にもミスを指摘してもらった.

最後に, この「理工系のための」数学シリーズのウェブサイトを紹介する.

http://www.f.waseda.jp/satoru/book/index.html

本書を読む前に, 誤植等がないかを確認していただきたい. また, 本書を含む「理工系のための」数学シリーズを使ってみての感想やアドバイスを, 上記ウェブサイトにあるアンケートフォームから回答いただければ幸甚である.

2018年 酷暑の夏

高木 悟

はじめに

本書は,「理工系のための」数学シリーズの線形代数分野の一冊で, 特に数学を専門とはしないが, 理工系や経済系などで大学入学後に専門の勉強をする際に必要となる数学のうち, 線形代数学とよばれる行列や線形空間 (ベクトル空間ともいう) に関する理論についてまとめたものである. この線形代数学は, 微分積分学とともに数学の基盤となるもので, 数学だけでなくさまざまな場面で現れるとても重要な分野である. 専門の勉強をするまえの専門基礎の学習として, 本書を活用してほしい. また, 高等学校までに学習する数学の知識で不安なところがあれば, 本シリーズの「理工系のための基礎数学」を参照するとよい.

なお, 冒頭にも記したように, 本書は理工系や経済系などの専門基礎として勉強する学生をターゲットとしていることから, 厳密な記述や証明を省略している箇所もある. もしそれらの内容を詳しく知りたければ, 例えば巻末の参考文献リストを参照するとよい. 他方, **本書では具体例から一般の理論へと展開**していく方法で, 線形代数学の各単元を説明している. また, **アクティブラーニングを意識し, 授業前の予習として本書を自力で読み進められるよう工夫し, 具体例によって読者がその数学的状況をイメージできるよう心がけている.**

続いて, 本書の構成を述べる.

- 第 1 章では, ベクトルの定義と演算, 性質について述べている.
- 第 2 章では, 行列の定義を述べ, 基本的な演算や性質, 実数の演算との違いについて紹介している.
- 第 3 章では, 基本行列による行の基本変形を定義し, n 次正方行列の逆行列の計算方法を述べている.
- 第 4 章では, 連立 1 次方程式と行列との関係について紹介し, 基本変形を用いた解法, 特に解の状況に応じた解法を解説している.
- 第 5 章では, 行列式や余因子行列, クラーメルの公式について解説している.
- 第 6 章では, 線形空間 (ベクトル空間) を定義して, その部分空間や基底について述べている.

- 第7章では，線形写像について，その像や核の基底や次元，また基底変換行列や表現行列についても解説している．
- 第8章では，固有値と固有空間の基底による対角化の方法やグラム・シュミットの正規直交化法，特に応用上有効な対称行列の直交行列による対角化について説明している．

本書では，各単元の導入時に本文中に用いる具体例の他にも 例 を用意し，イメージしやすくしている．また， 例題 については問題を明確にし，答えに至る過程も 解答 に掲載している．これらに関連した問題を 練習 として用意しているので，本文中の例や例題を参考に解くとよい．練習の解答はページ下部の脚注に掲載しているので，すぐに答え合わせをすることができる．このように，単元ごとに例や例題を参考にしながら自分で類題を解くという学習方法で，線形代数学の基礎知識を確実に定着させることが可能なので，ぜひ実践しよう．さらなる問題演習としては，各章末に章末問題を配している．問題【A】は，練習と同程度の問題をなるべく多く用意し，【A】だけでは物足りない読者のために 問題【B】も設けている．なお，章末問題の略解は巻末に掲載している．巻末には，参考文献や索引も載せているので随時参照のこと．

なお，本書で使用する記号のうち，■ は 例 あるいは 例題 の終わりを意味し， 検算 は「検算しよう」という意味である（章末問題には付けないが，このマークの有無に関係なく自主的に検算してもらいたい）．また，♠ の箇所は発展的な内容を取り扱っているので，初見では読み飛ばしてもよい．

本書を手にしたことがきっかけとなり，専門分野の学習で現れる数学でつまづくことなくスムースに学問探究が進むことを心より願っている．

本書を作成するにあたり，同僚の牧野潔夫教授，北原清志准教授，菊田伸准教授には貴重なアドバイスをいただいた．また，名古屋工業大学の吉村善一名誉教授には，本シリーズの「理工系のための基礎数学」に続いて，本書の原稿についてもじっくり細部にまで目を通してくださり，読者の視点で非常に有益なコメントを数多くいただいた．培風館の斉藤 淳氏と岩田誠司氏にも本書の出版のこと全般で大変お世話になり，この場を借りて関係各位に心より感謝申し上げる．

2016年 春

高木 悟

目　次

ギリシア文字表

数学では, 定数や変数等を表す際にアルファベットを用いるが, ギリシア文字も使うことがあるので以下にギリシア文字の表を載せる.

大文字	小文字	英語名	発　音	
A	α	alpha	[ǽlfə]	アルファ
B	β	beta	[bí:tə]	ベータ
Γ	γ	gamma	[gǽmə]	ガンマ
Δ	δ	delta	[délta]	デルタ
E	ε, ϵ	epsilon	[ipsáilən, épsilən]	イ (エ) プシロン
Z	ζ	zeta	[zé:tə]	ツェータ
H	η	eta	[í:ta]	イータ
Θ	θ, ϑ	theta	[θí:tə]	シータ
I	ι	iota	[aióutə]	イオタ
K	κ	kappa	[kǽpə]	カッパ
Λ	λ	lambda	[lǽmdə]	ラムダ
M	μ	mu	[mju:]	ミュー
N	ν	nu	[nju:]	ニュー
Ξ	ξ	xi	[ksi:, (g)zai]	グザイ
O	o	omicron	[o(u)máikrən]	オミクロン
Π	π, ϖ	pi	[pai]	パイ
P	ρ, ϱ	rho	[rou]	ロー
Σ	σ, ς	sigma	[sigmə]	シグマ
T	τ	tau	[tau, tɔ:]	タウ
Υ	υ	upsilon	[ju:psáilən, jú:psilən]	ウプシロン
Φ	ϕ, φ	phi	[fai]	ファイ
X	χ	chi	[kai]	カイ
Ψ	ϕ, ψ	psi	[(p)sai]	プサイ
Ω	ω	omega	[óumigə, ɔ́migə]	オメガ

記 号 表

記 号	ページ	記 号	ページ
$\boldsymbol{a}$	1	$\operatorname{rank} A$	57
$\mathbb{a}$	1	$[\, A \mid E \,]$	63
$\vec{a}$	1	${}_n\mathrm{P}_r$	93
$\mathbb{R}^n$	3	$n\,!$	93
$k \in \mathbb{R}$	3	${}_n\mathrm{C}_r$	94
$\leq$ （$\leqq$ と同じ）	9	S_n	95
$\geq$ （$\geqq$ と同じ）	9	$\Delta(x_1\,,\,x_2)$	97
$\lVert \boldsymbol{a} \rVert$	9 , 207	$\operatorname{sgn}(\sigma)$	98
$\boldsymbol{a} \cdot \boldsymbol{b}$	9	A_{ij}	121
$\boldsymbol{a} \perp \boldsymbol{b}$	11 , 207	Δ_{ij}	122
$\boldsymbol{a} \mathbin{/\!/} \boldsymbol{b}$	11	$\widetilde{A}$	124
$\sum$	12	A'	127
$\boldsymbol{a} \times \boldsymbol{b}$	14	$\mathbb{R}[x]_n$	137
det	19	$\langle\, \boldsymbol{a}_1\,,\,\boldsymbol{a}_2 \,\rangle$	150
$\mathbb{N}$	23	$\{\, \boldsymbol{a}_1\,,\,\boldsymbol{a}_2 \,\}$	152
δ_{ij}	25	$\dim V$	152
A^k	33	$f\,:\,A \to B$	159
${}^tA$	36	$f\,:\,a \mapsto b$	159
A^{-1}	38	$\operatorname{Ker} T$	168
$\det A$	38 , 101	$\operatorname{Im} T$	172
$\lvert A \rvert$	38 , 101	$W(\lambda)$	192
$E_{i,j}$	43	σ^{-1}	226
$E_i(c)$	43	$f(A)$	234
$E_{i,j}(c)$	43	f^{-1}	235

1
ベクトル

1.1 ベクトルとスカラー

テレビやラジオで天気予報を聴いていると,「南の風 3 メートル」や「日中の最高気温は 20°C」などという表現を耳にすることがある. このときの「南の風 3 メートル」という表現には「向き」と「大きさ」が含まれている[1]. 一方,「日中の最高気温は 20°C」という表現では「大きさ」は含むものの,「向き」については何も述べられていない. このときの「風力」のように,「向き」と「大きさ」をもつ量のことを **ベクトル** といい, それに対してこのときの「気温」のように単に数値として捉えた量 を **スカラー** という.

例 1 速度や力は「向き」と「大きさ」をもつのでベクトルである. 一方, 時間や質量は, 単に数値として捉えた量なのでスカラーである. ■

スカラーはアルファベットの小文字 $a, b, c, \ldots$ で表すが, ベクトルはアルファベットの小文字の「太字」

$$\boldsymbol{a},\ \boldsymbol{b},\ \boldsymbol{c},\ \ldots$$

で表す. 太字は, ノートや黒板 (白板) など手書きのときは $\mathbb{a}, \mathbb{b}, \mathbb{c}, \ldots$ などと書くが, もし太字を書くのが苦手であれば, 高等学校で学習したベクトルの表記と同じように $\vec{a}, \vec{b}, \vec{c}, \ldots$ などとアルファベット小文字の上に矢印を書く表し方でもよい. ただし, ベクトルを書くときは「スカラーとの区別を明確にするために」必ず太字あるいは矢印記号を用いること.

1) この場合,「向き」は南から北への向きで,「大きさ」は (毎秒) 3 メートル である. 気象用語で用いる風向きの表現は若干の曖昧さを含むので, ここでは厳密に「南から北への向き」と定める.

1.2 数ベクトル

前節の「南の風 3 メートル」は, 例えば以下のように横軸 (x 軸) の正の方向を東, 縦軸 (y 軸) の正の方向を北とする平面で考えると, 東西方向には風の影響がないので横方向の変化は 0 であり, 南北方向には南から北へ向けて (縦軸の下から上にかけて) 3 の大きさの風となるので, 縦方向の変化は 3 であるから, $\begin{bmatrix} 0 \\ 3 \end{bmatrix}$ と表せる. なお, 図 1.1 のように原点 O を始点としなくても, 同じ方向に同じ大きさだけ変化するものは「同じもの」と考えることができる.

一方, 「日中の最高気温は 20°C」は, 例えば温度計で気温を確かめると水銀柱が 20 と表示されているところまで上昇している状況である (図 1.2).

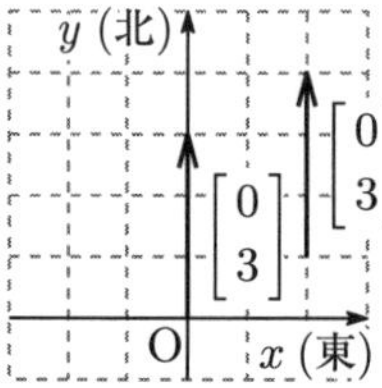

図 1.1 風力 (ベクトル)

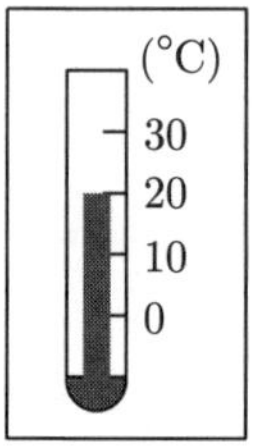

図 1.2 温度計の気温 (スカラー)

以上の考察から, 1 個の実数は単なる数値として捉えるとスカラーとみることができるが, その一方で 1 個の実数は数直線上の点と同一視できるので, 各々の実数は原点 O から数直線上の点への正負の「向き」と, 絶対値で表される「大きさ」を与えると考えてもよい. つまり, 1 個の実数はスカラーとみなすだけでなく, ベクトルとみなすこともできる[2)].

では, 複数個の実数の組ではどうだろうか? 例えば, 2 個の実数の組は座標平面上の点と, また 3 個の実数の組は座標空間内の点と同一視できるので, これらの実数の組は原点 O からそれぞれの座標上の点への「向き」と「大きさ」を与えることができる. つまり, 複数個の実数の組はベクトルを表していると考えられる[3)]. そこで, 複数個の実数の組からなるベクトルを **数ベクトル** という. 特に, n 個 ($n = 2, 3, 4, \ldots$) の実数 $a_1, a_2, \ldots, a_n$ を縦に並べた

2) しかし, 1 個の実数からなるベクトルは, 実数そのものと同一視することが多いので, ベクトルとは考えずに除外するのが妥当である.

3) 複素数にまで拡張することもできるが, 本書では実数で考えることにする.

$$\begin{bmatrix} a_1 \\ a_2 \\ \vdots \\ a_n \end{bmatrix} \qquad \text{あるいは} \qquad \begin{pmatrix} a_1 \\ a_2 \\ \vdots \\ a_n \end{pmatrix}$$

を **$\boldsymbol{n}$ 次元 数ベクトル** といい, a_1, a_2, ..., a_n のことを **成分** という. また, この n 次元 数ベクトルの集合を $\mathbb{R}^n$ と表す[4]. つまり,

$$\mathbb{R}^n = \left\{ \boldsymbol{a} = \begin{bmatrix} a_1 \\ a_2 \\ \vdots \\ a_n \end{bmatrix} \;\middle|\; a_1, a_2, \ldots, a_n \in \mathbb{R} \right\}$$

図 1.1 のように, 同じ方向に同じ大きさだけ変化するものは「同じもの」とみることができる. そこで, 2 つの n 次元 数ベクトル

$$\boldsymbol{a} = \begin{bmatrix} a_1 \\ a_2 \\ \vdots \\ a_n \end{bmatrix}, \quad \boldsymbol{b} = \begin{bmatrix} b_1 \\ b_2 \\ \vdots \\ b_n \end{bmatrix}$$

において各成分が等しい, つまり

$$a_1 = b_1, \ a_2 = b_2, \ \ldots, \ a_n = b_n$$

が成り立つとき, $\boldsymbol{a}$ と $\boldsymbol{b}$ は **等しい** という.

続いて, 数ベクトルの演算として, 和とスカラー倍を定義する[5]. まず, $\boldsymbol{a}$, $\boldsymbol{b} \in \mathbb{R}^n$ の **和** $\boldsymbol{a}+\boldsymbol{b}$ を「各成分どうしの和をその成分とするベクトル」と定義する. また, $k \in \mathbb{R}$ とするとき[6], $\boldsymbol{a}$ の **スカラー $\boldsymbol{k}$ 倍** $k\boldsymbol{a}$ を「$\boldsymbol{a}$ のすべての成分を k 倍したものを成分とするベクトル」と定義する. つまり,

$$\boldsymbol{a}+\boldsymbol{b} = \begin{bmatrix} a_1 \\ a_2 \\ \vdots \\ a_n \end{bmatrix} + \begin{bmatrix} b_1 \\ b_2 \\ \vdots \\ b_n \end{bmatrix} = \begin{bmatrix} a_1+b_1 \\ a_2+b_2 \\ \vdots \\ a_n+b_n \end{bmatrix}, \quad k\boldsymbol{a} = k \begin{bmatrix} a_1 \\ a_2 \\ \vdots \\ a_n \end{bmatrix} = \begin{bmatrix} k\,a_1 \\ k\,a_2 \\ \vdots \\ k\,a_n \end{bmatrix}$$

である. また, $\boldsymbol{a}+\boldsymbol{b} \in \mathbb{R}^n$, $k\boldsymbol{a} \in \mathbb{R}^n$ に注意する.

---

4) 実数全体の集合を $\mathbb{R}$ と表すので (「基礎数学」[11] p.4 参照), $\mathbb{R}^n$ は実数が n 個集まったものと考えられる. 複素数のときは $\mathbb{C}^n$ と表す.

5) 本書では複素数ではなく実数のみを考えるので, スカラー倍を実数倍と読み替えてもよい.

6) $k \in \mathbb{R}$ とは「k は実数である」ということ. 「基礎数学」[11] p.4 参照.

特に, $k=0$ のときはすべての成分が 0 となってしまうが, このようなベクトルを **零ベクトル** といい, $\boldsymbol{o}$ と表す. また, $k=-1$ のときは $\boldsymbol{a}$ のすべての成分の符号が逆になってしまうが, このようなベクトルのことを $\boldsymbol{a}$ の **逆ベクトル** といい, $-\boldsymbol{a}$ と表す. つまり,

$$0\boldsymbol{a} = 0\begin{bmatrix} a_1 \\ a_2 \\ \vdots \\ a_n \end{bmatrix} = \begin{bmatrix} 0 \\ 0 \\ \vdots \\ 0 \end{bmatrix} = \boldsymbol{o},$$

$$(-1)\,\boldsymbol{a} = (-1)\begin{bmatrix} a_1 \\ a_2 \\ \vdots \\ a_n \end{bmatrix} = \begin{bmatrix} -a_1 \\ -a_2 \\ \vdots \\ -a_n \end{bmatrix} = -\boldsymbol{a}$$

である. 逆ベクトルと和の定義を用いれば, 数ベクトルの **差** $\boldsymbol{a}-\boldsymbol{b}$ を

$$\boldsymbol{a}-\boldsymbol{b} = \boldsymbol{a}+(-\boldsymbol{b}) = \begin{bmatrix} a_1-b_1 \\ a_2-b_2 \\ \vdots \\ a_n-b_n \end{bmatrix}$$

と定義することができる.

最後に, 数ベクトルの演算の性質をまとめると次のようになる.

数ベクトルの性質

$\boldsymbol{a},\ \boldsymbol{b},\ \boldsymbol{c} \in \mathbb{R}^n,\ \ k, \ell \in \mathbb{R}$ と, 以下の (3) で定義される n 次元 **零ベクトル** $\boldsymbol{o} \in \mathbb{R}^n$ に対して, 次が成り立つ.

(1) $\boldsymbol{a}+\boldsymbol{b} = \boldsymbol{b}+\boldsymbol{a}$

(2) $(\boldsymbol{a}+\boldsymbol{b})+\boldsymbol{c} = \boldsymbol{a}+(\boldsymbol{b}+\boldsymbol{c})$ (これを $\boldsymbol{a}+\boldsymbol{b}+\boldsymbol{c}$ と表す.)

(3) $\boldsymbol{a}+\boldsymbol{o} = \boldsymbol{o}+\boldsymbol{a} = \boldsymbol{a}$ を満たす $\boldsymbol{o} \in \mathbb{R}^n$ が存在する.

(4) $k(\ell\boldsymbol{a}) = (k\ell)\boldsymbol{a}$

(5) $(k+\ell)\boldsymbol{a} = k\boldsymbol{a}+\ell\boldsymbol{a}$

(6) $k(\boldsymbol{a}+\boldsymbol{b}) = k\boldsymbol{a}+k\boldsymbol{b}$

(7) $1\boldsymbol{a} = \boldsymbol{a}$

(8) $0\boldsymbol{a} = \boldsymbol{o}$

例 2 $\boldsymbol{a} = \begin{bmatrix} -3 \\ 2 \\ 7 \\ 9 \end{bmatrix}, \quad \boldsymbol{b} = \begin{bmatrix} 4 \\ -1 \\ 6 \\ -2 \end{bmatrix} \in \mathbb{R}^4$ のとき,

$$\boldsymbol{a}+\boldsymbol{b} = \begin{bmatrix} -3+4 \\ 2+(-1) \\ 7+6 \\ 9+(-2) \end{bmatrix} = \begin{bmatrix} 1 \\ 1 \\ 13 \\ 7 \end{bmatrix}, \quad \boldsymbol{a}-\boldsymbol{b} = \begin{bmatrix} -3-4 \\ 2-(-1) \\ 7-6 \\ 9-(-2) \end{bmatrix} = \begin{bmatrix} -7 \\ 3 \\ 1 \\ 11 \end{bmatrix},$$

$$3\boldsymbol{a} = \begin{bmatrix} 3\cdot(-3) \\ 3\cdot 2 \\ 3\cdot 7 \\ 3\cdot 9 \end{bmatrix} = \begin{bmatrix} -9 \\ 6 \\ 21 \\ 27 \end{bmatrix}, \quad 3\boldsymbol{b}-2\boldsymbol{a} = \begin{bmatrix} 12-(-6) \\ -3-4 \\ 18-14 \\ -6-18 \end{bmatrix} = \begin{bmatrix} 18 \\ -7 \\ 4 \\ -24 \end{bmatrix}$$

■

練習 1.1 [7] $\boldsymbol{a} = \begin{bmatrix} 2 \\ -1 \\ 1 \\ -2 \end{bmatrix}, \quad \boldsymbol{b} = \begin{bmatrix} -1 \\ -2 \\ 3 \\ 2 \end{bmatrix} \in \mathbb{R}^4$ のとき, $\boldsymbol{a}+\boldsymbol{b}$, $\boldsymbol{a}-\boldsymbol{b}$, $5\boldsymbol{a}-2\boldsymbol{b}$ を求めなさい.

1.3 幾何ベクトル

平面 (2 次元空間) あるいは空間 (3 次元空間) において, 図 1.3 のように点 A から点 B までの向きのある線分を考える. この「向きのある線分」を**有向線分**といい, 始点が A, 終点が B の有向線分を $\overrightarrow{\mathrm{AB}}$ と表す.

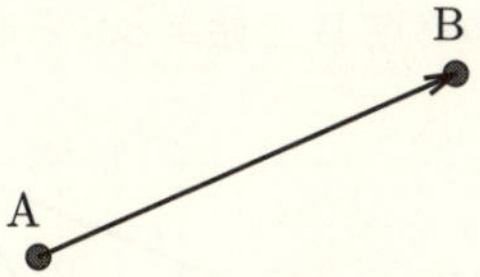

図 1.3 有向線分 $\overrightarrow{\mathrm{AB}}$

また, 有向線分 $\overrightarrow{\mathrm{AB}}$ の長さを, $\overrightarrow{\mathrm{AB}}$ の**大きさ**という.

---

7) **答 (練習 1.1)** $\boldsymbol{a}+\boldsymbol{b} = \begin{bmatrix} 1 \\ -3 \\ 4 \\ 0 \end{bmatrix}, \boldsymbol{a}-\boldsymbol{b} = \begin{bmatrix} 3 \\ 1 \\ -2 \\ -4 \end{bmatrix}, 5\boldsymbol{a}-2\boldsymbol{b} = \begin{bmatrix} 12 \\ -1 \\ -1 \\ -14 \end{bmatrix}$

有向線分において，その位置を気にせずに「向き」と「大きさ」だけに着目すると，それはベクトルである[8)]．このように，有向線分から「向き」と「大きさ」だけに着目して定義したベクトルを **幾何ベクトル** という．つまり，幾何ベクトルとは，平面あるいは空間において始点 A を定めると，その始点に対応して終点 B が定まる「向きのある線分」のことである．特に，平面の幾何ベクトルを **2 次元 幾何ベクトル**，空間の幾何ベクトルを **3 次元 幾何ベクトル** という．

幾何ベクトルは，有向線分においてその位置を気にせずに「向き」と「大きさ」だけに着目したものであるから，例えば $\overrightarrow{\mathrm{AB}}$ と「向き」が同じで，かつ「大きさ」も同じ有向線分 $\overrightarrow{\mathrm{CD}}$ があるとすれば，幾何ベクトルとしては $\overrightarrow{\mathrm{AB}} = \overrightarrow{\mathrm{CD}}$ である[9)]．この場合，有向線分 $\overrightarrow{\mathrm{AB}}$ は平行移動によって有向線分 $\overrightarrow{\mathrm{CD}}$ に移されるので，四角形 ABDC は平行四辺形となることに注意しよう（図 1.4）．

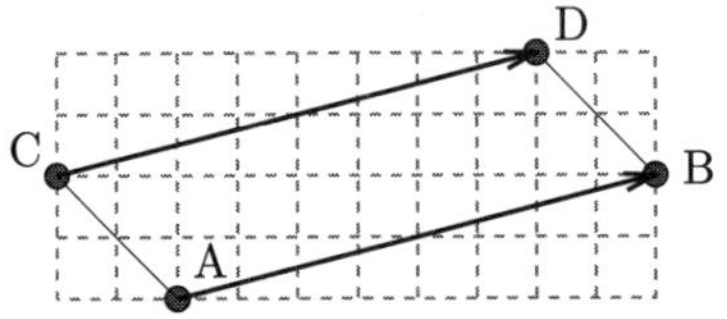

図 1.4 有向線分 $\overrightarrow{\mathrm{AB}}$ と $\overrightarrow{\mathrm{CD}}$

続いて，幾何ベクトルの演算として，和とスカラー倍を定義する．簡単のために平面（2 次元空間）で考えるが，空間（3 次元空間）でも同様である．平面内の 2 つの有向線分 $\overrightarrow{\mathrm{AB}}$，$\overrightarrow{\mathrm{BC}}$ について，**和** $\overrightarrow{\mathrm{AB}} + \overrightarrow{\mathrm{BC}}$ を（図 1.5）

$$\overrightarrow{\mathrm{AB}} + \overrightarrow{\mathrm{BC}} = \overrightarrow{\mathrm{AC}}$$

と定義する．つまり，$\overrightarrow{\mathrm{AB}}$ の終点 B を始点とする有向線分 $\overrightarrow{\mathrm{BC}}$ において，最初

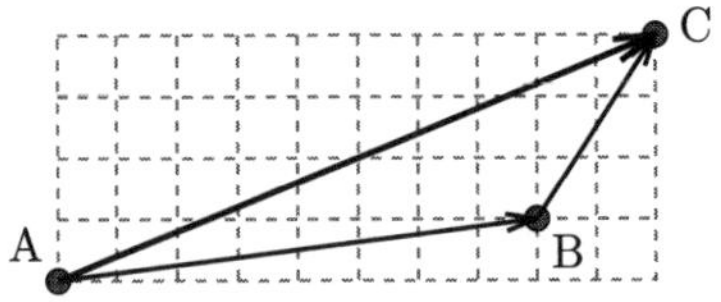

図 1.5 幾何ベクトルの和 $\overrightarrow{\mathrm{AB}} + \overrightarrow{\mathrm{BC}} = \overrightarrow{\mathrm{AC}}$

8) 物理学などでは「位置」も考慮したベクトルを考えることもあり，それを **束縛ベクトル** という．束縛ベクトルに対し，位置を気にしないベクトルを **自由ベクトル** ともいう．

9) 有向線分（束縛ベクトル）としては，$\overrightarrow{\mathrm{AB}} \neq \overrightarrow{\mathrm{CD}}$ である．

の始点 A から最後の終点 C までの有向線分 $\overrightarrow{\mathrm{AC}}$ をそれらの和と定義する. ただ, 必ずしもこの定義のように, これら 2 つの有向線分の「一方の終点」と「もう一方の始点」が一致するとは限らない. そのような場合, つまり $\overrightarrow{\mathrm{AB}}+\overrightarrow{\mathrm{CD}}$ において $\mathrm{B}\neq\mathrm{C}$ のときは, 平行四辺形 CDEB を考えると, 有向線分 $\overrightarrow{\mathrm{BE}}$ は $\overrightarrow{\mathrm{CD}}$ と向きと大きさが同じであるから, 幾何ベクトルとして $\overrightarrow{\mathrm{CD}}=\overrightarrow{\mathrm{BE}}$ で,

$$\overrightarrow{\mathrm{AB}}+\overrightarrow{\mathrm{CD}} \;=\; \overrightarrow{\mathrm{AB}}+\overrightarrow{\mathrm{BE}} \;=\; \overrightarrow{\mathrm{AE}}$$

と計算できる (図 1.6).

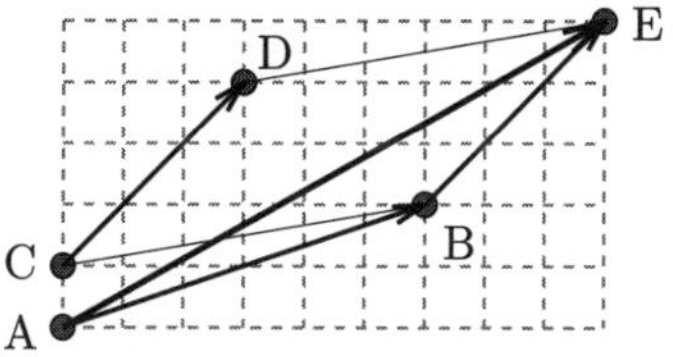

図 1.6　幾何ベクトルの和 $\overrightarrow{\mathrm{AB}}+\overrightarrow{\mathrm{CD}}=\overrightarrow{\mathrm{AB}}+\overrightarrow{\mathrm{BE}}=\overrightarrow{\mathrm{AE}}$

また, $k\in\mathbb{R}$ とするとき, **幾何ベクトル $\overrightarrow{\mathrm{AB}}$ のスカラー $\boldsymbol{k}$ 倍** $k\overrightarrow{\mathrm{AB}}$ を,

- $k>0$ のときは, $\overrightarrow{\mathrm{AB}}$ と同じ向きで, 大きさを k 倍したもの
- $k<0$ のときは, $\overrightarrow{\mathrm{AB}}$ と逆の向きで, 大きさを k 倍したもの
- $k=0$ のときは, 零ベクトル $\boldsymbol{o}$

と定義する. 特に, $k=0$ のときは $0\,\overrightarrow{\mathrm{AB}}=\overrightarrow{\mathrm{AA}}$ となるので, 始点と終点が一致したベクトルである. また, $k=-1$ のときは $(-1)\,\overrightarrow{\mathrm{AB}}=\overrightarrow{\mathrm{BA}}$ となるので, このベクトルを $-\overrightarrow{\mathrm{AB}}$ と表すと, $-\overrightarrow{\mathrm{AB}}=\overrightarrow{\mathrm{BA}}$ である (図 1.7 参照).

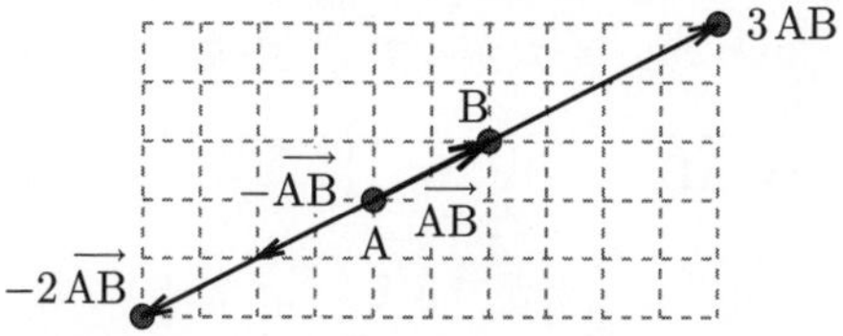

図 1.7　幾何ベクトル $\overrightarrow{\mathrm{AB}}$ のスカラー倍

幾何ベクトルについても, 例えば $\overrightarrow{\mathrm{AB}}=\boldsymbol{a}$ などとおくことにより, p.4 にある数ベクトルの性質を満たすことがわかる.

1.4 数ベクトルと幾何ベクトルの関係

ここで「数ベクトル」と「幾何ベクトル」の関係について調べてみよう．簡単のために平面（2次元空間）で考えるが，空間（3次元空間）でも同様である．

幾何ベクトル $\boldsymbol{a}$ は始点 A を1つ定めると終点 B が定まって

$$\boldsymbol{a} = \overrightarrow{\mathrm{AB}}$$

と表される．そこで，始点を原点 O に限定すると終点 P (p_1, p_2) が1つ定まり，

$$\boldsymbol{a} = \overrightarrow{\mathrm{AB}} = \overrightarrow{\mathrm{OP}}$$

と表される[10]．これより，幾何ベクトル $\boldsymbol{a} = \overrightarrow{\mathrm{OP}}$ と数ベクトル $\begin{bmatrix} p_1 \\ p_2 \end{bmatrix}$ は同一視してもよいので，幾何ベクトル $\boldsymbol{a} = \overrightarrow{\mathrm{OP}}$ は

$$\boldsymbol{a} = \overrightarrow{\mathrm{OP}} = \begin{bmatrix} p_1 \\ p_2 \end{bmatrix}$$

と数ベクトルで成分表示できる．実際，2点 A, B の座標をそれぞれ (a_1, a_2), (b_1, b_2) とすると，四角形 ABPO は平行四辺形であるから点 P の座標は

$$(p_1, p_2) = (b_1 - a_1, b_2 - a_2)$$

である．これより，幾何ベクトルと数ベクトルの演算を用いて，$\overrightarrow{\mathrm{AB}}$ を数ベクトルで成分表示すると

$$\overrightarrow{\mathrm{AB}} = \overrightarrow{\mathrm{AO}} + \overrightarrow{\mathrm{OB}} = -\overrightarrow{\mathrm{OA}} + \overrightarrow{\mathrm{OB}} = \begin{bmatrix} -a_1 \\ -a_2 \end{bmatrix} + \begin{bmatrix} b_1 \\ b_2 \end{bmatrix} = \begin{bmatrix} b_1 - a_1 \\ b_2 - a_2 \end{bmatrix}$$

となり，$\overrightarrow{\mathrm{OP}}$ の数ベクトルによる成分表示

$$\overrightarrow{\mathrm{OP}} = \begin{bmatrix} p_1 \\ p_2 \end{bmatrix} = \begin{bmatrix} b_1 - a_1 \\ b_2 - a_2 \end{bmatrix}$$

と一致していることがわかる．したがって，幾何ベクトル $\boldsymbol{a} = \overrightarrow{\mathrm{AB}} = \overrightarrow{\mathrm{OP}}$ は

$$\boldsymbol{a} = \overrightarrow{\mathrm{AB}} = \overrightarrow{\mathrm{OP}} = \begin{bmatrix} b_1 - a_1 \\ b_2 - a_2 \end{bmatrix} = \begin{bmatrix} p_1 \\ p_2 \end{bmatrix}$$

と数ベクトルで成分表示することができる．これにより，数ベクトルを幾何的にイメージでき，考察しやすくなる．以後，数ベクトルと幾何ベクトルを特に区別しないときは，ただ単に **ベクトル** ということもある．

10) $\boldsymbol{a} = \overrightarrow{\mathrm{OP}}$ のとき，幾何ベクトル $\boldsymbol{a}$ を点 P の **位置ベクトル** という．

ここで, ベクトルに関するいくつかの用語を定義する. ベクトル $\boldsymbol{a}$ の大きさを **ノルム** ともいい, $\|\boldsymbol{a}\|$ と表す. ノルムが 1 のベクトルを **単位ベクトル** といい, 特に x 軸の正方向の単位ベクトル $\boldsymbol{e}_1$ と, y 軸の正方向の単位ベクトル $\boldsymbol{e}_2$ を考えると,

$$\boldsymbol{e}_1 = \begin{bmatrix} 1 \\ 0 \end{bmatrix}, \quad \boldsymbol{e}_2 = \begin{bmatrix} 0 \\ 1 \end{bmatrix}$$

と表せる. このように, 各軸の正方向の単位ベクトルを **基本ベクトル** という.

2 次元ベクトル $\boldsymbol{a} = \begin{bmatrix} a_1 \\ a_2 \end{bmatrix}$ は, 基本ベクトル $\boldsymbol{e}_1$, $\boldsymbol{e}_2$ を用いて

$$\boldsymbol{a} = \begin{bmatrix} a_1 \\ a_2 \end{bmatrix} = \begin{bmatrix} a_1 \\ 0 \end{bmatrix} + \begin{bmatrix} 0 \\ a_2 \end{bmatrix} = a_1 \begin{bmatrix} 1 \\ 0 \end{bmatrix} + a_2 \begin{bmatrix} 0 \\ 1 \end{bmatrix} = a_1\,\boldsymbol{e}_1 + a_2\,\boldsymbol{e}_2$$

と表すことができる. しかも, そのノルム $\|\boldsymbol{a}\|$ はピタゴラスの定理より

$$\|\boldsymbol{a}\| = \sqrt{{a_1}^2 + {a_2}^2}$$

で与えられる (図 1.8).

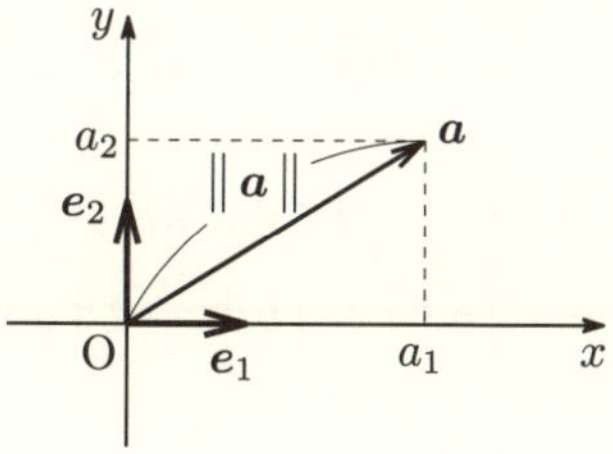

図 1.8 ベクトルの基本ベクトルへの分解とノルム

1.5 ベクトルの内積

零ベクトルでない 2 次元 幾何ベクトル $\boldsymbol{a}, \boldsymbol{b}$ に対して, 座標平面上に

$$\boldsymbol{a} = \overrightarrow{\mathrm{OA}}, \quad \boldsymbol{b} = \overrightarrow{\mathrm{OB}}$$

となるように 2 点 A (a_1, a_2), B (b_1, b_2) をとる. 線分 OA, OB で挟まれる角 $\angle\mathrm{AOB} = \theta \ (0 \leq \theta \leq \pi)$ をベクトル $\boldsymbol{a}$ と $\boldsymbol{b}$ の **なす角** といい[11], 2 つのベクトル $\boldsymbol{a}, \boldsymbol{b}$ に対して

$$\boldsymbol{a} \cdot \boldsymbol{b} = \|\boldsymbol{a}\|\|\boldsymbol{b}\| \cos\theta$$

11) 記号 $\leq$ は不等号 $\leqq$ と同じ意味である. 同様に, 記号 $\geq$ は $\geqq$ と同じ意味である.

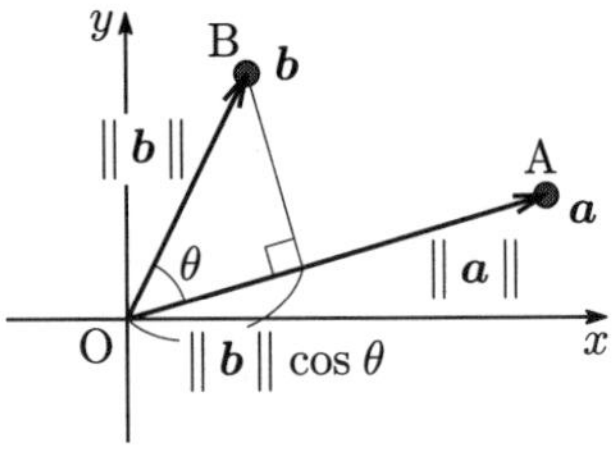

図 1.9 ベクトル $\boldsymbol{a}$ と $\boldsymbol{b}$ の内積 $\boldsymbol{a}\cdot\boldsymbol{b}$

を $\boldsymbol{a}$ と $\boldsymbol{b}$ の **内積** という[12)] (図 1.9). 内積の結果はスカラーとなることに注意!

平面上のベクトル $\boldsymbol{a}, \boldsymbol{b}$ を

$$\boldsymbol{a} = \begin{bmatrix} a_1 \\ a_2 \end{bmatrix}, \quad \boldsymbol{b} = \begin{bmatrix} b_1 \\ b_2 \end{bmatrix}$$

と数ベクトルで成分表示すると, 幾何ベクトル $\boldsymbol{b}-\boldsymbol{a}$ は

$$\boldsymbol{b}-\boldsymbol{a} = \overrightarrow{\mathrm{OB}} - \overrightarrow{\mathrm{OA}} = \overrightarrow{\mathrm{AB}} = \begin{bmatrix} b_1 - a_1 \\ b_2 - a_2 \end{bmatrix}$$

と数ベクトルで成分表示される. そのとき, 三角形 OAB で余弦定理

$$\|\boldsymbol{b}-\boldsymbol{a}\|^2 = \|\boldsymbol{a}\|^2 + \|\boldsymbol{b}\|^2 - 2\|\boldsymbol{a}\|\,\|\boldsymbol{b}\|\cos\theta$$

を考えると (図 1.10),

$$\begin{aligned} \boldsymbol{a}\cdot\boldsymbol{b} = \|\boldsymbol{a}\|\,\|\boldsymbol{b}\|\cos\theta &= \frac{1}{2}\Big(\|\boldsymbol{a}\|^2 + \|\boldsymbol{b}\|^2 - \|\boldsymbol{b}-\boldsymbol{a}\|^2\Big) \\ &= \frac{1}{2}\Big(\big({a_1}^2 + {a_2}^2\big) + \big({b_1}^2 + {b_2}^2\big) - \Big((b_1 - a_1)^2 + (b_2 - a_2)^2\Big)\Big) \\ &= a_1 b_1 + a_2 b_2 \end{aligned}$$

が導かれる. これより, 以下が成り立つ.

2 次元 数ベクトルの内積

2 次元 数ベクトル $\boldsymbol{a} = \begin{bmatrix} a_1 \\ a_2 \end{bmatrix}, \boldsymbol{b} = \begin{bmatrix} b_1 \\ b_2 \end{bmatrix}$ に対して, 内積 $\boldsymbol{a}\cdot\boldsymbol{b}$ は

$$\boldsymbol{a}\cdot\boldsymbol{b} = \|\boldsymbol{a}\|\,\|\boldsymbol{b}\|\cos\theta = a_1 b_1 + a_2 b_2$$

12) 内積の記号 “·” を, × としたり省略したりしないこと.

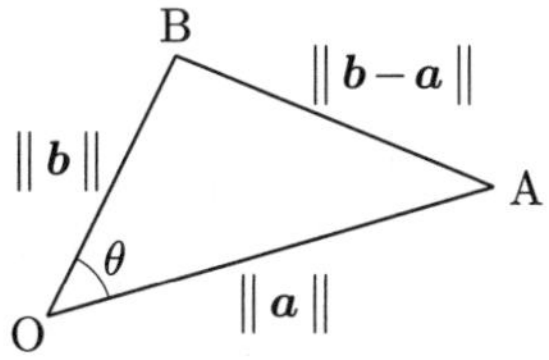

図 1.10　余弦定理を考える三角形 OAB

3 次元 数ベクトルの内積も同様である．また，2 次元 および 3 次元 幾何ベクトルの内積は, 次の基本性質を満たす．

内積の基本性質

幾何ベクトル $\boldsymbol{a}, \boldsymbol{b}, \boldsymbol{c}$ と $k \in \mathbb{R}$ に対して, 次が成り立つ．

(1) $\boldsymbol{a}\cdot\boldsymbol{b} = \boldsymbol{b}\cdot\boldsymbol{a}$

(2) $(\boldsymbol{a}+\boldsymbol{b})\cdot\boldsymbol{c} = \boldsymbol{a}\cdot\boldsymbol{c}+\boldsymbol{b}\cdot\boldsymbol{c}$, $\boldsymbol{a}\cdot(\boldsymbol{b}+\boldsymbol{c}) = \boldsymbol{a}\cdot\boldsymbol{b}+\boldsymbol{a}\cdot\boldsymbol{c}$

(3) $(k\boldsymbol{a})\cdot\boldsymbol{b} = k(\boldsymbol{a}\cdot\boldsymbol{b}) = \boldsymbol{a}\cdot(k\boldsymbol{b})$

(4) $\boldsymbol{a}\cdot\boldsymbol{a} \geq 0$ であり，$\boldsymbol{a}\cdot\boldsymbol{a} = 0$ となるのは $\boldsymbol{a}=\boldsymbol{o}$ のときに限る．

$\boldsymbol{a}$, $\boldsymbol{b}$ を零ベクトルではない幾何ベクトルとする．$\boldsymbol{a}$ と $\boldsymbol{b}$ の内積が $\boldsymbol{a}\cdot\boldsymbol{b}=0$ を満たすならば，$\cos\theta = 0$ より, それらのなす角は $\dfrac{\pi}{2}$ となる．このとき, ベクトル $\boldsymbol{a}$ と $\boldsymbol{b}$ は **直交** する といい,

$$\boldsymbol{a} \perp \boldsymbol{b}$$

と表す．また，$\boldsymbol{a}$ と $\boldsymbol{b}$ の内積が $\boldsymbol{a}\cdot\boldsymbol{b}=\pm\|\boldsymbol{a}\|\|\boldsymbol{b}\|$ を満たすならば, それらのなす角は 0 または π となり，$\boldsymbol{b} = k\boldsymbol{a}$ と一方のベクトルが他方のベクトルのスカラー倍で表されている．したがって, この場合はベクトル $\boldsymbol{a}$ と $\boldsymbol{b}$ は **平行** である といい,

$$\boldsymbol{a} \parallel \boldsymbol{b}$$

と表す．なお, 零ベクトル $\boldsymbol{o}$ は, すべてのベクトル $\boldsymbol{a}$ と直交し, かつ平行であるとみなす．

2 次元 と 3 次元の数ベクトルの内積を一般化して，n 次元 数ベクトルの内積を以下で定義する．

$\boldsymbol{n}$ 次元 数ベクトルの内積

n 次元 数ベクトル $\boldsymbol{a} = \begin{bmatrix} a_1 \\ a_2 \\ \vdots \\ a_n \end{bmatrix}$, $\boldsymbol{b} = \begin{bmatrix} b_1 \\ b_2 \\ \vdots \\ b_n \end{bmatrix} \in \mathbb{R}^n$ に対して, 内積 $\boldsymbol{a} \cdot \boldsymbol{b}$ を次で定義する[13].

$$\boldsymbol{a} \cdot \boldsymbol{b} = \begin{bmatrix} a_1 \\ a_2 \\ \vdots \\ a_n \end{bmatrix} \cdot \begin{bmatrix} b_1 \\ b_2 \\ \vdots \\ b_n \end{bmatrix} = a_1 b_1 + a_2 b_2 + \cdots + a_n b_n \left(= \sum_{k=1}^{n} a_k b_k \right)$$

このように一般化された n 次元 数ベクトルの内積も, 先に述べた内積の基本性質を満たしている. また, $\boldsymbol{a}$ のノルム $\|\boldsymbol{a}\|$ を

$$\|\boldsymbol{a}\| = \sqrt{a_1{}^2 + a_2{}^2 + \cdots + a_n{}^2}$$

と定義すると, 以下が成り立つ.

ノルムの性質

n 次元 数ベクトル $\boldsymbol{a}, \boldsymbol{b}$ と $k \in \mathbb{R}$ に対して, 次が成り立つ.

(1) $\|k\boldsymbol{a}\| = |k|\,\|\boldsymbol{a}\|$

(2) $|\boldsymbol{a} \cdot \boldsymbol{b}| \leq \|\boldsymbol{a}\|\,\|\boldsymbol{b}\|$ （コーシー・シュワルツの不等式）

(3) $\|\boldsymbol{a} + \boldsymbol{b}\| \leq \|\boldsymbol{a}\| + \|\boldsymbol{b}\|$ （三角不等式）

ここに, $|\ \ |$ は絶対値記号である.

さらに, n 次元 数ベクトル $\boldsymbol{a}$ と $\boldsymbol{b}$ のなす角 θ $(0 \leq \theta \leq \pi)$ は

$$\cos\theta = \frac{\boldsymbol{a} \cdot \boldsymbol{b}}{\|\boldsymbol{a}\|\,\|\boldsymbol{b}\|}$$

で与えられる[14].

---

13) 和の記号 $\sum$ については, 「基礎数学」[11] p.38 参照.

14) ここで定義された 2 つの n 次元 数ベクトルのなす角 θ は, コーシー・シュワルツの不等式より $|\cos\theta| \leq 1$ を満たしていることがわかる.

零ベクトルでない幾何ベクトル $\boldsymbol{a} = \overrightarrow{\mathrm{OA}}$, $\boldsymbol{b} = \overrightarrow{\mathrm{OB}}$ に対して, 線分 OA, OB を 2 辺にもつ平行四辺形を「ベクトル $\boldsymbol{a}, \boldsymbol{b}$ で張られる平行四辺形」という. ベクトル $\boldsymbol{a}$ と $\boldsymbol{b}$ のなす角を θ $(0 \leq \theta \leq \pi)$ とすると, これらで張られる平行四辺形の面積 $S(\boldsymbol{a}, \boldsymbol{b})$ は

$$S(\boldsymbol{a}, \boldsymbol{b}) = \|\boldsymbol{a}\|\,\|\boldsymbol{b}\| \sin\theta$$

で与えられる[15)] (図 1.11). しかも, $0 \leq \theta \leq \pi$ であるから, $\sin^2\theta + \cos^2\theta = 1$ より $\sin\theta = \sqrt{1-\cos^2\theta}$ (≥ 0) となるので,

$$\begin{aligned} S(\boldsymbol{a}, \boldsymbol{b}) &= \|\boldsymbol{a}\|\,\|\boldsymbol{b}\| \sin\theta = \|\boldsymbol{a}\|\,\|\boldsymbol{b}\| \sqrt{1-\cos^2\theta} \\ &= \sqrt{\|\boldsymbol{a}\|^2 \|\boldsymbol{b}\|^2 - \|\boldsymbol{a}\|^2 \|\boldsymbol{b}\|^2 \cos^2\theta} \\ &= \sqrt{\|\boldsymbol{a}\|^2 \|\boldsymbol{b}\|^2 - (\boldsymbol{a}\cdot\boldsymbol{b})^2} \end{aligned}$$

と内積を用いて表すことができる. n 次元に一般化しても同様である.

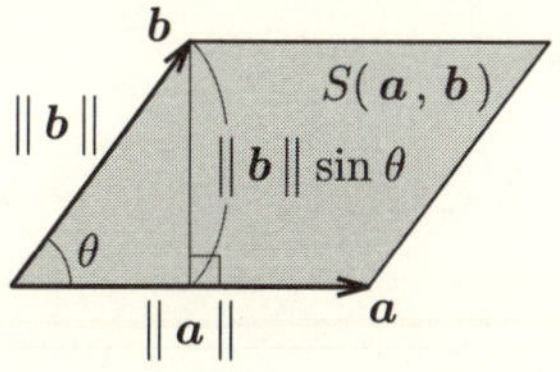

図 1.11　ベクトル $\boldsymbol{a}$ と $\boldsymbol{b}$ で張られる平行四辺形の面積 $S(\boldsymbol{a}, \boldsymbol{b})$

例 3　$\boldsymbol{a} = \begin{bmatrix} 2 \\ 1 \\ -1 \\ 1 \end{bmatrix}$, $\boldsymbol{b} = \begin{bmatrix} -1 \\ 0 \\ 3 \\ 2 \end{bmatrix}$ のとき, 内積 $\boldsymbol{a}\cdot\boldsymbol{b}$ は

$$\boldsymbol{a}\cdot\boldsymbol{b} = \begin{bmatrix} 2 \\ 1 \\ -1 \\ 1 \end{bmatrix} \cdot \begin{bmatrix} -1 \\ 0 \\ 3 \\ 2 \end{bmatrix} = 2\cdot(-1) + 1\cdot 0 + (-1)\cdot 3 + 1\cdot 2 = -3$$

である. また, $\boldsymbol{a}$ と $\boldsymbol{b}$ のノルムはそれぞれ

$$\begin{aligned} \|\boldsymbol{a}\| &= \sqrt{2^2 + 1^2 + (-1)^2 + 1^2} = \sqrt{7}, \\ \|\boldsymbol{b}\| &= \sqrt{(-1)^2 + 0^2 + 3^2 + 2^2} = \sqrt{14} \end{aligned}$$

15)　$0 \leq \theta \leq \pi$ より $\sin\theta \geq 0$ であるから, $S(\boldsymbol{a}, \boldsymbol{b}) \geq 0$ を満たすことがわかる.

であるから, $\boldsymbol{a}$ と $\boldsymbol{b}$ のなす角 θ は

$$\cos\theta = \frac{\boldsymbol{a}\cdot\boldsymbol{b}}{\|\boldsymbol{a}\|\,\|\boldsymbol{b}\|} = \frac{-3}{\sqrt{7}\,\sqrt{14}} = -\frac{3\sqrt{2}}{14}$$

で与えられる. さらに, ベクトル $\boldsymbol{a}$ と $\boldsymbol{b}$ で張られる平行四辺形の面積 S は

$$S = \sqrt{\|\boldsymbol{a}\|^2\|\boldsymbol{b}\|^2 - (\boldsymbol{a}\cdot\boldsymbol{b})^2} = \sqrt{7\cdot 14 - (-3)^2} = \sqrt{89}$$ ■

練習 1.2[16] $\boldsymbol{a} = \begin{bmatrix} 1 \\ -2 \\ -1 \\ 2 \end{bmatrix}$, $\boldsymbol{b} = \begin{bmatrix} 1 \\ -1 \\ 3 \\ 1 \end{bmatrix}$ のとき, 以下のものを求めなさい.

(1) 内積 $\boldsymbol{a}\cdot\boldsymbol{b}$

(2) $\boldsymbol{a}$ と $\boldsymbol{b}$ のなす角 θ を定義する余弦 $\cos\theta$

(3) $\boldsymbol{a}$ と $\boldsymbol{b}$ で張られる平行四辺形の面積 S

1.6 ベクトルの外積

3 次元 幾何ベクトル $\boldsymbol{a}, \boldsymbol{b}$ に対して, 次の 3 つの条件を満たすベクトル $\boldsymbol{p}$ はただ 1 つ定まる.

(1) $\boldsymbol{p}$ の大きさは, $\boldsymbol{a}$ と $\boldsymbol{b}$ で張られる平行四辺形の面積 S に等しい.

(2) $\boldsymbol{p}$ は, $\boldsymbol{a}$ と $\boldsymbol{b}$ で張られる平行四辺形と直交している.

(3) $\boldsymbol{p}$ の向きは, $\boldsymbol{a}$ から $\boldsymbol{b}$ に向かって右ねじを回したときに, その右ねじが進む方向である. つまり, $\boldsymbol{a}$ の終点に右手小指の付け根を, $\boldsymbol{b}$ の終点に右手小指の指先を置き, その右手の親指をまっすぐ立てたときの, その親指の指す方向が $\boldsymbol{p}$ の向きである[17].

ただし, $S = 0$ のときは $\boldsymbol{p} = \boldsymbol{o}$ である[18]. この場合, (2), (3) は考えない. このベクトル $\boldsymbol{p}$ を, ベクトル $\boldsymbol{a}$ と $\boldsymbol{b}$ の **外積** といい (図 1.12),

$$\boldsymbol{a}\times\boldsymbol{b}$$

---

16) 答 (練習 1.2) (1) $\boldsymbol{a}\cdot\boldsymbol{b} = 2$ (2) $\cos\theta = \frac{1}{\sqrt{30}}$ (3) $S = 2\sqrt{29}$

17) 同じ右手を用いて, $\boldsymbol{a}$ の始点から終点に向けて親指の指先を, $\boldsymbol{b}$ の始点から終点に向けて人差し指の指先を向け, 中指をまっすぐ立てたときの, その中指の指す方向がベクトル $\boldsymbol{p}$ の向きである. このとき, $\{\boldsymbol{a}, \boldsymbol{b}, \boldsymbol{p}\}$ の向きを **右手系** という.

18) $\boldsymbol{a} = \boldsymbol{o}$ または $\boldsymbol{b} = k\boldsymbol{a}$ ($\boldsymbol{b} = \boldsymbol{o}$ を含む) のとき, $S = 0$ である.

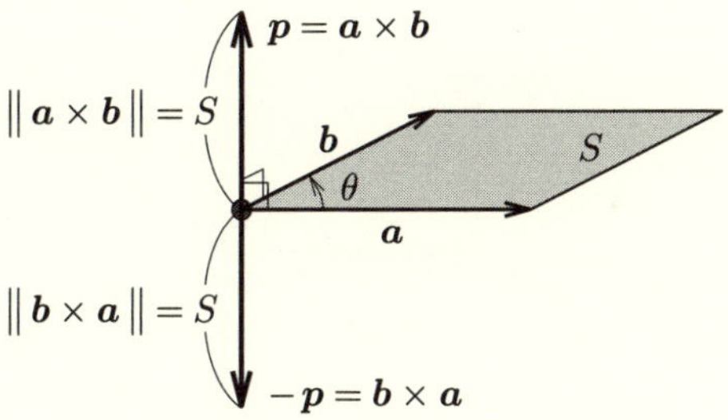

図 1.12 ベクトル $\boldsymbol{a}$ と $\boldsymbol{b}$ の外積 $\boldsymbol{a} \times \boldsymbol{b}$

と表す[19]. 外積の結果はベクトルとなることに注意! (内積はスカラー!)

3 次元 幾何ベクトルの外積は, 次の基本性質を満たす.

外積の基本性質

3 次元 幾何ベクトル $\boldsymbol{a}, \boldsymbol{b}, \boldsymbol{c}$ と $k \in \mathbb{R}$ に対して, 次が成り立つ.

(1) $\boldsymbol{a} \times \boldsymbol{b} = -\boldsymbol{b} \times \boldsymbol{a}$

(2) $(\boldsymbol{a} + \boldsymbol{b}) \times \boldsymbol{c} = \boldsymbol{a} \times \boldsymbol{c} + \boldsymbol{b} \times \boldsymbol{c}, \ \ \boldsymbol{a} \times (\boldsymbol{b} + \boldsymbol{c}) = \boldsymbol{a} \times \boldsymbol{b} + \boldsymbol{a} \times \boldsymbol{c}$

(3) $(k\boldsymbol{a}) \times \boldsymbol{b} = k(\boldsymbol{a} \times \boldsymbol{b}) = \boldsymbol{a} \times (k\boldsymbol{b})$

特に $\boldsymbol{b} = \boldsymbol{a}$ のとき, (1) より $\boldsymbol{a} \times \boldsymbol{a} = -\boldsymbol{a} \times \boldsymbol{a}$ となり, $\boldsymbol{a} \times \boldsymbol{a} = \boldsymbol{o}$ が導かれる. また, 基本ベクトル $\boldsymbol{e}_1, \boldsymbol{e}_2, \boldsymbol{e}_3$ の外積は, これらが互いに直交していて, かつこれらのノルムが 1 であることに注意すれば, 以下がわかる[20].

- $\boldsymbol{e}_1 \times \boldsymbol{e}_1 = \boldsymbol{e}_2 \times \boldsymbol{e}_2 = \boldsymbol{e}_3 \times \boldsymbol{e}_3 = \boldsymbol{o}$
- $\boldsymbol{e}_1 \times \boldsymbol{e}_2 = -\boldsymbol{e}_2 \times \boldsymbol{e}_1 = \boldsymbol{e}_3, \ \ \boldsymbol{e}_2 \times \boldsymbol{e}_3 = -\boldsymbol{e}_3 \times \boldsymbol{e}_2 = \boldsymbol{e}_1,$
  $\boldsymbol{e}_3 \times \boldsymbol{e}_1 = -\boldsymbol{e}_1 \times \boldsymbol{e}_3 = \boldsymbol{e}_2$

では, ここで 2 つの 3 次元ベクトル $\boldsymbol{a} = \begin{bmatrix} a_1 \\ a_2 \\ a_3 \end{bmatrix}, \boldsymbol{b} = \begin{bmatrix} b_1 \\ b_2 \\ b_3 \end{bmatrix}$ の外積 $\boldsymbol{a} \times \boldsymbol{b}$ を「外積の基本性質」を利用して成分で表してみよう. $\boldsymbol{a}, \boldsymbol{b}$ は

$$\boldsymbol{a} = a_1 \boldsymbol{e}_1 + a_2 \boldsymbol{e}_2 + a_3 \boldsymbol{e}_3, \quad \boldsymbol{b} = b_1 \boldsymbol{e}_1 + b_2 \boldsymbol{e}_2 + b_3 \boldsymbol{e}_3$$

と基本ベクトルのスカラー倍と和で表されるので[21], 外積 $\boldsymbol{a} \times \boldsymbol{b}$ は,

---

19) 外積の記号 "×" を, ・としたり省略したりしないこと.
20) 図 1.13 と右手を使って, これらが成り立つか確認してみよう.
21) このような形を 線形結合 あるいは 1 次結合 という. 詳しくは第 6 章で学習する.

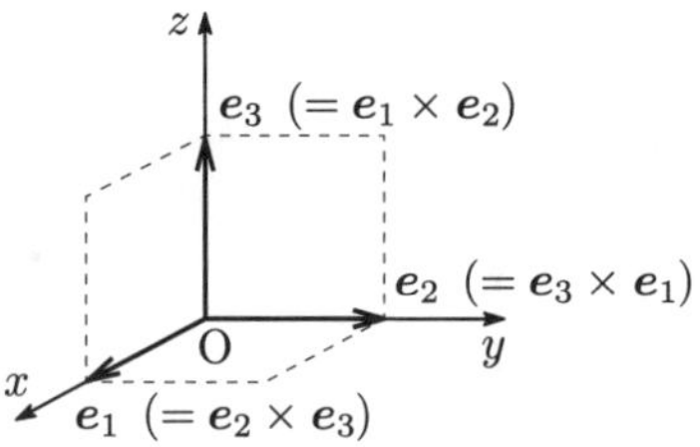

図 1.13　基本ベクトル $\boldsymbol{e}_1, \boldsymbol{e}_2, \boldsymbol{e}_3$

$$
\begin{aligned}
\boldsymbol{a}\times\boldsymbol{b} &= \left(a_1\boldsymbol{e}_1+a_2\boldsymbol{e}_2+a_3\boldsymbol{e}_3\right)\times\left(b_1\boldsymbol{e}_1+b_2\boldsymbol{e}_2+b_3\boldsymbol{e}_3\right)\\
&= a_1b_1\underbrace{\boldsymbol{e}_1\times\boldsymbol{e}_1}_{=\boldsymbol{o}}+a_1b_2\underbrace{\boldsymbol{e}_1\times\boldsymbol{e}_2}_{=\boldsymbol{e}_3}+a_1b_3\underbrace{\boldsymbol{e}_1\times\boldsymbol{e}_3}_{=-\boldsymbol{e}_2}\\
&\quad +a_2b_1\underbrace{\boldsymbol{e}_2\times\boldsymbol{e}_1}_{=-\boldsymbol{e}_3}+a_2b_2\underbrace{\boldsymbol{e}_2\times\boldsymbol{e}_2}_{=\boldsymbol{o}}+a_2b_3\underbrace{\boldsymbol{e}_2\times\boldsymbol{e}_3}_{=\boldsymbol{e}_1}\\
&\quad +a_3b_1\underbrace{\boldsymbol{e}_3\times\boldsymbol{e}_1}_{=\boldsymbol{e}_2}+a_3b_2\underbrace{\boldsymbol{e}_3\times\boldsymbol{e}_2}_{=-\boldsymbol{e}_1}+a_3b_3\underbrace{\boldsymbol{e}_3\times\boldsymbol{e}_3}_{=\boldsymbol{o}}\\
&= a_1b_2\boldsymbol{e}_3-a_1b_3\boldsymbol{e}_2-a_2b_1\boldsymbol{e}_3+a_2b_3\boldsymbol{e}_1+a_3b_1\boldsymbol{e}_2-a_3b_2\boldsymbol{e}_1\\
&= \left(a_2b_3-a_3b_2\right)\boldsymbol{e}_1+\left(a_3b_1-a_1b_3\right)\boldsymbol{e}_2+\left(a_1b_2-a_2b_1\right)\boldsymbol{e}_3\\
&= \begin{bmatrix} a_2b_3-a_3b_2\\ a_3b_1-a_1b_3\\ a_1b_2-a_2b_1\end{bmatrix} = \begin{bmatrix} a_2b_3-b_2a_3\\ a_3b_1-b_3a_1\\ a_1b_2-b_1a_2\end{bmatrix}
\end{aligned}
$$

と数ベクトルで成分表示される．以上のことから，外積 $\boldsymbol{a}\times\boldsymbol{b}$ は次のような数ベクトルの成分表示で与えられる．

外積の成分表示

ベクトル $\boldsymbol{a}=\begin{bmatrix}a_1\\a_2\\a_3\end{bmatrix}$, $\boldsymbol{b}=\begin{bmatrix}b_1\\b_2\\b_3\end{bmatrix}$ の外積 $\boldsymbol{a}\times\boldsymbol{b}$ は

$$\boldsymbol{a}\times\boldsymbol{b} = \begin{bmatrix}a_1\\a_2\\a_3\end{bmatrix}\times\begin{bmatrix}b_1\\b_2\\b_3\end{bmatrix} = \begin{bmatrix} a_2b_3-b_2a_3\\ a_3b_1-b_3a_1\\ a_1b_2-b_1a_2\end{bmatrix}$$

なお，この式は一見複雑にみえるが，各ベクトルの第 3 成分の下にさらに第 1 成分を書き加え，たすき掛けの計算をしていると考えれば覚えやすい[22]．

22) たすき掛けの計算は，第 5 章で学習する 2 次の行列式の計算と同じである．

$$\text{第 1 成分}\;\boxed{a_2\,b_3 - b_2\,a_3}\;\left\{\begin{matrix}\overset{\displaystyle a}{\begin{bmatrix}a_1\\a_2\\a_3\\a_1\end{bmatrix}}\times\overset{\displaystyle b}{\begin{bmatrix}b_1\\b_2\\b_3\\b_1\end{bmatrix}}\end{matrix}\right.\begin{matrix}\Big\}\;a_1\,b_2 - b_1\,a_2\quad\text{第 3 成分}\\[2ex]\Big\}\;a_3\,b_1 - b_3\,a_1\quad\text{第 2 成分}\end{matrix}$$

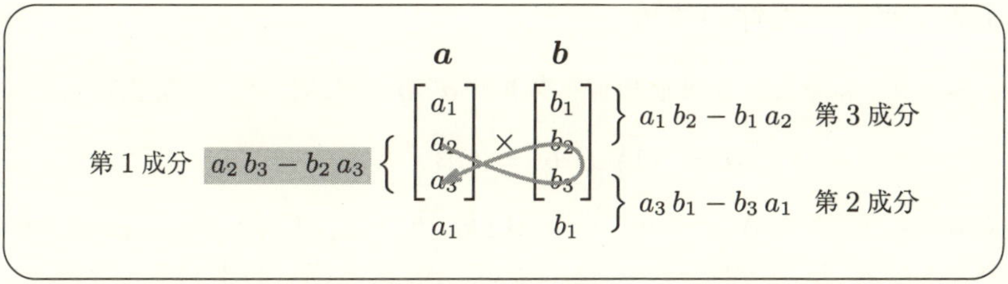

外積 $\boldsymbol{a}\times\boldsymbol{b}$ は，2 つのベクトル $\boldsymbol{a}$, $\boldsymbol{b}$ のどちらにも垂直であることが，成分計算によってもわかる[23].

例 4　$\boldsymbol{a}=\begin{bmatrix}2\\-1\\1\end{bmatrix}$, $\boldsymbol{b}=\begin{bmatrix}-3\\2\\1\end{bmatrix}$　のとき，外積 $\boldsymbol{a}\times\boldsymbol{b}$ は

$$\boldsymbol{a}\times\boldsymbol{b}=\begin{bmatrix}2\\-1\\1\\2\end{bmatrix}\times\begin{bmatrix}-3\\2\\1\\-3\end{bmatrix}=\begin{bmatrix}(-1)\cdot 1 - 2\cdot 1\\1\cdot(-3)-1\cdot 2\\2\cdot 2-(-3)\cdot(-1)\end{bmatrix}=\begin{bmatrix}-3\\-5\\1\end{bmatrix}$$

である．このとき，確かに

$$(\boldsymbol{a}\times\boldsymbol{b})\cdot\boldsymbol{a}=\begin{bmatrix}-3\\-5\\1\end{bmatrix}\cdot\begin{bmatrix}2\\-1\\1\end{bmatrix}=-6+5+1=0,$$

$$(\boldsymbol{a}\times\boldsymbol{b})\cdot\boldsymbol{b}=\begin{bmatrix}-3\\-5\\1\end{bmatrix}\cdot\begin{bmatrix}-3\\2\\1\end{bmatrix}=9-10+1=0$$

であるから，外積 $\boldsymbol{a}\times\boldsymbol{b}$ は $\boldsymbol{a}$ と $\boldsymbol{b}$ の両方に直交していることがわかる (検算にもなる！)．さらに，$\boldsymbol{a}$ と $\boldsymbol{b}$ で張られる平行四辺形の面積 S は

$$S=\|\boldsymbol{a}\times\boldsymbol{b}\|=\sqrt{(-3)^2+(-5)^2+1^2}=\sqrt{35}\qquad\blacksquare$$

練習 1.3[24]　$\boldsymbol{a}=\begin{bmatrix}3\\1\\1\end{bmatrix}$, $\boldsymbol{b}=\begin{bmatrix}2\\-1\\2\end{bmatrix}$　のとき，以下のものを求めなさい．

(1) 外積 $\boldsymbol{a}\times\boldsymbol{b}$　　(2) $\boldsymbol{a}$ と $\boldsymbol{b}$ で張られる平行四辺形の面積 S

---

[23]　各自確かめてみよう．

[24]　**答 (練習 1.3)**　(1) $\boldsymbol{a}\times\boldsymbol{b}=\begin{bmatrix}3\\-4\\-5\end{bmatrix}$　(2) $S=5\sqrt{2}$

1.7 平行六面体の体積

零ベクトルでない 3 次元 幾何ベクトル $\boldsymbol{a}, \boldsymbol{b}, \boldsymbol{c}$ に対して, 座標空間内に

$$\boldsymbol{a} = \overrightarrow{\mathrm{OA}}, \quad \boldsymbol{b} = \overrightarrow{\mathrm{OB}}, \quad \boldsymbol{c} = \overrightarrow{\mathrm{OC}}$$

となるように3点 $\mathrm{A}(a_1, a_2, a_3)$, $\mathrm{B}(b_1, b_2, b_3)$, $\mathrm{C}(c_1, c_2, c_3)$ をとる. ベクトル $\boldsymbol{a}, \boldsymbol{b}, \boldsymbol{c}$ が同一の平面上にないとき, 線分 OA, OB, OC を 3 辺にもつ平行六面体を「ベクトル $\boldsymbol{a}, \boldsymbol{b}, \boldsymbol{c}$ で張られる平行六面体」という (図 1.14). この平行六面体の体積 $V(\boldsymbol{a}, \boldsymbol{b}, \boldsymbol{c})$ は, $\boldsymbol{a}$ と $\boldsymbol{b}$ で張られる平行四辺形の面積 $S(\boldsymbol{a}, \boldsymbol{b})$ に, 高さ $h(\boldsymbol{c})$ を掛けたものである. $\boldsymbol{a}$ と $\boldsymbol{b}$ のなす角を θ $(0 \leq \theta < \pi)$ とすると, これらで張られる平行四辺形の面積 $S(\boldsymbol{a}, \boldsymbol{b})$ は

$$S(\boldsymbol{a}, \boldsymbol{b}) = \|\boldsymbol{a} \times \boldsymbol{b}\| = \|\boldsymbol{a}\|\|\boldsymbol{b}\| \sin\theta$$

であり, しかもこの平行四辺形は外積 $\boldsymbol{a} \times \boldsymbol{b}$ と垂直であるから, ベクトル $\boldsymbol{a} \times \boldsymbol{b}$ と $\boldsymbol{c}$ のなす角を φ $(0 \leq \varphi \leq \pi)$ とすると[25], 高さ $h(\boldsymbol{c})$ は

$$\|\boldsymbol{c}\| \cos\varphi$$

の 絶対値 で与えられる. よって, $\boldsymbol{a}, \boldsymbol{b}, \boldsymbol{c}$ で張られる平行六面体の体積 $V(\boldsymbol{a}, \boldsymbol{b}, \boldsymbol{c})$ は

$$\Delta(\boldsymbol{a}, \boldsymbol{b}, \boldsymbol{c}) = \|\boldsymbol{a} \times \boldsymbol{b}\|\|\boldsymbol{c}\| \cos\varphi$$

の 絶対値 に等しくなる[26]. この右辺は $(\boldsymbol{a} \times \boldsymbol{b})$ と $\boldsymbol{c}$ の内積で

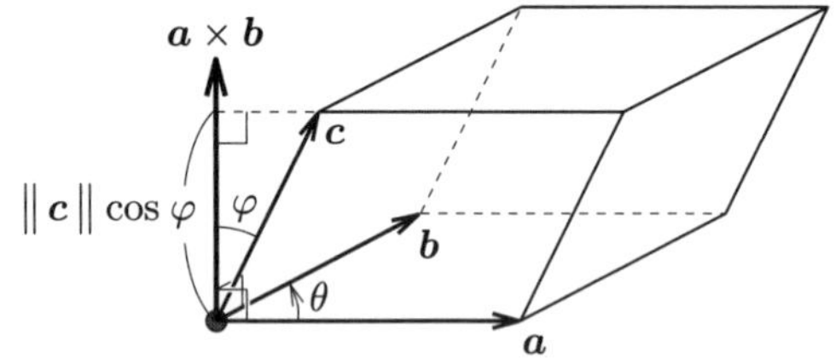

図 1.14 ベクトル $\boldsymbol{a}, \boldsymbol{b}, \boldsymbol{c}$ で張られる平行六面体
$\big(\Delta(\boldsymbol{a}, \boldsymbol{b}, \boldsymbol{c}) > 0$ のとき$\big)$

---

25) φ はギリシア文字「ファイ」の小文字である. ギリシア文字表は p.vii 参照. $\boldsymbol{a}$ から $\boldsymbol{b}$ に向かって右ねじを回したとき, 右ねじの進む方向が $\boldsymbol{c}$ と同じ向きならば $0 \leq \varphi < \frac{\pi}{2}$ であり, 反対向きならば $\frac{\pi}{2} < \varphi \leq \pi$ である.

26) Δ はギリシア文字「デルタ」の大文字である. ギリシア文字表は p.vii 参照.

$$\Delta(\boldsymbol{a}, \boldsymbol{b}, \boldsymbol{c}) = (\boldsymbol{a} \times \boldsymbol{b}) \cdot \boldsymbol{c}$$

と表され，この平行六面体の体積は

$$V(\boldsymbol{a}, \boldsymbol{b}, \boldsymbol{c}) = \left| (\boldsymbol{a} \times \boldsymbol{b}) \cdot \boldsymbol{c} \right|$$

で与えられる．ここに，$\left|\ \right|$ は絶対値記号である．

3次元ベクトル $\boldsymbol{a} = \begin{bmatrix} a_1 \\ a_2 \\ a_3 \end{bmatrix}$, $\boldsymbol{b} = \begin{bmatrix} b_1 \\ b_2 \\ b_3 \end{bmatrix}$, $\boldsymbol{c} = \begin{bmatrix} c_1 \\ c_2 \\ c_3 \end{bmatrix}$ に対して，$\Delta(\boldsymbol{a}, \boldsymbol{b}, \boldsymbol{c})$ の値を計算すると，

$$\begin{aligned} \Delta(\boldsymbol{a}, \boldsymbol{b}, \boldsymbol{c}) &= \|\boldsymbol{a} \times \boldsymbol{b}\| \|\boldsymbol{c}\| \cos\varphi \\ &= (\boldsymbol{a} \times \boldsymbol{b}) \cdot \boldsymbol{c} \\ &= (a_2 b_3 - a_3 b_2) c_1 + (a_3 b_1 - a_1 b_3) c_2 + (a_1 b_2 - a_2 b_1) c_3 \\ &= a_1 b_2 c_3 + a_2 b_3 c_1 + a_3 b_1 c_2 - a_1 b_3 c_2 - a_2 b_1 c_3 - a_3 b_2 c_1 \end{aligned}$$

となる．この最終的に得られた値は, 第 5 章で学習する行列式の値に等しい.

$$\det \begin{bmatrix} \boldsymbol{a} & \boldsymbol{b} & \boldsymbol{c} \end{bmatrix} = \det \begin{bmatrix} a_1 & b_1 & c_1 \\ a_2 & b_2 & c_2 \\ a_3 & b_3 & c_3 \end{bmatrix}$$

平行六面体の体積

3 次元 幾何ベクトル $\boldsymbol{a}, \boldsymbol{b}, \boldsymbol{c}$ で張られる平行六面体の体積 $V(\boldsymbol{a}, \boldsymbol{b}, \boldsymbol{c})$ は，3 次の行列式

$$\begin{aligned} \det \begin{bmatrix} \boldsymbol{a} & \boldsymbol{b} & \boldsymbol{c} \end{bmatrix} &= \det \begin{bmatrix} a_1 & b_1 & c_1 \\ a_2 & b_2 & c_2 \\ a_3 & b_3 & c_3 \end{bmatrix} \\ &= a_1 b_2 c_3 + a_2 b_3 c_1 + a_3 b_1 c_2 - a_1 b_3 c_2 - a_2 b_1 c_3 - a_3 b_2 c_1 \end{aligned}$$

の 絶対値 に等しい.

第1章　章末問題

【A】（答えは p.239）

1. $\boldsymbol{a} = \begin{bmatrix} 3 \\ 2 \\ -1 \\ 5 \end{bmatrix}$, $\boldsymbol{b} = \begin{bmatrix} -4 \\ 4 \\ -3 \\ 2 \end{bmatrix}$ について, 以下のものを求めなさい.

(1) $2\boldsymbol{a} + 3\boldsymbol{b}$　(2) $3\boldsymbol{a} - 4\boldsymbol{b}$　(3) $\boldsymbol{a} \cdot \boldsymbol{b}$　(4) $\boldsymbol{b} \cdot \boldsymbol{a}$

2. 次のベクトル $\boldsymbol{a}$, $\boldsymbol{b}$ について, 外積 $\boldsymbol{a} \times \boldsymbol{b}$ を求めなさい.

(1) $\boldsymbol{a} = \begin{bmatrix} 1 \\ 2 \\ -1 \end{bmatrix}$, $\boldsymbol{b} = \begin{bmatrix} -2 \\ 0 \\ 1 \end{bmatrix}$　(2) $\boldsymbol{a} = \begin{bmatrix} -2 \\ 0 \\ 1 \end{bmatrix}$, $\boldsymbol{b} = \begin{bmatrix} 1 \\ 2 \\ -1 \end{bmatrix}$

(3) $\boldsymbol{a} = \begin{bmatrix} -1 \\ 1 \\ -2 \end{bmatrix}$, $\boldsymbol{b} = \begin{bmatrix} 1 \\ 1 \\ 1 \end{bmatrix}$　(4) $\boldsymbol{a} = \begin{bmatrix} 2 \\ 4 \\ -1 \end{bmatrix}$, $\boldsymbol{b} = \begin{bmatrix} 3 \\ -2 \\ 5 \end{bmatrix}$

3. $\boldsymbol{x} = \begin{bmatrix} 2 \\ -2 \\ 0 \end{bmatrix}$, $\boldsymbol{y} = \begin{bmatrix} 1 \\ -2 \\ 2 \end{bmatrix}$, $\boldsymbol{z} = \begin{bmatrix} 1 \\ 1 \\ -3 \end{bmatrix}$ について, $\boldsymbol{x}$ と $\boldsymbol{y}$ のなす角を α とし, $\boldsymbol{x}$ と $\boldsymbol{z}$ のなす角を β とするとき, 以下のものを求めなさい.

(1) $\|\boldsymbol{x}\|$　(2) $\|\boldsymbol{y}\|$　(3) $\|\boldsymbol{z}\|$　(4) $\boldsymbol{x} \cdot \boldsymbol{x}$

(5) $\boldsymbol{x} \cdot \boldsymbol{y}$　(6) $\boldsymbol{x} \cdot \boldsymbol{z}$　(7) $\boldsymbol{y} \cdot \boldsymbol{z}$　(8) $\boldsymbol{x} \cdot (\boldsymbol{y} + \boldsymbol{z})$

(9) $\cos\alpha$　(10) α　(11) $\cos\beta$　(12) β

4. $\boldsymbol{a} = \begin{bmatrix} 0 \\ 0 \\ 1 \end{bmatrix}$, $\boldsymbol{b} = \begin{bmatrix} 1 \\ 1 \\ 0 \end{bmatrix}$ の両方に直交する単位ベクトルを求めなさい.

【B】（答えは p.239）

1. $x_0, y_0, z_0, a, b, c \in \mathbb{R}$ （$a = b = c = 0$ は除外）とする. 3次元空間内の点 A (x_0, y_0, z_0) を通り, ベクトル $\boldsymbol{n} = \begin{bmatrix} a \\ b \\ c \end{bmatrix}$ に垂直な平面 α の方程式は

$$a(x - x_0) + b(y - y_0) + c(z - z_0) = 0$$

と表されることを証明しなさい[27].

(Hint) 平面 α 上の点を P (x, y, z) とおき, $\overrightarrow{\mathrm{AP}}$ を考える.

---

27) このように, 平面に垂直なベクトルをその平面の **法線ベクトル** という.

2
行　　列

2.1　行列の定義

複数のデータ (数) を扱うとき, 表にまとめると便利であるが, その数だけを配列を変えずに取り出したものが **行列** である. 例えば, 次のような状況を考えよう.

スポーツ店 S ではこの 1 か月間で, ラケット 50 本, ボール 100 個が売れ, スポーツ店 T ではラケット 65 本, ボール 150 個が売れた.

これを表にすると, 次のようにまとめることができる.

	ラケット (本)	ボール (個)
スポーツ店 S	50	100
スポーツ店 T	65	150

この表からさらに, 配列を変えずに数だけを取り出すと

$$\begin{bmatrix} 50 & 100 \\ 65 & 150 \end{bmatrix}$$

が得られる. これが行列である.

練習 2.1 [1] 八百屋 P では今日だけでキャベツ 14 個, ジャガイモ 91 個, ニンジン 31 本, キュウリ 46 本が売れ, 八百屋 Q ではキャベツ 31 個, ジャガイモ 59 個, ニンジン 14 本, キュウリ 89 本が売れた. 八百屋 R ではキャベツ 28 個, ジャガイモ 21 個, キュウリ 56 本が売れたが, ニンジンは 1 本も売れなかった.
この状況を示す表を作り, さらに数だけを取り出した行列を求めなさい.

1) 答 (練習 2.1)　巻末の略解 p.239 に掲載.

先の状況において,「シューズ」を追加してみよう.

> スポーツ店 S ではこの 1 か月間で, ラケット 50 本, ボール 100 個, シューズ 40 足が売れ, スポーツ店 T ではラケット 65 本, ボール 150 個, シューズ 24 足が売れた.

これを表にすると

	ラケット (本)	ボール (個)	シューズ (足)
スポーツ店 S	50	100	40
スポーツ店 T	65	150	24

であるから, 配列を変えずに数を取り出した

$$\begin{bmatrix} 50 & 100 & 40 \\ 65 & 150 & 24 \end{bmatrix}$$

も行列である.

行列の横の並びを **行** といい, 上から第 1 行, 第 2 行, ... という. また, 縦の並びを **列** といい, 左から第 1 列, 第 2 列, ... という. 上で得られた行列は, 行数が 2, 列数が 3 であるから[2], より具体的に 2 行 3 列の行列あるいは 2 × 3 行列ともいう. このとき, 2 × 3 を行列の **型** というが,「行数」×「列数」の順になっていることに注意しよう. 例えば, 2 × 3 行列と 3 × 2 行列は異なる. 実際, それぞれの行列を順に表すと

$$\begin{bmatrix} \bigcirc & \bigcirc & \bigcirc \\ \bigcirc & \bigcirc & \bigcirc \end{bmatrix}, \qquad \begin{bmatrix} \bigcirc & \bigcirc \\ \bigcirc & \bigcirc \\ \bigcirc & \bigcirc \end{bmatrix}$$

である. また, 行列の各数のことを **成分** といい, 例えば第 1 行第 2 列にある成分のことを $(1, 2)$ 成分という.

> **例題 2.1** 行列 $\begin{bmatrix} 50 & 100 & 40 \\ 65 & 150 & 24 \end{bmatrix}$ に対して, 次を求めなさい.
>
> (1) 型　(2) $(1,2)$ 成分　(3) 第 2 行　(4) 第 1 列

2) **行数** とは「行の個数」のことで, **列数** とは「列の個数」のことである.

解答 (1) 行数が 2, 列数が 3 の行列であるから $\underline{2 \times 3}$

(2) $(1,2)$ 成分は, 上から 1 つ目, 左から 2 つ目にある成分なので $\underline{100}$

(3) 第 2 行は, 上から 2 つ目の行 (横の並び) であるから $\underline{\begin{bmatrix} 65 & 150 & 24 \end{bmatrix}}$

(4) 第 1 列は, 左から 1 つ目の列 (縦の並び) であるから $\underline{\begin{bmatrix} 50 \\ 65 \end{bmatrix}}$ ■

練習 2.2[3] 行列 $\begin{bmatrix} 14 & 91 & 32 & 46 \\ 31 & 59 & 15 & 89 \\ 28 & 21 & 0 & 56 \end{bmatrix}$ に対して, 次を求めなさい.

(1) 型　(2) $(1,2)$ 成分　(3) 第 2 行　(4) 第 1 列

行が 1 つしかない行列を **行ベクトル**, 列が 1 つしかない行列を **列ベクトル** という. 例えば, ある動物園の入園料が大人 500 円, 学生 400 円, 子供 200 円であるとき, この数を横に並べた

$$\begin{bmatrix} 500 & 400 & 200 \end{bmatrix}$$

は行ベクトルである. この場合, 成分が 3 つなので 3 次元 行ベクトルともいう. また, ある動物園のある 1 日の入園者数が大人 100 人, 子供 150 人であったとき, この数を縦に並べた

$$\begin{bmatrix} 100 \\ 150 \end{bmatrix}$$

は列ベクトルである. この場合は 2 次元 列ベクトルともいう.

行列についてまとめておこう. 以後, 本書では基本的に $m, n \in \mathbb{N}$ とする[4]. 一般に, $m \times n$ 個の実数 $a_{11}, a_{12}, \ldots, a_{mn}$ を, m 個の行と n 個の列に

$$\begin{bmatrix} a_{11} & a_{12} & \cdots & a_{1n} \\ a_{21} & a_{22} & \cdots & a_{2n} \\ \vdots & \vdots & & \vdots \\ a_{m1} & a_{m2} & \cdots & a_{mn} \end{bmatrix} \quad \text{または} \quad \begin{pmatrix} a_{11} & a_{12} & \cdots & a_{1n} \\ a_{21} & a_{22} & \cdots & a_{2n} \\ \vdots & \vdots & & \vdots \\ a_{m1} & a_{m2} & \cdots & a_{mn} \end{pmatrix}$$

のように長方形に並べて [ ] または ( ) でくくったものを **行列** という. 特に,

---

3) **答 (練習 2.2)** (1) 3×4 (2) 91 (3) $\begin{bmatrix} 31 & 59 & 15 & 89 \end{bmatrix}$ (4) $\begin{bmatrix} 14 \\ 31 \\ 28 \end{bmatrix}$

4) 記号 $\mathbb{N}$ は自然数全体の集合である (「基礎数学」[11] p.4 参照).

行数が m で, 列数が n であるような行列を $\boldsymbol{m \times n}$ **行列** といい, この $m \times n$ を行列の **型** という. また, 行列の各数 a_{11}, a_{12}, …, a_{mn} を **成分** といい, 特に 第 i 行 第 j 列の成分 a_{ij} を $\boldsymbol{(i, j)}$ **成分** という. 行列を表すときはアルファベットの大文字を, 成分を表すときは小文字を使うことが多く,

$$A = \begin{bmatrix} a_{11} & a_{12} & \cdots & a_{1j} & \cdots & a_{1n} \\ a_{21} & a_{22} & \cdots & a_{2j} & \cdots & a_{2n} \\ \vdots & \vdots & & \vdots & & \vdots \\ a_{i1} & a_{i2} & \cdots & a_{ij} & \cdots & a_{in} \\ \vdots & \vdots & & \vdots & & \vdots \\ a_{m1} & a_{m2} & \cdots & a_{mj} & \cdots & a_{mn} \end{bmatrix} \text{第 } i \text{ 行}$$

第 j 列

のとき, $A = \begin{bmatrix} a_{ij} \end{bmatrix}$ と省略して表すこともある.

2 つの行列 A と B の型が同じで, かつ各成分が等しいとき, A と B は **等しい** といい, $A = B$ と表す.

2.2 いろいろな行列

ここでは, いくつか特徴のある行列や用語を紹介する.

(1) 成分がすべて 0 の行列を **零行列** といい, O と表す. 例えば, 型が 3×2 の零行列は $O = \begin{bmatrix} 0 & 0 \\ 0 & 0 \\ 0 & 0 \end{bmatrix}$ である.

(2) 行数と列数が等しい行列を **正方行列** という. 特に, $n \times n$ 行列のことを $\boldsymbol{n}$ **次正方行列** という. 例えば, $\begin{bmatrix} 1 & 1 & 3 \\ -2 & 1 & 0 \\ 2 & 4 & -2 \end{bmatrix}$ は 3 次正方行列[5]である.

(3) 正方行列で, <u>左上から右下</u> への対角線上に並ぶ成分のことを **対角成分** という. 例えば, $A = \begin{bmatrix} 3 & 5 & -1 \\ 2 & 1 & 0 \\ 2 & 4 & -2 \end{bmatrix}$ の対角成分は 3, 1, -2 である.

(4) 正方行列で, 対角成分より <u>左下</u> にある成分がすべて 0 の行列を **上三角行列**, 対角成分より <u>右上</u> にある成分がすべて 0 の行列を **下三角行列**, 対角成分

5) 3×3 行列 ともいう.

以外の成分がすべて 0 の行列を **対角行列** という. 例えば,

$$A = \begin{bmatrix} 3 & 5 & -1 \\ 0 & 1 & 0 \\ 0 & 0 & -2 \end{bmatrix}, \ B = \begin{bmatrix} 3 & 0 & 0 \\ 2 & 1 & 0 \\ 2 & 4 & -2 \end{bmatrix}, \ C = \begin{bmatrix} 1 & 0 & 0 \\ 0 & -1 & 0 \\ 0 & 0 & 0 \end{bmatrix}$$

は, A が上三角行列, B が下三角行列, C が対角行列である.

(5) 対角行列で, 対角成分がすべて 1 の行列を **単位行列** といい, E と表す[6].

例えば, 3 次の単位行列は $E = \begin{bmatrix} 1 & 0 & 0 \\ 0 & 1 & 0 \\ 0 & 0 & 1 \end{bmatrix}$ である.

なお, 単位行列を成分で簡単に表したいときには, **クロネッカーのデルタ**

$$\delta_{ij} = \begin{cases} 1 & (i = j), \\ 0 & (i \neq j) \end{cases}$$

の記号を用いると便利である[7]. 実際, 単位行列は $E = \left[\delta_{ij}\right]$ と表せる.

(6) 対角行列で, 対角成分がすべて同じ実数の行列を **スカラー行列** という.

例えば, $\begin{bmatrix} -\sqrt{2} & 0 & 0 \\ 0 & -\sqrt{2} & 0 \\ 0 & 0 & -\sqrt{2} \end{bmatrix}$ は 3 次スカラー行列である.

(7) 成分がすべて 0 のベクトルを **零ベクトル** といい, $\boldsymbol{o}$ と表す. 例えば,

$\begin{bmatrix} 0 & 0 & 0 \end{bmatrix}$, $\begin{bmatrix} 0 \\ 0 \end{bmatrix}$ は零ベクトルである.

2.3　行列の和・スカラー倍・差

まずは, 行列どうしの足し算について, 次の問題を例に考えてみよう.

> スポーツ店 S では先月, ラケット 50 本, ボール 100 個が売れ, スポーツ店 T ではラケット 65 本, ボール 150 個が売れた. さらに今月, スポーツ店 S ではラケット 67 本, ボール 84 個が売れ, スポーツ店 T ではラケット 45 本, ボール 200 個が売れた. この 2 か月間の販売店ごと, 商品ごとの合計販売数はどうなるか?

まず, 1 か月ごとに表にまとめると

6) 単位行列を I と表す流儀もあるが, 本書では E を用いる.

7) δ はギリシア文字「デルタ」の小文字である. ギリシア文字表は p.vii 参照.

先月	ラケット	ボール
店 S	50	100
店 T	65	150

今月	ラケット	ボール
店 S	67	84
店 T	45	200

であるから, この 2 か月間における販売数の表を完成させるには, 対応する成分ごとに足し算すればよく, 以下が得られる.

合計	ラケット	ボール
店 S	50 + 67	100 + 84
店 T	65 + 45	150 + 200

→

合計	ラケット	ボール
店 S	117	184
店 T	110	350

ここで, これらの表から配列を変えずに数だけを取り出した行列で考えると

$$\begin{bmatrix} 50 & 100 \\ 65 & 150 \end{bmatrix} + \begin{bmatrix} 67 & 84 \\ 45 & 200 \end{bmatrix} = \begin{bmatrix} 50+67 & 100+84 \\ 65+45 & 150+200 \end{bmatrix} = \begin{bmatrix} 117 & 184 \\ 110 & 350 \end{bmatrix}$$

となる. よって, 行列どうしの足し算は, 同じ場所 (同じ行で同じ列) にある成分どうしを足し算するのが自然である.

今度は, 以下の 2 つの表から販売数を計算することを考えよう.

先月	ラケット	ボール	シューズ
店 S	50	100	40
店 T	65	150	24

今月	ラケット	ボール
店 S	67	84
店 T	45	200

右側 (今月) の表には「シューズ」の列がないため, シューズの販売数は不明である. よって, 左側 (先月) の「シューズ」に対応させる相手がいなく, 計算できない. 行列の場合も同じで, 行列の型が異なる場合は

$$\begin{bmatrix} 50 & 100 & 40 \\ 65 & 150 & 24 \end{bmatrix} + \begin{bmatrix} 67 & 84 \\ 45 & 200 \end{bmatrix} = \begin{bmatrix} 50+67 & 100+84 & 40+\boxed{?} \\ 65+45 & 150+200 & 24+\boxed{?} \end{bmatrix}$$

相手がいない!!

となり, 行列どうしの和が計算できない. このようなときは, どうすればよいか？ もし, いまここで考えているように行列計算の背景がはっきりわかっているようであれば, あらかじめ表の体裁を整えることで同じ型の行列の和として計算することができるが, 背景がわからない単なる行列計算の場合は, さまざまな可能性が考えられるため[8], 勝手に 0 の成分を付け加えて計算することは許

8) 行列計算だけをみると, 販売数が不明な商品はじつは「シューズ」ではなく「ボール」かもしれないし, 「ラケット」かもしれない. 自分の都合のいいように計算してはいけない.

されない．したがって，**計算不能** と定めるのである．

ここで，行列どうしの足し算を次のように定義する．同じ型 の 2 つの行列 A, B に対して，「A と B の各成分どうしの和」 を成分とする行列を A と B の **和** と定義し，それを $A+B$ と表す．つまり，$m \times n$ 行列

$$A = \begin{bmatrix} \boxed{a_{11}} & \cdots & a_{1n} \\ \vdots & & \vdots \\ a_{m1} & \cdots & a_{mn} \end{bmatrix}, \quad B = \begin{bmatrix} \boxed{\boxed{b_{11}}} & \cdots & b_{1n} \\ \vdots & & \vdots \\ b_{m1} & \cdots & b_{mn} \end{bmatrix} \text{ に対して}$$

$$A + B = \begin{bmatrix} \boxed{a_{11}} + \boxed{\boxed{b_{11}}} & \cdots & a_{1n} + b_{1n} \\ \vdots & & \vdots \\ a_{m1} + b_{m1} & \cdots & a_{mn} + b_{mn} \end{bmatrix}$$

と定義する．なお，A と B の型が異なるときは計算不能と定める．

例 1　$A = \begin{bmatrix} 1 & 2 \\ 3 & 4 \end{bmatrix}$, $B = \begin{bmatrix} 2 & -1 \\ 1 & 2 \end{bmatrix}$, $C = \begin{bmatrix} -2 & 1 & -1 \\ 1 & -2 & 1 \end{bmatrix}$ とすると，A, B はともに 2×2 行列で型が同じであるから和 $A+B$ は計算可能で，

$$A + B = \begin{bmatrix} 1 & 2 \\ 3 & 4 \end{bmatrix} + \begin{bmatrix} 2 & -1 \\ 1 & 2 \end{bmatrix} = \begin{bmatrix} 1+2 & 2+(-1) \\ 3+1 & 4+2 \end{bmatrix} = \begin{bmatrix} 3 & 1 \\ 4 & 6 \end{bmatrix}$$

である．一方，C の型は 2×3 で，A, B の型 2×2 と異なるので，和 $A+C$ と $B+C$ は計算不能である．■

練習 2.3 [9]　$A = \begin{bmatrix} -1 & 2 \\ 3 & -4 \end{bmatrix}$, $B = \begin{bmatrix} 2 & -1 \\ -1 & 2 \\ 1 & -2 \end{bmatrix}$, $C = \begin{bmatrix} 2 & 1 \\ -1 & -2 \end{bmatrix}$ とするとき，和 $A+B$, $A+C$ をそれぞれ計算しなさい．計算不能であるときは，理由とともに「計算不能」と答えること．

続いて，行列のスカラー倍と差について定義する[10]．行列 A と $c \in \mathbb{R}$ に対して，A の すべての 成分に c を掛けて得られる行列を A の **スカラー c 倍** と定義し，それを cA と表す．つまり，$A = \begin{bmatrix} a_{ij} \end{bmatrix}$ のとき，

---

9) **答 (練習 2.3)**　$A+B$ は計算不能 (A の型と B の型が異なる)，$A + C = \begin{bmatrix} 1 & 3 \\ 2 & -6 \end{bmatrix}$

10) 本書では実数のみを扱っているので，スカラー倍は「実数倍」と読み替えてもよい．

$$\boxed{c}\,A = \begin{bmatrix} \boxed{c}\,a_{11} & \boxed{c}\,a_{12} & \cdots & \boxed{c}\,a_{1n} \\ \boxed{c}\,a_{21} & \boxed{c}\,a_{22} & \cdots & \boxed{c}\,a_{2n} \\ \vdots & \vdots & & \vdots \\ \boxed{c}\,a_{m1} & \boxed{c}\,a_{m2} & \cdots & \boxed{c}\,a_{mn} \end{bmatrix}$$

と定義する．特に，$c = -1$ のときは $-A$ と表す．つまり，

$$-A = (-1)\,A$$

である．また，行列どうしの引き算は，同じ型の2つの行列 A, B に対して，和とスカラー倍を用いた $A+(-B)$ を A と B の **差** と定義し，それを

$$A - B$$

で表す．つまり，

$$A \boxed{-} B = A + (-B)$$

である．なお，差も和と同様に A と B の型が異なるときは計算不能と定める．

例 2　$A = \begin{bmatrix} 1 & 2 \\ 3 & 4 \end{bmatrix}$, $B = \begin{bmatrix} 2 & -1 \\ 1 & 2 \end{bmatrix}$ とすると，

$$\boxed{\frac{3}{8}}A = \boxed{\frac{3}{8}}\begin{bmatrix} 1 & 2 \\ 3 & 4 \end{bmatrix} = \begin{bmatrix} \boxed{\frac{3}{8}}\times 1 & \boxed{\frac{3}{8}}\times 2 \\ \boxed{\frac{3}{8}}\times 3 & \boxed{\frac{3}{8}}\times 4 \end{bmatrix} = \begin{bmatrix} \frac{3}{8} & \frac{3}{4} \\ \frac{9}{8} & \frac{3}{2} \end{bmatrix}$$

である．また，A, B ともに 2×2 行列で型が同じであるから，差 $A-B$ は計算可能で，その結果は

$$A - B = A + (-B) = \begin{bmatrix} \boxed{1} & 2 \\ 3 & 4 \end{bmatrix} + \begin{bmatrix} \boxed{-2} & 1 \\ -1 & -2 \end{bmatrix} = \begin{bmatrix} \boxed{-1} & 3 \\ 2 & 2 \end{bmatrix}$$ ■

練習 2.4[11]　$A = \begin{bmatrix} -1 & 2 \\ 3 & -4 \end{bmatrix}$, $B = \begin{bmatrix} 2 & 1 \\ -1 & -2 \end{bmatrix}$, $C = \begin{bmatrix} 1 & -1 & 0 \\ -1 & 2 & 0 \end{bmatrix}$

とする．このとき，$\frac{3}{2}A$, $-2C$, $A-B$, $B-A$, $C-B$ を求めなさい．
計算不能であるときは，理由とともに「計算不能」と答えること．

---

11) 答 (練習 2.4)　$\frac{3}{2}A = \begin{bmatrix} -\frac{3}{2} & 3 \\ \frac{9}{2} & -6 \end{bmatrix}$, $-2C = \begin{bmatrix} -2 & 2 & 0 \\ 2 & -4 & 0 \end{bmatrix}$,
$A-B = \begin{bmatrix} -3 & 1 \\ 4 & -2 \end{bmatrix}$, $B-A = \begin{bmatrix} 3 & -1 \\ -4 & 2 \end{bmatrix}$, $C-B$ は計算不能 (C の型と B の型が異なる)

2.4 行ベクトルと列ベクトルの積

次の状況を考えてみよう．

> ある動物園の入園料は大人 500 円，学生 400 円，子供 200 円であり，ある 1 日の入園者数が大人 100 人，学生 20 人，子供 150 人であった．
> このとき，この動物園の，この 1 日の入園料による売上高はいくらであろうか？　ただし，入園者は全員入園料を支払っているとする．

このとき，入園料を横長の表，入園者数を縦長の表としてまとめ，さらに大人，学生，子供の順序が同じになるよう配置すると

	大人	学生	子供
入園料 (円)	500	400	200

	入園者数 (人)
大人	100
学生	20
子供	150

である．この動物園の，この 1 日の入園料による売上高は，大人と学生と子供ごとに入園料と入園者数を掛けてから足し合わせればよいので

$$500 \times 100 + 400 \times 20 + 200 \times 150 = 50000 + 8000 + 30000 = 88000$$

より，88000 円 である．ここで，この計算法を参考に「行ベクトルと列ベクトルの積」を定めることにしよう．まず，上の 2 つの表から配列を変えずに数だけを取り出して得られる行ベクトルと列ベクトルに対して，その積は

$$\begin{bmatrix} \boxed{500} & \boxed{\boxed{400}} & \textcircled{200} \end{bmatrix} \begin{bmatrix} \boxed{100} \\ \boxed{\boxed{20}} \\ \textcircled{150} \end{bmatrix}$$

$$= \boxed{500} \times \boxed{100} + \boxed{\boxed{400}} \times \boxed{\boxed{20}} + \textcircled{200} \times \textcircled{150}$$

$$= 50000 + 8000 + 30000 = 88000$$

のように定めるのが自然である．

一方，以下の 2 つの表から売上高を計算することを考えよう．

	大人	学生	子供
入園料 (円)	500	400	200

	入園者数 (人)
大人	100
子供	150

右表には「学生」の行がないため, 学生の入園者数は不明である. よって, 左表の「学生」に対応させる相手がいなく, 計算できない. 行列の場合も同じで, 行ベクトルと列ベクトルの成分の個数が異なる場合は, 行ベクトルと列ベクトルの積が計算できない. このようなときは, 行列の和のときと同様に, 勝手に 0 の成分を付け加えて計算することは許されないので, **計算不能** と定める.

ここで, 行ベクトルと列ベクトルの **積** を次のように定義する.

$$\begin{bmatrix} \boxed{a_1} & \boxed{\boxed{a_2}} & \cdots & (a_n) \end{bmatrix} \begin{bmatrix} \boxed{b_1} \\ \boxed{\boxed{b_2}} \\ \vdots \\ (b_n) \end{bmatrix}$$

$$= \boxed{a_1} \times \boxed{b_1} + \boxed{\boxed{a_2}} \times \boxed{\boxed{b_2}} + \cdots + (a_n) \times (b_n) \quad \left(= \sum_{k=1}^{n} a_k\, b_k \right)$$

なお, 各ベクトルの成分の個数が異なるとき, 行ベクトルと列ベクトルの積は計算不能と定める. また, 行ベクトルと列ベクトルの積の結果は, 計算可能ならばスカラーとなる.

例 3 (1) $\begin{bmatrix} \boxed{1} & \boxed{\boxed{2}} \end{bmatrix} \begin{bmatrix} \boxed{3} \\ \boxed{\boxed{4}} \end{bmatrix} = \boxed{1} \times \boxed{3} + \boxed{\boxed{2}} \times \boxed{\boxed{4}} = 11$

(2) $\begin{bmatrix} \boxed{1} & \boxed{\boxed{2}} \end{bmatrix} \begin{bmatrix} \boxed{3} \\ \boxed{\boxed{4}} \\ (5) \end{bmatrix}$ は, 行ベクトルの成分の個数 2 と, 列ベクトルの成分の個数 3 が異なるので, 計算不能である. ■

練習 2.5 [12] 次の行ベクトルと列ベクトルの積を計算しなさい. 計算不能であるときは, 理由とともに「計算不能」と答えること.

(1) $\begin{bmatrix} 1 & 2 \end{bmatrix} \begin{bmatrix} -3 \\ 4 \end{bmatrix}$ (2) $\begin{bmatrix} 1 & 3 & -2 \end{bmatrix} \begin{bmatrix} 4 \\ 0 \\ 2 \end{bmatrix}$ (3) $\begin{bmatrix} 2 & -1 \end{bmatrix} \begin{bmatrix} 1 \\ 3 \\ -2 \end{bmatrix}$

12) **答 (練習 2.5)** (1) 5 (2) 0 (3) 計算不能 (行ベクトルの成分の個数と列ベクトルの成分の個数が異なる)

2.5 行列の積

次の状況をもとに, 行列の積をどのように定義すればよいか, 考えてみよう.

> 駄菓子屋 P では 翌日 1 日の販売目標を, それぞれアメ 30 個, ガム 10 個, アイス 20 個と設定し, 駄菓子屋 Q ではそれぞれアメ 10 個, ガム 20 個, アイス 30 個と設定した. また, 販売価格の案として, (a) はアメ, ガム, アイスの 3 商品の価格を 10 円, 10 円, 50 円 とし, (b) はそれぞれ 20 円, 10 円, 40 円 とした. このとき, 各駄菓子屋の販売価格案 (a), (b) の予想売上高はそれぞれいくらになるだろうか?

項目の配置に注意して表にまとめると

販売目標 (個)	アメ	ガム	アイス
駄菓子屋 P	30	10	20
駄菓子屋 Q	10	20	30

販売価格 (円)	案 (a)	案 (b)
ア　メ	10	20
ガ　ム	10	10
アイス	50	40

であるから, 配列を変えずに数を取り出した行列を それぞれ A, B とすると,

$$A = \begin{bmatrix} 30 & 10 & 20 \\ 10 & 20 & 30 \end{bmatrix}, \quad B = \begin{bmatrix} 10 & 20 \\ 10 & 10 \\ 50 & 40 \end{bmatrix}$$

である. ここで, 行ベクトルと列ベクトルの積の計算を意識して, 左の行列 A を行ベクトルに分け, 右の行列 B を列ベクトルに分けると,

$$AB = \left[\begin{array}{ccc} 30 & 10 & 20 \\ \hline 10 & 20 & 30 \end{array}\right] \left[\begin{array}{c|c} 10 & 20 \\ 10 & 10 \\ 50 & 40 \end{array}\right]$$

である. このとき, A の第 1 行は駄菓子屋 P の各商品の販売数を表し, B の第 1 列は販売価格案 (a) の各単価を表しているので, これらの積は「駄菓子屋 P の案 (a) における売上高」を表すことになる. 実際,

$$\begin{bmatrix} \boxed{30} & \boxed{\boxed{10}} & (20) \end{bmatrix} \begin{bmatrix} \boxed{10} \\ \boxed{\boxed{10}} \\ (50) \end{bmatrix} = 300 + 100 + 1000 = 1400$$

より, 1400 円であることがわかる. 同様に,

A の第 1 行と B の第 2 列の積は「駄菓子屋 P の案 (b) における売上高」を，A の第 2 行と B の第 1 列の積は「駄菓子屋 Q の案 (a) における売上高」を，A の第 2 行と B の第 2 列の積は「駄菓子屋 Q の案 (b) における売上高」をそれぞれ表すことになるので，A と B の積 AB を

$$AB = \left[\begin{array}{ccc} 30 & 10 & 20 \\ \hline 10 & 20 & 30 \end{array}\right] \left[\begin{array}{c|c} 10 & 20 \\ 10 & 10 \\ 50 & 40 \end{array}\right]$$

$$= \left[\begin{array}{c|c} \begin{bmatrix} 30 & 10 & 20 \end{bmatrix} \begin{bmatrix} 10 \\ 10 \\ 50 \end{bmatrix} & \begin{bmatrix} 30 & 10 & 20 \end{bmatrix} \begin{bmatrix} 20 \\ 10 \\ 40 \end{bmatrix} \\ \hline \begin{bmatrix} 10 & 20 & 30 \end{bmatrix} \begin{bmatrix} 10 \\ 10 \\ 50 \end{bmatrix} & \begin{bmatrix} 10 & 20 & 30 \end{bmatrix} \begin{bmatrix} 20 \\ 10 \\ 40 \end{bmatrix} \end{array}\right]$$

と考えるのは自然で，この計算を続けると

$$= \left[\begin{array}{c|c} 300 + 100 + 1000 & 600 + 100 + 800 \\ \hline 100 + 200 + 1500 & 200 + 200 + 1200 \end{array}\right]$$

$$= \left[\begin{array}{c|c} 1400 & 1500 \\ \hline 1800 & 1600 \end{array}\right]$$

が得られる．これより，予想売上高の表が次のように完成される．

予想売上高 (円)	案 (a)	案 (b)
駄菓子屋 P	1400	1500
駄菓子屋 Q	1800	1600

このことから，予想売上高が大きいのは，駄菓子屋 P では販売価格案 (b)，駄菓子屋 Q では販売価格案 (a) ということがわかった．

以上の考察をもとに，行列どうしの掛け算について，一般的な定義を考えよう．行列どうしの掛け算は，行ベクトルと列ベクトルの積を用いて，次のように定義する．

$m, n, r \in \mathbb{N}$ とし，行列 A の型を $m \times n$，行列 B の型を $n \times r$ とする[13]．A を行ベクトルに，B を列ベクトルに分割し，A の第 i 行ベクトルと，B の第 j 列ベクトルの積が (i, j) 成分となるような行列を A と B の **積** と定義し，それを AB と表す．このように，行列の積の各成分は行ベクトルと列ベクトルの積であるということを意識してまとめると，

13) A の第 i 行ベクトルの列数と，B の第 j 列ベクトルの行数がともに n で一致していることに注意する．一致していないと，行ベクトルと列ベクトルの積が計算不能となる．

$$A = \begin{bmatrix} a_{11} & \cdots & a_{1n} \\ \vdots & & \vdots \\ a_{i1} & \cdots & a_{in} \\ \vdots & & \vdots \\ a_{m1} & \cdots & a_{mn} \end{bmatrix}, \quad B = \begin{bmatrix} b_{11} & \cdots & b_{1j} & \cdots & b_{1r} \\ \vdots & & \vdots & & \vdots \\ b_{n1} & \cdots & b_{nj} & \cdots & b_{nr} \end{bmatrix}$$ のとき

$$AB = \begin{bmatrix} c_{11} & \cdots & c_{1j} & \cdots & c_{1r} \\ \vdots & & \vdots & & \vdots \\ c_{i1} & \cdots & c_{ij} & \cdots & c_{ir} \\ \vdots & & \vdots & & \vdots \\ c_{m1} & \cdots & c_{mj} & \cdots & c_{mr} \end{bmatrix}$$

ここに, $c_{ij} = \begin{bmatrix} a_{i1} & a_{i2} & \cdots & a_{in} \end{bmatrix} \begin{bmatrix} b_{1j} \\ b_{2j} \\ \vdots \\ b_{nj} \end{bmatrix} = \sum_{k=1}^{n} a_{ik}\, b_{kj}$ である.

なお,「A の列数」と「B の行数」が異なるときは, 行ベクトルと列ベクトルの積が計算不能となるので, 積 AB も計算不能と定める. また, $\boxed{m} \times n$ 行列と $n \times \boxed{r}$ 行列の積で得られる行列の型は $\boxed{m} \times \boxed{r}$ である. A が正方行列であれば, べき乗 $A^k = \underbrace{AA\cdots A}_{k\text{個}}$ $(k \in \mathbb{N})$ が定義できる.

例 4 (1) $A = \begin{bmatrix} 1 & 2 \\ -2 & -1 \end{bmatrix}$, $B = \begin{bmatrix} 2 & -1 \\ 3 & 2 \end{bmatrix}$ に対して, AB, BA を計算してみよう. A の型は $\boxed{2} \times 2$, B の型は $2 \times \boxed{2}$ で A の列数と B の行数が一致するから 積 AB は計算可能で, その型は $\boxed{2} \times \boxed{2}$ である. よって,

$$AB = \begin{bmatrix} 1 & 2 \\ -2 & -1 \end{bmatrix} \begin{bmatrix} 2 & -1 \\ 3 & 2 \end{bmatrix} = \begin{bmatrix} 2+6 & -1+4 \\ -4+(-3) & 2+(-2) \end{bmatrix} = \begin{bmatrix} 8 & 3 \\ -7 & 0 \end{bmatrix}$$

さらに, B の型は $\boxed{2} \times 2$, A の型は $2 \times \boxed{2}$ で B の列数と A の行数が一致するから 積 BA も計算可能で, その型は $\boxed{2} \times \boxed{2}$ である. よって,

$$BA = \begin{bmatrix} 2 & -1 \\ 3 & 2 \end{bmatrix} \begin{bmatrix} 1 & 2 \\ -2 & -1 \end{bmatrix} = \begin{bmatrix} 2+2 & 4+1 \\ 3+(-4) & 6+(-2) \end{bmatrix} = \begin{bmatrix} 4 & 5 \\ -1 & 4 \end{bmatrix}$$

(2) $A = \begin{bmatrix} 1 & 2 \\ 3 & 4 \\ 5 & 6 \end{bmatrix}$, $B = \begin{bmatrix} 1 & -1 \\ 0 & 1 \end{bmatrix}$ に対して, AB, BA を計算してみよう. A の型は $\boxed{3} \times 2$, B の型は $2 \times \boxed{2}$ で A の列数と B の行数が一致するから 積 AB は計算可能で, その型は $\boxed{3} \times \boxed{2}$ である. よって,

$$AB = \begin{bmatrix} 1 & 2 \\ 3 & 4 \\ 5 & 6 \end{bmatrix} \begin{bmatrix} 1 & -1 \\ 0 & 1 \end{bmatrix} = \begin{bmatrix} 1+0 & -1+2 \\ 3+0 & -3+4 \\ 5+0 & -5+6 \end{bmatrix} = \begin{bmatrix} 1 & 1 \\ 3 & 1 \\ 5 & 1 \end{bmatrix}.$$

一方, BA は B の型は 2×2, A の型は 3×2 で B の列数と A の行数が異なるので 積 BA は計算不能である. ■

注意　一般に $AB \neq BA$ だが, $AB = BA$ のとき A と B は **可換** であるという.

練習 2.6 [14]　$A = \begin{bmatrix} 1 & 2 \\ 3 & 4 \end{bmatrix}$, $B = \begin{bmatrix} 1 & -1 & 2 \\ -1 & 0 & 1 \end{bmatrix}$ のとき, 積 AB, BA を求めなさい. 計算不能であるときは, 理由とともに「計算不能」と答えること.

2.6 行列の性質

行列の性質をまとめよう.

行列の性質 (その 1)

同じ型の行列 A, B, C と $a, b \in \mathbb{R}$, 零行列 O に対して, 次が成り立つ.

(1) $A+B = B+A$

(2) $(A+B)+C = A+(B+C)$　(これを $A+B+C$ と表す.)

(3) $A+O = A$,　$O+A = A$

(4) $a(bA) = (ab)A$　(これを abA と表す.)

(5) $(a+b)A = aA+bA$

(6) $a(A+B) = aA+aB$

14) 答 (練習 2.6)　$AB = \begin{bmatrix} -1 & -1 & 4 \\ -1 & -3 & 10 \end{bmatrix}$, BA は計算不能 (B の列数と A の行数が異なる)

(7) $1A = A$
(8) $0A = O$

行列の性質 (その 2)

行列 A, B, C と $c \in \mathbb{R}$ および零行列 O, 単位行列 E について, 次が成り立つ. ただし, 各等式は両辺の演算が計算可能なときにのみ成り立つとする. 特に (14), (15) は 実数の性質とは異なるので注意!

(9) $AO = O, \quad OA = O$
(10) $AE = A, \quad EA = A$
(11) $(AB)C = A(BC)$ (これを ABC と表す.)
(12) $A(B+C) = AB+AC, \quad (A+B)C = AC+BC$
(13) $A(cB) = c(AB), \quad (cA)B = c(AB)$
(14) 一般に, $AB \neq BA$
(15) $AB = O$ であっても,「$A = O$ または $B = O$」とは限らない.

例題 2.2 次の行列の計算をしなさい.

$$\begin{bmatrix} 2 & 1 \\ -1 & 3 \end{bmatrix}\begin{bmatrix} 2 & -2 \\ 1 & -2 \end{bmatrix} + \begin{bmatrix} 2 & 1 \\ -1 & 3 \end{bmatrix}\begin{bmatrix} -1 & 2 \\ -1 & 1 \end{bmatrix}$$

解答 それぞれ行列の積を計算してから和を求めてもよいが, ここでは各項の左側にある行列が同じであることから, 行列の性質 (12) を使って簡単に計算してみよう.

$$\begin{aligned} &\begin{bmatrix} 2 & 1 \\ -1 & 3 \end{bmatrix}\begin{bmatrix} 2 & -2 \\ 1 & -2 \end{bmatrix} + \begin{bmatrix} 2 & 1 \\ -1 & 3 \end{bmatrix}\begin{bmatrix} -1 & 2 \\ -1 & 1 \end{bmatrix} \\ &= \begin{bmatrix} 2 & 1 \\ -1 & 3 \end{bmatrix}\left\{\begin{bmatrix} 2 & -2 \\ 1 & -2 \end{bmatrix} + \begin{bmatrix} -1 & 2 \\ -1 & 1 \end{bmatrix}\right\} \\ &= \begin{bmatrix} 2 & 1 \\ -1 & 3 \end{bmatrix}\begin{bmatrix} 1 & 0 \\ 0 & -1 \end{bmatrix} \\ &= \underline{\begin{bmatrix} 2 & -1 \\ -1 & -3 \end{bmatrix}} \end{aligned}$$

■

練習 2.7[15] 次の行列の計算をしなさい.

(1) $3\begin{bmatrix} 57 & 48 \\ 39 & 44 \end{bmatrix} - 3\begin{bmatrix} 56 & 49 \\ 39 & 43 \end{bmatrix}$　(2) $39\begin{bmatrix} 1 & 2 \\ -1 & 3 \end{bmatrix} - 41\begin{bmatrix} 1 & 2 \\ -1 & 3 \end{bmatrix}$

2.7 転置行列

A を $m \times n$ 行列とする. A のすべての行に対して, 第1行を第1列に, 第2行を第2列に, ... という規則にしたがって並べ替えた行列を A の **転置行列** といい, ${}^tA$ と表す[16]. 例えば, $A = \begin{bmatrix} 3 & -2 \\ 5 & -1 \\ -1 & 3 \end{bmatrix}$ の転置行列は

$$ {}^tA = \begin{bmatrix} 3 & 5 & -1 \\ -2 & -1 & 3 \end{bmatrix} $$

である. また, $A = \begin{bmatrix} 1 & 2 \\ 3 & 4 \\ 5 & 6 \end{bmatrix}$, $B = \begin{bmatrix} 1 & -1 \\ 0 & 1 \end{bmatrix}$ のとき,

$$ AB = \begin{bmatrix} 1 & 2 \\ 3 & 4 \\ 5 & 6 \end{bmatrix} \begin{bmatrix} 1 & -1 \\ 0 & 1 \end{bmatrix} = \begin{bmatrix} 1 & 1 \\ 3 & 1 \\ 5 & 1 \end{bmatrix} $$

であるから, ${}^t(AB) = \begin{bmatrix} 1 & 3 & 5 \\ 1 & 1 & 1 \end{bmatrix}$ である. 一方,

$$ {}^tA = \begin{bmatrix} 1 & 3 & 5 \\ 2 & 4 & 6 \end{bmatrix}, \quad {}^tB = \begin{bmatrix} 1 & 0 \\ -1 & 1 \end{bmatrix} $$

であるから,

$$ {}^tB\,{}^tA = \begin{bmatrix} 1 & 0 \\ -1 & 1 \end{bmatrix} \begin{bmatrix} 1 & 3 & 5 \\ 2 & 4 & 6 \end{bmatrix} = \begin{bmatrix} 1 & 3 & 5 \\ 1 & 1 & 1 \end{bmatrix} = {}^t(AB) $$

がわかる. 一般に, 次の関係式が成り立つ.

転置行列 と 行列の積

$m \times n$ 行列 A と $n \times r$ 行列 B の積 AB について, ${}^t(AB) = {}^tB\,{}^tA$.

---

15) 答 (練習 2.7) (1) $\begin{bmatrix} 3 & -3 \\ 0 & 3 \end{bmatrix}$ (2) $\begin{bmatrix} -2 & -4 \\ 2 & -6 \end{bmatrix}$

16) 「転置された」という意味を表す英語 transposed の頭文字である.

練習 2.8 [17] $A=\begin{bmatrix} 1 & 3 & 1 \\ 2 & -1 & 0 \end{bmatrix}$, $B=\begin{bmatrix} -2 \\ 2 \\ -1 \end{bmatrix}$ のとき, AB, ${}^tB{}^tA$ を求めなさい.

2.8 逆 行 列

$c \in \mathbb{R}$ に 右から 1 を掛けると,

$$c \times 1 \;=\; c$$

より c となる. また, 実数の掛け算の性質から, 掛ける順序を変えても

$$c \times 1 \;=\; 1 \times c \;=\; c$$

であり, 結果は変わらない. このように, 実数 1 は掛け算に関して特別な性質をもっている.

次に, ある実数に対して, どのような実数を掛けるとこの特別な実数 1 になるか, 考えてみよう. 例えば, 実数 3 に対して, どのような実数を掛けると 1 になるか調べてみると

$$3 \times \frac{1}{3} \;=\; 1, \quad \frac{1}{3} \times 3 \;=\; 1$$

であるから, 答えとなる実数は $\frac{1}{3}$ である. また, 実数 0 に対しては

$$0 \times \boxed{?} \;=\; 0 \;\neq\; 1$$

より, どのような実数を掛けても 1 にすることができないので, このような実数 $\boxed{?}$ は存在しない.

一般に, 0 ではない 実数 a に対して, 右から掛けても 左から掛けても 1 になるような実数は ただ 1 つだけ存在 し, それは

$$a \times \frac{1}{a} \;=\; \frac{1}{a} \times a \;=\; 1$$

より $\frac{1}{a}$ である. この $\frac{1}{a}$ を a の **逆数** といい, a^{-1} と表すこともある.

---

17) 答 (練習 2.8) $AB = \begin{bmatrix} 3 \\ -6 \end{bmatrix}$, ${}^tB\,{}^tA = [3 \quad -6]$

以上のことが 2 次正方行列についても同じように考えられるか, 調べてみよう. 2 次正方行列 C に, 2 次単位行列 E を右から掛けても左から掛けても, 行列の性質 (10) (p.35) より

$$CE = EC = C$$

が成り立つ. したがって, 2 次正方行列では, 単位行列が掛け算について実数の 1 に相当する特別な性質をもっていることがわかる.

次に, ある 2 次正方行列に対して, どのような 2 次正方行列を右から掛け, また左から掛けると, この特別な 2 次正方行列 (単位行列) E になるだろうか? 例えば, 2 次正方行列 $A = \begin{bmatrix} 1 & 2 \\ 2 & 3 \end{bmatrix}$ に対して, どのような 2 次正方行列を掛けると 2 次単位行列 E になるか考えてみると,

$$\begin{bmatrix} 1 & 2 \\ 2 & 3 \end{bmatrix}\begin{bmatrix} -3 & 2 \\ 2 & -1 \end{bmatrix} = \begin{bmatrix} 1 & 0 \\ 0 & 1 \end{bmatrix} = E, \quad \begin{bmatrix} -3 & 2 \\ 2 & -1 \end{bmatrix}\begin{bmatrix} 1 & 2 \\ 2 & 3 \end{bmatrix} = E$$

であるから, 答えは $\begin{bmatrix} -3 & 2 \\ 2 & -1 \end{bmatrix}$ である. また, $\begin{bmatrix} 1 & 2 \\ 2 & 4 \end{bmatrix}$ に対しては

$$\begin{bmatrix} 1 & 2 \\ 2 & 4 \end{bmatrix}\begin{bmatrix} a & b \\ c & d \end{bmatrix} = \begin{bmatrix} a+2c & b+2d \\ 2(a+2c) & 2(b+2d) \end{bmatrix} \neq \begin{bmatrix} 1 & 0 \\ 0 & 1 \end{bmatrix} = E$$

より, どのような 2 次正方行列を掛けても E にすることができないので, このような 2 次正方行列は存在しない. 一般に, n 次 正方 行列 A, B が

$$AB = BA = E$$

を満たすとき, B を A の **逆行列** といい, A^{-1} と表す. つまり,

$$AA^{-1} = A^{-1}A = E$$

である. 上で確かめたように, 逆行列はつねに存在するわけではないが, もし存在すればそれは ただ 1 つ である (章末問題). 特に, $n = 2$ のとき, $A = \begin{bmatrix} a & b \\ c & d \end{bmatrix}$ の逆行列は $ad - bc \neq 0$ のときのみ存在し, そのとき

$$A^{-1} = \frac{1}{ad-bc}\begin{bmatrix} d & -b \\ -c & a \end{bmatrix}$$

である. ここに, 行列 $A = \begin{bmatrix} a & b \\ c & d \end{bmatrix}$ に対して, $ad - bc$ の 値 を A の **行列式** といい, $\det A$ あるいは $|A|$ と表す. つまり,

$$\det A = \begin{vmatrix} a & b \\ c & d \end{vmatrix} = ad - bc$$

である．行列式については第5章で詳しく解説するので，ここでは逆行列が存在するための条件式としてのみ紹介する．

逆行列をもつことを **正則** であるといい，逆行列をもつ行列のことを **正則行列** という．じつは，n 次正方行列 A が正則であるためには，$AB = E$ または $BA = E$ のいずれか一方を満たせば十分である (p.128 参照)．また，n 次正方行列 A, C が正則であるならば，積 AC もまた正則で，その逆行列は

$$(AC)^{-1} = C^{-1}A^{-1}$$

で与えられる (章末問題).

次に，逆行列の求め方を考察したいが，そのためには第3章以降で学習する理論を用いたほうが説明しやすいので後述する．ここでは，先に紹介した2次正方行列の場合を公式としてまとめる．

2次正方行列の逆行列

2次正方行列 $A = \begin{bmatrix} a & b \\ c & d \end{bmatrix}$ の逆行列 A^{-1} は，

$$\det A = ad - bc \neq 0$$

のときにのみ存在し，以下のように表される．

$$A^{-1} = \frac{1}{\det A}\begin{bmatrix} d & -b \\ -c & a \end{bmatrix} = \frac{1}{ad-bc}\begin{bmatrix} d & -b \\ -c & a \end{bmatrix}$$

例題 2.3 次の行列の逆行列を求めなさい． 検算

(1) $A = \begin{bmatrix} 1 & 2 \\ 3 & 4 \end{bmatrix}$　　(2) $B = \begin{bmatrix} 1 & 2 \\ 2 & 4 \end{bmatrix}$

解答 (1) $\det A = 1 \cdot 4 - 2 \cdot 3 = -2 \neq 0$ より A の逆行列 A^{-1} は存在し，

$$A^{-1} = \frac{1}{-2}\begin{bmatrix} 4 & -2 \\ -3 & 1 \end{bmatrix} = \begin{bmatrix} -2 & 1 \\ \frac{3}{2} & -\frac{1}{2} \end{bmatrix}$$

実際，$AA^{-1} = \begin{bmatrix} 1 & 2 \\ 3 & 4 \end{bmatrix}\begin{bmatrix} -2 & 1 \\ \frac{3}{2} & -\frac{1}{2} \end{bmatrix} = \begin{bmatrix} 1 & 0 \\ 0 & 1 \end{bmatrix} = E$ である．

(2) $\det B = 1 \cdot 4 - 2 \cdot 2 = 0$ であるから，B の逆行列 B^{-1} は存在しない．■

練習 2.9 [18] 次の行列の逆行列を求めなさい. 検算

(1) $A = \begin{bmatrix} 1 & 3 \\ 2 & 5 \end{bmatrix}$　(2) $B = \begin{bmatrix} 2 & -3 \\ -3 & 2 \end{bmatrix}$　(3) $C = \begin{bmatrix} 6 & -4 \\ -9 & 6 \end{bmatrix}$

最後に, 転置行列や逆行列に関係した行列を紹介する. 正方行列 A に対して,

(1) A の転置行列 ${}^tA$ が, もとの行列 A と等しいとき, つまり

$$ {}^tA = A $$

を満たす行列 A を **対称行列** という.

(2) A の転置行列 ${}^tA$ が, もとの行列の (-1) 倍 $-A$ と等しいとき, つまり

$$ {}^tA = -A $$

を満たす行列 A を **交代行列** あるいは **歪**(わい)**対称行列** という.

(3) A の転置行列 ${}^tA$ が, もとの行列の逆行列 A^{-1} と等しいとき, つまり

$$ {}^tA = A^{-1} $$

を満たす行列 A を **直交行列** という. これは,

$$ {}^tA\,A = A\,{}^tA = E $$

を満たす行列 A のことと考えてもよい.

例 5 (1) $A = \begin{bmatrix} 1 & 2 \\ 2 & 3 \end{bmatrix}$ は, ${}^tA = \begin{bmatrix} 1 & 2 \\ 2 & 3 \end{bmatrix} = A$ より対称行列である.

(2) $A = \begin{bmatrix} 0 & 1 \\ -1 & 0 \end{bmatrix}$ は, ${}^tA = \begin{bmatrix} 0 & -1 \\ 1 & 0 \end{bmatrix} = -A$ より交代行列である.

(3) $A = \begin{bmatrix} \cos\theta & -\sin\theta \\ \sin\theta & \cos\theta \end{bmatrix}$ は, $\det A = \cos^2\theta + \sin^2\theta = 1$ で,

$A^{-1} = \begin{bmatrix} \cos\theta & \sin\theta \\ -\sin\theta & \cos\theta \end{bmatrix} = {}^tA$ より直交行列である. ■

以上の考察から, 対称行列と交代行列は それぞれ

$$ \begin{bmatrix} a_{11} & a_{12} & \cdots & a_{1n} \\ a_{12} & a_{22} & & a_{2n} \\ \vdots & \vdots & \ddots & \vdots \\ a_{1n} & a_{2n} & \cdots & a_{nn} \end{bmatrix}, \quad \begin{bmatrix} 0 & a_{12} & \cdots & a_{1n} \\ -a_{12} & 0 & & a_{2n} \\ \vdots & \vdots & \ddots & \vdots \\ -a_{1n} & -a_{2n} & \cdots & 0 \end{bmatrix} $$

---

18) 答 (練習 2.9) (1) $A^{-1} = \begin{bmatrix} -5 & 3 \\ 2 & -1 \end{bmatrix}$ (2) $B^{-1} = -\frac{1}{5}\begin{bmatrix} 2 & 3 \\ 3 & 2 \end{bmatrix}$ (3) 存在しない

という形で表されることがわかる．また，2 次 直交行列は

$$\begin{bmatrix} \cos\theta & -\sin\theta \\ \sin\theta & \cos\theta \end{bmatrix} \quad \text{あるいは} \quad \begin{bmatrix} \cos\theta & \sin\theta \\ -\sin\theta & \cos\theta \end{bmatrix}$$

の形で表されることが，第 5 章の行列式を学習するとわかる．

第 2 章　章末問題

【A】 (答えは p.240)

1. 次の行列の計算をしなさい．計算不能もありえる (以下同様)．

(1) $\begin{bmatrix} 1 & 2 \\ 3 & 4 \end{bmatrix} + \begin{bmatrix} 5 & 6 \\ 7 & 8 \end{bmatrix}$　(2) $\begin{bmatrix} 5 & 6 \\ 7 & 8 \end{bmatrix} + \begin{bmatrix} 1 & 2 \\ 3 & 4 \end{bmatrix}$　(3) $\begin{bmatrix} 1 & 2 \\ 3 & 4 \end{bmatrix} - \begin{bmatrix} 5 & 6 \\ 7 & 8 \end{bmatrix}$

(4) $\begin{bmatrix} 5 & 6 \\ 7 & 8 \end{bmatrix} - \begin{bmatrix} 1 & 2 \\ 3 & 4 \end{bmatrix}$　(5) $\begin{bmatrix} 1 & 2 \\ 3 & 4 \end{bmatrix}\begin{bmatrix} 1 & 0 \\ 0 & 1 \end{bmatrix}$　(6) $\begin{bmatrix} 1 & 0 \\ 0 & 1 \end{bmatrix}\begin{bmatrix} 1 & 2 \\ 3 & 4 \end{bmatrix}$

(7) $\begin{bmatrix} 1 & 2 \\ 3 & 4 \end{bmatrix}\begin{bmatrix} 0 & 1 \\ 1 & 0 \end{bmatrix}$　(8) $\begin{bmatrix} 0 & 1 \\ 1 & 0 \end{bmatrix}\begin{bmatrix} 1 & 2 \\ 3 & 4 \end{bmatrix}$　(9) $\begin{bmatrix} 1 & 2 \\ 3 & 4 \end{bmatrix}^2$

(10) $\begin{bmatrix} 1 & 2 \\ 3 & 4 \end{bmatrix}\begin{bmatrix} 2 & -2 \\ -3 & -1 \end{bmatrix}$　(11) $\begin{bmatrix} 2 & -2 \\ -3 & -1 \end{bmatrix}\begin{bmatrix} 1 & 2 \\ 3 & 4 \end{bmatrix}$

(12) $\begin{bmatrix} 1 & 0 \\ 1 & 0 \end{bmatrix}\begin{bmatrix} 0 & 0 \\ 1 & 1 \end{bmatrix}$　(13) $\begin{bmatrix} 0 & 0 \\ 1 & 1 \end{bmatrix}\begin{bmatrix} 1 & 0 \\ 1 & 0 \end{bmatrix}$

(14) $\begin{bmatrix} 1 & 2 & 1 \\ 2 & -1 & 2 \end{bmatrix}\begin{bmatrix} 2 & 1 \\ 1 & -2 \end{bmatrix}$　(15) $\begin{bmatrix} 2 & 1 \\ 1 & -2 \end{bmatrix}\begin{bmatrix} 1 & 2 & 1 \\ 2 & -1 & 2 \end{bmatrix}$

(16) $\begin{bmatrix} 1 & 2 \\ 2 & -1 \\ 1 & -2 \end{bmatrix}\begin{bmatrix} 2 & 1 \\ 1 & -2 \end{bmatrix}$　(17) $\begin{bmatrix} 2 & 1 \\ 1 & -2 \end{bmatrix}\begin{bmatrix} 1 & 2 \\ 2 & -1 \\ 1 & -2 \end{bmatrix}$

2. 行列　$A = \begin{bmatrix} 1 & 3 \\ 2 & -1 \end{bmatrix}$，$B = \begin{bmatrix} 2 \\ -1 \end{bmatrix}$，$C = {}^t B$，$D = A^{-1}$　から 2 つ選んで，それらの積が定義できる組合せをすべて求め，その積を計算しなさい．

3. 行列　$A = \begin{bmatrix} 6 & -5 \\ -5 & 4 \end{bmatrix}$，　$B = \begin{bmatrix} 7 & -3 \\ 2 & 6 \\ -5 & 1 \end{bmatrix}$，　$C = \begin{bmatrix} 3 & -2 & 5 & 1 \\ 2 & 3 & -1 & 4 \end{bmatrix}$，

$D = \begin{bmatrix} 4 & -1 & 3 \\ 5 & 3 & -2 \\ -3 & 2 & -4 \\ 2 & 4 & 3 \end{bmatrix}$ について，次の計算をしなさい．

(1) $A^{-1}\,{}^t B$　(2) ${}^t A C$　(3) ${}^t D\,{}^t C$　(4) ${}^t C A^{-1}$　(5) $CD - 3\,{}^t B$

4. 行列　$A = \begin{bmatrix} 1 & 2 & 3 \\ 4 & 5 & 6 \\ 7 & 8 & 9 \end{bmatrix}$, $B = \begin{bmatrix} 0 & 1 & 0 \\ 1 & 0 & 0 \\ 0 & 0 & 1 \end{bmatrix}$, $C = \begin{bmatrix} 1 & 0 & 0 \\ 0 & 2 & 0 \\ 0 & 0 & 1 \end{bmatrix}$ について，次の計算をしなさい．

(1) BA　　(2) AB　　(3) CA　　(4) AC

5. 問題 4 において，B は 3 次単位行列の第 1 行と第 2 行を入れ替えた行列で，C は 3 次単位行列の第 2 行だけを 2 倍した行列である．B と C を A の左や右から掛けることによって，A がどのように変化したか，問題 4 (1) ～ (4) に沿って考察しなさい．

6. $A = \begin{bmatrix} 0 & 1 & 0 \\ 0 & 0 & 1 \\ 1 & 0 & 0 \end{bmatrix}$, $\boldsymbol{x} = \begin{bmatrix} 1 \\ 2 \\ 3 \end{bmatrix}$ とするとき，次の計算をしなさい．

(1) $A\boldsymbol{x}$　　(2) $A^2\boldsymbol{x}$　　(3) $A^3\boldsymbol{x}$　　(4) ${}^t\boldsymbol{x}\,A$　　(5) ${}^t\boldsymbol{x}\,A^2$

7. $A = \begin{bmatrix} 3 & 5 \\ 2 & 4 \end{bmatrix}$ に対して，$AB = \begin{bmatrix} 1 & 0 \\ 0 & 1 \end{bmatrix}$ となる 2 次正方行列 B を求めなさい．また，求めた B について，$BA = \begin{bmatrix} 1 & 0 \\ 0 & 1 \end{bmatrix}$ が成り立つことを確かめなさい．

8. $A = \begin{bmatrix} 9 & 4 \\ 7 & 3 \end{bmatrix}$, $B = \begin{bmatrix} 1 & -2 \\ 1 & -1 \end{bmatrix}$ について，以下の問いに答えなさい．

(1) $AX = B$ となる 2 次正方行列 X を求めなさい．

(2) $YA = B$ となる 2 次正方行列 Y を求めなさい．

9. A, B を 2 次正方行列とするとき，$A \neq O, B \neq O$ だが $AB = O$ となる A, B の例を 1 つあげなさい．

10. $A = \begin{bmatrix} 1 & 3 \\ 2 & 5 \end{bmatrix}$, $C = \begin{bmatrix} 1 & 1 \\ 0 & 1 \end{bmatrix}$ とするとき，$(AC)^{-1} = C^{-1}A^{-1}$ が成り立つことを確かめなさい．

【B】 (答えは p.241)

1. $n \in \mathbb{N}$ $(n \geq 2)$ とするとき，以下の問いに答えなさい．

(1) n 次正方行列 A の逆行列が存在するならば，それはただ 1 つであることを証明しなさい．

Hint　A の逆行列が B と C の 2 つ存在すると仮定して，$B = C$ となることを示せばよい．

(2) n 次正方行列 A, C が正則であるとき，それらの積 AC も正則で，$(AC)^{-1} = C^{-1}A^{-1}$ が成り立つことを証明しなさい．

Hint　$(AC)(C^{-1}A^{-1})$, $(C^{-1}A^{-1})(AC)$ を計算する．

3
基本変形

3.1 基本行列

m次単位行列 E を少し変形した次の3つの行列を **m次 基本行列** という.

m次 基本行列

(1) m次単位行列 E の第 i 行と第 j 行を入れ替えた行列 $E_{i,j}$

(2) m次単位行列 E の第 i 行だけ c 倍 $(c \neq 0)$ した行列 $E_i(c)$

(3) m次単位行列 E の $(i,\, j)$ 成分を c にした行列 $E_{i,j}(c)$

では, 実際に行列の左から基本行列を掛けるとどうなるか, 調べてみよう.

例 1 3×4 行列 $A = \begin{bmatrix} 0 & 0 & 3 & 6 \\ 0 & 0 & 2 & 4 \\ 1 & 3 & 0 & -1 \end{bmatrix}$ について, 3次単位行列 E の「第1行」と「第3行」を入れ替えた行列

$$E_{1,3} = \begin{bmatrix} 0 & 0 & \boxed{1} \\ 0 & 1 & 0 \\ \boxed{1} & 0 & 0 \end{bmatrix}$$

を A の左から掛けると,

$$E_{1,3}\,A = \begin{bmatrix} 0 & 0 & \boxed{1} \\ 0 & 1 & 0 \\ \boxed{1} & 0 & 0 \end{bmatrix} \begin{bmatrix} 0 & 0 & 3 & 6 \\ 0 & 0 & 2 & 4 \\ 1 & 3 & 0 & -1 \end{bmatrix} = \underbrace{\begin{bmatrix} 1 & 3 & 0 & -1 \\ 0 & 0 & 2 & 4 \\ 0 & 0 & 3 & 6 \end{bmatrix}}_{=B}$$

となる. この行列は, $E_{1,3}$ が単位行列 E の「第1行」と「第3行」を入れ替えた行列であるように, 計算前の行列 A の「第1行」と「第3行」を入れ替えた行列となっている. このことは一般形でも成り立つので, 次のことがいえる.

(A1) $m \times n$ 行列 A に，m 次基本行列 $E_{i,j}$ を<u>左から</u>掛けると，
A の「第 i 行」と「第 j 行」が入れ替わる．

続いて，いまの計算で得られた行列 B について，3 次単位行列 E の「第 2 行を $\dfrac{1}{2}$ 倍」した行列

$$E_2\left(\frac{1}{2}\right) = \begin{bmatrix} 1 & 0 & 0 \\ 0 & \boxed{\frac{1}{2}} & 0 \\ 0 & 0 & 1 \end{bmatrix}$$

を B の<u>左から</u>掛けると，

$$E_2\left(\frac{1}{2}\right) B = \begin{bmatrix} 1 & 0 & 0 \\ 0 & \boxed{\frac{1}{2}} & 0 \\ 0 & 0 & 1 \end{bmatrix} \begin{bmatrix} 1 & 3 & 0 & -1 \\ 0 & 0 & 2 & 4 \\ 0 & 0 & 3 & 6 \end{bmatrix} = \underbrace{\begin{bmatrix} 1 & 3 & 0 & -1 \\ 0 & 0 & 1 & 2 \\ 0 & 0 & 3 & 6 \end{bmatrix}}_{=C}$$

となる．この行列は，$E_2\left(\dfrac{1}{2}\right)$ が単位行列 E の「第 2 行を $\dfrac{1}{2}$ 倍」した行列であるように，計算前の行列 B の「第 2 行を $\dfrac{1}{2}$ 倍」した行列となっている．このことは一般形でも成り立つので，次のことがいえる．

(A2) $m \times n$ 行列 A に，m 次基本行列 $E_i(c)$ を<u>左から</u>掛けると，
A の「第 i 行が c 倍」される．

さらに，いまの計算で得られた行列 C について，3 次単位行列 E の $(3,2)$ 成分を -3 にした行列，つまり，3 次単位行列 E の「第 3 行に，第 2 行を (-3) 倍したものを加えた」行列

$$E_{3,2}(-3) = \begin{bmatrix} 1 & 0 & 0 \\ 0 & 1 & 0 \\ 0 & \boxed{-3} & 1 \end{bmatrix}$$

を C の<u>左から</u>掛けると，

$$E_{3,2}(-3)\,C = \begin{bmatrix} 1 & 0 & 0 \\ 0 & 1 & 0 \\ 0 & \boxed{-3} & 1 \end{bmatrix} \begin{bmatrix} 1 & 3 & 0 & -1 \\ 0 & 0 & 1 & 2 \\ 0 & 0 & 3 & 6 \end{bmatrix} = \underbrace{\begin{bmatrix} 1 & 3 & 0 & -1 \\ 0 & 0 & 1 & 2 \\ 0 & 0 & 0 & 0 \end{bmatrix}}_{=D}$$

となる．この行列は，$E_{3,2}(-3)$ が単位行列 E の「第 3 行に，第 2 行を (-3)

倍したものを加えた」行列であるように, 計算前の行列 C の「第3行に, 第2行を (-3) 倍したものを加えた」行列となっている. このことは一般形でも成り立つので, 次がいえる.

(A3) $m \times n$ 行列 A に, m 次基本行列 $E_{i,j}(c)$ を <u>左から</u> 掛けると, A の「第 i 行に, 第 j 行を c 倍したものが加わる」.

以上をまとめると,

$$A = \begin{bmatrix} 0 & 0 & 3 & 6 \\ 0 & 0 & 2 & 4 \\ 1 & 3 & 0 & -1 \end{bmatrix} \overset{E_{1,3}}{\longrightarrow} \begin{bmatrix} 1 & 3 & 0 & -1 \\ 0 & 0 & 2 & 4 \\ 0 & 0 & 3 & 6 \end{bmatrix}$$

$$\overset{E_2(\frac{1}{2})}{\longrightarrow} \begin{bmatrix} 1 & 3 & 0 & -1 \\ 0 & 0 & 1 & 2 \\ 0 & 0 & 3 & 6 \end{bmatrix} \overset{E_{3,2}(-3)}{\longrightarrow} \begin{bmatrix} 1 & 3 & 0 & -1 \\ 0 & 0 & 1 & 2 \\ 0 & 0 & 0 & 0 \end{bmatrix}$$ ■

注意 基本行列による変形は, 等号としての変形ではないので “=” で結ばないように気をつけよう. 本書では 記号 “→” を用いることにする.

練習 3.1 [1] 3次正方行列 $A = \begin{bmatrix} 0 & -3 & 6 \\ 1 & 2 & -7 \\ 0 & -5 & 10 \end{bmatrix}$ について, 以下の各行列を明記し, 最後に変形の流れをまとめて書きなさい.

(1) A の <u>左から</u> 3次基本行列 $E_{1,2}$ を掛けた行列 B

(2) (1) で求めた B の <u>左から</u> 3次基本行列 $E_2\left(-\dfrac{1}{3}\right)$ を掛けた行列 C

(3) (2) で求めた C の <u>左から</u> 3次基本行列 $E_{1,2}(-2)$ を掛けた行列 D

(4) (3) で求めた D の <u>左から</u> 3次基本行列 $E_{3,2}(5)$ を掛けた行列 F

1) 答 (**練習 3.1**) 変形の流れとしてまとめて記載する.

$$A \to \underbrace{\begin{bmatrix} 1 & 2 & -7 \\ 0 & -3 & 6 \\ 0 & -5 & 10 \end{bmatrix}}_{B} \to \underbrace{\begin{bmatrix} 1 & 2 & -7 \\ 0 & 1 & -2 \\ 0 & -5 & 10 \end{bmatrix}}_{C} \to \underbrace{\begin{bmatrix} 1 & 0 & -3 \\ 0 & 1 & -2 \\ 0 & -5 & 10 \end{bmatrix}}_{D} \to \underbrace{\begin{bmatrix} 1 & 0 & -3 \\ 0 & 1 & -2 \\ 0 & 0 & 0 \end{bmatrix}}_{F}$$

3.2 基本変形

ここでも簡単のため，3 次基本行列で考える．例えば，基本行列 $E_{1,2}$ について，積 $E_{1,2}\,E_{1,2}$ を計算すると，

$$E_{1,2}\,E_{1,2} = \begin{bmatrix} 0 & 1 & 0 \\ 1 & 0 & 0 \\ 0 & 0 & 1 \end{bmatrix} \begin{bmatrix} 0 & 1 & 0 \\ 1 & 0 & 0 \\ 0 & 0 & 1 \end{bmatrix} = \begin{bmatrix} 1 & 0 & 0 \\ 0 & 1 & 0 \\ 0 & 0 & 1 \end{bmatrix} = E$$

が成り立つ．このことは一般形でも成り立つが，それは落ち着いて考えてみれば，第 i 行と第 j 行の入れ替えを 2 回行えば，もとに戻ることがすぐにわかる．このことから，

$$E_{i,j}{}^{-1} \;=\; E_{i,j}$$

がいえる．同じように，3 次基本行列 $E_1(c)$ と $E_1\left(\dfrac{1}{c}\right)$ の積を計算すると，

$$E_1\left(\frac{1}{c}\right) E_1(c) = \begin{bmatrix} \frac{1}{c} & 0 & 0 \\ 0 & 1 & 0 \\ 0 & 0 & 1 \end{bmatrix} \begin{bmatrix} c & 0 & 0 \\ 0 & 1 & 0 \\ 0 & 0 & 1 \end{bmatrix} = \begin{bmatrix} 1 & 0 & 0 \\ 0 & 1 & 0 \\ 0 & 0 & 1 \end{bmatrix} = E$$

が成り立つ[2)]．このことは一般形でも成り立つが，それは第 i 行を c 倍したあとに，その第 i 行を $\dfrac{1}{c}$ 倍すればもとに戻ることを意味している．その結果，

$$E_i(c)^{-1} \;=\; E_i\left(\frac{1}{c}\right)$$

がいえる．さらに，3 次基本行列 $E_{1,2}(c)$ と $E_{1,2}(-c)$ の積を計算すると，

$$E_{1,2}(-c)\,E_{1,2}(c) = \begin{bmatrix} 1 & -c & 0 \\ 0 & 1 & 0 \\ 0 & 0 & 1 \end{bmatrix} \begin{bmatrix} 1 & c & 0 \\ 0 & 1 & 0 \\ 0 & 0 & 1 \end{bmatrix} = \begin{bmatrix} 1 & 0 & 0 \\ 0 & 1 & 0 \\ 0 & 0 & 1 \end{bmatrix} = E$$

が成り立つ[3)]．このことは一般形でも成り立つが，それは第 i 行に第 j 行の c 倍を加えたあとに，その第 i 行に第 j 行の $(-c)$ 倍を加えれば，第 i 行には差し引き何も加えたことにならないので，もとに戻ることを意味している．よって，

$$E_{i,j}(c)^{-1} \;=\; E_{i,j}(-c)$$

がいえる．以上の考察から，どの基本行列も逆行列が存在し[4)]，さらにそれらは各々同じ種類の基本行列であることがわかる．

---

2) 等式 $E_1(c)\,E_1(\frac{1}{c}) = E$ も成り立つ．

3) 等式 $E_{1,2}(c)\,E_{1,2}(-c) = E$ も成り立つ．

4) つまり，どの基本行列も正則である．

前節の 例1 で確かめたように, 与えられた行列に基本行列を 左から 掛けることは, 例1 のなかで随時まとめた (A1), (A2), (A3) の変形をしていることと同値である. これらの変形を **行 基本変形** あるいは **行 の基本変形** という[5].

行 基本変形

(A1) 2つの 行 を入れ替える.
(A2) 1つの 行 を実数倍 (0 倍を除く) する.
(A3) 1つの 行 に, 他の 行 の実数倍 (0 倍を除く) を加える.

では, $m \times n$ 行列 A に対して, n 次基本行列を 右から 掛けるとどうなるだろうか? 第2章 の章末問題【A】4 (2) (p.42) などから想像がつくように, 答えは (A1) ～ (A3) の 行 を 列 に取り替えた変形となる. この変形を **列 基本変形** あるいは **列 の基本変形** という[6]. 行 基本変形 と 列 基本変形 をあわせて **基本変形** という.

本書では, 応用する際によく用いられる「行 基本変形」を中心に扱う.

例 2 例1 で扱った行列 $A = \begin{bmatrix} 0 & 0 & 3 & 6 \\ 0 & 0 & 2 & 4 \\ 1 & 3 & 0 & -1 \end{bmatrix}$ について, 基本行列ではなく行基本変形 (A1) ～ (A3) を用いて同じように変形してみよう. 以下に, 行基本変形の過程がわかるよう, ①, ②, ③ という記号を用いるが, それはそれぞれ 変形の1つ前 の行列の第1行, 第2行, 第3行を表す こととする.

まず, (A1) として A の第1行と第3行を入れ替えると

$$\begin{bmatrix} 0 & 0 & 3 & 6 \\ 0 & 0 & 2 & 4 \\ 1 & 3 & 0 & -1 \end{bmatrix} \overset{(A1)}{\to} \begin{bmatrix} 1 & 3 & 0 & -1 \\ 0 & 0 & 2 & 4 \\ 0 & 0 & 3 & 6 \end{bmatrix} \begin{matrix} ③ \\ \\ ① \end{matrix}$$

となる. この行列に対して, (A2) として第2行を $\dfrac{1}{2}$ 倍すると

$$\begin{bmatrix} 1 & 3 & 0 & -1 \\ 0 & 0 & 2 & 4 \\ 0 & 0 & 3 & 6 \end{bmatrix} \overset{(A2)}{\to} \begin{bmatrix} 1 & 3 & 0 & -1 \\ 0 & 0 & 1 & 2 \\ 0 & 0 & 3 & 6 \end{bmatrix} \begin{matrix} \\ ② \times \frac{1}{2} \\ \\ \end{matrix}$$

5) 基本行列を左から掛けることから, 行基本変形のことを 左基本変形 ということもある.
6) 基本行列を右から掛けることから, 列基本変形のことを 右基本変形 ということもある.

となる. この行列に対して, (A3) として第3行に第2行の (−3) 倍を加えると

$$\begin{array}{rcrrrrl} ③ & : & 0 & 0 & 3 & 6 & \\ ②\times(-3) & : & 0 & 0 & -3 & -6 & (+ \\ \hline & & 0 & 0 & 0 & 0 & \end{array}$$

であるから,

$$\begin{bmatrix} 1 & 3 & 0 & -1 \\ 0 & 0 & 1 & 2 \\ 0 & 0 & 3 & 6 \end{bmatrix} \overset{(A3)}{\longrightarrow} \begin{bmatrix} 1 & 3 & 0 & -1 \\ 0 & 0 & 1 & 2 \\ 0 & 0 & 0 & 0 \end{bmatrix} ③+②\times(-3)$$

となる. ■

与えられた行列を行基本変形するときの目標のひとつとなるのが, 次節で紹介する「簡約行列」である.

3.3 簡約行列

行ベクトルの各成分について, それらを左から順に, その行の **第1成分**, **第2成分**, ... という. また, すべての成分が 0 であるような行ベクトルのことを **零行ベクトル** という. 零行ベクトルでない行それぞれに対して, 第1成分から順にみて 0 でない最初の成分を, その行の **主成分** という.

例 3 行列 $\begin{bmatrix} 0 & \boxed{1} & 0 & 2 & 0 & -1 \\ 0 & 0 & 0 & 0 & 0 & 0 \\ 0 & 0 & 0 & 0 & \boxed{-2} & 1 \end{bmatrix}$ に対して, 第2行はすべての成分が 0 であるから 零行ベクトル である. また, 第1行については第1成分が 0 なので, 第2成分の $\boxed{1}$ が主成分であり, 第3行については第1成分から第4成分まで 0 なので, 第5成分の $\boxed{-2}$ が主成分である. ■

練習 3.2[7] 次の行列の, 各行の主成分をすべて答えなさい.

(1) $\begin{bmatrix} 0 & 0 & 0 & 0 & 0 & 0 \\ 0 & 1 & 0 & 2 & 0 & -1 \\ 0 & 0 & 0 & 0 & 2 & 4 \\ 0 & 0 & 0 & 0 & 0 & 0 \end{bmatrix}$ (2) $\begin{bmatrix} 0 & 4 & 0 & 2 & 0 & -1 \\ 0 & 0 & 0 & 0 & 0 & 0 \\ 2 & 0 & 1 & -1 & 0 & 3 \\ 0 & 0 & 0 & 0 & 0 & -1 \end{bmatrix}$

7) **答 (練習 3.2)** 第1行から順に (1) なし, 1, 2, なし (2) 4, なし, 2, −1

ここで, 簡約行列を定義する.

簡約行列

次の 4 つの条件を すべて 満たすような行列を **簡約行列** という.

(B1) 零行ベクトルがあれば, その下のすべての行は零行ベクトルである.

(B2) 各行の主成分があれば, それは $\boxed{1}$ である.

(B3) 各行の主成分は, 下の行ほど右の列にある.

(B4) 主成分を含む列の, 主成分以外の成分はすべて 0 である.

与えられた行列に対して, 行基本変形して簡約行列にすること を **簡約化** という. また, 行列 A を簡約化して得られる簡約行列を **A の簡約行列** という.

定義から, 簡約行列は以下のように表すことができる (* は任意の実数).

$$(☆)\quad \begin{bmatrix} 0 & \cdots & 0 & \boxed{1} & * & \cdots & * & 0 & * & \cdots & * & 0 & * & \cdots & * \\ 0 & \cdots & 0 & 0 & 0 & \cdots & 0 & \boxed{1} & * & \cdots & * & 0 & * & \cdots & * \\ \vdots & & \vdots & \vdots & \vdots & & \vdots & & & & & & \vdots & & \vdots \\ 0 & \cdots & 0 & 0 & 0 & \cdots & 0 & 0 & 0 & \cdots & 0 & \boxed{1} & * & \cdots & * \\ 0 & \cdots & 0 & 0 & 0 & \cdots & 0 & 0 & 0 & \cdots & 0 & 0 & 0 & \cdots & 0 \\ \vdots & & \vdots & \vdots & \vdots & & \vdots & \vdots & \vdots & & \vdots & \vdots & \vdots & & \vdots \\ 0 & \cdots & 0 & 0 & 0 & \cdots & 0 & 0 & 0 & \cdots & 0 & 0 & 0 & \cdots & 0 \end{bmatrix}$$

注意 (1) 簡約化とは, 行基本変形を用いて「単位行列」あるいは「単位行列のような行列」に変形する操作だと思えばよい. なお, 単位行列は簡約行列である (例 4 (1)).

(2) どの行列も行基本変形を繰り返せば, 必ず簡約行列に変形できる.

(3) 1 つの行列に対して, それを簡約化する過程 (アプローチ) は無数にあるが, 最終的に得られる簡約行列はただ 1 つである.

例 4 (1) 単位行列 E は簡約行列である. 実際, 3 次単位行列を調べてみると,

$$E = \begin{bmatrix} \boxed{1} & 0 & 0 \\ 0 & \boxed{1} & 0 \\ 0 & 0 & \boxed{1} \end{bmatrix}$$

(B1) 零行ベクトルはないので OK.

(B2) どの行の主成分も $\boxed{1}$ であるから OK.

(B3) 主成分は, 第 1 行から順に第 1 列, 第 2 列, 第 3 列にあるので OK.

(B4) 主成分を含む列の, 主成分以外の成分はすべて $\boxed{0}$ であるから OK.
よって, E は条件 (B1) ∼ (B4) をすべて満たすので, 簡約行列である.

(2) 行列 $A = \begin{bmatrix} 0 & 1 & 0 & 2 & 0 & -1 \\ 0 & 0 & 1 & -1 & 0 & 3 \\ 0 & 0 & 0 & 0 & 1 & 2 \\ 0 & 0 & 0 & 0 & 0 & 0 \end{bmatrix}$ は簡約行列である.

実際, マークをつけながら調べてみると,

$$A = \begin{bmatrix} 0 & \boxed{1} & 0 & 2 & 0 & -1 \\ 0 & 0 & \boxed{1} & -1 & 0 & 3 \\ 0 & 0 & 0 & 0 & \boxed{1} & 2 \\ 0 & 0 & 0 & 0 & 0 & 0 \end{bmatrix}$$

(B1) 零行ベクトルがあり, その下の行はないので OK.

(B2) どの行の主成分も $\boxed{1}$ であるから OK.

(B3) 主成分は, 第 1 行から順に第 2 列, 第 3 列, 第 5 列にあるので OK.

(B4) 主成分を含む列の, 主成分以外の成分はすべて $\boxed{0}$ であるから OK.
よって, A は条件 (B1) ∼ (B4) をすべて満たすので, 簡約行列である.

(3) 行列 $B = \begin{bmatrix} 0 & 2 & 0 & 4 & -6 & -14 \\ 0 & 0 & 0 & 0 & 1 & 2 \\ 0 & 0 & 0 & 0 & 0 & 0 \\ 0 & 0 & 1 & -1 & 1 & 5 \end{bmatrix}$ は簡約行列ではない.

実際, マークをつけながら調べてみると,

$$B = \begin{bmatrix} 0 & 2 & 0 & 4 & 6 & -14 \\ 0 & 0 & 0 & 0 & 1 & 2 \\ 0 & 0 & 0 & 0 & 0 & 0 \\ 0 & 0 & 1 & -1 & 1 & 5 \end{bmatrix}$$

(B1) 第 3 行の零行ベクトルより下の第 4 行が零行ベクトルでないので NG.
よって, B は条件を少なくとも 1 つ満たしていないので, 簡約行列ではない.

■

以下に, 簡約化のポイントをまとめるが, 簡約化したあとの行列が p.49 に示した形 (☆) になることをイメージするとよい. 簡約化は, 今後さまざまな場面で現れる <u>とても重要な操作</u> であるから, 何度も練習してしっかりと身につけよう.

簡約化のポイント

以下のように列単位で第1列から順に整えるが，どうしてもそのように行基本変形できないときは「スキップして右どなりの列」を整える．

Step 1 第1列をみて，$(1,1)$ 成分が $\boxed{1}$ になるように行基本変形する．

※ どうしてもそのように行基本変形できないときは，第1列はスキップして右どなりの第2列について，$(1,2)$ 成分が $\boxed{1}$ になるように行基本変形する．これ以降に考える列も右にずれることに注意．

Step 2 $(1,1)$ 成分の $\boxed{1}$ を使って，第1列の他の行の成分をすべて 0 にするように行基本変形する．

→ この操作で，第1列が「単位行列の第1列」と同じになる．

Step 3 右どなりの第2列で，$(2,2)$ 成分が $\boxed{1}$ になるよう行基本変形する．ただし，このとき考えている行 (いまの場合，第2行) と第1行を入れ替えてはいけない (第3行以降との入れ替えは OK)[8]．

※ (1) と同じように，どうしてもそのように行基本変形できないときは 第2列はスキップ して右どなりの第3列について，$(2,3)$ 成分が $\boxed{1}$ になるように行基本変形する．

Step 4 $(2,2)$ 成分の $\boxed{1}$ を使って，第2列の他の行の成分をすべて 0 にするように行基本変形する．

→ この操作により，第2列が「単位行列の第2列」と同じ になる．

Step 5 同様の操作を，一番右の列まで繰り返せば 簡約化終了．行を入れ替えるときは，そのとき考えている行よりも上の行とは入れ替えてはいけない．

→ このときの行列が「簡約行列」になっているはずである (簡約行列の4つの条件をすべて満たしているか確認)．

注意 簡約化の方法については，上記のポイントとは別のアプローチもあるが，初学者にとってはこの方法が理解しやすいと思われる．なお，別のアプローチであっても，最終的に得られる結果 (簡約行列) は同じ である．

8) もし上の行と入れ替えてしまうと，それより前の列でせっかく整えた「単位行列 (あるいは単位行列のような行列)」がくずれて，簡約行列にならなくなってしまうからである．

例 5 (1) まず, 簡約化すると単位行列となるような「簡約化しやすい行列」として $A = \begin{bmatrix} 2 & -3 & 12 \\ 1 & 0 & 3 \\ -1 & 0 & 4 \end{bmatrix}$ を考える. この行列 A は簡約行列ではないので,「簡約化のポイント」(p.51) にしたがって簡約化してみよう.

Step 1 : 第 1 列をみてみると, $(2,1)$ 成分に $\boxed{1}$ があるので, これを $(1,1)$ 成分に移動したい. そこで, 行基本変形 (A1) で第 1 行と第 2 行を入れ替えると

$$A = \begin{bmatrix} 2 & -3 & 12 \\ \boxed{1} & 0 & 3 \\ -1 & 0 & 4 \end{bmatrix} \overset{(A1)}{\to} \begin{bmatrix} \boxed{1} & 0 & 3 \\ 2 & -3 & 12 \\ -1 & 0 & 4 \end{bmatrix} \begin{matrix} ② \\ ① \\ \end{matrix}$$

Step 2 : 続けて, この $(1,1)$ 成分の $\boxed{1}$ を使って, 第 1 列の他の成分を 0 にしたい. 具体的には, $(2,1)$ 成分の 2 と, $(3,1)$ 成分の -1 の両方を 0 にしたい. そこで, 行基本変形 (A3) で「第 2 行に第 1 行の (-2) 倍を」,「第 3 行に第 1 行の 1 倍を」それぞれ加えると[9], 途中計算は

$$\begin{array}{rcrrrl} ② & : & 2 & -3 & 12 & \\ ①\times(-2) & : & -2 & 0 & -6 & (+ \\ \hline & & 0 & -3 & 6 & \end{array} \qquad \begin{array}{rcrrrl} ③ & : & -1 & 0 & 4 & \\ ①\times 1 & : & 1 & 0 & 3 & (+ \\ \hline & & 0 & 0 & 7 & \end{array}$$

であるから[10],

$$\begin{bmatrix} \boxed{1} & 0 & 3 \\ 2 & -3 & 12 \\ -1 & 0 & 4 \end{bmatrix} \overset{(A3)}{\to} \begin{bmatrix} \boxed{1} & 0 & 3 \\ 0 & -3 & 6 \\ 0 & 0 & 7 \end{bmatrix} \begin{matrix} \\ ② + ① \times (-2) \\ ③ + ① \times 1 \end{matrix}$$

となる. よって, 第 1 列に「単位行列の第 1 列」と同じ列ベクトルがつくれた.

Step 3 : 次に第 2 列をみると, $(2,2)$ 成分に -3 があるので, これを行基本変形で $\boxed{1}$ にすればよい. そこで, 行基本変形 (A2) で第 2 行を $\left(-\dfrac{1}{3}\right)$ 倍すると,

$$\begin{bmatrix} \boxed{1} & 0 & 3 \\ 0 & -3 & 6 \\ 0 & 0 & 7 \end{bmatrix} \overset{(A2)}{\to} \begin{bmatrix} \boxed{1} & 0 & 3 \\ 0 & \boxed{1} & -2 \\ 0 & 0 & 7 \end{bmatrix} \begin{matrix} \\ ② \times \left(-\frac{1}{3}\right) \\ \end{matrix}$$

となり, 第 2 列に「単位行列の第 2 列」と同じ列ベクトルがつくれた.

Step 4 : 次に第 3 列をみると, $(3,3)$ 成分に 7 があるので, これを行基本変形

9) このように, 互いに影響を与えない行基本変形は同時にしても問題ない.
10) このような途中計算は, 紙に書かずに頭の中でスラスラできるよう訓練しておこう！

で $\boxed{1}$ にすればよい. そこで, 行基本変形 (A2) で第 3 行を $\dfrac{1}{7}$ 倍すると,

$$\begin{bmatrix} \boxed{1} & 0 & 3 \\ 0 & \boxed{1} & -2 \\ 0 & 0 & 7 \end{bmatrix} \overset{\text{(A2)}}{\rightarrow} \begin{bmatrix} \boxed{1} & 0 & 3 \\ 0 & \boxed{1} & -2 \\ 0 & 0 & \boxed{1} \end{bmatrix} ③ \times \tfrac{1}{7}$$

Step 5 : 続けて, この $(3,3)$ 成分の $\boxed{1}$ を使って, 第 3 列の他の成分を 0 にしたい. 具体的には, $(1,3)$ 成分の 3 と, $(2,3)$ 成分の -2 の両方を 0 にしたい. そこで, 行基本変形 (A3) で「第 1 行に第 3 行の (-3) 倍を」, 「第 2 行に第 3 行の 2 倍を」それぞれ加えると,

$$\begin{bmatrix} \boxed{1} & 0 & 3 \\ 0 & \boxed{1} & -2 \\ 0 & 0 & \boxed{1} \end{bmatrix} \overset{\text{(A3)}}{\rightarrow} \underbrace{\begin{bmatrix} \boxed{1} & 0 & 0 \\ 0 & \boxed{1} & 0 \\ 0 & 0 & \boxed{1} \end{bmatrix}}_{=E} \begin{matrix} ① + ③ \times (-3) \\ ② + ③ \times 2 \\ \end{matrix}$$

となる. よって, 第 3 列に「単位行列の第 3 列」と同じ列ベクトルがつくれた. これで一番右の列まで操作が終わったので, 簡約化終了である.

ここで, 最後に得られた行列は「単位行列」なので, 簡約行列である.

(2) 次に, 簡約化すると単位行列とはならないような行列として, 例 4 (3) の

行列 $B = \begin{bmatrix} 0 & 2 & 0 & 4 & -6 & -14 \\ 0 & 0 & 0 & 0 & 1 & 2 \\ 0 & 0 & 0 & 0 & 0 & 0 \\ 0 & 0 & 1 & -1 & 1 & 5 \end{bmatrix}$ を考え, それを簡約化してみよう.

Step 1 : 第 1 列をみてみると, すべての成分が 0 なので, 行基本変形により $(1,1)$ 成分を $\boxed{1}$ にすることは不可能である. したがって, 第 1 列はスキップして右どなりの第 2 列をみると, $(1,2)$ 成分に 2 があるので, これを行基本変形で $\boxed{1}$ にすればよい. そこで, 行基本変形 (A2) で第 1 行を $\dfrac{1}{2}$ 倍すると,

$$\begin{bmatrix} 0 & \boxed{1} & 0 & 2 & -3 & -7 \\ 0 & 0 & 0 & 0 & 1 & 2 \\ 0 & 0 & 0 & 0 & 0 & 0 \\ 0 & 0 & 1 & -1 & 1 & 5 \end{bmatrix} ① \times \tfrac{1}{2}$$

となり, 第 2 列に「単位行列の第 1 列」と同じ列ベクトルがつくれた.

Step 2 : 次に第 3 列をみると, $(4,3)$ 成分に $\boxed{1}$ があるので, これを $(2,3)$ 成分に移動したい. そこで, 行基本変形 (A1) で第 2 行と第 4 行を入れ替えると

$$\begin{bmatrix} 0 & \boxed{1} & 0 & 2 & -3 & -7 \\ 0 & 0 & \boxed{1} & -1 & 1 & 5 \\ 0 & 0 & 0 & 0 & 0 & 0 \\ 0 & 0 & 0 & 0 & 1 & 2 \end{bmatrix} \begin{matrix} \\ ④ \\ \\ ② \end{matrix}$$

となり, 第3列に「単位行列の第2列」と同じ列ベクトルがつくれた.

Step 3 : 次に第4列をみると, 行基本変形により $(3,4)$ 成分を $\boxed{1}$ にすることは不可能である. したがって, 第4列はスキップして右どなりの第5列をみると, $(4,5)$ 成分に $\boxed{1}$ があるので, これを $(3,5)$ 成分に移動したい. そこで, 行基本変形 (A1) で第3行と第4行を入れ替えると

$$\begin{bmatrix} 0 & \boxed{1} & 0 & 2 & -3 & -7 \\ 0 & 0 & \boxed{1} & -1 & 1 & 5 \\ 0 & 0 & 0 & 0 & \boxed{1} & 2 \\ 0 & 0 & 0 & 0 & 0 & 0 \end{bmatrix} \begin{matrix} \\ \\ ④ \\ ③ \end{matrix}$$

Step 4 : 続けて, この $(3,5)$ 成分の $\boxed{1}$ を使って, 第5列の他の成分を 0 にしたい. 具体的には, $(1,5)$ 成分の -3 と, $(2,5)$ 成分の 1 の両方を 0 にしたい. そこで, 行基本変形 (A3) で「第1行に第3行の 3 倍を」,「第2行に第3行の (-1) 倍を」それぞれ加えると,

$$\begin{bmatrix} 0 & \boxed{1} & 0 & 2 & 0 & -1 \\ 0 & 0 & \boxed{1} & -1 & 0 & 3 \\ 0 & 0 & 0 & 0 & \boxed{1} & 2 \\ 0 & 0 & 0 & 0 & 0 & 0 \end{bmatrix} \begin{matrix} ① + ③ \times 3 \\ ② + ③ \times (-1) \\ \\ \\ \end{matrix}$$

となる. よって, 第5列に「単位行列の第3列」と同じ列ベクトルがつくれた.

Step 5 : 次に第6列をみると, 行基本変形により $(4,6)$ 成分を $\boxed{1}$ にすることは不可能である. したがって, 第6列をスキップすると, これで一番右の列まで操作が終わったので 簡約化終了である.

ここで, 最後に得られた行列が簡約行列になっているか, 確認しよう.

(B1) 零行ベクトルがあり, その下の行はないので OK.

(B2) どの行の主成分も $\boxed{1}$ であるから OK.

(B3) 主成分は, 第1行から順に第2列, 第3列, 第5列にあるので OK.

(B4) 主成分を含む列の, 主成分以外の成分はすべて 0 であるから OK.

よって, この行列は条件をすべて満たすので, 簡約行列である. ■

例題 3.1 次の行列を簡約化しなさい.

(1) $A = \begin{bmatrix} 1 & 1 & 2 & -1 \\ 0 & -2 & -2 & 3 \\ -2 & 4 & 2 & -7 \end{bmatrix}$ (2) $B = \begin{bmatrix} 4 & 1 & 2 \\ 3 & 2 & -1 \\ -5 & -4 & 3 \end{bmatrix}$

解答 例5のように,「簡約化のポイント」(p.51) にしたがって簡約化する.

(1) 第1列からみていく.

$$A = \begin{bmatrix} \boxed{1} & 1 & 2 & -1 \\ 0 & -2 & -2 & 3 \\ -2 & 4 & 2 & -7 \end{bmatrix} \xrightarrow{\text{Step 2}} \begin{bmatrix} \boxed{1} & 1 & 2 & -1 \\ 0 & -2 & -2 & 3 \\ 0 & 6 & 6 & -9 \end{bmatrix} ③+①\times 2$$

$$\xrightarrow{\text{Step 3}} \begin{bmatrix} \boxed{1} & 1 & 2 & -1 \\ 0 & \boxed{1} & 1 & -\frac{3}{2} \\ 0 & 6 & 6 & -9 \end{bmatrix} ②\times(-\tfrac{1}{2})$$

$$\xrightarrow{\text{Step 4}} \begin{bmatrix} \boxed{1} & 0 & 1 & \frac{1}{2} \\ 0 & \boxed{1} & 1 & -\frac{3}{2} \\ 0 & 0 & 0 & 0 \end{bmatrix} \begin{matrix} ①+②\times(-1) \\ \\ ③+②\times(-6) \end{matrix}$$

(2) B を簡約化したいが, 第1列をみると $\boxed{1}$ がない. 行基本変形 (A2) で第1行を $\dfrac{1}{4}$ 倍してもよいが, 分数が現れその後の計算が煩雑になりそうなので, できればそれは避けたい[11]. そこで, (1,1) 成分の $\boxed{\boxed{4}}$ と, (2,1) 成分の ③ に着目し, $\boxed{\boxed{4}} - ③ = \boxed{1}$ となることから, 行基本変形 (A3) で第1行に第2行の (-1) 倍を加えると

$$B = \begin{bmatrix} \boxed{\boxed{4}} & 1 & 2 \\ ③ & 2 & -1 \\ -5 & -4 & 3 \end{bmatrix} \xrightarrow{\text{Step 1}} \begin{bmatrix} \boxed{1} & -1 & 3 \\ 3 & 2 & -1 \\ -5 & -4 & 3 \end{bmatrix} ①+②\times(-1)$$

となる. これで (1,1) 成分に $\boxed{1}$ がつくれたので[12], あとはいつものように簡約化すればよい. あらためて, 最初から簡約化の過程をみてみると,

---

11) (1) のように, どうしようもなく分数で計算を進めないといけない場面もある. なお, 参考までに, 分数計算を進めた場合の変形過程をこの例題後の注意に記しておく.

12) 状況に応じて, このような操作がすぐにできると便利である.

$$B = \begin{bmatrix} \boxed{4} & 1 & 2 \\ \textcircled{3} & 2 & -1 \\ -5 & -4 & 3 \end{bmatrix} \xrightarrow{\text{Step 1}} \begin{bmatrix} \boxed{1} & -1 & 3 \\ 3 & 2 & -1 \\ -5 & -4 & 3 \end{bmatrix} ① + ② \times (-1)$$

$$\xrightarrow{\text{Step 2}} \begin{bmatrix} \boxed{1} & -1 & 3 \\ 0 & 5 & -10 \\ 0 & -9 & 18 \end{bmatrix} \begin{matrix} \\ ② + ① \times (-3) \\ ③ + ① \times 5 \end{matrix}$$

$$\xrightarrow{\text{Step 3}} \begin{bmatrix} \boxed{1} & -1 & 3 \\ 0 & \boxed{1} & -2 \\ 0 & -9 & 18 \end{bmatrix} ② \times \frac{1}{5} \xrightarrow{\text{Step 4}} \begin{bmatrix} \boxed{1} & 0 & 1 \\ 0 & \boxed{1} & -2 \\ 0 & 0 & 0 \end{bmatrix} \begin{matrix} ① + ② \times 1 \\ \\ ③ + ② \times 9 \end{matrix}$$

■

(注意) 例題 3.1 (2) で，「分数を気にせずに」簡約化すると以下のようになる．

$$B = \begin{bmatrix} 4 & 1 & 2 \\ 3 & 2 & -1 \\ -5 & -4 & 3 \end{bmatrix} \xrightarrow{\text{Step 1}} \begin{bmatrix} \boxed{1} & \frac{1}{4} & \frac{1}{2} \\ 3 & 2 & -1 \\ -5 & -4 & 3 \end{bmatrix} ① \times \frac{1}{4}$$

$$\xrightarrow{\text{Step 2}} \begin{bmatrix} \boxed{1} & \frac{1}{4} & \frac{1}{2} \\ 0 & \frac{5}{4} & -\frac{5}{2} \\ 0 & -\frac{11}{4} & \frac{11}{2} \end{bmatrix} \begin{matrix} \\ ② + ① \times (-3) \\ ③ + ① \times 5 \end{matrix}$$

$$\xrightarrow{\text{Step 3}} \begin{bmatrix} \boxed{1} & \frac{1}{4} & \frac{1}{2} \\ 0 & \boxed{1} & -2 \\ 0 & -\frac{11}{4} & \frac{11}{2} \end{bmatrix} ② \times \frac{4}{5} \xrightarrow{\text{Step 4}} \begin{bmatrix} \boxed{1} & 0 & 1 \\ 0 & \boxed{1} & -2 \\ 0 & 0 & 0 \end{bmatrix} \begin{matrix} ① + ② \times (-\frac{1}{4}) \\ \\ ③ + ② \times \frac{11}{4} \end{matrix}$$

練習 3.3[13] 次の行列を簡約化しなさい．

(1) $A = \begin{bmatrix} 2 & 4 & 6 \\ 0 & 0 & 5 \end{bmatrix}$ (2) $B = \begin{bmatrix} 2 & -1 & -6 \\ 1 & -1 & -4 \\ -1 & 2 & 7 \end{bmatrix}$

(3) $C = \begin{bmatrix} 1 & -1 & -1 & -5 \\ 2 & 0 & -1 & 0 \\ -2 & 1 & 1 & 3 \end{bmatrix}$

---

13) 答 (練習 3.3) (1) $\begin{bmatrix} 1 & 2 & 0 \\ 0 & 0 & 1 \end{bmatrix}$ (2) $\begin{bmatrix} 1 & 0 & 0 \\ 0 & 1 & 0 \\ 0 & 0 & 1 \end{bmatrix}$ (3) $\begin{bmatrix} 1 & 0 & 0 & 2 \\ 0 & 1 & 0 & 3 \\ 0 & 0 & 1 & 4 \end{bmatrix}$

3.4 階　数

前節でいくつかの行列を簡約化したが, その中で簡約化することによって零行ベクトルが現れるものがあった. 例えば, 前節で扱った 2 つの 3 次正方行列

$$A = \begin{bmatrix} 2 & -3 & 12 \\ 1 & 0 & 3 \\ -1 & 0 & 4 \end{bmatrix}, \quad B = \begin{bmatrix} 4 & 1 & 2 \\ 3 & 2 & -1 \\ -5 & -4 & 3 \end{bmatrix}$$

をみてみると, A の簡約行列は, 例 5 (1) (p.52) より $\begin{bmatrix} 1 & 0 & 0 \\ 0 & 1 & 0 \\ 0 & 0 & 1 \end{bmatrix}$ であり, B の簡約行列は, 例題 3.1 (2) (p.55) より $\begin{bmatrix} 1 & 0 & 1 \\ 0 & 1 & -2 \\ 0 & 0 & 0 \end{bmatrix}$ である. B は簡約化することによって, 零行ベクトル が現れた. このように, 簡約化することによって零行ベクトルが現れる原因は何だろうか？ また, 零行ベクトルが現れるということは何を意味するのか？ 具体的な考察は第 4 章でするが, それに必要な道具として「階数」を定義する.

与えられた行列 A に対して, A の簡約行列の 行数から, 零行ベクトルの個数を引いた数を[14], 行列 A の **階数** あるいは **ランク** といい, $\operatorname{rank} A$ と表す. 例えば, 上でみた 2 つの行列の階数を求めてみると, A の 簡約行列 の行数は 3 で, 零行ベクトルの個数は 0 であるから

$$\operatorname{rank} A = 3 - 0 = 3$$

である. 同様に, B の 簡約行列 の行数は 3 で, 零行ベクトルの個数は 1 であるから

$$\operatorname{rank} B = 3 - 1 = 2$$

である.

ここであらためて, A, B の簡約行列を, 簡約行列の条件を満たしていることがわかるように明記すると, それぞれ

$$\begin{bmatrix} \boxed{1} & 0 & 0 \\ 0 & \boxed{1} & 0 \\ 0 & 0 & \boxed{1} \end{bmatrix}, \quad \begin{bmatrix} \boxed{1} & 0 & 1 \\ 0 & \boxed{1} & -2 \\ 0 & 0 & 0 \end{bmatrix}$$

14) もとの行列ではなく, 簡約化したあとの簡約行列で考えていることに注意.

である．すると，行列の階数は「簡約行列の主成分の個数」と一致していることがわかる．このことから，階数を求めるだけであれば，わざわざ簡約行列にまで変形しなくてもよさそうである．そこで，簡約行列の条件を弱めて，「階数を求めるのに必要最小限な行列」の形を考えてみよう．

まず 1 つ目として，簡約行列の条件 (B2) において，主成分は $\boxed{1}$ である必要はないと思われる．実際，主成分が 1 以外の実数 (ただし，0 は除く) であっても，階数に影響を与えないからである．2 つ目として，簡約行列の条件 (B4) において，主成分を含む列の，主成分より上の行 の成分は 0 である必要はないと思われる．これも実際に，0 以外の実数であっても階数に影響しない．

このことから，「階数を求めるのに必要最小限な行列」は，以下のように表せることがわかる．ここに，$\odot$ は 0 以外の実数であれば何でもよく，$*$ は 0 を含むどのような実数でもよいとする．

$$\begin{bmatrix}
0 & \cdots & 0 & \boxed{\odot} & * & \cdots & * & * & * & \cdots & * & * & * & \cdots & * \\
0 & \cdots & 0 & 0 & 0 & \cdots & 0 & \boxed{\odot} & * & \cdots & * & * & * & \cdots & * \\
\vdots & & \vdots & \vdots & \vdots & & \vdots & & & & & & \vdots & & \vdots \\
0 & \cdots & 0 & 0 & 0 & \cdots & 0 & 0 & 0 & \cdots & 0 & \boxed{\odot} & * & \cdots & * \\
0 & \cdots & 0 & 0 & 0 & \cdots & 0 & 0 & 0 & \cdots & 0 & 0 & 0 & \cdots & 0 \\
\vdots & & \vdots & \vdots & \vdots & & \vdots & \vdots & \vdots & & \vdots & \vdots & \vdots & & \vdots \\
0 & \cdots & 0 & 0 & 0 & \cdots & 0 & 0 & 0 & \cdots & 0 & 0 & 0 & \cdots & 0
\end{bmatrix}$$

この行列は，左斜め下の部分の成分がすべて 0 で，その部分を土台とした階段のようにみえるので **階段行列** という[15]．また，与えられた行列を，行基本変形して階段行列にすることを **階段化** といい，行列 A を階段化することによって得られる階段行列を **A の階段行列** という．階段行列は簡約行列の条件を弱めたものであるから，

簡約行列は階段行列であるが，階段行列は簡約行列であるとは限らない．

一般の簡約行列 (p.49) と見比べて，階段行列と簡約行列の違いを確認しよう．

15) 本によっては，さらに主成分をすべて 1 にすることを階段行列の条件に含めているものもあるが，本書では主成分は 1 に限定せず，0 以外の実数であれば何でもよいとする．

注意　(1) 階段化するには,「簡約化のポイント」(p.51) を参考にし, 臨機応変に行基本変形していけばよい. 例 7 で, 具体的な行列に対して階段化の過程を記す.

(2) どの行列も行基本変形を繰り返せば, 必ず階段行列に変形できる.

(3) 1 つの行列に対して, それを行基本変形して得られる階段行列は 1 つとは限らない. これは, 主成分を 1 に限定していないことと, 主成分を含む列の, 主成分より上の行の成分を 0 に限定していないことから, 1 つに定めることができない.

この階段行列の形をみると, 階段行列の階段の数が「階数」と一致していることがすぐにわかる. したがって, 次の関係式が成り立つ.

行列の階数

$$\mathrm{rank}\,A \;=\; A \text{ の 階段行列 における階段の数}$$

例 6　(1) 階段行列であり, 簡約行列でもある例.

$$\begin{bmatrix} \boxed{1} & 0 & 0 \\ 0 & \boxed{1} & 0 \\ 0 & 0 & \boxed{1} \end{bmatrix}, \quad \begin{bmatrix} 0 & \boxed{1} & 0 & 2 & 0 & -1 \\ 0 & 0 & \boxed{1} & -1 & 0 & 3 \\ 0 & 0 & 0 & 0 & \boxed{1} & 2 \\ 0 & 0 & 0 & 0 & 0 & 0 \end{bmatrix}$$

(2) 階段行列であるが, 簡約行列ではない例.

$$\begin{bmatrix} \boxed{1} & 0 & 3 \\ 0 & \boxed{-3} & 6 \\ 0 & 0 & \boxed{7} \end{bmatrix}, \quad \begin{bmatrix} 0 & \boxed{2} & 0 & 4 & -6 & -14 \\ 0 & 0 & \boxed{1} & -1 & 1 & 5 \\ 0 & 0 & 0 & 0 & \boxed{1} & 2 \\ 0 & 0 & 0 & 0 & 0 & 0 \end{bmatrix}$$

(3) 階段行列ではない例[16].

$$\begin{bmatrix} 0 & \boxed{1} & 0 \\ 0 & \boxed{1} & 0 \\ 0 & 0 & \boxed{1} \end{bmatrix}, \quad \begin{bmatrix} \boxed{4} & 3 & 0 \\ 0 & 0 & \boxed{2} \\ 0 & 0 & \boxed{1} \end{bmatrix}, \quad \begin{bmatrix} \boxed{4} & 3 & 0 \\ 0 & 0 & \boxed{1} \\ 0 & \boxed{2} & 1 \end{bmatrix}, \quad \begin{bmatrix} \boxed{4} & 3 & 0 \\ 0 & 0 & 0 \\ 0 & \boxed{2} & 1 \end{bmatrix}$$

例 7　前節の 例 5 (1) で扱った行列 $A = \begin{bmatrix} 2 & -3 & 12 \\ 1 & 0 & 3 \\ -1 & 0 & 4 \end{bmatrix}$ を階段化してみよう.「簡約化のポイント」(p.51) を参考に行基本変形すると,

16) もちろん, 簡約行列でもない.

$$A = \begin{bmatrix} 2 & -3 & 12 \\ \boxed{1} & 0 & 3 \\ -1 & 0 & 4 \end{bmatrix} \to \begin{bmatrix} \boxed{1} & 0 & 3 \\ 2 & -3 & 12 \\ -1 & 0 & 4 \end{bmatrix} \begin{matrix} ② \\ ① \\ \end{matrix}$$

$$\to \begin{bmatrix} \boxed{1} & 0 & 3 \\ 0 & \boxed{-3} & 6 \\ 0 & 0 & \boxed{7} \end{bmatrix} \begin{matrix} \\ ② + ① \times (-2) \\ ③ + ① \times 1 \end{matrix}$$

となる. 最後に得られた行列は階段行列になっている. ■

階数を求めるだけであれば, 簡約化より楽な階段化で十分であるが,
以後の理論では, 階段化だけでは不十分で
簡約化までする必要がある場面があるので注意すること.

例題 3.2 $a \in \mathbb{R}$ とする. 次の行列の階数を求めなさい.

(1) $A = \begin{bmatrix} 1 & 1 & 2 & -1 \\ 0 & -2 & -2 & 3 \\ -2 & 4 & 2 & -7 \end{bmatrix}$ (2) $B = \begin{bmatrix} 4 & 1 & 2 \\ 3 & 2 & -1 \\ -5 & -4 & 3 \end{bmatrix}$

(3) $C = \begin{bmatrix} 1 & -3 & 2 & 4 \\ 1 & -1 & 6 & -2 \\ 2 & -5 & 6 & 5 \\ 2 & -3 & 10 & a \end{bmatrix}$

解答 階段化し, 階数を求める.

(1) 階段行列になるまで行基本変形する.

$$A = \begin{bmatrix} \boxed{1} & 1 & 2 & -1 \\ 0 & -2 & -2 & 3 \\ -2 & 4 & 2 & -7 \end{bmatrix} \to \begin{bmatrix} \boxed{1} & 1 & 2 & -1 \\ 0 & \boxed{-2} & -2 & 3 \\ 0 & 6 & 6 & -9 \end{bmatrix} \begin{matrix} \\ \\ ③ + ① \times 2 \end{matrix}$$

$$\to \begin{bmatrix} \boxed{1} & 1 & 2 & -1 \\ 0 & \boxed{-2} & -2 & 3 \\ 0 & 0 & 0 & 0 \end{bmatrix} \begin{matrix} \\ \\ ③ + ② \times 3 \end{matrix}$$

A の階段行列の階段の数は 2 なので, $\operatorname{rank} A = \underline{2}$

(2) 階段行列になるまで行基本変形する.

$$B = \begin{bmatrix} \boxed{4} & 1 & 2 \\ 3 & 2 & -1 \\ -5 & -4 & 3 \end{bmatrix} \to \begin{bmatrix} \boxed{4} & 1 & 2 \\ 0 & \boxed{\frac{5}{4}} & -\frac{5}{2} \\ 0 & -\frac{11}{4} & \frac{11}{2} \end{bmatrix} \begin{matrix} \\ ② + ① \times (-\frac{3}{4}) \\ ③ + ① \times \frac{5}{4} \end{matrix}$$

$$\to \begin{bmatrix} \boxed{4} & 1 & 2 \\ 0 & \boxed{\frac{5}{4}} & -\frac{5}{2} \\ 0 & 0 & 0 \end{bmatrix} \begin{matrix} \\ \\ ③ + ② \times \frac{11}{5} \end{matrix}$$

B の階段行列の階段の数は 2 なので，$\mathrm{rank}\, B = \underline{2}$

(3) とりあえず，a を含んだまま階段行列になるまで行基本変形する．

$$C = \begin{bmatrix} \boxed{1} & -3 & 2 & 4 \\ 1 & -1 & 6 & -2 \\ 2 & -5 & 6 & 5 \\ 2 & -3 & 10 & a \end{bmatrix} \to \begin{bmatrix} \boxed{1} & -3 & 2 & 4 \\ 0 & \boxed{2} & 4 & -6 \\ 0 & 1 & 2 & -3 \\ 0 & 3 & 6 & a-8 \end{bmatrix} \begin{matrix} \\ ② + ① \times (-1) \\ ③ + ① \times (-2) \\ ④ + ① \times (-2) \end{matrix}$$

$$\to \begin{bmatrix} \boxed{1} & -3 & 2 & 4 \\ 0 & \boxed{2} & 4 & -6 \\ 0 & 0 & 0 & 0 \\ 0 & 0 & 0 & a+1 \end{bmatrix} \begin{matrix} \\ \\ ③ + ② \times (-\frac{1}{2}) \\ ④ + ② \times (-\frac{3}{2}) \end{matrix}$$

$$\to \begin{bmatrix} \boxed{1} & -3 & 2 & 4 \\ 0 & \boxed{2} & 4 & -6 \\ 0 & 0 & 0 & \boxed{\boxed{a+1}} \\ 0 & 0 & 0 & 0 \end{bmatrix} \begin{matrix} \\ \\ ④ \\ ③ \end{matrix}$$

ここで，$(3, 4)$ 成分の $\boxed{\boxed{a+1}}$ がもし 0 ならば，C の階段行列の階段の数は 2 であり，$\boxed{\boxed{a+1}}$ がもし 0 以外の実数ならば，C の階段行列の階段の数は 3 である．したがって，$\underline{a = -1 \text{ のとき } \mathrm{rank}\, C = 2,\ a \neq -1 \text{ のとき } \mathrm{rank}\, C = 3}$ である．■

練習 3.4 [17]　$a \in \mathbb{R}$ とする．次の行列の階数を求めなさい．

(1) $A = \begin{bmatrix} 2 & -1 & 3 \\ 0 & 2 & 2 \\ 1 & 0 & 2 \end{bmatrix}$　　(2) $B = \begin{bmatrix} 1 & 2 & 3 & -2 \\ 3 & 7 & 4 & 1 \\ 0 & -2 & 9 & -9 \\ 2 & 7 & -7 & a \end{bmatrix}$

---

17) **答 (練習 3.4)**　(1) $\mathrm{rank}\, A = 2$　(2) $a = 7$ のとき $\mathrm{rank}\, B = 3$，$a \neq 7$ のとき $\mathrm{rank}\, B = 4$

3.5 逆行列の計算

2.8 節では 2 次正方行列についての逆行列を考えたが, ここでは一般の n 次正方行列の逆行列を考える. n 次正方行列 A が逆行列をもつ, つまり A が正則行列であるとは, どういう場合だろうか? じつは, A の階数が

$$\operatorname{rank} A = n$$

を満たすときである. A は n 次正方行列であるから, この式は A の簡約行列は n 次単位行列となることを意味している. だが, どの正方行列を簡約化しても必ずしも単位行列とはならないことは, いままでの経験からわかるだろう. つまり, 逆行列は必ず存在するわけではないのである. また, ある行列の逆行列が存在するとき, それはただ 1 つしか存在しないことも知られている[18].

では実際に, どのようにして逆行列を求めるのか, ここでは行基本変形を利用した逆行列の求め方を紹介する. 理解しやすいよう 3 次正方行列の具体例で説明するが, 一般の n 次正方行列も同様である.

3 次正方行列 $A = \begin{bmatrix} 0 & -1 & 2 \\ 1 & 0 & 0 \\ 0 & 5 & -9 \end{bmatrix}$ を簡約化すると, 以下のように 3 次単位行列 E に簡約化される.

$$A = \begin{bmatrix} 0 & -1 & 2 \\ \boxed{1} & 0 & 0 \\ 0 & 5 & -9 \end{bmatrix} \overset{\text{(A1)}}{\to} \begin{bmatrix} \boxed{1} & 0 & 0 \\ 0 & -1 & 2 \\ 0 & 5 & -9 \end{bmatrix} \begin{matrix} ② \\ ① \\ \ \end{matrix}$$

$$\overset{\text{(A2)}}{\to} \begin{bmatrix} \boxed{1} & 0 & 0 \\ 0 & \boxed{1} & -2 \\ 0 & 5 & -9 \end{bmatrix} ② \times (-1) \overset{\text{(A3)}}{\to} \begin{bmatrix} \boxed{1} & 0 & 0 \\ 0 & \boxed{1} & -2 \\ 0 & 0 & \boxed{1} \end{bmatrix} ③ + ② \times (-5)$$

$$\overset{\text{(A3)}}{\to} \underbrace{\begin{bmatrix} \boxed{1} & 0 & 0 \\ 0 & \boxed{1} & 0 \\ 0 & 0 & \boxed{1} \end{bmatrix}}_{=E} ② + ③ \times 2$$

上の 4 つの行基本変形に対応する基本行列は, それぞれ

---

18) 第 2 章の章末問題参照.

$$E_{1,2} = \begin{bmatrix} 0 & 1 & 0 \\ 1 & 0 & 0 \\ 0 & 0 & 1 \end{bmatrix}, \qquad E_2(-1) = \begin{bmatrix} 1 & 0 & 0 \\ 0 & -1 & 0 \\ 0 & 0 & 1 \end{bmatrix},$$

$$E_{3,2}(-5) = \begin{bmatrix} 1 & 0 & 0 \\ 0 & 1 & 0 \\ 0 & -5 & 1 \end{bmatrix}, \qquad E_{2,3}(2) = \begin{bmatrix} 1 & 0 & 0 \\ 0 & 1 & 2 \\ 0 & 0 & 1 \end{bmatrix}$$

であるから, これらの 3 次基本行列を 右から 順に掛けた行列を

$$B = E_{2,3}(2)\, E_{3,2}(-5)\, E_2(-1)\, E_{1,2}$$

とおく[19]. すると, 行列 A が上で示したような行基本変形によって単位行列に簡約化されたことは, つまり, 行列 A の 左から 行列 B を掛けると単位行列 E になることにほかならない. これより, 等式 $BA = E$ が得られる. しかも, 正則な基本行列の積で与えられている行列 B は正則であって, 逆行列 B^{-1} をもつので, 等式

$$AB = E(AB) = (B^{-1}B)(AB) = B^{-1}(\underbrace{BA}_{=E})B = B^{-1}B = E$$

が導かれる. これより, 2 つの等式 $BA = E$, $AB = E$ が得られて B は A の逆行列となり,

$$B = A^{-1}$$

であることがわかる. ここで, A と E をあわせた行列を

$$\left[\, A \mid E \,\right] = \left[\begin{array}{ccc|ccc} 0 & -1 & 2 & 1 & 0 & 0 \\ 1 & 0 & 0 & 0 & 1 & 0 \\ 0 & 5 & -9 & 0 & 0 & 1 \end{array}\right]$$

と定義して考えると, 行列の積の定義から

$$B\left[\, A \mid E \,\right] = A^{-1}\left[\, A \mid E \,\right] = \left[\, A^{-1}A \mid A^{-1} \,\right] = \left[\, E \mid A^{-1} \,\right]$$

がわかる. したがって, A が正則行列のときは, A と「A と同じ型の単位行列 E」をあわせた行列を簡約化すると, その行列の左半分が単位行列 E, 右半分が逆行列 A^{-1} に変形されることがわかる.

$$\left[\, A \mid E \,\right] \overset{\text{簡約化}}{\longrightarrow} \left[\, E \mid A^{-1} \,\right]$$

A が正則行列でないときは, 簡約化したあとの左半分が単位行列にならない.

---

19) A の 左から これらの行列を順に掛けることを考えれば, 基本行列部分をまとめるには 右から 順に掛ければよいことがわかる.

例 8 行列 $A = \begin{bmatrix} 0 & -1 & 2 \\ 1 & 0 & 0 \\ 0 & 5 & -9 \end{bmatrix}$ の逆行列 A^{-1} を求めてみよう．

$$
\left[\, A \mid E \,\right] = \left[\begin{array}{ccc|ccc} 0 & -1 & 2 & 1 & 0 & 0 \\ \boxed{1} & 0 & 0 & 0 & 1 & 0 \\ 0 & 5 & -9 & 0 & 0 & 1 \end{array}\right]
$$

$$
\to \left[\begin{array}{ccc|ccc} \boxed{1} & 0 & 0 & 0 & 1 & 0 \\ 0 & -1 & 2 & 1 & 0 & 0 \\ 0 & 5 & -9 & 0 & 0 & 1 \end{array}\right] \begin{array}{l} ② \\ ① \\ \ \end{array}
$$

$$
\to \left[\begin{array}{ccc|ccc} \boxed{1} & 0 & 0 & 0 & 1 & 0 \\ 0 & \boxed{1} & -2 & -1 & 0 & 0 \\ 0 & 5 & -9 & 0 & 0 & 1 \end{array}\right] ② \times (-1)
$$

$$
\to \left[\begin{array}{ccc|ccc} \boxed{1} & 0 & 0 & 0 & 1 & 0 \\ 0 & \boxed{1} & -2 & -1 & 0 & 0 \\ 0 & 0 & \boxed{1} & 5 & 0 & 1 \end{array}\right] ③ + ② \times (-5)
$$

$$
\to \left[\begin{array}{ccc|ccc} \boxed{1} & 0 & 0 & 0 & 1 & 0 \\ 0 & \boxed{1} & 0 & 9 & 0 & 2 \\ 0 & 0 & \boxed{1} & 5 & 0 & 1 \end{array}\right] ② + ③ \times 2 \quad = \left[\, E \mid A^{-1} \,\right]
$$

より，A の逆行列は $A^{-1} = \begin{bmatrix} 0 & 1 & 0 \\ 9 & 0 & 2 \\ 5 & 0 & 1 \end{bmatrix}$ である[20]． ■

注意 A^{-1} が上の 4 つの基本行列の積 B と等しいことを確かめてみよう．

$$
\begin{aligned}
B &= E_{2,3}(2)\, E_{3,2}(-5)\, E_2(-1)\, E_{1,2} \\
&= \begin{bmatrix} 1 & 0 & 0 \\ 0 & 1 & 2 \\ 0 & 0 & 1 \end{bmatrix} \begin{bmatrix} 1 & 0 & 0 \\ 0 & 1 & 0 \\ 0 & -5 & 1 \end{bmatrix} \begin{bmatrix} 1 & 0 & 0 \\ 0 & -1 & 0 \\ 0 & 0 & 1 \end{bmatrix} \begin{bmatrix} 0 & 1 & 0 \\ 1 & 0 & 0 \\ 0 & 0 & 1 \end{bmatrix} \\
&= \begin{bmatrix} 1 & 0 & 0 \\ 0 & 1 & 2 \\ 0 & 0 & 1 \end{bmatrix} \begin{bmatrix} 1 & 0 & 0 \\ 0 & 1 & 0 \\ 0 & -5 & 1 \end{bmatrix} \begin{bmatrix} 0 & 1 & 0 \\ -1 & 0 & 0 \\ 0 & 0 & 1 \end{bmatrix} \\
&= \begin{bmatrix} 1 & 0 & 0 \\ 0 & 1 & 2 \\ 0 & 0 & 1 \end{bmatrix} \begin{bmatrix} 0 & 1 & 0 \\ -1 & 0 & 0 \\ 5 & 0 & 1 \end{bmatrix} = \begin{bmatrix} 0 & 1 & 0 \\ 9 & 0 & 2 \\ 5 & 0 & 1 \end{bmatrix} = A^{-1}
\end{aligned}
$$

---

20) 実際，$AA^{-1} = E$，$A^{-1}A = E$ が成り立つ．

また, 計算途中の 右端の行列 に注目すると, それぞれは 行列 $\left[\begin{array}{c|c} A & E \end{array}\right]$ を行基本変形によって $\left[\begin{array}{c|c} E & A^{-1} \end{array}\right]$ に簡約化する各過程の右半分に現れる行列となっている.

行基本変形により, 一般の n 次正方行列の逆行列を求めることができる.

行基本変形による逆行列の計算法

n 次正方行列 A が行基本変形によって 単位行列に簡約化できる ならば,

$$\operatorname{rank} A = n$$

であり, A は正則である. このとき, A の逆行列 A^{-1} を求めるには, A と「A と同じ型の単位行列 E」をあわせた行列をまとめて簡約化すればよく, この簡約行列の右半分が A^{-1} である.

$$\left[\begin{array}{c|c} A & E \end{array}\right] \overset{\text{簡約化}}{\longrightarrow} \left[\begin{array}{c|c} E & A^{-1} \end{array}\right]$$

一方, A が行基本変形によって 単位行列に簡約化できない ならば,

$$\operatorname{rank} A < n$$

であり, A は正則ではない. よって, A の逆行列 A^{-1} は存在しない.

例題 3.3 次の行列の逆行列を求めなさい. 検算

(1) $A = \begin{bmatrix} 1 & -1 & 1 \\ -1 & 1 & -2 \\ 1 & -2 & 1 \end{bmatrix}$ (2) $B = \begin{bmatrix} 2 & -1 & 5 \\ 0 & 1 & 1 \\ 1 & 0 & 3 \end{bmatrix}$

解答 (1) 行基本変形の経過は次のとおりである.

$$\left[\begin{array}{c|c} A & E \end{array}\right] = \left[\begin{array}{ccc|ccc} 1 & -1 & 1 & 1 & 0 & 0 \\ -1 & 1 & -2 & 0 & 1 & 0 \\ 1 & -2 & 1 & 0 & 0 & 1 \end{array}\right]$$

$$\to \left[\begin{array}{ccc|ccc} 1 & -1 & 1 & 1 & 0 & 0 \\ 0 & 0 & -1 & 1 & 1 & 0 \\ 0 & -1 & 0 & -1 & 0 & 1 \end{array}\right] \begin{array}{l} \\ ② + ① \times 1 \\ ③ + ① \times (-1) \end{array}$$

$$\to \left[\begin{array}{ccc|ccc} 1 & -1 & 1 & 1 & 0 & 0 \\ 0 & -1 & 0 & -1 & 0 & 1 \\ 0 & 0 & -1 & 1 & 1 & 0 \end{array}\right] \begin{array}{l} \\ ③ \\ ② \end{array}$$

$$\to \left[\begin{array}{ccc|ccc} 1 & -1 & 1 & 1 & 0 & 0 \\ 0 & 1 & 0 & 1 & 0 & -1 \\ 0 & 0 & 1 & -1 & -1 & 0 \end{array}\right] \begin{array}{l} \\ ② \times (-1) \\ ③ \times (-1) \end{array}$$

$$\to \left[\begin{array}{ccc|ccc} 1 & 0 & 1 & 2 & 0 & -1 \\ 0 & 1 & 0 & 1 & 0 & -1 \\ 0 & 0 & 1 & -1 & -1 & 0 \end{array}\right] \text{①} + \text{②} \times 1$$

$$\to \left[\begin{array}{ccc|ccc} 1 & 0 & 0 & 3 & 1 & -1 \\ 0 & 1 & 0 & 1 & 0 & -1 \\ 0 & 0 & 1 & -1 & -1 & 0 \end{array}\right] \text{①} + \text{③} \times (-1)$$

簡約行列の左半分が単位行列になったので，A の逆行列は簡約行列の右半分の

$$\underline{A^{-1} = \begin{bmatrix} 3 & 1 & -1 \\ 1 & 0 & -1 \\ -1 & -1 & 0 \end{bmatrix}}$$

である．実際，$A\,A^{-1} = \begin{bmatrix} 1 & -1 & 1 \\ -1 & 1 & -2 \\ 1 & -2 & 1 \end{bmatrix} \begin{bmatrix} 3 & 1 & -1 \\ 1 & 0 & -1 \\ -1 & -1 & 0 \end{bmatrix} = E$ が成り立つ．

(2) 行基本変形の経過は次のとおりである．

$$\left[\ B \mid E\ \right] = \left[\begin{array}{ccc|ccc} 2 & -1 & 5 & 1 & 0 & 0 \\ 0 & 1 & 1 & 0 & 1 & 0 \\ 1 & 0 & 3 & 0 & 0 & 1 \end{array}\right]$$

$$\to \left[\begin{array}{ccc|ccc} 1 & 0 & 3 & 0 & 0 & 1 \\ 0 & 1 & 1 & 0 & 1 & 0 \\ 2 & -1 & 5 & 1 & 0 & 0 \end{array}\right] \begin{matrix} \text{③} \\ \\ \text{①} \end{matrix}$$

$$\to \left[\begin{array}{ccc|ccc} 1 & 0 & 3 & 0 & 0 & 1 \\ 0 & 1 & 1 & 0 & 1 & 0 \\ 0 & -1 & -1 & 1 & 0 & -2 \end{array}\right] \text{③} + \text{①} \times (-2)$$

$$\to \left[\begin{array}{ccc|ccc} 1 & 0 & 3 & 0 & 0 & 1 \\ 0 & 1 & 1 & 0 & 1 & 0 \\ 0 & 0 & 0 & 1 & 1 & -2 \end{array}\right] \text{③} + \text{②} \times 1 \quad \neq \left[\ E \mid B^{-1}\ \right]$$

簡約行列の左半分が単位行列にならなかった．このとき，$\operatorname{rank} B = 2 < 3$ であるから，B の逆行列 B^{-1} は<u>存在しない</u>． ■

練習 3.5 [21] 次の行列の逆行列を求めなさい． 検算

(1) $A = \begin{bmatrix} 1 & 0 & -1 \\ 2 & -1 & 0 \\ 2 & -1 & -1 \end{bmatrix}$　　(2) $B = \begin{bmatrix} 4 & 1 & 2 \\ 3 & 2 & -1 \\ -2 & -2 & 2 \end{bmatrix}$

---

21) 答 (練習 3.5) (1) $A^{-1} = \begin{bmatrix} 1 & 1 & -1 \\ 2 & 1 & -2 \\ 0 & 1 & -1 \end{bmatrix}$ (2) 存在しない ($\operatorname{rank} B = 2 < 3$)

第 3 章　章末問題

【A】 (答えは p.241)

1. $a \in \mathbb{R}$ とする. 次の行列の階数を求めなさい.

(1) $A = \begin{bmatrix} 0 & 0 & 0 \\ 0 & 0 & 1 \\ 1 & 0 & 0 \end{bmatrix}$　(2) $B = \begin{bmatrix} 0 & 0 & 5 \\ 0 & 0 & 3 \\ 0 & 0 & 2 \end{bmatrix}$

(3) $C = \begin{bmatrix} 1 & 2 & -3 \\ 1 & 2 & -3 \\ 0 & 0 & 0 \end{bmatrix}$　(4) $D = \begin{bmatrix} 1 & 2 & 3 \\ 4 & 5 & 6 \\ 7 & 8 & 9 \end{bmatrix}$

(5) $E = \begin{bmatrix} 1 & 0 & 0 & 0 \\ 0 & 1 & 0 & 0 \\ 0 & 0 & 1 & 0 \\ 0 & 0 & 0 & 1 \end{bmatrix}$　(6) $F = \begin{bmatrix} 1 & -3 & 3 & 2 \\ -1 & 3 & -7 & 4 \\ 2 & -6 & 12 & -5 \\ 3 & -9 & 7 & a \end{bmatrix}$

(7) $G = \begin{bmatrix} 4 & 2 & 3 & -2 \\ 1 & -1 & -3 & 4 \\ -3 & -2 & 4 & 6 \\ 7 & 4 & -1 & a \end{bmatrix}$　(8) $H = \begin{bmatrix} 3 & 1 & 5 & 7 & -2 \\ 1 & 0 & 2 & 2 & -1 \\ 2 & 1 & 3 & 5 & -1 \\ -1 & 3 & -5 & 1 & 4 \end{bmatrix}$

2. 次の行列の逆行列を求めなさい.

(1) $A = \begin{bmatrix} 1 & 3 & 3 \\ -1 & 1 & 4 \\ 1 & 2 & 1 \end{bmatrix}$　(2) $B = \begin{bmatrix} 1 & 2 & 4 \\ 2 & 2 & 1 \\ 1 & 3 & 7 \end{bmatrix}$　(3) $C = \begin{bmatrix} 3 & 4 & 3 \\ 2 & 2 & 1 \\ 4 & 5 & 3 \end{bmatrix}$

(4) $D = \begin{bmatrix} 3 & 4 & -6 \\ 2 & 1 & 3 \\ 1 & 2 & -5 \end{bmatrix}$　(5) $F = \begin{bmatrix} 3 & 3 & 3 \\ 2 & 2 & 2 \\ 5 & 5 & 5 \end{bmatrix}$　(6) $G = \begin{bmatrix} 3 & 4 & 5 \\ 5 & 6 & 8 \\ 2 & 3 & 4 \end{bmatrix}$

【B】 (答えは p.241)

1. $a \in \mathbb{R}$ とする. 次の行列の階数を求めなさい.

(1) $A = \begin{bmatrix} 2 & -1 & 4 \\ 4 & a & 5 \\ -6 & 3 & -9 \end{bmatrix}$　(2) $B = \begin{bmatrix} a & 1 & 1 \\ 1 & a & 1 \\ 1 & 1 & a \end{bmatrix}$

2. 次の行列の逆行列を求めなさい.

(1) $A = \begin{bmatrix} 1 & -1 & 3 & 1 \\ 2 & -1 & 8 & -2 \\ -1 & 0 & -4 & 4 \\ 1 & -2 & 3 & 8 \end{bmatrix}$　(2) $B = \begin{bmatrix} 2 & 1 & 1 & 1 \\ 3 & 0 & -2 & 1 \\ 0 & -1 & 0 & -2 \\ 3 & 1 & 1 & 1 \end{bmatrix}$

4

連立 1 次方程式と行列

4.1　連立 1 次方程式

次の問題を考えてみよう[1].

> 2 本足のツルと 4 本足のカメが合わせて 7 体いた[2]. また, それらの足の合計は 22 本であった. このとき, ツルとカメはそれぞれ何体いたか？

これを解くにはどうすればよいか？　ここでは, 次のように考えてみよう[3].

もし, すべてがツルであったとすると, 足の合計は $2 \times 7 = 14$ より 14 本となり, 条件の 22 本より 8 本不足している. そこで, ツル 4 羽に足をそれぞれ 2 本ずつ付け足すと, 4 羽のツルはカメに変身して, 3 羽のツルと 4 匹のカメが現れる. このときの足の合計は

$$2 \times 3 + 4 \times 4 = 6 + 16 = 22$$

より 22 本であるから, ツルが 3 羽, カメが 4 匹の組合せが答えとなる.

では続いて, 次の問題を考えてみよう.

1)　いわゆる「ツルカメ算」で使われる問題である.
2)　助数詞について, ツルとカメで異なるので, それらの合計数については「体」を用いる.
3)　小学生の長女いわく「面積法のほうが簡単だよ！」とのことだが……

> 2 本足のツルと 4 本足のカメと 6 本足のカブトムシが合わせて 58 体いた．また，それらの足の合計は 222 本で，「ツルとカブトムシの合計数」は「カメの数」と同じであった．
> このとき，ツルとカメとカブトムシはそれぞれ何体いたか？

先ほどと同じように議論を進めても，そう簡単には解けそうもない．また，ツル，カメ，カブトムシのほかに，8 本足のクモまで登場したら，別の解法を考えるべきであろう．このようなとき，未知数を x，y などとおいて数式化すると，いくらか状況がみやすくなる．

ここでもう一度，最初の問題を考えてみよう．求めるツルの数を x，カメの数を y とすると，合わせて 7 体であるから

$$x + y = 7$$

が得られる．また，ツル 1 羽の足は 2 本，カメ 1 匹の足は 4 本であり，合計で 22 本であるから

$$2x + 4y = 22$$

が得られる．いま考えている問題は，これら 2 つの 1 次方程式 が 同時に成り立つような x，y を求める問題に帰着できるので[4)]，

$$\begin{cases} x + y = 7 \\ 2x + 4y = 22 \end{cases}$$

と表すことにする．このように，複数の 1 次方程式をあわせたものを **連立 1 次方程式** という．

一般に，$m \geq 2$ とし，a_{11}，a_{12}，…，a_{mn}，b_1，b_2，…，b_m を定数とするとき，次のように n 個の未知数 x_1，x_2，…，x_n からなる 1 次方程式を m 個 あわせた

$$\begin{cases} a_{11}x_1 + a_{12}x_2 + \cdots + a_{1n}x_n = b_1 \\ a_{21}x_1 + a_{22}x_2 + \cdots + a_{2n}x_n = b_2 \\ \vdots \\ a_{m1}x_1 + a_{m2}x_2 + \cdots + a_{mn}x_n = b_m \end{cases}$$

を **連立 1 次方程式** といい，この場合は特に **n 元 連立 1 次方程式** という．

また，未知数を含まない項 (**定数項** という) がすべて 0，つまり，

4) 1 次方程式とは，各項の次数が最高でも 1 であるような方程式のことである．

$$b_1 = b_2 = \cdots = b_m = 0$$

であるような連立 1 次方程式を **斉次連立 1 次方程式** というが，これに対して 1 つでも 0 でない定数項が存在するときを **非斉次** という[5]．

連立 1 次方程式のすべての方程式を同時に満たす $(x_1, x_2, \ldots, x_n)$ の組を，その連立 1 次方程式の **解** といい，解を求める操作のことを **連立 1 次方程式を解く** という．

例 1 次の問題を連立 1 次方程式で表してみよう[6]．

> 2 本足のツルと 4 本足のカメと 6 本足のカブトムシが合わせて 58 体いた．
> また，それらの足の合計は 222 本で，「ツルとカブトムシの合計数」と「カメの数」は同じであった．
> このとき，ツルとカメとカブトムシはそれぞれ何体いたか？

求めるツルの数を x，カメの数を y，カブトムシの数を z とすると，合わせて 58 体であるから

$$x + y + z = 58$$

が得られる．また，ツル 1 羽の足は 2 本，カメ 1 匹の足は 4 本，カブトムシ 1 匹の足は 6 本であり，合計 222 本であるから

$$2x + 4y + 6z = 222$$

が得られる．さらに，「ツルとカブトムシの合計数」と「カメの数」は同じなので

$$x + z = y$$

が得られる．ここで，すべての未知数を左辺に移項し，順番どおりにする と[7]

$$x - y + z = 0$$

である．これら 3 つの 1 次方程式をあわせると，連立 1 次方程式

$$\begin{cases} x + y + z = 58 \\ 2x + 4y + 6z = 222 \\ x - y + z = 0 \end{cases}$$

が得られる．■

5) 斉次 のことを 同次 ということもある．
6) 本章で連立 1 次方程式の行列による解法を学習したら解いてみよう (章末問題)．
7) 連立 1 次方程式を行列で表す際に，この操作が必要である．

練習 4.1 [8] 次の各問題を連立 1 次方程式で表しなさい．表すだけでよいが，本章で連立 1 次方程式の行列による解法を学習したら解いてみよう (章末問題).

(1) 2 本足のツルと 4 本足のカメが合わせて 15 体いた．また，それらの足の合計は 40 本であった．このとき，ツルとカメはそれぞれ何体いたか？

(2) しょうゆラーメン，みそラーメン，しおラーメンの 3 種類を扱っているラーメン屋さんの，ある 1 日の様子を調べた．その日は，合計で 87 食売れ，利益は 15850 円だった．しょうゆラーメン，みそラーメン，しおラーメンを 1 食売ったときの利益は，それぞれ 200 円，180 円，150 円であり，この日，しょうゆラーメンはしおラーメンのちょうど 2 倍売れた．では，この日，しょうゆラーメン，みそラーメン，しおラーメンはそれぞれ何食売れたか？

簡単な連立 1 次方程式であれば，いままでの知識で解けるだろうが，複雑な連立 1 次方程式の場合はどのようにして解けばよいのだろうか？ その 1 つの答えとして，行列を用いた解法をこれから紹介するが，まずはその準備のために，連立 1 次方程式と行列の関係について調べてみよう．

4.2 連立 1 次方程式の行列表現

行列 $A = \begin{bmatrix} 1 & 1 \\ 2 & 4 \end{bmatrix}$ と列ベクトル $\boldsymbol{x} = \begin{bmatrix} x \\ y \end{bmatrix}$ との積を計算すると

$$A\boldsymbol{x} = \begin{bmatrix} 1 & 1 \\ 2 & 4 \end{bmatrix}\begin{bmatrix} x \\ y \end{bmatrix} = \begin{bmatrix} x+y \\ 2x+4y \end{bmatrix}$$

である．これは連立 1 次方程式の左辺のような形をしている．ここで，連立 1 次方程式 $\begin{cases} x + \ \ y = 7 \\ 2x + 4y = 22 \end{cases}$ を考えると，

$$A\boldsymbol{x} = \begin{bmatrix} 1 & 1 \\ 2 & 4 \end{bmatrix}\begin{bmatrix} x \\ y \end{bmatrix} = \begin{bmatrix} x+y \\ 2x+4y \end{bmatrix} = \begin{bmatrix} 7 \\ 22 \end{bmatrix}$$

であるから，この連立 1 次方程式は

$$\underbrace{\begin{bmatrix} 1 & 1 \\ 2 & 4 \end{bmatrix}}_{A}\underbrace{\begin{bmatrix} x \\ y \end{bmatrix}}_{\boldsymbol{x}} = \begin{bmatrix} 7 \\ 22 \end{bmatrix} \tag{4.1}$$

8) 答 (練習 4.1) (1) $\begin{cases} x + \ \ y = 15 \\ 2x + 4y = 40 \end{cases}$ (2) $\begin{cases} x + y + z = 87 \\ 200x + 180y + 150z = 15850 \\ x - 2z = 0 \end{cases}$

と行列で表される．このとき，連立1次方程式の「係数」を強調して書くと

$$\begin{cases} \boxed{1}\,x + \boxed{1}\,y = 7 \\ \boxed{2}\,x + \boxed{4}\,y = 22 \end{cases}$$

であり，この係数のみをそのまま配列を変えずに取り出した行列 $\begin{bmatrix} 1 & 1 \\ 2 & 4 \end{bmatrix}$ は，行列表示式 (4.1) における左辺左側の行列 A と一致している．これを **係数行列** という．また，連立1次方程式の定数項のみをそのまま配列を変えずに取り出した列ベクトル $\begin{bmatrix} 7 \\ 22 \end{bmatrix}$ は，行列表示式 (4.1) における右辺の列ベクトルと一致している．これを **定数項ベクトル** という．この係数行列と定数項ベクトルをあわせた行列

$$\left[\begin{array}{cc|c} 1 & 1 & 7 \\ 2 & 4 & 22 \end{array}\right]$$

を **拡大係数行列** という．

一般に，$\boxed{n}$ 個の未知数 $x_1, x_2, \ldots, x_n$ と，m 個の1次方程式からなる連立1次方程式

$$\begin{cases} a_{11}x_1 + a_{12}x_2 + \cdots + a_{1n}x_n = b_1 \\ a_{21}x_1 + a_{22}x_2 + \cdots + a_{2n}x_n = b_2 \\ \qquad\vdots \\ a_{m1}x_1 + a_{m2}x_2 + \cdots + a_{mn}x_n = b_m \end{cases}$$

に対して

$$A = \begin{bmatrix} a_{11} & a_{12} & \cdots & a_{1n} \\ a_{21} & a_{22} & \cdots & a_{2n} \\ \vdots & \vdots & & \vdots \\ a_{m1} & a_{m2} & \cdots & a_{mn} \end{bmatrix}, \quad \boldsymbol{x} = \begin{bmatrix} x_1 \\ x_2 \\ \vdots \\ x_n \end{bmatrix}, \quad \boldsymbol{b} = \begin{bmatrix} b_1 \\ b_2 \\ \vdots \\ b_m \end{bmatrix}$$

とおくと，この連立1次方程式は

$$A\boldsymbol{x} = \boldsymbol{b}$$

と表せる[9]．このとき，係数のみをそのままの配列で取り出した $m \times \boxed{n}$ 行列 A を **係数行列**，未知数を縦に順に並べた $\boxed{n}$ 次元 列ベクトル $\boldsymbol{x}$ を **未知数ベクトル**，未知数を含まない定数項を縦に順に並べた m 次元 列ベクトル $\boldsymbol{b}$

9) 実際に，$A\boldsymbol{x} = \boldsymbol{b}$ を計算してみるとよい．

を **定数項ベクトル** という. また, 係数行列 A と定数項ベクトル $\boldsymbol{b}$ をあわせた

$$\left[\begin{array}{c|c} A & \boldsymbol{b} \end{array}\right] = \left[\begin{array}{cccc|c} a_{11} & a_{12} & \cdots & a_{1n} & b_1 \\ a_{21} & a_{22} & \cdots & a_{2n} & b_2 \\ \vdots & \vdots & & \vdots & \vdots \\ a_{m1} & a_{m2} & \cdots & a_{mn} & b_m \end{array}\right]$$

を **拡大係数行列** という. このとき, 拡大係数行列の型は $m \times \left(\boxed{n}+1\right)$ であることに注意する.

例 2 連立 1 次方程式 $\begin{cases} x \quad - z \quad - 2v = 1 \\ y + z \quad + v = -2 \\ -x \quad + z + u + v = 3 \\ 2x + y - z + u - 3v = 1 \end{cases}$ を行列で表すと

$$\begin{bmatrix} 1 & 0 & -1 & 0 & -2 \\ 0 & 1 & 1 & 0 & 1 \\ -1 & 0 & 1 & 1 & 1 \\ 2 & 1 & -1 & 1 & -3 \end{bmatrix} \begin{bmatrix} x \\ y \\ z \\ u \\ v \end{bmatrix} = \begin{bmatrix} 1 \\ -2 \\ 3 \\ 1 \end{bmatrix}$$

であり, 拡大係数行列は $\left[\begin{array}{ccccc|c} 1 & 0 & -1 & 0 & -2 & 1 \\ 0 & 1 & 1 & 0 & 1 & -2 \\ -1 & 0 & 1 & 1 & 1 & 3 \\ 2 & 1 & -1 & 1 & -3 & 1 \end{array}\right]$ である. ■

練習 4.2 [10] 次の連立 1 次方程式を行列で表し, 拡大係数行列を求めなさい.

(1) $\begin{cases} x + 2y = 5 \\ 3x + 5y = 13 \end{cases}$ (2) $\begin{cases} 2x - y - z = -3 \\ x + y + z = 6 \end{cases}$

10) **答 (練習 4.2)** (1) $\begin{bmatrix} 1 & 2 \\ 3 & 5 \end{bmatrix} \begin{bmatrix} x \\ y \end{bmatrix} = \begin{bmatrix} 5 \\ 13 \end{bmatrix}$, $\left[\begin{array}{cc|c} 1 & 2 & 5 \\ 3 & 5 & 13 \end{array}\right]$

(2) $\begin{bmatrix} 2 & -1 & -1 \\ 1 & 1 & 1 \end{bmatrix} \begin{bmatrix} x \\ y \\ z \end{bmatrix} = \begin{bmatrix} -3 \\ 6 \end{bmatrix}$, $\left[\begin{array}{ccc|c} 2 & -1 & -1 & -3 \\ 1 & 1 & 1 & 6 \end{array}\right]$

4.3 掃き出し法

連立 1 次方程式

$$\begin{cases} 2x + 5y = 23 \\ x + y = 7 \end{cases}$$

を「消去法」で解いてみよう[11]. この連立 1 次方程式を解く最終目標は

$$\begin{cases} x = \bullet \\ y = \blacktriangle \end{cases} \qquad (\bullet,\ \blacktriangle \text{ はある実数})$$

の形であるから, まずは x の係数が 1 である第 2 式に着目して, これを第 1 式と入れ替えよう.

$$\begin{cases} 2x + 5y = 23 \\ x + y = 7 \end{cases} \quad \rightarrow \quad \begin{cases} x + y = 7 \\ 2x + 5y = 23 \end{cases}$$

次に, 第 2 式の x の係数は 2 であるから, 第 2 式に第 1 式の (-2) 倍を加えると, 第 2 式から x を消去できそうである. この計算を実行すると

$$\begin{array}{lcrrcrl} \text{第 2 式} & : & 2x & +5y & = & 23 & \\ \text{第 1 式} \times (-2) & : & -2x & -2y & = & -14 & (+ \\ \hline & & & 3y & = & 9 & \end{array}$$

であるから, この計算結果の式を第 2 式と置き換えると

$$\begin{cases} x + y = 7 \\ 2x + 5y = 23 \end{cases} \quad \rightarrow \quad \begin{cases} x + y = 7 \\ 3y = 9 \end{cases}$$

となるので, 第 2 式から x を消去することができ, 最終目標に近づいた.

ここで, 第 2 式の両辺を 3 で割ると, y の係数が 1 となって y の値が求まる.

$$\begin{cases} x + y = 7 \\ 3y = 9 \end{cases} \quad \rightarrow \quad \begin{cases} x + y = 7 \\ y = 3 \end{cases}$$

最後に, 第 2 式の $y = 3$ を第 1 式に代入すると $x = 4$ が得られる. いい換えると, 第 1 式に第 2 式の (-1) 倍を加えて, 第 1 式の y を消去すれば $x = 4$ が得られる. この結果を第 1 式と置き換えると

$$\begin{cases} x + y = 7 \\ y = 3 \end{cases} \quad \rightarrow \quad \begin{cases} x = 4 \\ y = 3 \end{cases}$$

と最終目標の形になって, この連立 1 次方程式の解 $\begin{cases} x = 4 \\ y = 3 \end{cases}$ が得られる.

ここで検算のために[12], 得られた解 $x = 4$, $y = 3$ を もとの連立 1 次方程

11) 消去法とは, 未知数を徐々に減らして解を求める方法である.

12) ミスを防ぐためにも検算は重要! くれぐれも検算のときに計算ミスしないように.

式 $\begin{cases} 2x+5y = 23 \\ x+y = 7 \end{cases}$ に代入すると $\begin{cases} 2\cdot 4+5\cdot 3 = 23 \\ 4+3 = 7 \end{cases}$ となり，どちらの式も成り立っているので間違ってはいないようである[13)]．

ここで，先の連立 1 次方程式を解く操作で行った変形を抜き出してみよう．

- 第 1 式と第 2 式を入れ替える
- 第 2 式に第 1 式の (-2) 倍を加える
- 第 2 式の両辺を 3 で割る（つまり，第 2 式の両辺に $\dfrac{1}{3}$ を掛ける）
- 第 1 式に第 2 式の (-1) 倍を加える

これらは，次の 3 つの変形 (C1) ～ (C3) としてまとめることができる．

> **(C1)** 2 つの $\boxed{\text{方程式}}$ を入れ替える．
> **(C2)** 1 つの $\boxed{\text{方程式}}$ を実数倍（0 倍を除く）する．
> **(C3)** 1 つの $\boxed{\text{方程式}}$ に，他の $\boxed{\text{方程式}}$ の実数倍（0 倍を除く）を加える．

これらの変形は，p.47 で学習した行基本変形 (A1) ～ (A3) において，<u>行</u> を $\boxed{\text{方程式}}$ にしたものと同じである．ここで，先ほどの連立 1 次方程式を解く過程を拡大係数行列で表したものと並べて比較すると，

$$\begin{cases} 2x + 5y = 23 \\ \boxed{x} + y = 7 \end{cases} \qquad \left[\begin{array}{cc|c} 2 & 5 & 23 \\ \boxed{1} & 1 & 7 \end{array}\right]$$

$$\xrightarrow{(\mathrm{C1})} \begin{cases} \boxed{x} + y = 7 \\ \boxed{\boxed{2x}} + 5y = 23 \end{cases} \qquad \to \left[\begin{array}{cc|c} \boxed{1} & 1 & 7 \\ \boxed{\boxed{2}} & 5 & 23 \end{array}\right] \begin{array}{c} ② \\ ① \end{array}$$

$$\xrightarrow{(\mathrm{C3})} \begin{cases} \boxed{x} + y = 7 \\ \qquad \boxed{\boxed{3y}} = 9 \end{cases} \qquad \to \left[\begin{array}{cc|c} \boxed{1} & 1 & 7 \\ 0 & \boxed{\boxed{3}} & 9 \end{array}\right] ② + ① \times (-2)$$

$$\xrightarrow{(\mathrm{C2})} \begin{cases} \boxed{x} + \boxed{\boxed{y}} = 7 \\ \qquad \boxed{y} = 3 \end{cases} \qquad \to \left[\begin{array}{cc|c} \boxed{1} & \boxed{\boxed{1}} & 7 \\ 0 & \boxed{1} & 3 \end{array}\right] ② \times \tfrac{1}{3}$$

$$\xrightarrow{(\mathrm{C3})} \begin{cases} \boxed{x} \qquad = 4 \\ \qquad \boxed{y} = 3 \end{cases} \qquad \to \left[\begin{array}{cc|c} \boxed{1} & 0 & 4 \\ 0 & \boxed{1} & 3 \end{array}\right] ① + ② \times (-1)$$

13) 次節でも考察するが，連立 1 次方程式には解が無数に存在するものもあり，求めた解が連立 1 次方程式を満たしていたとしても，それが<u>すべての解であるとは限らない</u>．

より, 拡大係数行列の変形は 簡約化の過程とまったく同じ ことをしていることがわかる[14]. また, 簡約化したあとの拡大係数行列が, 例えば

$$\left[\begin{array}{cc|c} 1 & 0 & \bullet \\ 0 & 1 & \blacktriangle \end{array}\right] \qquad (\bullet, \blacktriangle \text{ はある実数})$$

のように係数行列部分が単位行列になると, これを連立1次方程式に直すことで

$$\begin{bmatrix} 1 & 0 \\ 0 & 1 \end{bmatrix}\begin{bmatrix} x \\ y \end{bmatrix} = \begin{bmatrix} \bullet \\ \blacktriangle \end{bmatrix} \quad \Leftrightarrow \quad \begin{bmatrix} x \\ y \end{bmatrix} = \begin{bmatrix} \bullet \\ \blacktriangle \end{bmatrix} \quad \Leftrightarrow \quad \begin{cases} x = \bullet \\ y = \blacktriangle \end{cases}$$

より定数項部分がそのまま解となり[15], また $\begin{cases} x = \bullet \\ y = \blacktriangle \end{cases}$ 以外にこの連立1次方程式を満たす解は存在しないこともわかる. つまり,

> **連立1次方程式は, その 拡大係数行列を簡約化 すればよく, その結果係数行列部分が単位行列になれば, 定数項部分がただ1組の解 となる.**

なお, 階段化だけでは不十分 なので, 必ず 簡約行列になるまで行基本変形することが大事である.

係数行列部分が単位行列ということは, 係数行列部分は正方行列に限定しているように考えられるが, じつは例えば

$$\left[\begin{array}{cc|c} 1 & 0 & \bullet \\ 0 & 1 & \blacktriangle \\ 0 & 0 & 0 \end{array}\right] \quad (\bullet, \blacktriangle \text{ はある実数})$$

のように, 係数行列の上部の「正方行列部分」が簡約化によって単位行列になり, それより下部の「拡大」係数行列の成分がすべて0 であれば, 同じことがいえる. なぜならば, この拡大係数行列を連立1次方程式の形で表せば

$$\begin{bmatrix} 1 & 0 \\ 0 & 1 \\ 0 & 0 \end{bmatrix}\begin{bmatrix} x \\ y \end{bmatrix} = \begin{bmatrix} \bullet \\ \blacktriangle \\ 0 \end{bmatrix} \quad \Leftrightarrow \quad \begin{cases} x = \bullet \\ y = \blacktriangle \\ 0 = 0 \end{cases}$$

となり, 第3式に現れる $0 = 0$ は数学として間違ってはいないが, 連立1次方程式の解を定める条件とはならず, 意味をもたない. よって, これは

$$\begin{cases} x = \bullet \\ y = \blacktriangle \end{cases}$$

と同値である. 以上のことから, 次がいえる.

14) 変形の最後の拡大係数行列が「簡約行列」になっていることを確認しよう.
15) 解の表し方はベクトル表記のままでもよい.

解が ただ1組存在 するような連立1次方程式

係数行列 A, 定数項ベクトル $\boldsymbol{b}$ の連立1次方程式

$$A\boldsymbol{x} = \boldsymbol{b}$$

に対して, 拡大係数行列 $\left[\begin{array}{c|c} A & \boldsymbol{b} \end{array}\right]$ を簡約化したものが $\left[\begin{array}{c|c} E & \boldsymbol{c} \end{array}\right]$ あるいは $\left[\begin{array}{c|c} E & \boldsymbol{c} \\ O & \boldsymbol{o} \end{array}\right]$ となるとき, その連立1次方程式の解 $\boldsymbol{x}$ はただ1組存在し, それは $\boldsymbol{x} = \boldsymbol{c}$ である.

一方, 拡大係数行列を簡約化したときに, 係数行列部分や係数行列の上部が必ずしも単位行列になるとは限らない[16). このような状況のとき, 連立1次方程式の解は「存在しない」か「無数に存在する」ことが知られているが, これらの場合については次節以降で解説することにし, この節では「解がただ1組存在するような連立1次方程式」のみを扱う.

連立1次方程式について, その拡大係数行列を簡約化することによって解く方法を **掃き出し法** あるいは **ガウスの消去法** という. つまり, 連立1次方程式を掃き出し法で解くには, 解きたい連立1次方程式の拡大係数行列を p.51 で学習した「簡約化のポイント」にしたがって簡約化すればよい.

例題 4.1 次の連立1次方程式を 掃き出し法で 解きなさい. 検算

(1) $\begin{cases} 2x+3y = 8 \\ x+2y = 5 \end{cases}$ (2) $\begin{cases} x-y+z = 2 \\ x+y-z = 0 \\ -x+y+z = 4 \end{cases}$

解答 拡大係数行列を「簡約化のポイント」(p.51) にしたがって簡約化する.

(1) 拡大係数行列を簡約化すると,

$$\left[\begin{array}{cc|c} 2 & 3 & 8 \\ \boxed{1} & 2 & 5 \end{array}\right] \to \left[\begin{array}{cc|c} \boxed{1} & 2 & 5 \\ 2 & 3 & 8 \end{array}\right] \to \left[\begin{array}{cc|c} \boxed{1} & 2 & 5 \\ 0 & -1 & -2 \end{array}\right]$$
$$\to \left[\begin{array}{cc|c} \boxed{1} & 2 & 5 \\ 0 & \boxed{1} & 2 \end{array}\right] \to \left[\begin{array}{cc|c} \boxed{1} & 0 & 1 \\ 0 & \boxed{1} & 2 \end{array}\right]$$

である. よって, これを連立1次方程式の形で表すと

16) このようなことが起こりうるということは, 第3章でいろいろな行列を簡約化した経験からわかるだろう.

$$\begin{bmatrix} 1 & 0 \\ 0 & 1 \end{bmatrix}\begin{bmatrix} x \\ y \end{bmatrix} = \begin{bmatrix} 1 \\ 2 \end{bmatrix} \Leftrightarrow \underline{\begin{bmatrix} x \\ y \end{bmatrix} = \begin{bmatrix} 1 \\ 2 \end{bmatrix} \Leftrightarrow \begin{cases} x = 1 \\ y = 2 \end{cases}}$$

と解が得られる[17].

(2) 拡大係数行列を簡約化すると,

$$\left[\begin{array}{ccc|c} \boxed{1} & -1 & 1 & 2 \\ 1 & 1 & -1 & 0 \\ -1 & 1 & 1 & 4 \end{array}\right] \to \left[\begin{array}{ccc|c} \boxed{1} & -1 & 1 & 2 \\ 0 & 2 & -2 & -2 \\ 0 & 0 & 2 & 6 \end{array}\right]$$

$$\to \left[\begin{array}{ccc|c} \boxed{1} & -1 & 1 & 2 \\ 0 & \boxed{1} & -1 & -1 \\ 0 & 0 & 2 & 6 \end{array}\right] \to \left[\begin{array}{ccc|c} \boxed{1} & 0 & 0 & 1 \\ 0 & \boxed{1} & -1 & -1 \\ 0 & 0 & 2 & 6 \end{array}\right]$$

$$\to \left[\begin{array}{ccc|c} \boxed{1} & 0 & 0 & 1 \\ 0 & \boxed{1} & -1 & -1 \\ 0 & 0 & \boxed{1} & 3 \end{array}\right] \to \left[\begin{array}{ccc|c} \boxed{1} & 0 & 0 & 1 \\ 0 & \boxed{1} & 0 & 2 \\ 0 & 0 & \boxed{1} & 3 \end{array}\right]$$

である. よって, 解は $\underline{\begin{bmatrix} x \\ y \\ z \end{bmatrix} = \begin{bmatrix} 1 \\ 2 \\ 3 \end{bmatrix} \Leftrightarrow \begin{cases} x = 1 \\ y = 2 \\ z = 3 \end{cases}}$ である[18]. ■

練習 4.3 [19] 次の連立1次方程式を 掃き出し法で 解きなさい. 検算

(1) $\begin{cases} x + 2y = 5 \\ 3x + 5y = 13 \end{cases}$ (2) $\begin{cases} 3x - 4y = 1 \\ x + y = -9 \end{cases}$

(3) $\begin{cases} x - y + z = 2 \\ -x + y - 2z = -5 \\ x - 2y + z = 0 \end{cases}$ (4) $\begin{cases} 2x - y + 8z = 11 \\ x - y + 5z = 6 \\ -3x + 5y - 16z = -17 \end{cases}$

最後に, 例題 3.1 (2) (p.55) と同じように, 分数の計算を避けるには工夫が必要な例題を1つ紹介する.

17) 検算として, 得られた解をもとの連立1次方程式の左辺に代入すると $\begin{cases} 2 \cdot 1 + 3 \cdot 2 = 8 \\ 1 + 2 \cdot 2 = 5 \end{cases}$ より, 正しいことがわかる.

18) 検算: $\begin{cases} 1 - 2 + 3 = 2 \\ 1 + 2 - 3 = 0 \\ -1 + 2 + 3 = 4 \end{cases}$

19) 答 (練習 4.3) (1) $\begin{cases} x = 1 \\ y = 2 \end{cases}$ (2) $\begin{cases} x = -5 \\ y = -4 \end{cases}$ (3) $\begin{cases} x = 1 \\ y = 2 \\ z = 3 \end{cases}$ (4) $\begin{cases} x = 2 \\ y = 1 \\ z = 1 \end{cases}$

例題 4.2 連立1次方程式 $\begin{cases} 5x+7y &= -2 \\ 3x-5y &= 8 \end{cases}$ を <u>掃き出し法で</u> 解きなさい. 検算

解答 拡大係数行列を「簡約化のポイント」(p.51) にしたがって簡約化するが, この拡大係数行列の第1列に $\boxed{1}$ がないので工夫が必要である. ここでは, $\boxed{\boxed{5}} + (3) \times (-2) = -1$ を利用して簡約化する[20].

$$\left[\begin{array}{cc|c} \boxed{\boxed{5}} & 7 & -2 \\ (3) & -5 & 8 \end{array}\right] \to \left[\begin{array}{cc|c} -1 & 17 & -18 \\ 3 & -5 & 8 \end{array}\right] ① + ② \times (-2)$$

$$\to \left[\begin{array}{cc|c} \boxed{1} & -17 & 18 \\ 3 & -5 & 8 \end{array}\right] ① \times (-1) \to \left[\begin{array}{cc|c} \boxed{1} & -17 & 18 \\ 0 & 46 & -46 \end{array}\right] ② + ① \times (-3)$$

$$\to \left[\begin{array}{cc|c} \boxed{1} & -17 & 18 \\ 0 & \boxed{1} & -1 \end{array}\right] ② \times \frac{1}{46} \to \left[\begin{array}{cc|c} \boxed{1} & 0 & 1 \\ 0 & \boxed{1} & -1 \end{array}\right] ① + ② \times 17$$

である. よって, 解は $\underline{\begin{bmatrix} x \\ y \end{bmatrix} = \begin{bmatrix} 1 \\ -1 \end{bmatrix} \Leftrightarrow \begin{cases} x &= 1 \\ y &= -1 \end{cases}}$ である[21]. ■

注意 分数の計算が気にならなければ, 次のように簡約化してもよい.

$$\left[\begin{array}{cc|c} \boxed{\boxed{5}} & 7 & -2 \\ 3 & -5 & 8 \end{array}\right] \to \left[\begin{array}{cc|c} \boxed{1} & \frac{7}{5} & -\frac{2}{5} \\ 3 & -5 & 8 \end{array}\right] \to \left[\begin{array}{cc|c} \boxed{1} & \frac{7}{5} & -\frac{2}{5} \\ 0 & -\frac{46}{5} & \frac{46}{5} \end{array}\right]$$

$$\to \left[\begin{array}{cc|c} \boxed{1} & \frac{7}{5} & -\frac{2}{5} \\ 0 & \boxed{1} & -1 \end{array}\right] \to \left[\begin{array}{cc|c} \boxed{1} & 0 & 1 \\ 0 & \boxed{1} & -1 \end{array}\right]$$

練習 4.4[22] 次の連立1次方程式を <u>掃き出し法で</u> 解きなさい. 検算

(1) $\begin{cases} 3x+2y &= 1 \\ 2x+3y &= -1 \end{cases}$ (2) $\begin{cases} 8x+3y &= 11 \\ -3x+4y &= 1 \end{cases}$

---

20) これはあくまでひとつの工夫の例であって, 必ずしもこの方法でやる必要はない. また, 分数が現れても気にならなければ, そのままセオリーどおりに簡約化すればよい (例題後の注意参照).

21) 検算: $\begin{cases} 5\cdot 1+7\cdot(-1) &= -2 \\ 3\cdot 1-5\cdot(-1) &= 8 \end{cases}$

22) 答 (練習 4.4) (1) $\begin{cases} x &= 1 \\ y &= -1 \end{cases}$ (2) $\begin{cases} x &= 1 \\ y &= 1 \end{cases}$

4.4 連立 1 次方程式の解

次の連立 1 次方程式について, それぞれの解がどうなるか考えてみよう.

$$(1)\ \begin{cases} x + y = 2 \\ 2x + 3y = 5 \end{cases} \quad (2)\ \begin{cases} x + y = 2 \\ 2x + 2y = 4 \end{cases} \quad (3)\ \begin{cases} x + y = 2 \\ 2x + 2y = 5 \end{cases}$$

まず, (1) について, 掃き出し法で解いてみると

$$\left[\begin{array}{cc|c} \boxed{1} & 1 & 2 \\ 2 & 3 & 5 \end{array}\right] \to \left[\begin{array}{cc|c} \boxed{1} & 1 & 2 \\ 0 & \boxed{1} & 1 \end{array}\right] \to \left[\begin{array}{cc|c} \boxed{1} & 0 & 1 \\ 0 & \boxed{1} & 1 \end{array}\right]$$

であるから (1) の解は $\begin{cases} x = 1 \\ y = 1 \end{cases}$ である. このとき, この解以外のどの値を代入しても成り立たない. つまり, (1) を満たす解はただ 1 組存在する.

次に, (2) を解いてみよう. 拡大係数行列を簡約化すると

$$\left[\begin{array}{cc|c} \boxed{1} & 1 & 2 \\ 2 & 2 & 4 \end{array}\right] \to \left[\begin{array}{cc|c} \boxed{1} & 1 & 2 \\ 0 & 0 & 0 \end{array}\right]$$

であり, 係数行列部分が単位行列にならない. このとき, 簡約化した行列を連立 1 次方程式の形で表すと,

$$\begin{bmatrix} 1 & 1 \\ 0 & 0 \end{bmatrix} \begin{bmatrix} x \\ y \end{bmatrix} = \begin{bmatrix} 2 \\ 0 \end{bmatrix} \quad \Leftrightarrow \quad \begin{cases} x + y = 2 \\ 0 = 0 \end{cases}$$

となるが, 前節で考察したように $0 = 0$ は意味をもたないので, この連立 1 次方程式は 1 つの 1 次方程式

$$x + y = 2$$

のみを考えるのと同じである. この方程式を満たす解を考えると

$$\begin{cases} x = 2 \\ y = 0 \end{cases}, \quad \begin{cases} x = 1 \\ y = 1 \end{cases}, \quad \cdots, \quad \begin{cases} x = 2 - \sqrt{2} \\ y = \sqrt{2} \end{cases}, \quad \cdots$$

のように無数に存在することがわかる. 実際, この方程式の解は

$$\begin{cases} x = 2 - c \\ y = c \end{cases} \qquad (c \in \mathbb{R})$$

と表される[23]. c は任意定数なので, (2) を満たす解は無数に存在する.

最後に, (3) を解いてみよう. 拡大係数行列を簡約化すると

$$\left[\begin{array}{cc|c} \boxed{1} & 1 & 2 \\ 2 & 2 & 5 \end{array}\right] \to \left[\begin{array}{cc|c} \boxed{1} & 1 & 2 \\ 0 & 0 & \boxed{1} \end{array}\right] \to \left[\begin{array}{cc|c} \boxed{1} & 1 & 0 \\ 0 & 0 & \boxed{1} \end{array}\right]$$

---

23) $x = c,\ y = 2 - c$ と表してもよい.

であり, 係数行列部分が単位行列にならない. このとき, 簡約化した行列を連立1次方程式の形で表すと,

$$\begin{bmatrix} 1 & 1 \\ 0 & 0 \end{bmatrix} \begin{bmatrix} x \\ y \end{bmatrix} = \begin{bmatrix} 0 \\ 1 \end{bmatrix} \quad \Leftrightarrow \quad \begin{cases} x + y = 0 \\ \quad\ \ 0 = 1 \end{cases}$$

となり $0 = 1$ という数学的に正しくない等式が現れる. このとき, x, y にどのような実数を代入しても第 2 式を満たさないので, (3) を満たす解は存在しない.

以上の考察から, 次のようにまとめることができる.

連立 1 次方程式の解の分類

連立 1 次方程式の解は, 次の 3 つに分類することができる.

(1) ただ 1 組存在する (**一意解**).

(2) 無数に存在する (**不定解**).

(3) 存在しない (**解なし**).

(1) の連立 1 次方程式は, 前節で紹介した方法で解くことができる. (2) と (3) の連立 1 次方程式については, 次節以降でその解法を検討しよう.

練習 4.5 [24] 次の連立 1 次方程式の解は, どの分類に属するか?

(1) $\begin{cases} x - y = 2 \\ -3x + 3y = -6 \end{cases}$ (2) $\begin{cases} x - y = 2 \\ -3x + 3y = 6 \end{cases}$ (3) $\begin{cases} x - y = 2 \\ -3x + 4y = -6 \end{cases}$

4.5 連立 1 次方程式の解なし

4.3 節で学習した掃き出し法を思い出そう. そこでは, 解がただ 1 組存在する連立 1 次方程式のみを扱った. しかし, 前節で考察したとおり, 連立 1 次方程式には解が存在しないものもあるし, 解が無数に存在するものもある. まずこの節では, 解が存在しない連立 1 次方程式について, その特徴を調べることにする. 解が無数に存在する連立 1 次方程式については次節で考察する.

---

24) **答 (練習 4.5)** (1) 無数に存在する (2) 存在しない (3) ただ 1 組存在する

では, 解が存在しない連立１次方程式として, 前節の (3) の連立１次方程式

$$\begin{cases} x + \ y = 2 \\ 2x + 2y = 5 \end{cases}$$

の特徴を調べてみよう. この連立１次方程式の拡大係数行列を簡約化すると

$$\left[\begin{array}{cc|c} \boxed{1} & 1 & 2 \\ 2 & 2 & 5 \end{array}\right] \to \left[\begin{array}{cc|c} \boxed{1} & 1 & 2 \\ 0 & 0 & \boxed{1} \end{array}\right] \to \left[\begin{array}{cc|c} \boxed{1} & 1 & 0 \\ 0 & 0 & \boxed{1} \end{array}\right]$$

であり, これを連立１次方程式の形で表すと,

$$\begin{bmatrix} 1 & 1 \\ 0 & 0 \end{bmatrix} \begin{bmatrix} x \\ y \end{bmatrix} = \begin{bmatrix} 0 \\ 1 \end{bmatrix} \quad \Leftrightarrow \quad \begin{cases} x + y = 0 \\ \quad\ 0 = 1 \end{cases}$$

となる. ここで, 第２式 $0 = 1$ は数学的に正しくないので, この連立１次方程式を満たす解 $\boldsymbol{x} = \begin{bmatrix} x \\ y \end{bmatrix}$ は存在しない[25]. このようなとき, この連立１次方程式は **解なし** であるという.

では, どのようなときに連立１次方程式は「解なし」となるのか考えてみよう. 連立１次方程式の解が存在しないと結論づけられるのは, $0 = 1$ のような数学的に矛盾した式が現れる場合である. これは, 係数行列を２次正方行列とするとき, 拡大係数行列を簡約化したものが

$$\left[\begin{array}{cc|c} \boxed{1} & * & 0 \\ 0 & 0 & \boxed{1} \end{array}\right], \quad \left[\begin{array}{cc|c} 0 & \boxed{1} & 0 \\ 0 & 0 & \boxed{1} \end{array}\right], \quad \left[\begin{array}{cc|c} 0 & 0 & \boxed{1} \\ 0 & 0 & 0 \end{array}\right]$$

のような形になることを意味している. ここに, $*$ はどのような実数でもよいとする. これら３つに共通することは,「係数行列の階数」と「拡大係数行列の階数」が異なる点である. 実際, １つ目と２つ目は

$$\boxed{\operatorname{rank}\left[\begin{array}{c|c} A & \boldsymbol{b} \end{array}\right]} = 2 \neq 1 = \operatorname{rank} A$$

であり, ３つ目は

$$\boxed{\operatorname{rank}\left[\begin{array}{c|c} A & \boldsymbol{b} \end{array}\right]} = 1 \neq 0 = \operatorname{rank} A$$

である. これらの考察から次がいえる.

25) 連立１次方程式の解は, 連立しているすべての方程式を満たさないといけない. いまの場合, 第１式を満たす $\boldsymbol{x}$ はあっても, その $\boldsymbol{x}$ について第２式 $0 = 1$ も満たすものは存在しない.

解が存在しない連立1次方程式 (解なし)

連立1次方程式 $A\boldsymbol{x} = \boldsymbol{b}$ において,

$$\boxed{\operatorname{rank}\left[\begin{array}{c|c} A & \boldsymbol{b} \end{array}\right]} \neq \operatorname{rank} A$$

が成り立つとき, この連立1次方程式は解なしである.
あるいは, 拡大係数行列 $\left[\begin{array}{c|c} A & \boldsymbol{b} \end{array}\right]$ を簡約化する過程において, 数学的に矛盾した式が現れれば, その時点で解なしであると結論づけられる.

例題 4.3 次の連立1次方程式は「解なし」であることを証明しなさい.

$$\begin{cases} x \phantom{{}+y} + 2z \phantom{{}+u} - v = -2 \\ 2x + y + 3z \phantom{{}+u} - v = -2 \\ -x \phantom{{}+y} - 2z + u + 3v = 5 \\ \phantom{x+{}} y - z \phantom{{}+u} + v = 3 \end{cases}$$

解答 拡大係数行列を簡約化すると,

$$\left[\begin{array}{ccccc|c} \boxed{1} & 0 & 2 & 0 & -1 & -2 \\ 2 & 1 & 3 & 0 & -1 & -2 \\ -1 & 0 & -2 & 1 & 3 & 5 \\ 0 & 1 & -1 & 0 & 1 & 3 \end{array}\right] \to \left[\begin{array}{ccccc|c} \boxed{1} & 0 & 2 & 0 & -1 & -2 \\ 0 & \boxed{1} & -1 & 0 & 1 & 2 \\ 0 & 0 & 0 & 1 & 2 & 3 \\ 0 & 1 & -1 & 0 & 1 & 3 \end{array}\right]$$

$$\to \left[\begin{array}{ccccc|c} \boxed{1} & 0 & 2 & 0 & -1 & -2 \\ 0 & \boxed{1} & -1 & 0 & 1 & 2 \\ 0 & 0 & 0 & \boxed{1} & 2 & 3 \\ 0 & 0 & 0 & 0 & 0 & \boxed{1} \end{array}\right]$$

のように, 途中で $0 = 1$ が現れることがわかるので解なしである. ■

練習 4.6 [26] 次の連立1次方程式は「解なし」であることを証明しなさい.

(1) $\begin{cases} x + 2y = 3 \\ 2x + 4y = 7 \end{cases}$　　(2) $\begin{cases} x - y + z = -1 \\ 3x - 3y + 4z = -2 \\ 3x - 3y + z = -4 \end{cases}$

---

26) **答 (練習 4.6)** (1) $\left[\begin{array}{cc|c} 1 & 2 & 3 \\ 0 & 0 & 1 \end{array}\right]$ となる. (2) $\left[\begin{array}{ccc|c} 1 & -1 & 1 & -1 \\ 0 & 0 & 1 & 1 \\ 0 & 0 & 0 & 1 \end{array}\right]$ となる.

4.6 連立1次方程式の不定解

今度は, 解が無数に存在する連立1次方程式として, 4.4節 (2) の方程式

$$\begin{cases} x + y = 2 \\ 2x + 2y = 4 \end{cases}$$

の特徴を調べてみよう. この連立1次方程式の拡大係数行列を簡約化すると

$$\left[\begin{array}{cc|c} \boxed{1} & 1 & 2 \\ 2 & 2 & 4 \end{array}\right] \to \left[\begin{array}{cc|c} \boxed{1} & 1 & 2 \\ 0 & 0 & 0 \end{array}\right]$$

であり, これを連立1次方程式の形で表すと,

$$\begin{bmatrix} 1 & 1 \\ 0 & 0 \end{bmatrix}\begin{bmatrix} x \\ y \end{bmatrix} = \begin{bmatrix} 2 \\ 0 \end{bmatrix} \quad \Leftrightarrow \quad \begin{cases} x + y = 2 \\ \quad 0 = 0 \end{cases}$$

となる. ここで, 第2式 $0 = 0$ は数学的に正しいが, 意味をもたないので, 実質1つの1次方程式

$$x + y = 2$$

を満たす解すべてが, この連立1次方程式の解となる. ただし, そのような解は無数に存在する. ここで気になる点は,

(I) どのようなときに連立1次方程式は無数の解をもつのか?

(II) 無数の解はどのように表記すればよいか?

の2つである. 以下, 順に考察してみよう.

(I) どのようなときに連立1次方程式は無数の解をもつのか?

先の例をみてみると, 簡約化したあとの連立1次方程式は

$$x + y = 2$$

の1つのみとなった. この方程式の未知数は x, y の $\boxed{2}$ つだが, 方程式は 1 つしかない. これは, もともと方程式は2つあったが, 拡大係数行列を簡約化することにより, 本質的な (意味のある) 方程式はただ 1 つしかなかったことを意味している[27]. では, 前節と同様に, この連立1次方程式の係数行列と拡大係数行列の階数, さらに未知数の個数との関係を調べてみよう.

27) この「本質的な方程式の数」が「係数行列の階数」と一致している!

$\left[\begin{array}{cc|c} \boxed{1} & 1 & 2 \\ 0 & 0 & 0 \end{array}\right]$ における係数行列 $A = \begin{bmatrix} \boxed{1} & 1 \\ 0 & 0 \end{bmatrix}$ と拡大係数行列 $\left[\, A \mid \boldsymbol{b} \,\right] = \left[\begin{array}{cc|c} \boxed{1} & 1 & 2 \\ 0 & 0 & 0 \end{array}\right]$ の階数を求めると,

$$\mathrm{rank}\, A = 1$$

より,

$$\boxed{\mathrm{rank}\left[\, A \mid \boldsymbol{b} \,\right]} = 1 = \mathrm{rank}\, A < \boxed{2} = \boxed{\text{未知数の個数}}$$

がわかる. 以上の考察から次がいえる.

解が 無数に存在 する連立 1 次方程式

連立 1 次方程式 $A\boldsymbol{x} = \boldsymbol{b}$ において,

$$\boxed{\mathrm{rank}\left[\, A \mid \boldsymbol{b} \,\right]} = \mathrm{rank}\, A < \boxed{\text{未知数の個数}}$$

が成り立つとき, この連立 1 次方程式の解 $\boldsymbol{x}$ は 無数に存在する.

注意 (1) 係数行列の階数 $\mathrm{rank}\, A$ が「本質的な方程式の数」を表す.

(2) 上記枠内の式が

$$\boxed{\mathrm{rank}\left[\, A \mid \boldsymbol{b} \,\right]} = \mathrm{rank}\, A = \boxed{\text{未知数の個数}}$$

となるとき, 連立 1 次方程式 $A\boldsymbol{x} = \boldsymbol{b}$ はただ 1 組の解をもつ.

(II) 無数の解はどのように表記すればよいか?

次の 例題 4.4 のなかで, 無数の解の表記方法について詳しく紹介する.

例題 4.4 次の連立 1 次方程式を解きなさい. **検算**

$$\begin{cases} x + 2z - v = -2 \\ 2x + y + 3z - v = -2 \\ -x - 2z + u + 3v = 5 \\ y - z + v = 2 \end{cases}$$

解答 拡大係数行列を簡約化すると

$$\left[\begin{array}{ccccc|c} \boxed{1} & 0 & 2 & 0 & -1 & -2 \\ 2 & 1 & 3 & 0 & -1 & -2 \\ -1 & 0 & -2 & 1 & 3 & 5 \\ 0 & 1 & -1 & 0 & 1 & 2 \end{array}\right] \to \left[\begin{array}{ccccc|c} \boxed{1} & 0 & 2 & 0 & -1 & -2 \\ 0 & \boxed{1} & -1 & 0 & 1 & 2 \\ 0 & 0 & 0 & 1 & 2 & 3 \\ 0 & 1 & -1 & 0 & 1 & 2 \end{array}\right]$$

$$\to \left[\begin{array}{ccccc|c} \boxed{1} & 0 & 2 & 0 & -1 & -2 \\ 0 & \boxed{1} & -1 & 0 & 1 & 2 \\ 0 & 0 & 0 & \boxed{1} & 2 & 3 \\ 0 & 0 & 0 & 0 & 0 & 0 \end{array}\right]$$

であるから, この連立 1 次方程式は

$$\begin{bmatrix} 1 & 0 & 2 & 0 & -1 \\ 0 & 1 & -1 & 0 & 1 \\ 0 & 0 & 0 & 1 & 2 \\ 0 & 0 & 0 & 0 & 0 \end{bmatrix} \begin{bmatrix} x \\ y \\ z \\ u \\ v \end{bmatrix} = \begin{bmatrix} -2 \\ 2 \\ 3 \\ 0 \end{bmatrix} \quad \Leftrightarrow \quad \begin{cases} x \quad + 2z \quad - v = -2 \\ \quad y - z \quad + v = 2 \\ \qquad u + 2v = 3 \\ \qquad\qquad 0 = 0 \end{cases}$$

と簡単にできる. 未知数の個数は $\boxed{5}$ で, 本質的な方程式の数は 3 であるから, この連立 1 次方程式の解は無数に存在する.

ここで, 以下のポイントに沿って無数の解を表記する.

無数の解を表記するポイント

連立 1 次方程式の拡大係数行列を簡約化し, 解が無数に存在することがわかったら, 以下の手順で無数の解を表記する.

① 簡約化した拡大係数行列の主成分にマークを付ける.

② 簡約化した拡大係数行列をもとに, 連立 1 次方程式の形で具体的に書く. その際, 主成分に対応する未知数にもマークを付ける.

③ 主成分に対応しない未知数 (マークの付いていない未知数) を任意定数 (例えば, c_1, c_2, c_3 など) とおく.

④ 主成分に対応する未知数 (マークの付いた未知数) を, ③ でおいた任意定数 (例えば, c_1, c_2, c_3 など) で表し, さらに ③ の未知数とあわせて順にまとめれば, それが解である.

① 簡約化した拡大係数行列の主成分にマークを付ける.

$$\left[\begin{array}{ccccc|c} \boxed{1} & 0 & 2 & 0 & -1 & -2 \\ 0 & \boxed{1} & -1 & 0 & 1 & 2 \\ 0 & 0 & 0 & \boxed{1} & 2 & 3 \\ 0 & 0 & 0 & 0 & 0 & 0 \end{array}\right]$$

② この拡大係数行列を連立 1 次方程式の形で表す. その際, 主成分に対応する未知数

にマークを付ける.

$$\begin{bmatrix} \boxed{1} & 0 & 2 & 0 & -1 \\ 0 & \boxed{1} & -1 & 0 & 1 \\ 0 & 0 & 0 & \boxed{1} & 2 \\ 0 & 0 & 0 & 0 & 0 \end{bmatrix} \begin{bmatrix} x \\ y \\ z \\ u \\ v \end{bmatrix} = \begin{bmatrix} -2 \\ 2 \\ 3 \\ 0 \end{bmatrix} \Leftrightarrow \begin{cases} \boxed{x} \quad + 2z \quad - v = -2 \\ \boxed{y} - z \quad + v = 2 \\ \boxed{u} + 2v = 3 \\ 0 = 0 \end{cases}$$

③ 主成分に対応しない未知数 (マークの付いていない未知数) を任意定数とおく. いまの場合, 主成分に対応しない未知数は z, v であるから, c_1, c_2 とおく[28].

$$\begin{cases} z = c_1 \\ v = c_2 \end{cases} \qquad (c_1, c_2 \in \mathbb{R})$$

④ 主成分に対応する未知数 (マークの付いた未知数) を先ほどおいた任意定数 c_1, c_2 で表す. マークの付いた未知数の係数はすべて 1 なので, 移項するだけでよい. さらに ③ の未知数とあわせ, 順にベクトルの形でまとめると, 連立 1 次方程式の解は

$$\begin{bmatrix} x \\ y \\ z \\ u \\ v \end{bmatrix} = \begin{bmatrix} -2-2c_1+c_2 \\ 2+c_1-c_2 \\ c_1 \\ 3-2c_2 \\ c_2 \end{bmatrix} = \underline{\begin{bmatrix} -2 \\ 2 \\ 0 \\ 3 \\ 0 \end{bmatrix} + c_1 \begin{bmatrix} -2 \\ 1 \\ 1 \\ 0 \\ 0 \end{bmatrix} + c_2 \begin{bmatrix} 1 \\ -1 \\ 0 \\ -2 \\ 1 \end{bmatrix} \quad (c_1, c_2 \in \mathbb{R})}$$

である. 不定解の検算は, 以下の注意のように 2 種類の解に対して行えばよい. ■

注意 (1) 不定解の検算をするには, 以下の事実を用いると便利である[29].

> **非斉次連立 1 次方程式 $A\boldsymbol{x} = \boldsymbol{b}$ のすべての解は**
> **この「 非斉次連立 1 次方程式 $A\boldsymbol{x} = \boldsymbol{b}$ の 1 つの解 $\boldsymbol{x} = \boldsymbol{x}_0$ 」と**
> **これに対応する「 斉次連立 1 次方程式 $A\boldsymbol{x} = \boldsymbol{o}$ のすべての解 $\boldsymbol{x} = \boldsymbol{x}'$ 」**
> **の和として $\boldsymbol{x} = \boldsymbol{x}_0 + \boldsymbol{x}'$ と表される.**

よって, 不定解の検算方法を以下のようにまとめることができる.

連立 1 次方程式の不定解の検算方法

連立 1 次方程式の不定解を検算するには, 以下の 2 つを確かめればよい.

(i) 解のベクトルのうち, 任意定数を係数としないベクトルは, もとの連立 1 次方程式を満たす.

(ii) 解のベクトルのうち, 任意定数を係数とするベクトルは, もとの連立 1 次方程式の左辺に代入すると, すべて 0 になる[30].

---

28) 「主成分に対応しない未知数」の個数は,「未知数の個数」から「係数行列の階数」を引いた数と一致する. この値を, 実数が自由に動ける次元を表すことから **自由度** という.

29) 例えば, 参考文献 [4] 参照.

30) つまり, 対応する斉次連立 1 次方程式を満たすということである.

いまの場合,

(i) 解のベクトルで 任意定数 c_1, c_2 を係数としない ベクトル $\begin{bmatrix} -2 \\ 2 \\ 0 \\ 3 \\ 0 \end{bmatrix}$ を, もとの連立 1 次方程式の左辺に代入すると, 以下のように満たすことがわかる.

$$\begin{cases} (-2)+2\cdot 0-0 &= -2 \\ 2\cdot(-2)+2+3\cdot 0-0 &= -2 \\ -(-2)-2\cdot 0+3+3\cdot 0 &= 5 \\ 2-0+0 &= 2 \end{cases}$$

(ii) 解のベクトルで 任意定数 c_1, c_2 を係数とする ベクトル $\begin{bmatrix} -2 \\ 1 \\ 1 \\ 0 \\ 0 \end{bmatrix}$, $\begin{bmatrix} 1 \\ -1 \\ 0 \\ -2 \\ 1 \end{bmatrix}$ を, もとの連立 1 次方程式の左辺に代入すると, すべて 0 となる.

$$\begin{cases} (-2)+2\cdot 1-0 &= 0 \\ 2\cdot(-2)+1+3\cdot 1-0 &= 0 \\ -(-2)-2\cdot 1+0+3\cdot 0 &= 0 \\ 1-1+0 &= 0 \end{cases}, \quad \begin{cases} 1+2\cdot 0-1 &= 0 \\ 2\cdot 1+(-1)+3\cdot 0-1 &= 0 \\ -1-2\cdot 0+(-2)+3\cdot 1 &= 0 \\ (-1)-0+1 &= 0 \end{cases}$$

(2) 例題 4.4 では, 連立 1 次方程式が無数の解をもつことを未知数の個数と本質的な方程式の数から確定させたが, 以下のように具体的に階数を求めて結論づけてもよい. 係数行列を A, 拡大係数行列を $\left[\ A \ \middle|\ \boldsymbol{b}\ \right]$ とすると,

$$\boxed{\operatorname{rank} A} = 3, \quad \boxed{\operatorname{rank}\left[\ A \ \middle|\ \boldsymbol{b}\ \right]} = 3, \quad \boxed{\text{未知数の個数}} = 5 \quad \text{より}$$

$$\boxed{\operatorname{rank}\left[\ A \ \middle|\ \boldsymbol{b}\ \right]} = 3 = \boxed{\operatorname{rank} A} < 5 = \boxed{\text{未知数の個数}}$$

が成り立つので, この連立 1 次方程式の解は無数に存在することがわかる.

(3) 第 6 章以降の線形空間で現れることが多いが, 無数の解が存在するような 斉次 連立 1 次方程式を解く際には, 定数項部分が零ベクトルなので拡大係数行列ではなく係数行列だけを簡約化すれば十分 である. これは, たとえ拡大係数行列を簡約化しても, 定数項部分はすべて 0 なので, どのような行基本変形をしても 0 のまま変化せず, この定数項部分の行基本変形については計算しなくとも結果は必ず $\boldsymbol{o}$ となることがわかるからである. 例えば, 練習 4.7 (2), (4) で確認してみよう. なお, 解がただ 1 組存在するような 斉次 連立 1 次方程式では, 練習 4.4 (2) で解いたように 解は $\boldsymbol{x}=\boldsymbol{o}$ のみ となる. このような解を **自明解** といい, それ以外の解を **非自明解** という.

練習 4.7 [31] 次の連立1次方程式を解きなさい. 検算

(1) $\begin{cases} x+2y = 3 \\ 2x+4y = 6 \end{cases}$ (2) $\begin{cases} x+3y+7z = 0 \\ 2x+7y+17z = 0 \\ x+y+z = 0 \end{cases}$

(3) $\begin{cases} x+3y+7z = 2 \\ 2x+7y+17z = 5 \\ x+y+z = 0 \end{cases}$ (4) $\begin{cases} x-2y-3z = 1 \\ 3x-6y-9z = 3 \\ 2x-4y-6z = 2 \end{cases}$

最後に, 文字を含む連立1次方程式で, 値によって解が異なるものを紹介する.

例題 4.5 $a \in \mathbb{R}$ とする. 次の x, y, z, w を未知数とする連立1次方程式を解きなさい. 検算

$$\begin{cases} x+2y+3z+4w = 2 \\ 4x+3y+2z+w = 3 \\ x+4y+9z+16w = 0 \\ 16x+9y+4z+w = a \end{cases}$$

解答 拡大係数行列を簡約化すると

$$\left[\begin{array}{cccc|c} \boxed{1} & 2 & 3 & 4 & 2 \\ 4 & 3 & 2 & 1 & 3 \\ 1 & 4 & 9 & 16 & 0 \\ 16 & 9 & 4 & 1 & a \end{array}\right] \to \left[\begin{array}{cccc|c} \boxed{1} & 2 & 3 & 4 & 2 \\ 0 & -5 & -10 & -15 & -5 \\ 0 & 2 & 6 & 12 & -2 \\ 0 & -23 & -44 & -63 & a-32 \end{array}\right]$$

$$\to \left[\begin{array}{cccc|c} \boxed{1} & 2 & 3 & 4 & 2 \\ 0 & \boxed{1} & 2 & 3 & 1 \\ 0 & 2 & 6 & 12 & -2 \\ 0 & -23 & -44 & -63 & a-32 \end{array}\right] \to \left[\begin{array}{cccc|c} \boxed{1} & 0 & -1 & -2 & 0 \\ 0 & \boxed{1} & 2 & 3 & 1 \\ 0 & 0 & 2 & 6 & -4 \\ 0 & 0 & 2 & 6 & a-9 \end{array}\right]$$

$$\to \left[\begin{array}{cccc|c} \boxed{1} & 0 & -1 & -2 & 0 \\ 0 & \boxed{1} & 2 & 3 & 1 \\ 0 & 0 & \boxed{1} & 3 & -2 \\ 0 & 0 & 2 & 6 & a-9 \end{array}\right] \to \left[\begin{array}{cccc|c} \boxed{1} & 0 & 0 & 1 & -2 \\ 0 & \boxed{1} & 0 & -3 & 5 \\ 0 & 0 & \boxed{1} & 3 & -2 \\ 0 & 0 & 0 & 0 & \boxed{\boxed{a-5}} \end{array}\right]$$

31) **答 (練習 4.7)** $c, c_1, c_2 \in \mathbb{R}$ とする. (1) $\begin{bmatrix} x \\ y \end{bmatrix} = \begin{bmatrix} 3 \\ 0 \end{bmatrix} + c\begin{bmatrix} -2 \\ 1 \end{bmatrix}$
(2) $\begin{bmatrix} x \\ y \\ z \end{bmatrix} = c\begin{bmatrix} 2 \\ -3 \\ 1 \end{bmatrix}$ (3) $\begin{bmatrix} x \\ y \\ z \end{bmatrix} = \begin{bmatrix} -1 \\ 1 \\ 0 \end{bmatrix} + c\begin{bmatrix} 2 \\ -3 \\ 1 \end{bmatrix}$ (4) $\begin{bmatrix} x \\ y \\ z \end{bmatrix} = \begin{bmatrix} 1 \\ 0 \\ 0 \end{bmatrix} + c_1\begin{bmatrix} 2 \\ 1 \\ 0 \end{bmatrix} + c_2\begin{bmatrix} 3 \\ 0 \\ 1 \end{bmatrix}$

である．ここで，$\boxed{a-5} \neq 0$ のとき，つまり $a \neq 5$ ならば解なし である．
$\boxed{a-5} = 0$ のとき，つまり $a = 5$ ならば，この連立1次方程式の解は無数に存在する．以下，$a=5$ として，「無数の解を表記するポイント」(p.86) に沿って無数の解を表記する．

①,② 簡約化した拡大係数行列の主成分にマークを付け，この拡大係数行列を連立1次方程式の形で表す．その際，主成分に対応する未知数にマークを付ける．

$$\begin{bmatrix} \boxed{1} & 0 & 0 & 1 \\ 0 & \boxed{1} & 0 & -3 \\ 0 & 0 & \boxed{1} & 3 \\ 0 & 0 & 0 & 0 \end{bmatrix} \begin{bmatrix} x \\ y \\ z \\ w \end{bmatrix} = \begin{bmatrix} -2 \\ 5 \\ -2 \\ 0 \end{bmatrix} \Leftrightarrow \begin{cases} \boxed{x} \quad\quad\quad + w = -2 \\ \quad \boxed{y} \quad\; - 3w = 5 \\ \quad\quad \boxed{z} + 3w = -2 \\ \quad\quad\quad\quad\; 0 = 0 \end{cases}$$

③ 主成分に対応しない未知数を任意定数とおく．いまの場合，主成分に対応しない未知数は w であるから，以下のように c とおく．

$$w = c \qquad (c \in \mathbb{R})$$

④ 主成分に対応する未知数を先ほどおいた任意定数 c で表す．マークの付いた未知数の係数はすべて 1 なので，移項するだけでよい．さらに ③ の未知数とあわせ，順にベクトルの形でまとめると，$a = 5$ のとき の連立1次方程式の解は

$$\begin{bmatrix} x \\ y \\ z \\ w \end{bmatrix} = \begin{bmatrix} -2-c \\ 5+3c \\ -2-3c \\ c \end{bmatrix} = \begin{bmatrix} -2 \\ 5 \\ -2 \\ 0 \end{bmatrix} + c \begin{bmatrix} -1 \\ 3 \\ -3 \\ 1 \end{bmatrix} \quad (c \in \mathbb{R})$$

である[32)]． ■

練習 4.8[33)] $a \in \mathbb{R}$ とする．次の x, y, z, w を未知数とする連立1次方程式を解きなさい． 検算

$$\begin{cases} 2x + y + 2z + 7w = 2 \\ 4x - 3y + 4z - 11w = 14 \\ x + 3y + z + 16w = -4 \\ x - 2y + z - 9w = a \end{cases}$$

32) $a = 5$ に注意して検算しよう．
33) 答 (練習 4.8) $a \neq 6$ のとき解なし，$a = 6$ のとき

$$\begin{bmatrix} x \\ y \\ z \\ w \end{bmatrix} = \begin{bmatrix} 2 \\ -2 \\ 0 \\ 0 \end{bmatrix} + c_1 \begin{bmatrix} -1 \\ 0 \\ 1 \\ 0 \end{bmatrix} + c_2 \begin{bmatrix} -1 \\ -5 \\ 0 \\ 1 \end{bmatrix} \quad (c_1, c_2 \in \mathbb{R})$$

第 4 章　章末問題

【A】 (答えは p.241)

1. 次の連立 1 次方程式を 掃き出し法で 解きなさい.【一意解のみ】

(1) $\begin{cases} x+2y = 4 \\ 2x+5y = 9 \end{cases}$　(2) $\begin{cases} x+2y = 3 \\ 2x+5y = 8 \end{cases}$

(3) $\begin{cases} x-3y = -1 \\ 2x-5y = -1 \end{cases}$　(4) $\begin{cases} x-3y = 6 \\ 2x-5y = 11 \end{cases}$

(5) $\begin{cases} x+2y = 4 \\ 2x+7y = 11 \end{cases}$　(6) $\begin{cases} x+2y = 1 \\ 2x+7y = 8 \end{cases}$

(7) $\begin{cases} x+3y = 5 \\ 5x+13y = 23 \end{cases}$　(8) $\begin{cases} x+3y = -1 \\ 5x+13y = -1 \end{cases}$

(9) $\begin{cases} x-3y = -1 \\ 4x-7y = 1 \end{cases}$　(10) $\begin{cases} x-3y = 9 \\ 4x-7y = 26 \end{cases}$

2. 次の連立 1 次方程式を 掃き出し法で 解きなさい.【一意解のみ】

(1) $\begin{cases} 3x+5y-2z = 0 \\ x+3y-z = -2 \\ -3x-6y+2z = 1 \end{cases}$　(2) $\begin{cases} 2x+y-5z = 4 \\ 3x+2y-4z = 3 \\ 4x+3y-2z = 1 \end{cases}$

3. 次の連立 1 次方程式を 掃き出し法で 解きなさい.【解なし・不定解含む】

(1) $\begin{cases} x+2y = 3 \\ 3x+6y = 3 \end{cases}$　(2) $\begin{cases} x+6y = 4 \\ 6x+36y = 24 \end{cases}$　(3) $\begin{cases} 4x-6y = 2 \\ 6x-9y = 3 \end{cases}$

4. 次の連立 1 次方程式を 掃き出し法で 解きなさい.【解なし・不定解含む】

(1) $\begin{cases} x+3y+5z = 1 \\ x+4y+6z = 2 \\ 2x+7y+11z = 5 \end{cases}$　(2) $\begin{cases} x+3y+4z = 0 \\ x+4y+5z = 0 \\ -x-y-2z = 0 \end{cases}$

(3) $\begin{cases} x+3y+4z = -2 \\ x+4y+5z = -3 \\ -x-y-2z = 0 \end{cases}$　(4) $\begin{cases} x+y+3z = -2 \\ 2x+2y+7z = -5 \\ x+y+5z = -4 \end{cases}$

(5) $\begin{cases} x-y+z = 2 \\ y-z+x = 0 \\ z-x+y = 4 \end{cases}$　(6) $\begin{cases} 99x+100y+101z = 100 \\ 100x+99y+100z = 101 \\ 101x+101y+99z = 99 \end{cases}$

5. $a \in \mathbb{R}$ とする. 次の連立 1 次方程式を 掃き出し法で 解きなさい.

(1) $\begin{cases} x+y+3z+4w = 0 \\ 2x+2y+7z+9w = 0 \\ x+y+5z+6w = 0 \end{cases}$　(2) $\begin{cases} x+y+3z+4w = -2 \\ 2x+2y+7z+9w = -5 \\ x+y+5z+6w = a \end{cases}$

(3) $\begin{cases} x + z + w = 0 \\ 2x + y + 3z + 3w = 0 \\ x + y + 2z + 3w = 0 \\ x + 2y + 3z + 4w = 0 \end{cases}$ (4) $\begin{cases} x + z + w = 0 \\ 2x + y + 3z + 3w = 0 \\ x + y + 2z + 3w = -1 \\ x + 2y + 3z + 4w = a \end{cases}$

6. 例1 (p.70) で扱った次の問題を 掃き出し法で 解きなさい.
「2本足のツルと 4本足のカメと 6本足のカブトムシが合わせて58体いた. また, それらの足の合計は222本で,「ツルとカブトムシの合計数」と「カメの数」は同じであった. このとき, ツルとカメとカブトムシはそれぞれ何体いたか?」

7. 練習4.1 (p.71) の問題2つを, それぞれ 掃き出し法で 解きなさい.

8. 次の問題を 連立1次方程式と掃き出し法を用いて 解き, 考えられる組合せを すべて 求めなさい.
「2本足のツルと 4本足のカメと 6本足のカブトムシが少なくとも1体ずつ, 合わせて10体いた. また, それらの足の合計は44本であった. このとき, ツルとカメとカブトムシはそれぞれ何体いたか?」

9. ベクトル $\boldsymbol{a} = \begin{bmatrix} -1 \\ 3 \\ 1 \end{bmatrix}$, $\boldsymbol{b} = \begin{bmatrix} 5 \\ 4 \\ -2 \end{bmatrix}$, $\boldsymbol{c} = \begin{bmatrix} 2 \\ 1 \\ -1 \end{bmatrix}$ について, 以下の問いに答えなさい.

(1) $\boldsymbol{a}$ と $\boldsymbol{b}$ に対して, $\boldsymbol{a} \times \boldsymbol{x} = \boldsymbol{b}$ となるベクトル $\boldsymbol{x}$ は存在しないことを証明しなさい.

(2) $\boldsymbol{a}$ と $\boldsymbol{c}$ に対して, $\boldsymbol{a} \times \boldsymbol{x} = \boldsymbol{c}$ となるベクトル $\boldsymbol{x}$ を求めなさい.

【B】 (答えは p.242)

1. 次の連立1次方程式を 掃き出し法で 解きなさい.

(1) $\begin{cases} ax + by = p \\ cx + dy = q \end{cases}$ $(a \neq 0,\ b \neq 0,\ c \neq 0,\ ad - bc \neq 0)$

(2) $\begin{cases} x - y - z + u - v = 100 \\ x - y + z + u + v = 400 \\ x + y - z + u - v = -100 \\ -x + y + z + u + v = -200 \\ x + y + z - u - v = 200 \end{cases}$

5
行列式

5.1 置　換

1 から 3 までの 3 個の自然数 1, 2, 3 を並べ替えることを考えると, 例えば

$$3\ 1\ 2 \quad や \quad 1\ 3\ 2$$

などがあげられる. このように, 1 から n までの n 個の自然数

$$1,\ 2,\ 3,\ \ldots,\ n$$

を並べ替える操作のことを **置換** という. 特に, 1 から n までの n 個の自然数の置換のことを **n 次置換** あるいは **n 文字の置換** という.

例 1　1 から 3 までの 3 個の自然数 1, 2, 3 を並べ替え, その数字の並びを 3 桁の数としてこの置換を表すとき, この置換すべてのパターンを辞書式順序で列挙すると[1)]

$$1\,2\,3,\ 1\,3\,2,\ 2\,1\,3,\ 2\,3\,1,\ 3\,1\,2,\ 3\,2\,1$$

であり, 全部で 6 通りある. これは, 3 個の数字から 3 個選んで並べる順列と同じなので, その総数は

$${}_3\mathrm{P}_3 = 3! = 3 \cdot 2 \cdot 1 = 6$$

である[2)]. ■

注意　異なる n 個の中から r 個選んで一列に並べたものを **順列** といい, その総数を記号 ${}_n\mathrm{P}_r$ で表す. つまり,

---

1) 辞書式順序とは, 例えば 1 から 9 までの自然数を n 個使って表せる数を考えると, その数を n 桁の自然数とみなして「小さい順」に並べる順序のことである. また, 数字だけではなくアルファベットでも考えることができる (いわゆるアルファベット順である) が, 数学としての厳密な辞書式順序の定義については, 例えば参考文献 [7] 参照.

2) 記号 ! は階乗を意味する. 詳しくは「基礎数学」 [11] p.44 参照.

$$ {}_n\mathrm{P}_r = \underbrace{n(n-1)(n-2)\cdots\bigl(n-(r-2)\bigr)\bigl(n-(r-1)\bigr)}_{n\,\text{から}\,1\,\text{ずつ減らして}\,r\,\text{個掛ける}} = \frac{n!}{(n-r)!} $$

である[3]. また, この順列で「一列に並べることは考えずに」ただ r 個選ぶことだけに着目すると, そのときの総数はこの順列の総数を「選んだ r 個の順列」で割った

$$ \frac{{}_n\mathrm{P}_r}{{}_r\mathrm{P}_r} = \frac{n!}{r!(n-r)!} = {}_n\mathrm{C}_r $$

となる. これはまさに「組合せの総数」そのものである[4].

練習 5.1 [5] 4 個の自然数 1, 2, 3, 4 を並べ替え, その数字の並びを 4 桁の数としてこの置換を表すとき, この置換は全部で何通りあるか?

置換のことをさらに詳しくみていこう. 例えば, 6 次置換として

$$ 3 \quad 6 \quad 4 \quad 1 \quad 5 \quad 2 $$

を考える. これは, 見方を変えれば

$$ \begin{array}{cccccc} 1 & 2 & 3 & 4 & 5 & 6 \\ \downarrow & \downarrow & \downarrow & \downarrow & \downarrow & \downarrow \\ 3 & 6 & 4 & 1 & 5 & 2 \end{array} $$

のように, 1 から 6 までの各自然数が, それらのうちのどれかに重複せずに対応していると考えられる. ここで, この対応関係を σ で表すことにすれば[6],

$$ \sigma(1) = 3,\ \sigma(2) = 6,\ \sigma(3) = 4,\ \sigma(4) = 1,\ \sigma(5) = 5,\ \sigma(6) = 2 $$

である. このとき, この置換 σ のことを

$$ \sigma = \begin{pmatrix} 1 & 2 & 3 & 4 & 5 & 6 \\ 3 & 6 & 4 & 1 & 5 & 2 \end{pmatrix} $$

と表す. これは行列ではなく, 単に対応を表記したものである. この表記の上段には, 対応前の自然数が 1 から順に並び, 下段には, 同じ列の上段に対応する自然数が順に入る[7].

---

3) 順列の記号 P は, 順列を意味する英語 permutation の頭文字である. なお, この節で扱っている「置換」も英語では同じ permutation を用いることがある.

4) 順列や組合せの総数については, 「基礎数学」 [11] p.45 参照.

5) **答 (練習 5.1)** 24 $(= {}_4\mathrm{P}_4)$ 通り

6) σ はギリシア文字「シグマ」の小文字である. ギリシア文字表は p.vii 参照.

7) 上段は必ずしも 1 から順に並べなくてもよいが, 本節ではそのようにする. 詳しくは巻末の付録を参照.

練習 5.2[8)]　5 次置換 σ を

$$3 \quad 2 \quad 5 \quad 1 \quad 4$$

とするとき，σ を対応がわかるように明記しなさい．

1 から n までの n 次置換 σ，τ がともに **等しい** とは[9)]，1 から n までのすべての自然数 k に対して，

$$\sigma(k) = \tau(k) \qquad (k = 1, 2, 3, \ldots, n)$$

が成り立つときをいう．また，すべての自然数が変わらないような置換を **恒等置換** あるいは **単位置換** といい，ε と表す[10)]．例えば，6 次の恒等置換は

$$\varepsilon = \begin{pmatrix} 1 & 2 & 3 & 4 & 5 & 6 \\ 1 & 2 & 3 & 4 & 5 & 6 \end{pmatrix}$$

である．

次に，置換全体の集合を考えてみよう．ここでは，n 次置換全体の集合を S_n という記号で表すことにする．

例 2　S_2 は 2 次置換全体の集合なので，

$$S_2 = \left\{ \begin{pmatrix} 1 & 2 \\ 1 & 2 \end{pmatrix}, \begin{pmatrix} 1 & 2 \\ 2 & 1 \end{pmatrix} \right\}$$

である．S_2 の元の個数は，2 次置換の総数であり，それは冒頭で考察したとおり ${}_2\mathrm{P}_2 = 2! = 2$ より 2 個である．■

練習 5.3[11)]　3 次置換全体の集合 S_3 を具体的に書き表し，その元の個数を求めなさい．

---

8) 答 (練習 5.2)　$\sigma = \begin{pmatrix} 1 & 2 & 3 & 4 & 5 \\ 3 & 2 & 5 & 1 & 4 \end{pmatrix}$

9) τ はギリシア文字「タウ」の小文字である．ギリシア文字表は p.vii 参照．

10) ε はギリシア文字「イプシロン」の小文字である．ギリシア文字表は p.vii 参照．

11) 答 (練習 5.3)　$S_3 = \left\{ \begin{pmatrix} 1 & 2 & 3 \\ 1 & 2 & 3 \end{pmatrix}, \begin{pmatrix} 1 & 2 & 3 \\ 1 & 3 & 2 \end{pmatrix}, \begin{pmatrix} 1 & 2 & 3 \\ 2 & 1 & 3 \end{pmatrix}, \begin{pmatrix} 1 & 2 & 3 \\ 2 & 3 & 1 \end{pmatrix}, \begin{pmatrix} 1 & 2 & 3 \\ 3 & 1 & 2 \end{pmatrix}, \begin{pmatrix} 1 & 2 & 3 \\ 3 & 2 & 1 \end{pmatrix} \right\}$，元の個数は 6 $(= {}_3\mathrm{P}_3)$ 個

次に, 与えられた置換が, 自然数の入れ換えを何回していることと同じなのか調べてみる. 例えば, 4 次置換 $\sigma = \begin{pmatrix} 1 & 2 & 3 & 4 \\ 1 & 4 & 2 & 3 \end{pmatrix}$ を考えてみよう. 1 回の操作で, ある 2 つの自然数しか入れ換えることができないとすると[12], この置換 σ は, 例えば

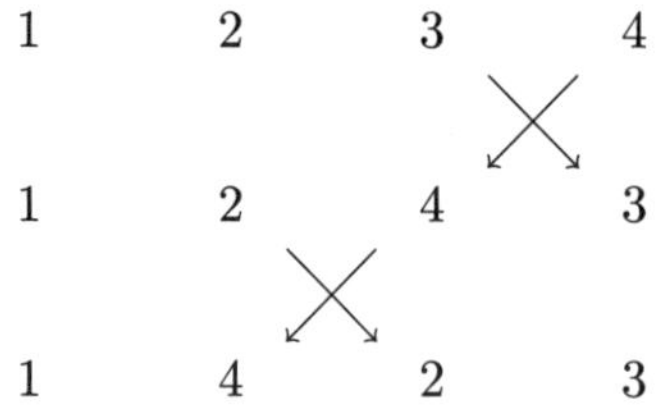

のように 2 回入れ換えることと同じである. だが, じつはこれ以外にも

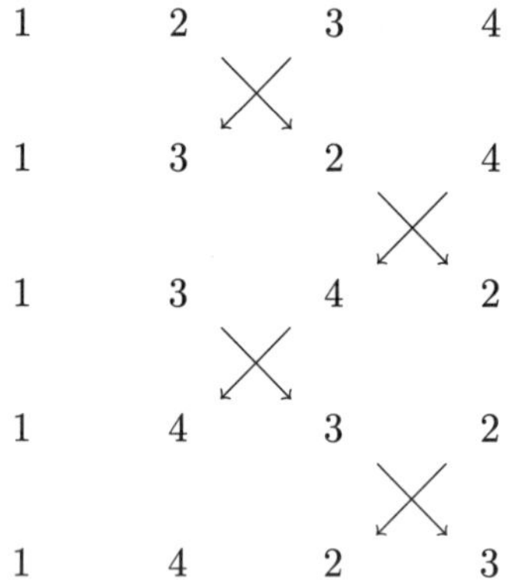

のように 4 回入れ換える方法もあるし, 他にも無数に考えられるため, 1 つの置換における 自然数の入れ換えの回数は一意ではない.

そこで見方を変えると, 1 つの置換に対して何通りかの入れ換えの回数を調べても, その差は必ず偶数になることに気がつく[13]. つまり, 1 つの置換に対して, 入れ換えの回数は違ったとしても, それらの回数の偶奇 (偶数・奇数) は変わらない. よって, これを一般化して「1 に」自然数を 1 回入れ換えるごとに (-1) を掛けることにすれば, 偶数回の入れ換えであれば 1, 奇数回の入れ換えであれば -1 と表すことができ, うまく分類できそうである. 以上のことを

12) 必ずしも隣り合う 2 つの自然数でなくてもよい.

13) もし奇数だとすればどうなるか, 考えてみよう.

もっとわかりやすく表現するために,「差積」という考えを用いる.ここでは,一般的な差積の定義ではなく,n 次置換の偶奇を調べることに主眼をおいた定義とする.

n 次置換,つまり 1 から n までの n 個の自然数の順列 $x_1, x_2, \dots, x_n$ に対して[14], $1 \leq i < j \leq n$ を満たすような組 (i, j) における差 $(x_j - x_i)$ をすべて掛けた値を $x_1, x_2, \dots, x_n$ の **差積** といい, $\Delta(x_1, x_2, \dots, x_n)$ と表す[15].つまり,

$$\begin{aligned}\Delta(x_1, x_2, \dots, x_n) = {} & (x_2 - x_1)(x_3 - x_1)(x_4 - x_1)\cdots(x_n - x_1)\\ & \cdot(x_3 - x_2)(x_4 - x_2)\cdots(x_n - x_2)\\ & \cdot(x_4 - x_3)\cdots(x_n - x_3)\\ & \cdots\\ & \cdot(x_{n-1} - x_{n-2})\cdots(x_n - x_{n-2})\\ & \cdot(x_n - x_{n-1})\end{aligned}$$

である[16].例えば,先の例の最初の入れ換えについて,入れ換える前の差積は

$$\Delta(1, 2, 3, 4) = (2-1)(3-1)(4-1)(3-2)(4-2)(4-3) = 12$$

である.一方, 1 回入れ換えたあとの差積を計算すると, $\boxed{3}$ と $\boxed{\boxed{4}}$ を入れ換えているので

$$\begin{aligned}&\Delta\left(1, 2, \boxed{\boxed{4}}, \boxed{3}\right)\\ &= (2-1)\left(\boxed{\boxed{4}}-1\right)\left(\boxed{3}-1\right)\left(\boxed{\boxed{4}}-2\right)\left(\boxed{3}-2\right)\underline{\left(\boxed{3}-\boxed{\boxed{4}}\right)}\\ &= -12\end{aligned}$$

である.これは,入れ換える前の差積と下線部分の $\left(\boxed{3}-\boxed{\boxed{4}}\right)$ だけ差が逆になるので,差積の値を (-1) 倍したことと同じになる.同様に,この状態から,さらにもう 1 回入れ換えたあとの差積を計算すると,今度は 2 と 4 を入れ換えているので

$$\Delta(1, 4, 2, 3) = (4-1)(2-1)(3-1)\underline{(2-4)}(3-4)(3-2) = 12$$

---

14) 「順列」なので, $x_1, x_2, \dots, x_n$ の並び順が大事である.

15) Δ はギリシア文字「デルタ」の大文字である.ギリシア文字表は p.vii 参照.

16) 積の記号 $\prod$ を用いれば, $\Delta(x_1, x_2, \dots, x_n) = \prod_{i<j}(x_j - x_i)$ と表せる.

であり, さらに (-1) 倍したことと同じであることがわかる. したがって, 最初の状態と最後の状態を比較すると

$$\frac{\Delta(1,4,2,3)}{\Delta(1,2,3,4)} = \frac{12}{12} = 1$$

が得られ, 確かに「偶数回」入れ換えをした置換であることがわかる.

以上の考察を一般化し, 2 以上の自然数 n に対して, n 次置換 σ の **符号** を

$$\begin{aligned}\operatorname{sgn}(\sigma) &= \frac{\Delta(\sigma(1),\sigma(2),\ldots,\sigma(n))}{\Delta(1,2,\ldots,n)}\\ &= \frac{\sigma(2)-\sigma(1)}{2-1}\cdot\frac{\sigma(3)-\sigma(1)}{3-1}\cdot\cdots\cdot\frac{\sigma(n)-\sigma(1)}{n-1}\\ &\quad\cdot\frac{\sigma(3)-\sigma(2)}{3-2}\cdot\cdots\cdot\frac{\sigma(n)-\sigma(2)}{n-2}\\ &\quad\cdots\\ &\quad\cdot\frac{\sigma(n-1)-\sigma(n-2)}{(n-1)-(n-2)}\cdot\frac{\sigma(n)-\sigma(n-2)}{n-(n-2)}\\ &\quad\cdot\frac{\sigma(n)-\sigma(n-1)}{n-(n-1)}\end{aligned}$$

と定めることにする[17]. $n=1$ のときは,

$$S_1 = \left\{ \begin{pmatrix} 1 \\ 1 \end{pmatrix} \right\} = \{ \varepsilon \}$$

のように恒等置換しかないので, $n=1$ を含め $\operatorname{sgn}(\varepsilon)=1$ と定める. $\operatorname{sgn}(\sigma)$ のとりうる値は 1 または -1 であり, $\operatorname{sgn}(\sigma)=1$ の置換を **偶置換**, $\operatorname{sgn}(\sigma)=-1$ の置換を **奇置換** という.

例 3 (1) 2次置換 $\sigma = \begin{pmatrix} 1 & 2 \\ 2 & 1 \end{pmatrix}$ の符号を調べると, $\sigma(1)=2$, $\sigma(2)=1$ であるから,

$$\operatorname{sgn}(\sigma) = \frac{\Delta(\sigma(1),\sigma(2))}{\Delta(1,2)} = \frac{\Delta(2,1)}{\Delta(1,2)} = \frac{1-2}{2-1} = -1$$

である. つまり, σ は奇置換である.

17) 記号 sgn は, 「符号」を意味する英語 sign を記号化したもので「シグナム」と読む. これは, 三角関数の一つである正弦関数 sin (sine) と 符号の sign が同じ発音で混乱を招くので, sign のラテン語である signum の読み方を用いて正弦関数と区別するためである.

(2) 先に考えた 4 次置換 $\sigma = \begin{pmatrix} 1 & 2 & 3 & 4 \\ 1 & 4 & 2 & 3 \end{pmatrix}$ の符号をあらためて調べてみると，$\sigma(1) = 1$，$\sigma(2) = 4$，$\sigma(3) = 2$，$\sigma(4) = 3$ であるから，

$$\begin{aligned} \operatorname{sgn}(\sigma) &= \frac{\Delta(\sigma(1), \sigma(2), \sigma(3), \sigma(4))}{\Delta(1, 2, 3, 4)} = \frac{\Delta(1, 4, 2, 3)}{\Delta(1, 2, 3, 4)} \\ &= \frac{4-1}{2-1} \cdot \frac{2-1}{3-1} \cdot \frac{3-1}{4-1} \cdot \frac{2-4}{3-2} \cdot \frac{3-4}{4-2} \cdot \frac{3-2}{4-3} = 1 \end{aligned}$$

である．つまり，σ は偶置換である． ■

練習 5.4 [18] 次の置換の符号を求めなさい．

(1) $\sigma_1 = \begin{pmatrix} 1 & 2 & 3 \\ 1 & 2 & 3 \end{pmatrix}$ (2) $\sigma_2 = \begin{pmatrix} 1 & 2 & 3 \\ 2 & 3 & 1 \end{pmatrix}$ (3) $\sigma_3 = \begin{pmatrix} 1 & 2 & 3 \\ 3 & 1 & 2 \end{pmatrix}$

(4) $\sigma_4 = \begin{pmatrix} 1 & 2 & 3 \\ 1 & 3 & 2 \end{pmatrix}$ (5) $\sigma_5 = \begin{pmatrix} 1 & 2 & 3 \\ 2 & 1 & 3 \end{pmatrix}$ (6) $\sigma_6 = \begin{pmatrix} 1 & 2 & 3 \\ 3 & 2 & 1 \end{pmatrix}$

ここでは, 次節で定義する行列式に必要な項目のみを述べたが, 置換の考えは代数学の対称群を扱ううえでもとても重要である．置換のさらなる考察については, 巻末の付録を参照のこと．

5.2 行列式の定義

行列式については, 本書でもすでに何か所かで現れたので, 少しは馴染みがあるだろう．例えば 2.8 節では，2 次正方行列の逆行列の存在条件のところで，2 次正方行列の行列式

$$\det \begin{bmatrix} a & b \\ c & d \end{bmatrix} = ad - bc$$

が現れた．また 1.7 節では, 平行六面体の体積を考えるところで，3 次正方行列の行列式

$$\det \begin{bmatrix} a_1 & b_1 & c_1 \\ a_2 & b_2 & c_2 \\ a_3 & b_3 & c_3 \end{bmatrix} = a_1b_2c_3 + a_2b_3c_1 + a_3b_1c_2 - a_1b_3c_2 - a_2b_1c_3 - a_3b_2c_1$$

18) **答 (練習 5.4)** (1) 1 (2) 1 (3) 1 (4) −1 (5) −1 (6) −1

が現れた．では，4 次以上の正方行列についても「行列式」を定義することができるのだろうか？ このあとで説明するが，4 次以上の正方行列についても行列式が定義できて，その行列式の値が 0 でなければ逆行列が存在することが知られている．また，行列式は逆行列を求めるときや，連立 1 次方程式の解を求めるときにも使えるので，とても便利な概念であることがわかる．なお，本書では「n 次正方行列の行列式」を **n 次の行列式** ということにする．

上で書き表された行列式では，行列の各成分が展開した右辺の式のどの項に対応するのかわかりにくい．そこで，(i, j) 成分が a_{ij} であるような行列を用いて書き換えてみると，

$$\det\begin{bmatrix} a_{11} & a_{12} \\ a_{21} & a_{22} \end{bmatrix} = a_{11}a_{22} - a_{12}a_{21}$$

$$\det\begin{bmatrix} a_{11} & a_{12} & a_{13} \\ a_{21} & a_{22} & a_{23} \\ a_{31} & a_{32} & a_{33} \end{bmatrix} = a_{11}a_{22}a_{33} + a_{12}a_{23}a_{31} + a_{13}a_{21}a_{32} - a_{11}a_{23}a_{32} - a_{12}a_{21}a_{33} - a_{13}a_{22}a_{31}$$

となる．ここで，右辺の展開式にある「添え字の並び方」と「符号 $(+, -)$」に注目しよう．まず，符号と添え字をセットにして取り出し，取り出した 添え字の左側 を 上段 に，添え字の右側 を 下段 に並べて括弧（ ）でくくる．例えば，2 次の行列式では 右辺の展開式が

$$a_{\boxed{1}\,1}\,a_{\boxed{2}\,2} - a_{12}a_{21}$$

であるから，

$$\text{符号} + \ : \ \begin{pmatrix} \boxed{1} & \boxed{2} \\ 1 & 2 \end{pmatrix}, \qquad \text{符号} - \ : \ \begin{pmatrix} 1 & 2 \\ 2 & 1 \end{pmatrix}$$

と分類できる．3 次の行列式でも同じようにすると，

$$\text{符号} + \ : \ \begin{pmatrix} 1 & 2 & 3 \\ 1 & 2 & 3 \end{pmatrix}, \begin{pmatrix} 1 & 2 & 3 \\ 2 & 3 & 1 \end{pmatrix}, \begin{pmatrix} 1 & 2 & 3 \\ 3 & 1 & 2 \end{pmatrix}$$

$$\text{符号} - \ : \ \begin{pmatrix} 1 & 2 & 3 \\ 1 & 3 & 2 \end{pmatrix}, \begin{pmatrix} 1 & 2 & 3 \\ 2 & 1 & 3 \end{pmatrix}, \begin{pmatrix} 1 & 2 & 3 \\ 3 & 2 & 1 \end{pmatrix}$$

となる．この考察によって，2 次および 3 次の行列式の展開式には，2 次および 3 次の置換がすべて現れており，しかも偶置換は符号が $+$ のところに，奇置換は符号が $-$ のところに分類されている[19]．

---

19) 各自確かめてみよう．

そこで, 一般の n 次正方行列における **行列式**, つまり **n 次の行列式** を次のように定義する.

行列式の定義

n 次正方行列 $A = \begin{bmatrix} a_{11} & a_{12} & \cdots & a_{1n} \\ a_{21} & a_{22} & \cdots & a_{2n} \\ \vdots & \vdots & \ddots & \vdots \\ a_{n1} & a_{n2} & \cdots & a_{nn} \end{bmatrix}$ における **行列式** $\det A$

あるいは $|A|$ を次のように定義する.

$$\det A = |A| = \sum_{\sigma \in S_n} \mathrm{sgn}(\sigma)\, a_{1\sigma(1)}\, a_{2\sigma(2)} \cdot \cdots \cdot a_{n\sigma(n)}$$

ここに, $\displaystyle\sum_{\sigma \in S_n}$ は「S_n のすべての置換 σ に対する和」を意味する.

なお, S_n は前節で学習したとおり「n 次置換全体の集合」である.

注意 (1) 行列式は, 正方行列に対してのみ定義される.

(2) 行列式の記号はいくつかある. 例えば, $A = \begin{bmatrix} a & b \\ c & d \end{bmatrix}$ の行列式は

$$\det A, \quad |A|, \quad \det\begin{bmatrix} a & b \\ c & d \end{bmatrix}, \quad \begin{vmatrix} a & b \\ c & d \end{vmatrix}$$

のように表す. 本書では状況に応じて記号を使い分けるが, どれも同じ意味である.

$\begin{bmatrix} a & b \\ c & d \end{bmatrix}$ は **行列**, $\begin{vmatrix} a & b \\ c & d \end{vmatrix}$ は **行列式** と **異なるものを表すので注意!**

例 4 (1) 1 次正方行列 $A = \begin{bmatrix} a_{11} \end{bmatrix}$ の行列式の値を, 定義にしたがって求めてみよう. まず, 定義の式で $n = 1$ を代入すると,

$$\det A = \sum_{\sigma \in S_1} \mathrm{sgn}(\sigma)\, a_{1\sigma(1)}$$

である. 前節でみたとおり, $S_1 = \{\varepsilon\}$ であるから, $\varepsilon(1) = 1$, $\mathrm{sgn}(\varepsilon) = 1$ である. したがって,

$$\det A = \sum_{\sigma \in S_1} \mathrm{sgn}(\sigma)\, a_{1\sigma(1)} = \underbrace{\mathrm{sgn}(\varepsilon)\, a_{1\varepsilon(1)}}_{\sigma = \varepsilon} = 1 \cdot a_{1\,\varepsilon(1)} = \underline{a_{1\,1}}$$

(2) 2 次正方行列 $A = \begin{bmatrix} a_{11} & a_{12} \\ a_{21} & a_{22} \end{bmatrix}$ の行列式の値を, 定義にしたがって求めてみよう. まず, 定義の式で $n = 2$ を代入すると,

$$\left| A \right| = \sum_{\sigma \in S_2} \mathrm{sgn}(\sigma)\, a_{1\sigma(1)}\, a_{2\sigma(2)}$$

である. $S_2 = \left\{ \begin{pmatrix} 1 & 2 \\ 1 & 2 \end{pmatrix}, \begin{pmatrix} 1 & 2 \\ 2 & 1 \end{pmatrix} \right\}$ なので $\sigma_1 = \begin{pmatrix} 1 & 2 \\ 1 & 2 \end{pmatrix}$, $\sigma_2 = \begin{pmatrix} 1 & 2 \\ 2 & 1 \end{pmatrix}$ とすると,

$$\sigma_1(1) = 1, \quad \sigma_1(2) = 2, \quad \sigma_2(1) = 2, \quad \sigma_2(2) = 1,$$

$$\mathrm{sgn}(\sigma_1) = \frac{2-1}{2-1} = 1, \quad \mathrm{sgn}(\sigma_2) = \frac{1-2}{2-1} = -1$$

であるから,

$$\begin{aligned} \left| A \right| &= \sum_{\sigma \in S_2} \mathrm{sgn}(\sigma)\, a_{1\sigma(1)}\, a_{2\sigma(2)} \\ &= \underbrace{\mathrm{sgn}(\sigma_1)\, a_{1\sigma_1(1)}\, a_{2\sigma_1(2)}}_{\sigma = \sigma_1} + \underbrace{\mathrm{sgn}(\sigma_2)\, a_{1\sigma_2(1)}\, a_{2\sigma_2(2)}}_{\sigma = \sigma_2} \\ &= 1 \cdot a_{11}\, a_{22} + (-1) \cdot a_{1\,\sigma_2(1)}\, a_{2\sigma_2(2)} \\ &= \underline{a_{11}\, a_{22} - a_{1\,2}\, a_{21}} \end{aligned}$$

■

(注意) 1 次正方行列 $A = \left[a_{11} \right]$ の行列式を記号 $|\ \ |$ で表すと, 絶対値なのか行列式なのか区別できないので, このようなときは det を用いたほうがよい. 例えば, $A = \left[-3 \right]$ の行列式は $\det A = -3$ であるが, -3 の絶対値は $\left| -3 \right| = 3$ で行列式の値とは異なる.

練習 5.5[20] 3 次正方行列 $A = \begin{bmatrix} a_{11} & a_{12} & a_{13} \\ a_{21} & a_{22} & a_{23} \\ a_{31} & a_{32} & a_{33} \end{bmatrix}$ の行列式の値を定義にしたがって求めなさい. 練習 5.4 の結果を使ってよい.

20) 答 (練習 5.5) $\left| A \right| = a_{11}a_{22}a_{33} + a_{12}a_{23}a_{31} + a_{13}a_{21}a_{32} - a_{11}a_{23}a_{32} - a_{12}a_{21}a_{33} - a_{13}a_{22}a_{31}$

5.3 サラスの方法

行列式の値を定義にしたがって求めるのはかなり面倒であるが，2 次と 3 次の行列式については次のような覚え方がある．これを **サラスの方法** という．

サラスの方法

$$\begin{vmatrix} a & b \\ c & d \end{vmatrix} = \underbrace{ad}_{①} - \underbrace{bc}_{②}$$

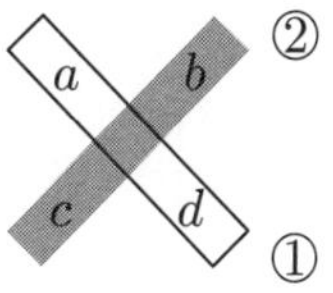

$$\begin{vmatrix} a & b & c \\ d & e & f \\ g & h & i \end{vmatrix} = \underbrace{aei}_{①} + \underbrace{bfg}_{②} + \underbrace{cdh}_{③} - \underbrace{afh}_{④} - \underbrace{bdi}_{⑤} - \underbrace{ceg}_{⑥}$$

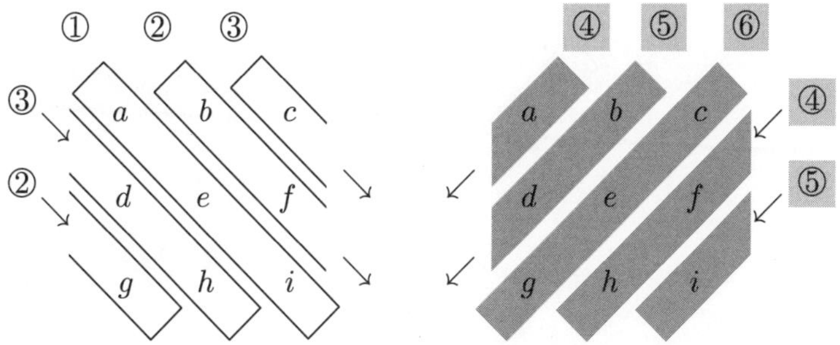

注意　4 次以上の行列式についても，サラスの方法と同じように求められるのかと期待してしまうが，残念ながら成り立たない[21]．

サラスの方法が使えるのは 2 次と 3 次 の行列式 のみ である．

21)　偶然に値が一致する場合もあるかもしれないが，それはあくまでも偶然であって，つねに成り立つわけではない．

例 5 (1) $\begin{vmatrix} 5 & 4 \\ 3 & 2 \end{vmatrix} = \underbrace{5 \cdot 2}_{①} - \underbrace{4 \cdot 3}_{②} = 10 - 12 = -2$

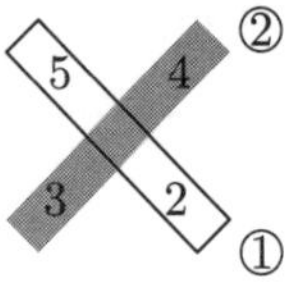

(2) $\begin{vmatrix} 3 & 1 & 4 \\ 1 & 2 & 3 \\ 2 & 6 & 2 \end{vmatrix} = \underbrace{3 \cdot 2 \cdot 2}_{①} + \underbrace{1 \cdot 3 \cdot 2}_{②} + \underbrace{4 \cdot 1 \cdot 6}_{③}$

$- \underbrace{3 \cdot 3 \cdot 6}_{④} - \underbrace{1 \cdot 1 \cdot 2}_{⑤} - \underbrace{4 \cdot 2 \cdot 2}_{⑥}$

$= 12 + 6 + 24 - 54 - 2 - 16 = -30$ ■

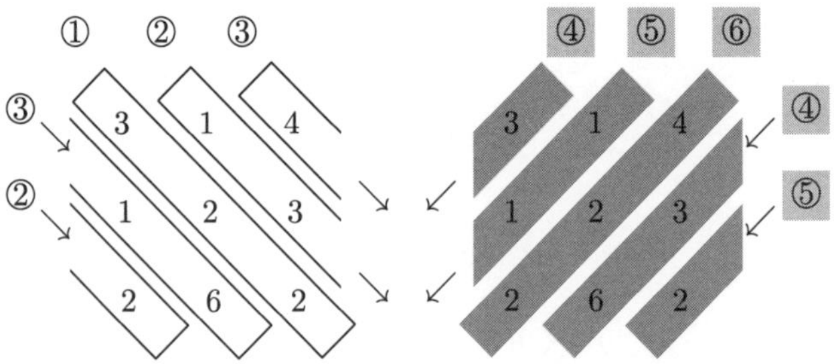

練習 5.6 [22] 次の行列式の値を サラスの方法を用いて 求めなさい.

(1) $\begin{vmatrix} 1 & 2 \\ 3 & 4 \end{vmatrix}$ (2) $\begin{vmatrix} 2 & -4 \\ -3 & 6 \end{vmatrix}$ (3) $\begin{vmatrix} 1 & 2 & 0 \\ 3 & 4 & -1 \\ -2 & 0 & 1 \end{vmatrix}$ (4) $\begin{vmatrix} 3 & 1 & 5 \\ 6 & 1 & 8 \\ 2 & 1 & 4 \end{vmatrix}$

---

22) **答 (練習 5.6)** (1) -2 (2) 0 (3) 2 (4) 0

5.4　行列式の性質

前節で述べたように，4 次以上の行列式はサラスの方法では求められない．では，4 次以上の行列式は，定義にしたがって求めるしかないのだろうか？行列式の値を定義にしたがって求めることはとても大変なので，この節では行列式の性質について調べ，それをもとに行列式の値を求めることを考える．

以下に，行列式の定義から得られる 12 種類の行列式の性質 (D0) ～ (D11) をあげる．それぞれが成り立つことについては，行列式の定義にしたがって考えることで証明できるので，ここではその性質と使用例についてのみ紹介する．

まず最初に，行列式の性質のなかでもっとも基本的な性質をあげる．

行列式の性質（その 0）

(D0) 行列式の行と列を入れ換えても，行列式の値は変わらない．

$$\begin{vmatrix} a_{11} & \cdots & a_{1n} \\ \vdots & & \vdots \\ a_{i1} & \cdots & a_{in} \\ \vdots & & \vdots \\ a_{n1} & \cdots & a_{nn} \end{vmatrix} = \begin{vmatrix} a_{11} & \cdots & a_{i1} & \cdots & a_{n1} \\ \vdots & & \vdots & & \vdots \\ a_{1n} & \cdots & a_{in} & \cdots & a_{nn} \end{vmatrix}$$

つまり，正方行列 A に対して，$\left|{}^tA\right| = \left|A\right|$.

続いて，これから紹介する行列式の性質のなかでキーポイントになるのが，3.2 節で学習した「基本変形」(p.47) である．先に述べた性質 (D0) から

行列式の性質は「行」と「列」を入れ換えても成り立つ

ので，行列式の計算においては「行」だけでなく「列」の基本変形も臨機応変に使い，なるべく簡単に行列式の値を求めるようにしよう．では具体的に，基本変形によって行列式の値がどのように変わるかまとめよう．

基本変形による行列式の性質

- 基本変形 (A1) の操作をすると，行列式の値は (−1) 倍される．
- 基本変形 (A2) の操作（c 倍）をすると，行列式の値が c 倍される．
- 基本変形 (A3) の操作をしても，行列式の値は変わらない．

これらの性質を行列式を用いて具体的に表すと, 以下のようである.

行列式の性質（その1）

(D1) 2つの行（または列）を入れ換えると, 行列式の値は $\boxed{(-1)}$ 倍される.

$$\begin{matrix} \\ \\ \text{第}\,i\,\text{行} \\ \\ \text{第}\,j\,\text{行} \\ \\ \\ \end{matrix}\begin{vmatrix} a_{11} & \cdots & a_{1n} \\ \vdots & & \vdots \\ a_{i1} & \cdots & a_{in} \\ \vdots & & \vdots \\ a_{j1} & \cdots & a_{jn} \\ \vdots & & \vdots \\ a_{n1} & \cdots & a_{nn} \end{vmatrix} = \boxed{(-1)} \cdot \begin{vmatrix} a_{11} & \cdots & a_{1n} \\ \vdots & & \vdots \\ a_{j1} & \cdots & a_{jn} \\ \vdots & & \vdots \\ a_{i1} & \cdots & a_{in} \\ \vdots & & \vdots \\ a_{n1} & \cdots & a_{nn} \end{vmatrix}\begin{matrix} \\ \\ \text{ⓙ} \\ \\ \text{ⓘ} \\ \\ \\ \end{matrix}$$

(D2) 1つの行（または列）がすべて $\boxed{c}$ 倍で表されているとき, 次が成り立つ.

$$\begin{vmatrix} a_{11} & \cdots & a_{1n} \\ \vdots & & \vdots \\ \boxed{c}\,a_{i1} & \cdots & \boxed{c}\,a_{in} \\ \vdots & & \vdots \\ a_{n1} & \cdots & a_{nn} \end{vmatrix} = \boxed{c} \cdot \begin{vmatrix} a_{11} & \cdots & a_{1n} \\ \vdots & & \vdots \\ a_{i1} & \cdots & a_{in} \\ \vdots & & \vdots \\ a_{n1} & \cdots & a_{nn} \end{vmatrix}\begin{matrix} \\ \\ \text{ⓘ} \times \frac{1}{c} \\ \\ \\ \end{matrix}$$

(D3) 1つの行（または列）に, 他の行（または列）の実数倍を加えても, 行列式の値は変わらない.

$$\begin{vmatrix} a_{11} & \cdots & a_{1n} \\ \vdots & & \vdots \\ a_{i1} & \cdots & a_{in} \\ \vdots & & \vdots \\ a_{j1} & \cdots & a_{jn} \\ \vdots & & \vdots \\ a_{n1} & \cdots & a_{nn} \end{vmatrix} = \begin{vmatrix} a_{11} & \cdots & a_{1n} \\ \vdots & & \vdots \\ a_{i1} & \cdots & a_{in} \\ \vdots & & \vdots \\ a_{j1} + c\,a_{i1} & \cdots & a_{jn} + c\,a_{in} \\ \vdots & & \vdots \\ a_{n1} & \cdots & a_{nn} \end{vmatrix}\begin{matrix} \\ \\ \\ \\ \text{ⓙ} + \text{ⓘ} \times c \\ \\ \\ \end{matrix}$$

基本変形による行列式の性質 (D1), (D2), (D3) を用いると, 行列式の値はどのように変化し, どのような行列式の計算に帰着されるのだろうか？ ここで, このことを考察するために 4 次の行列式の具体例をあげて, 行列式の性質 (D1), (D2), (D3) を利用しながら「簡約化のポイント」(p.51) に沿って計算してみよう.

$$\begin{vmatrix} 2 & 5 & -2 & 8 \\ 1 & 3 & 1 & 5 \\ 3 & 6 & 0 & 9 \\ 2 & 7 & 1 & 11 \end{vmatrix} \overset{(D2)}{=} \boxed{3} \cdot \begin{vmatrix} 2 & 5 & -2 & 8 \\ 1 & 3 & 1 & 5 \\ 1 & 2 & 0 & 3 \\ 2 & 7 & 1 & 11 \end{vmatrix} \text{③} \times \frac{1}{3}$$

$$\overset{(D1)}{=} 3 \cdot \boxed{(-1)} \cdot \begin{vmatrix} \boxed{1} & 2 & 0 & 3 \\ 1 & 3 & 1 & 5 \\ 2 & 5 & -2 & 8 \\ 2 & 7 & 1 & 11 \end{vmatrix} \begin{matrix} \text{③} \\ \\ \text{①} \\ \\ \end{matrix}$$

$$\overset{(D3)}{=} -3 \begin{vmatrix} 1 & 2 & 0 & 3 \\ 0 & 1 & 1 & 2 \\ 0 & 1 & -2 & 2 \\ 0 & 3 & 1 & 5 \end{vmatrix} \begin{matrix} \\ \text{②} + \text{①} \times (-1) \\ \text{③} + \text{①} \times (-2) \\ \text{④} + \text{①} \times (-2) \end{matrix}$$

「行列の簡約化」の場合はこのまま基本変形を続けることになるが, ここで一度立ち止まって最後に現れた行列式の形を眺めてみよう. すると, その行列式は 第 1 列の第 2 行以降がすべて 0 という特殊な形をしていることに気づくだろう. じつは, このような形の行列式は, 次に示すように「次数を 1 つ下げた行列式の計算」に変形することができる.

行列式の性質（その 2）

(D4) 第 1 列の第 2 行以降 (または第 1 行の第 2 列以降) がすべて 0 のとき, (1, 1) 成分が行列式の外に出て次数が 1 つ減り, 次が成り立つ.

$$\begin{vmatrix} \boxed{a_{11}} & a_{12} & \cdots & a_{1n} \\ 0 & a_{22} & \cdots & a_{2n} \\ \vdots & \vdots & \ddots & \vdots \\ 0 & a_{n2} & \cdots & a_{nn} \end{vmatrix} = \boxed{a_{11}} \cdot \begin{vmatrix} a_{22} & \cdots & a_{2n} \\ \vdots & \ddots & \vdots \\ a_{n2} & \cdots & a_{nn} \end{vmatrix}$$

また, (D4) を一般化すると以下が得られる.

行列式の性質（その3）

(D5) 第 j 列（または第 i 行）が (i,j) 成分を除いてすべて 0 のとき, (i,j) 成分が $(-1)^{i+j}$ の符号付きで行列式の外に出て, 行列式の次数が1つ減り, 次が成り立つ.

$$\begin{vmatrix} a_{11} & \cdots & a_{1\,j-1} & 0 & a_{1\,j+1} & \cdots & a_{1n} \\ \vdots & \ddots & \vdots & \vdots & \vdots & \ddots & \vdots \\ a_{i-1\,1} & \cdots & a_{i-1\,j-1} & 0 & a_{i-1\,j+1} & \cdots & a_{i-1\,n} \\ a_{i\,1} & \cdots & a_{i\,j-1} & \boxed{a_{ij}} & a_{i\,j+1} & \cdots & a_{i\,n} \\ a_{i+1\,1} & \cdots & a_{i+1\,j-1} & 0 & a_{i+1\,j+1} & \cdots & a_{i+1\,n} \\ \vdots & \ddots & \vdots & \vdots & \vdots & \ddots & \vdots \\ a_{n1} & \cdots & a_{n\,j-1} & 0 & a_{n\,j+1} & \cdots & a_{nn} \end{vmatrix}$$

$$= \boxed{(-1)^{i+j}\,a_{ij}} \cdot \begin{vmatrix} a_{11} & \cdots & a_{1\,j-1} & a_{1\,j+1} & \cdots & a_{1n} \\ \vdots & \ddots & \vdots & \vdots & \ddots & \vdots \\ a_{i-1\,1} & \cdots & a_{i-1\,j-1} & a_{i-1\,j+1} & \cdots & a_{i-1\,n} \\ a_{i+1\,1} & \cdots & a_{i+1\,j-1} & a_{i+1\,j+1} & \cdots & a_{i+1\,n} \\ \vdots & \ddots & \vdots & \vdots & \ddots & \vdots \\ a_{n1} & \cdots & a_{n\,j-1} & a_{n\,j+1} & \cdots & a_{nn} \end{vmatrix}$$

注意 (D5) は (D1) を利用すると, 次のようにして (D4) から導くことができる. まず, 第 i 行をすぐ上の行と順次入れ換えて第1行に移し, 次に第 j 列をすぐ左の列と順次入れ換えて第1列に移すと, a_{ij} が $(1,1)$ 成分に位置して第1列の第2行以降がすべて 0 となる. 行の入れ換えは $(i-1)$ 回で, 列の入れ換えは $(j-1)$ 回であるから,

$$(-1)^{(i-1)+(j-1)} = (-1)^{i+j-2} = (-1)^{i+j-2}\cdot\underbrace{(-1)^2}_{=1} = (-1)^{i+j}$$

より, この行列式の値は, もとの値の $(-1)^{i+j}$ 倍になる. そこで, (D4) を用いて $(1,1)$ 成分にある a_{ij} を行列式の外に出すと, (i,j) 成分の a_{ij} が $(-1)^{i+j}$ の符号付きで行列式の外に出て, 行列式の次数を1つ下げることができる.

では, ここで性質 (D4) を用いることができるので, 先ほどの行列式の計算を続け, 最終的にはサラスの方法が楽に使える2次の行列式に変形してみよう.

$$\begin{vmatrix} 2 & 5 & -2 & 8 \\ 1 & 3 & 1 & 5 \\ 3 & 6 & 0 & 9 \\ 2 & 7 & 1 & 11 \end{vmatrix} = \cdots = -3 \begin{vmatrix} \boxed{1} & 2 & 0 & 3 \\ 0 & 1 & 1 & 2 \\ 0 & 1 & -2 & 2 \\ 0 & 3 & 1 & 5 \end{vmatrix}$$

$$\overset{\text{(D4)}}{=} (-3)\cdot \boxed{1} \cdot \underbrace{\begin{vmatrix} \boxed{1} & 1 & 2 \\ 1 & -2 & 2 \\ 3 & 1 & 5 \end{vmatrix}}_{(\heartsuit)}$$

$$\overset{\text{(D3)}}{=} -3 \begin{vmatrix} \boxed{1} & 1 & 2 \\ 0 & -3 & 0 \\ 0 & -2 & -1 \end{vmatrix} \begin{matrix} \\ ②+①\times(-1) \\ ③+①\times(-3) \end{matrix}$$

$$\overset{\text{(D4)}}{=} (-3)\cdot \boxed{1} \cdot \begin{vmatrix} -3 & 0 \\ -2 & -1 \end{vmatrix}$$

$$\overset{\text{サラス}}{=} (-3)\cdot(3-0) = \underline{-9}$$

なお, 上の計算途中で現れる 3 次の行列式 ($\heartsuit$) で, サラスの方法を使って

$$\begin{vmatrix} 1 & 1 & 2 \\ 1 & -2 & 2 \\ 3 & 1 & 5 \end{vmatrix} \overset{\text{サラス}}{=} -10+6+2-2-5-(-12) = 3$$

と計算してもよい.

上で計算した 4 次の行列式では, 行列式の性質 (D4) を使って行列式の次数を順次下げたが, その代わりにより一般的な性質である (D5) を使えば計算はさらに簡単になる. そのような解答例を, 先に扱ったのと同じ行列式を用いて例題として以下にまとめることにする. また, 成分に文字を含む行列式も例題として紹介する.

例題 5.1 $x, y \in \mathbb{R}$ とする. 次の行列式の値を求めなさい.

(1) $\begin{vmatrix} 2 & 5 & -2 & 8 \\ 1 & 3 & 1 & 5 \\ 3 & 6 & 0 & 9 \\ 2 & 7 & 1 & 11 \end{vmatrix}$　　(2) $\begin{vmatrix} 1 & 3 & 2 & -3 \\ -3 & 2 & -1 & 3 \\ 1 & 4 & 3 & 0 \\ 0 & 1 & x & y \end{vmatrix}$

解答 (1) 行列式の性質をうまく利用して計算する.

$$\begin{vmatrix} 2 & 5 & -2 & 8 \\ 1 & 3 & 1 & 5 \\ 3 & 6 & 0 & 9 \\ 2 & 7 & 1 & 11 \end{vmatrix} \overset{(D2)}{=} \boxed{3} \cdot \begin{vmatrix} 2 & 5 & -2 & 8 \\ 1 & 3 & \boxed{1} & 5 \\ 1 & 2 & 0 & 3 \\ 2 & 7 & 1 & 11 \end{vmatrix} \text{③} \times \frac{1}{3}$$

$$\overset{(D3)}{=} 3 \begin{vmatrix} 4 & 11 & 0 & 18 \\ 1 & 3 & \boxed{1} & 5 \\ 1 & 2 & 0 & 3 \\ 1 & 4 & 0 & 6 \end{vmatrix} \begin{matrix} \text{①} + \text{②} \times 2 \\ \\ \\ \text{④} + \text{②} \times (-1) \end{matrix}$$

$$\overset{(D5)}{=} 3 \cdot \boxed{(-1)^{2+3} \cdot 1} \cdot \begin{vmatrix} 4 & 11 & 18 \\ \boxed{1} & 2 & 3 \\ 1 & 4 & 6 \end{vmatrix}$$

$$\overset{(D3)}{=} -3 \begin{vmatrix} 0 & 3 & 6 \\ \boxed{1} & 2 & 3 \\ 0 & 2 & 3 \end{vmatrix} \begin{matrix} \text{①} + \text{②} \times (-4) \\ \\ \text{③} + \text{②} \times (-1) \end{matrix}$$

$$\overset{(D5)}{=} (-3) \cdot \boxed{(-1)^{2+1} \cdot 1} \cdot \begin{vmatrix} 3 & 6 \\ 2 & 3 \end{vmatrix}$$

$$\overset{サラス}{=} 3(9-12) = \underline{-9}$$

(2) 文字を含めたまま, 行列式の性質をうまく利用して計算する.

$$\begin{vmatrix} \boxed{1} & 3 & 2 & -3 \\ -3 & 2 & -1 & 3 \\ 1 & 4 & 3 & 0 \\ 0 & 1 & x & y \end{vmatrix} \overset{(D3)}{=} \begin{vmatrix} \boxed{1} & 3 & 2 & -3 \\ 0 & 11 & 5 & -6 \\ 0 & 1 & 1 & 3 \\ 0 & 1 & x & y \end{vmatrix} \begin{matrix} \\ \text{②} + \text{①} \times 3 \\ \text{③} + \text{①} \times (-1) \\ \\ \end{matrix}$$

$$\overset{(D4)}{=} \boxed{1} \cdot \begin{vmatrix} 11 & 5 & -6 \\ \boxed{1} & 1 & 3 \\ 1 & x & y \end{vmatrix}$$

$$\overset{(D3)}{=} \begin{vmatrix} 0 & -6 & -39 \\ \boxed{1} & 1 & 3 \\ 0 & x-1 & y-3 \end{vmatrix} \begin{matrix} \text{①} + \text{②} \times (-11) \\ \\ \text{③} + \text{②} \times (-1) \end{matrix}$$

$$\overset{(D5)}{=} \boxed{(-1)^{2+1} \cdot 1} \cdot \begin{vmatrix} -6 & -39 \\ x-1 & y-3 \end{vmatrix}$$

$$\overset{サラス}{=} -\big(-6(y-3) + 39(x-1)\big)$$

$$= \underline{-39x + 6y + 21}$$

■

これらの計算方法からわかるように，行列式の値を求めるためには「簡約化のポイント」(p.51) に準じた手順で，基本変形をうまく利用しながら性質 (D4) あるいは (D5) が適用できる状態に変形すればよい．すると，行列式の次数を1つ下げることができるので，この操作を繰り返して行列式の次数を順次下げていけば，最終的には3次または2次の行列式にまで変形でき，最後はサラスの方法によってその行列式の値を求めることができるのである．

練習 5.7 [23]　$x, y \in \mathbb{R}$ とする．次の行列式の値を求めなさい．

(1) $\begin{vmatrix} -3 & 0 & 0 & 0 \\ 5 & 2 & 6 & -8 \\ 4 & 5 & 10 & 5 \\ 3 & 2 & 8 & -5 \end{vmatrix}$　　(2) $\begin{vmatrix} 2 & 1 & 0 & 3 \\ -2 & 1 & 3 & 3 \\ 2 & 3 & 0 & 0 \\ 1 & 0 & 0 & -1 \end{vmatrix}$

(3) $\begin{vmatrix} 1 & 2 & 0 & -1 \\ 2 & 3 & 4 & -2 \\ -3 & -4 & -3 & 5 \\ 2 & 4 & x & y \end{vmatrix}$　　(4) $\begin{vmatrix} 1 & 1 & 1 & 1 & 1 \\ 1 & 2 & 3 & 4 & 5 \\ 2 & 3 & 4 & 3 & 2 \\ 1 & 1 & 0 & 1 & 1 \\ 0 & 1 & 2 & 3 & 0 \end{vmatrix}$

なお，行列式の性質 (D1)，(D2)，(D4) を利用すると，次の特別な形をした行列式の値は簡単に求められる．

行列式の性質（その4）

(D6) ある行（または列）のすべての成分が 0 のとき，行列式の値は 0 となる．

(D7) 2つの行（または列）が等しいとき，行列式の値は 0 となる．

$$\begin{vmatrix} a_{11} & \cdots & a_{1n} \\ \vdots & & \vdots \\ 0 & \cdots & 0 \\ \vdots & & \vdots \\ a_{n1} & \cdots & a_{nn} \end{vmatrix} = 0, \qquad \begin{matrix} \\ \\ \text{第}\,i\,\text{行} \\ \\ \text{第}\,j\,\text{行} \\ \\ \\ \end{matrix}\begin{vmatrix} a_{11} & \cdots & a_{1n} \\ \vdots & & \vdots \\ a_{i1} & \cdots & a_{in} \\ \vdots & & \vdots \\ a_{i1} & \cdots & a_{in} \\ \vdots & & \vdots \\ a_{n1} & \cdots & a_{nn} \end{vmatrix} = 0$$

23) 答（練習 5.7）　(1) 390　(2) 39　(3) $2x - 5y - 10$　(4) 8

行列式の性質（その5）

(D8) 上三角行列 (または下三角行列) の行列式の値は，その対角成分の積である．

$$\begin{vmatrix} \boxed{a_{11}} & a_{12} & \cdots & a_{1n} \\ 0 & \boxed{a_{22}} & \cdots & a_{2n} \\ \vdots & & \ddots & \vdots \\ 0 & 0 & \cdots & \boxed{a_{nn}} \end{vmatrix} = \boxed{a_{11}} \cdot \boxed{a_{22}} \cdot \cdots \cdot \boxed{a_{nn}}$$

- (D6) は (D2) において $c = 0$ とおけばよい．
- (D7) は第 i 行と第 j 行を入れ換えても行列式の形は同じだからその値は変わらないが，一方で (D1) を用いると行列式の値は (-1) 倍されるので，$|A| = -|A|$ より 0 とならざるをえない．
- (D8) は (D4) を繰り返し用いればよい．

以下にいくつか，行列式の性質の利用例を紹介する．

例 6 (1) $\begin{vmatrix} \boxed{9} & 8 & 10 \\ 2 & 3 & 4 \\ 7 & 6 & 5 \end{vmatrix} \overset{(D3)}{=} \begin{vmatrix} \boxed{1} & -4 & -6 \\ 2 & 3 & 4 \\ 7 & 6 & 5 \end{vmatrix}$ ①＋②×(−4)

$\overset{(D3)}{=} \begin{vmatrix} \boxed{1} & -4 & -6 \\ 0 & 11 & 16 \\ 0 & 34 & 47 \end{vmatrix}$ ②＋①×(−2)，③＋①×(−7)

$\overset{(D4)}{=} \boxed{1} \cdot \begin{vmatrix} 11 & 16 \\ \boxed{34} & 47 \end{vmatrix} \overset{(D3)}{=} \begin{vmatrix} 11 & 16 \\ 1 & -1 \end{vmatrix}$ ②＋①×(−3) $\overset{サラス}{=} -27$

- サラスの方法も使えるが，各成分の数が大きいので計算が大変
- (D4) あるいは (D5) を使って次数を 1 つ下げたい
- そのために (D3) を使って変形したいが，成分に 1 がない
- 成分の数をよくみて，(D3) を使って無理やり $\boxed{1}$ をつくる
- さらに (D3) と (D4) を使って次数を 1 つ下げる
- そのままサラスの方法を使うと計算が大変
- (D3) を使っていくつかの成分の数を小さくし，サラスの方法を使う

(2)
$$\begin{vmatrix} \boxed{1} & 2 & 4 & -3 \\ 3 & 9 & 8 & -7 \\ -2 & -6 & -5 & 3 \\ 1 & 8 & -4 & 1 \end{vmatrix} \overset{\text{(D3)}}{=} \begin{vmatrix} 1 & 2 & 4 & -3 \\ 0 & 3 & -4 & 2 \\ 0 & -2 & 3 & -3 \\ 0 & 6 & -8 & 4 \end{vmatrix} \begin{matrix} \\ \text{②} + \text{①} \times (-3) \\ \text{③} + \text{①} \times 2 \\ \text{④} + \text{①} \times (-1) \end{matrix}$$

$$\overset{\text{(D2)}}{=} \boxed{2} \cdot \begin{vmatrix} 1 & 2 & 4 & -3 \\ 0 & 3 & -4 & 2 \\ 0 & -2 & 3 & -3 \\ 0 & 3 & -4 & 2 \end{vmatrix} \begin{matrix} \\ \\ \\ \text{④} \times \frac{1}{2} \end{matrix} \overset{\text{(D7)}}{=} 0$$

- 成分が $\boxed{1}$ である $(1,1)$ 成分に着目
- (D4) を使うことを考えて (D3) を使ったら, 偶然にも第 4 行が第 2 行の $\boxed{2}$ 倍であることがわかった
- まず (D2) で $\boxed{2}$ を行列式の外へ出す
- すると, 第 2 行と第 4 行が同じなので (D7) より 0 と求まる

(3)
$$\begin{vmatrix} 7 & 1 & 4 & 3 \\ -14 & 3 & -7 & -2 \\ 21 & 8 & 5 & 6 \\ 0 & 5 & 1 & 5 \end{vmatrix} \overset{\text{(D2)}}{=} 7 \cdot \underset{\text{①} \times \frac{1}{7}}{\begin{vmatrix} \boxed{1} & 1 & 4 & 3 \\ -2 & 3 & -7 & -2 \\ 3 & 8 & 5 & 6 \\ 0 & 5 & 1 & 5 \end{vmatrix}}$$

$$\overset{\text{(D3)}}{=} 7 \left| \begin{array}{c|ccc} 1 & 1 & 4 & 3 \\ \hline 0 & 5 & 1 & 4 \\ 0 & 5 & -7 & -3 \\ 0 & 5 & 1 & 5 \end{array} \right| \begin{matrix} \\ \text{②} + \text{①} \times 2 \\ \text{③} + \text{①} \times (-3) \\ \\ \end{matrix} \overset{\text{(D4)}}{=} 7 \cdot 1 \cdot \begin{vmatrix} 5 & 1 & 4 \\ 5 & -7 & -3 \\ 5 & 1 & 5 \end{vmatrix}$$

$$\overset{\text{(D2)}}{=} 7 \cdot 5 \cdot \underset{\text{①} \times \frac{1}{5}}{\begin{vmatrix} \boxed{1} & 1 & 4 \\ 1 & -7 & -3 \\ 1 & 1 & 5 \end{vmatrix}} \overset{\text{(D3)}}{=} 35 \begin{vmatrix} \boxed{1} & 1 & 4 \\ 0 & \boxed{-8} & -7 \\ 0 & 0 & \boxed{1} \end{vmatrix} \begin{matrix} \\ \text{②} + \text{①} \times (-1) \\ \text{③} + \text{①} \times (-1) \end{matrix}$$

$$\overset{\text{(D8)}}{=} 35 \cdot \boxed{1} \cdot \boxed{-8} \cdot \boxed{1} = -280$$

- 第 1 列の成分がすべて 7 の倍数なので (D2) で 7 を行列式の外へ出す
- $(1,1)$ 成分の $\boxed{1}$ に着目して, 次数を 1 つ下げる
- すると, 第 1 列の成分がすべて 5 なので (D2) で 5 を行列式の外へ出す
- $(1,1)$ 成分の $\boxed{1}$ に着目して, (D3) を使うと上三角行列になったので, (D8) から値が求まる

■

例 6 の行列式すべてについて, 一度自分の力で解いてみよう. そして, 行列式の計算をマスターするために, 以下の練習問題に挑戦しよう.

練習 5.8 [24] 次の行列式の値を求めなさい.

(1) $\begin{vmatrix} 4 & -5 & -2 \\ -3 & 6 & 7 \\ 5 & 5 & 18 \end{vmatrix}$ (2) $\begin{vmatrix} 2 & 4 & 5 \\ -5 & 3 & 12 \\ 1 & -2 & 6 \end{vmatrix}$ (3) $\begin{vmatrix} 1 & -3 & 0 & -1 \\ -4 & 2 & 5 & 4 \\ 0 & 6 & 4 & 7 \\ -3 & 5 & 3 & 4 \end{vmatrix}$

(4) $\begin{vmatrix} 6 & -2 & -3 & -7 \\ -2 & 1 & 4 & 5 \\ 5 & -3 & -8 & -10 \\ 3 & 0 & 6 & 4 \end{vmatrix}$ (5) $\begin{vmatrix} 5 & 10 & 0 & -5 \\ -2 & 6 & 4 & 1 \\ 0 & 8 & 11 & 7 \\ -4 & -3 & 3 & 4 \end{vmatrix}$

行列式の性質 (D3) に現れた行列は, 1 つの行 (または列) が特殊な形の和で表されていた. では, 単なる和で表されている場合はどうだろうか?

行列式の性質 (その 6)

(D9) 1 つの行 (または列) が, 2 種類の行 (または列) の和で与えられているとき, 次が成り立つ.

$$\begin{vmatrix} a_{11} & \cdots & a_{1n} \\ \vdots & & \vdots \\ a_{i-1\,1} & \cdots & a_{i-1\,n} \\ \boxed{a_{i1}} + a'_{i1} & \cdots & \boxed{a_{in}} + a'_{in} \\ a_{i+1\,1} & \cdots & a_{i+1\,n} \\ \vdots & & \vdots \\ a_{n1} & \cdots & a_{nn} \end{vmatrix}$$

$$= \begin{vmatrix} a_{11} & \cdots & a_{1n} \\ \vdots & & \vdots \\ a_{i-1\,1} & \cdots & a_{i-1\,n} \\ \boxed{a_{i1}} & \cdots & \boxed{a_{in}} \\ a_{i+1\,1} & \cdots & a_{i+1\,n} \\ \vdots & & \vdots \\ a_{n1} & \cdots & a_{nn} \end{vmatrix} + \begin{vmatrix} a_{11} & \cdots & a_{1n} \\ \vdots & & \vdots \\ a_{i-1\,1} & \cdots & a_{i-1\,n} \\ a'_{i1} & \cdots & a'_{in} \\ a_{i+1\,1} & \cdots & a_{i+1\,n} \\ \vdots & & \vdots \\ a_{n1} & \cdots & a_{nn} \end{vmatrix}$$

24) 答 (練習 5.8) (1) −63 (2) 287 (3) 0 (4) 13 (5) −195

注意 (D9) を利用すると, (D3) が簡単に証明できる. 実際, (D3) の左辺を (D9) で 2 つに分けると, 後者の行列式は (D2) と (D7) より 0 となるので, 前者の行列式のみが残る.

最後に, 行列の積の行列式など, 2 つの行列式の性質を調べてみよう.

行列式の性質 (その 7)

(D10) n 次正方行列 A, B の積 AB の行列式の値は, それぞれの行列式の積に等しい.

$$|AB| = |A| \cdot |B|$$

(D11) A を m 次<u>正方</u>行列, D を n 次<u>正方</u>行列, B を $m \times n$ 行列, C を $n \times m$ 行列とする. このとき, 次の $(m+n)$ 次正方行列の行列式は A と D の行列式の積で与えられる.

$$\begin{vmatrix} \boxed{A} & B \\ O & \boxed{D} \end{vmatrix} = |A| \cdot |D| = \begin{vmatrix} \boxed{A} & O \\ C & \boxed{D} \end{vmatrix}$$

ただし, O は $n \times m$ あるいは $m \times n$ の零行列である.

注意 (D11) は (D4) を一般化したものと考えられるが, (D5) と (D10) を次のように使うと得られる. 行列 $\begin{bmatrix} A & B \\ O & D \end{bmatrix}$, $\begin{bmatrix} A & O \\ C & D \end{bmatrix}$ は, 単位行列 E を用いてそれぞれ

$$\begin{bmatrix} A & B \\ O & D \end{bmatrix} = \begin{bmatrix} E & \frac{1}{2}B \\ O & D \end{bmatrix} \begin{bmatrix} A & \frac{1}{2}B \\ O & E \end{bmatrix}$$

$$\begin{bmatrix} A & O \\ C & D \end{bmatrix} = \begin{bmatrix} A & O \\ \frac{1}{2}C & E \end{bmatrix} \begin{bmatrix} E & O \\ \frac{1}{2}C & D \end{bmatrix}$$

と表せる. 一方, (D5) を繰り返し用いると

$$\begin{vmatrix} A & \frac{1}{2}B \\ O & E \end{vmatrix} = |A|, \quad \begin{vmatrix} A & O \\ \frac{1}{2}C & E \end{vmatrix} = |A|,$$

$$\begin{vmatrix} E & \frac{1}{2}B \\ O & D \end{vmatrix} = |D|, \quad \begin{vmatrix} E & O \\ \frac{1}{2}C & D \end{vmatrix} = |D|$$

がわかるので, ここで (D10) を適用すれば (D11) が得られる.

これまでに調べた行列式の性質は (D0) ～ (D11) の 12 種類であったが，このうち基本的な性質は (D0)，(D1)，(D2)，(D4)，(D9)，(D10) の 6 種類である．残りはこの基本的な性質から導かれるが，その関係を以下にまとめよう．

- $\left\{\begin{array}{c}\text{(D4)}\\ \text{(D1)}\end{array}\right\} \Rightarrow \text{(D5)}$
- (D2) $\Rightarrow$ (D6)
- (D1) $\Rightarrow$ (D7)
- (D4) $\Rightarrow$ (D8)
- $\left\{\begin{array}{c}\text{(D9)}\\ \text{(D2)}\\ \text{(D7)}\end{array}\right\} \Rightarrow \text{(D3)}$
- $\left\{\begin{array}{c}\text{(D10)}\\ \text{(D5)}\end{array}\right\} \Rightarrow \text{(D11)}$

行列式の各成分が特別な並びをしている場合の計算例をあげる．

例 7

(1)
$$\begin{vmatrix} 0 & 10 & -7 & 17 \\ 10 & 0 & 17 & -7 \\ -7 & 17 & 0 & 10 \\ 17 & -7 & 10 & 0 \end{vmatrix} \overset{\text{(D3)}}{=} \begin{vmatrix} 0 & 10 & -7 & 17 \\ 10 & 10 & 10 & 10 \\ 10 & 10 & 10 & 10 \\ 17 & -7 & 10 & 0 \end{vmatrix} \begin{matrix} \\ ②+① \\ ③+④ \\ \\ \end{matrix} \overset{\text{(D7)}}{=} 0$$

(2)
$$\begin{vmatrix} 6 & 5 & 7 & 2 \\ 3 & 8 & 7 & 2 \\ 3 & 5 & 10 & 2 \\ 3 & 5 & 7 & 5 \end{vmatrix} \overset{\text{(D3)}}{=} \underset{①+②+③+④}{\begin{vmatrix} 20 & 5 & 7 & 2 \\ 20 & 8 & 7 & 2 \\ 20 & 5 & 10 & 2 \\ 20 & 5 & 7 & 5 \end{vmatrix}} \overset{\text{(D2)}}{=} 20 \cdot \underset{①\times\frac{1}{20}}{\begin{vmatrix} 1 & 5 & 7 & 2 \\ 1 & 8 & 7 & 2 \\ 1 & 5 & 10 & 2 \\ 1 & 5 & 7 & 5 \end{vmatrix}}$$

$$\overset{\text{(D3)}}{=} 20 \begin{vmatrix} 1 & 5 & 7 & 2 \\ 0 & 3 & 0 & 0 \\ 0 & 0 & 3 & 0 \\ 0 & 0 & 0 & 3 \end{vmatrix} \begin{matrix} \\ ②+①\times(-1) \\ ③+①\times(-1) \\ ④+①\times(-1) \end{matrix} \overset{\text{(D8)}}{=} 20\,(1\cdot 3\cdot 3\cdot 3) = 540$$

(3)
$$\begin{vmatrix} 5 & 4 & -3 & 2 \\ 4 & 5 & 2 & -3 \\ -3 & 2 & 5 & 4 \\ 2 & -3 & 4 & 5 \end{vmatrix} \overset{\text{(D3)}}{=} \begin{vmatrix} 8 & 2 & -8 & -2 \\ 2 & 8 & -2 & -8 \\ -3 & 2 & 5 & 4 \\ 2 & -3 & 4 & 5 \end{vmatrix} \begin{matrix} ①+③\times(-1) \\ ②+④\times(-1) \\ \\ \\ \end{matrix}$$

$$\overset{\text{(D3)}}{=} \underset{\qquad\qquad ③+①\quad ④+②}{\left|\begin{array}{cc|cc} 8 & 2 & 0 & 0 \\ 2 & 8 & 0 & 0 \\ \hline -3 & 2 & 2 & 6 \\ 2 & -3 & 6 & 2 \end{array}\right|} \overset{\text{(D11)}}{=} \begin{vmatrix} 8 & 2 \\ 2 & 8 \end{vmatrix} \cdot \begin{vmatrix} 2 & 6 \\ 6 & 2 \end{vmatrix}$$

$$\overset{\text{サラス}}{=} 60\cdot(-32) = -1920$$

■

例 7 の行列式についても, 一度自分の力で解いておこう. そして以下の練習問題にも挑戦し, 行列式の計算を完全にマスターしよう!

練習 5.9 [25] 次の行列式の値を求めなさい.

(1) $\begin{vmatrix} 4 & 2 & 5 & 7 \\ 7 & 4 & 2 & 5 \\ 5 & 7 & 4 & 2 \\ 2 & 5 & 7 & 4 \end{vmatrix}$ (2) $\begin{vmatrix} 3 & -2 & -2 & -2 \\ 6 & 11 & 6 & 6 \\ -3 & -3 & 2 & -3 \\ 4 & 4 & 4 & 9 \end{vmatrix}$

(3) $\begin{vmatrix} 3 & -4 & -5 & 2 \\ -1 & 5 & 6 & 3 \\ 3 & -4 & -7 & 1 \\ 1 & -5 & -2 & 8 \end{vmatrix}$ (4) $\begin{vmatrix} 3 & 2 & -7 & 3 \\ 3 & 3 & 2 & -7 \\ -7 & 3 & 3 & 2 \\ 2 & -7 & 3 & 3 \end{vmatrix}$

5.5 クラーメルの公式

行列式の値を求められるようになったので, 行列式と連立 1 次方程式の関係について調べてみよう. まずは, 簡単な 2 元 連立 1 次方程式

$$\begin{cases} ax + by = p \\ cx + dy = q \end{cases} \Leftrightarrow \begin{bmatrix} a & b \\ c & d \end{bmatrix} \begin{bmatrix} x \\ y \end{bmatrix} = \begin{bmatrix} p \\ q \end{bmatrix} \tag{5.1}$$

を考える. この解を求めようとすると, y と x を それぞれ消去することによって

$$\begin{cases} (ad - bc)\,x = pd - bq \\ (ad - bc)\,y = aq - pc \end{cases}$$

が得られる. このとき, x と y の係数はどちらも同じで, これは係数行列の行列式 $\begin{vmatrix} a & b \\ c & d \end{vmatrix}$ とみることができる. また, 右辺についても

$$pd - bq = \begin{vmatrix} p & b \\ q & d \end{vmatrix}, \qquad aq - pc = \begin{vmatrix} a & p \\ c & q \end{vmatrix}$$

と, それぞれ係数行列の第 1 列あるいは第 2 列を 定数項ベクトル に置き換えた行列の行列式とみることができる. すると, $\begin{vmatrix} a & b \\ c & d \end{vmatrix} \neq 0$ ならば

25) **答 (練習 5.9)** (1) 0 (2) 1250 (3) −198 (4) −909

$$x = \frac{1}{\begin{vmatrix} a & b \\ c & d \end{vmatrix}} \begin{vmatrix} p & b \\ q & d \end{vmatrix}, \quad y = \frac{1}{\begin{vmatrix} a & b \\ c & d \end{vmatrix}} \begin{vmatrix} a & p \\ c & q \end{vmatrix}$$

が得られる．これは連立１次方程式 (5.1) のただ１組の解である．

じつは，これは一般の n 元 連立１次方程式

$$\underbrace{\begin{bmatrix} a_{11} & a_{12} & \cdots & a_{1n} \\ a_{21} & a_{22} & \cdots & a_{2n} \\ \vdots & \vdots & \ddots & \vdots \\ a_{n1} & a_{n2} & \cdots & a_{nn} \end{bmatrix}}_{A} \underbrace{\begin{bmatrix} x_1 \\ x_2 \\ \vdots \\ x_n \end{bmatrix}}_{\boldsymbol{x}} = \underbrace{\begin{bmatrix} b_1 \\ b_2 \\ \vdots \\ b_n \end{bmatrix}}_{\boldsymbol{b}}$$

でも同様のことが成り立ち，これを **クラーメルの公式** という．

クラーメルの公式

n 次 正方 行列 $A = \begin{bmatrix} a_{11} & a_{12} & \cdots & a_{1n} \\ a_{21} & a_{22} & \cdots & a_{2n} \\ \vdots & \vdots & \ddots & \vdots \\ a_{n1} & a_{n2} & \cdots & a_{nn} \end{bmatrix} = \begin{bmatrix} \boldsymbol{a}_1 & \boldsymbol{a}_2 & \cdots & \boldsymbol{a}_n \end{bmatrix}$

を係数行列とする連立１次方程式 $A\boldsymbol{x} = \boldsymbol{b}$ において，$|A| \neq 0$ ならば，この連立１次方程式の解 $\boldsymbol{x}$ は ただ１組存在 し，

$$\boldsymbol{x} = \begin{bmatrix} x_1 \\ x_2 \\ \vdots \\ x_n \end{bmatrix}, \quad x_i = \frac{1}{|A|} \begin{vmatrix} \boldsymbol{a}_1 & \cdots & \boldsymbol{a}_{i-1} & \boldsymbol{b} & \boldsymbol{a}_{i+1} & \cdots & \boldsymbol{a}_n \end{vmatrix}$$

$(i = 1, 2, \ldots, n)$ である．

n 次正方行列 $A = \begin{bmatrix} \boldsymbol{a}_1 & \boldsymbol{a}_2 & \cdots & \boldsymbol{a}_n \end{bmatrix}$ の第 i 列のベクトル $\boldsymbol{a}_i$ を 定数項ベクトル $\boldsymbol{b}$ に置き換えた行列の行列式

$$\begin{vmatrix} \boldsymbol{a}_1 & \cdots & \boldsymbol{a}_{i-1} & \boldsymbol{b} & \boldsymbol{a}_{i+1} & \cdots & \boldsymbol{a}_n \end{vmatrix}$$

を「行列式の性質」を用いて変形すると，

$$\boldsymbol{b} = A\boldsymbol{x} = \boldsymbol{a}_1 x_1 + \boldsymbol{a}_2 x_2 + \cdots + \boldsymbol{a}_n x_n$$

であるから，

$$\left|\,\boldsymbol{a}_1 \ \cdots \ \boldsymbol{a}_{i-1} \ \boldsymbol{b} \ \boldsymbol{a}_{i+1} \ \cdots \ \boldsymbol{a}_n\,\right|$$

$$= \left|\,\boldsymbol{a}_1 \ \cdots \ \boldsymbol{a}_{i-1} \ \ \boldsymbol{a}_1 x_1 + \boldsymbol{a}_2 x_2 + \cdots + \boldsymbol{a}_n x_n \ \ \boldsymbol{a}_{i+1} \ \cdots \ \boldsymbol{a}_n\,\right|$$

$$\overset{(\mathrm{D3})}{=} \left|\,\boldsymbol{a}_1 \ \cdots \ \boldsymbol{a}_{i-1} \ \ \boldsymbol{a}_2 x_2 + \cdots + \boldsymbol{a}_n x_n \ \ \boldsymbol{a}_{i+1} \ \cdots \ \boldsymbol{a}_n\,\right|$$

ⓘ + ① × $(-x_1)$

$$\overset{(\mathrm{D3})}{=} \left|\,\boldsymbol{a}_1 \ \cdots \ \boldsymbol{a}_{i-1} \ \ \boldsymbol{a}_3 x_3 + \cdots + \boldsymbol{a}_n x_n \ \ \boldsymbol{a}_{i+1} \ \cdots \ \boldsymbol{a}_n\,\right|$$

ⓘ + ② × $(-x_2)$

$$\overset{(\mathrm{D3})}{=} \cdots \overset{(\mathrm{D3})}{=} \left|\,\boldsymbol{a}_1 \ \cdots \ \boldsymbol{a}_{i-1} \ \ \boldsymbol{a}_i x_i \ \ \boldsymbol{a}_{i+1} \ \cdots \ \boldsymbol{a}_n\,\right|$$

$$\overset{(\mathrm{D2})}{=} x_i \left|\,\boldsymbol{a}_1 \ \cdots \ \boldsymbol{a}_{i-1} \ \ \boldsymbol{a}_i \ \ \boldsymbol{a}_{i+1} \ \cdots \ \boldsymbol{a}_n\,\right|$$

$$= x_i \left|\,A\,\right|$$

が得られる．ただし，(D3) を繰り返し用いた変形については，「第 i 列に」第 1 列の $(-x_1)$ 倍，第 2 列の $(-x_2)$ 倍，...，第 $(i-1)$ 列の $(-x_{i-1})$ 倍を順次加え，さらに第 $(i+1)$ 列の $(-x_{i+1})$ 倍，...，第 n 列の $(-x_n)$ 倍を続けて加えている．この結果，第 i 列は $\boldsymbol{a}_i x_i$ だけが残り，$|A| \neq 0$ ならば確かに

$$x_i = \frac{1}{|A|} \left|\,\boldsymbol{a}_1 \ \cdots \ \boldsymbol{a}_{i-1} \ \boldsymbol{b} \ \boldsymbol{a}_{i+1} \ \cdots \ \boldsymbol{a}_n\,\right| \quad (i = 1, 2, \ldots, n)$$

が成り立つことがわかった．

例題 5.2 クラーメルの公式を利用して，次の連立 1 次方程式を解きなさい． 検算

(1) $\begin{cases} 8x - 5y = 1 \\ 3x + 7y = 1 \end{cases}$　　(2) $\begin{cases} x + 3y + z = 0 \\ 3x - 3y - 2z = 4 \\ 2x + 5y + 3z = 1 \end{cases}$

解答 (1) この連立 1 次方程式の係数行列と定数項ベクトルは

$$A = \begin{bmatrix} 8 & -5 \\ 3 & 7 \end{bmatrix}, \quad \boldsymbol{b} = \begin{bmatrix} 1 \\ 1 \end{bmatrix}$$

である．まず，A が正則であるかどうか調べると，

$$|A| = \begin{vmatrix} 8 & -5 \\ 3 & 7 \end{vmatrix} = 56 - (-15) = \boxed{71} \neq 0$$

より A は正則行列である．よってクラーメルの公式が使え，求める解 $\boldsymbol{x} = \begin{bmatrix} x \\ y \end{bmatrix}$ は

$$x = \frac{1}{|A|}\begin{vmatrix} 1 & -5 \\ 1 & 7 \end{vmatrix} = \frac{12}{\boxed{71}}, \quad y = \frac{1}{|A|}\begin{vmatrix} 8 & 1 \\ 3 & 1 \end{vmatrix} = \frac{5}{\boxed{71}}$$

より $\underline{\begin{bmatrix} x \\ y \end{bmatrix} = \frac{1}{71}\begin{bmatrix} 12 \\ 5 \end{bmatrix}}$ である[26]．

(2) この連立 1 次方程式の係数行列と定数項ベクトルは

$$A = \begin{bmatrix} 1 & 3 & 1 \\ 3 & -3 & -2 \\ 2 & 5 & 3 \end{bmatrix}, \quad \boldsymbol{b} = \begin{bmatrix} 0 \\ 4 \\ 1 \end{bmatrix}$$

である．まず，A が正則であるかどうか調べると，

$$|A| = \begin{vmatrix} 1 & 3 & 1 \\ 3 & -3 & -2 \\ 2 & 5 & 3 \end{vmatrix} = \begin{vmatrix} 1 & 3 & 1 \\ 0 & -12 & -5 \\ 0 & -1 & 1 \end{vmatrix} = 1 \cdot (-12 - 5) = \boxed{-17} \neq 0$$

より A は正則行列である．よってクラーメルの公式が使え，求める解 $\boldsymbol{x} = \begin{bmatrix} x \\ y \\ z \end{bmatrix}$ は

$$x = \frac{1}{|A|}\begin{vmatrix} 0 & 3 & 1 \\ 4 & -3 & -2 \\ 1 & 5 & 3 \end{vmatrix} = \frac{-19}{\boxed{-17}} = \frac{19}{17},$$

$$y = \frac{1}{|A|}\begin{vmatrix} 1 & 0 & 1 \\ 3 & 4 & -2 \\ 2 & 1 & 3 \end{vmatrix} = \frac{9}{\boxed{-17}} = -\frac{9}{17},$$

$$z = \frac{1}{|A|}\begin{vmatrix} 1 & 3 & 0 \\ 3 & -3 & 4 \\ 2 & 5 & 1 \end{vmatrix} = \frac{-8}{\boxed{-17}} = \frac{8}{17}$$

より $\underline{\begin{bmatrix} x \\ y \\ z \end{bmatrix} = \frac{1}{17}\begin{bmatrix} 19 \\ -9 \\ 8 \end{bmatrix}}$ である[27]． ■

注意 この例題のように，解に分数が含まれていてもクラーメルの公式を使えば，それほど苦なく解を求めることができる．

---

26) 検算：$\begin{cases} 8 \cdot \frac{12}{71} - 5 \cdot \frac{5}{71} = 1 \\ 3 \cdot \frac{12}{71} + 7 \cdot \frac{5}{71} = 1 \end{cases}$

27) 検算：$\begin{cases} \frac{19}{17} + 3 \cdot \frac{-9}{17} + \frac{8}{17} = 0 \\ 3 \cdot \frac{19}{17} - 3 \cdot \frac{-9}{17} - 2 \cdot \frac{8}{17} = 4 \\ 2 \cdot \frac{19}{17} + 5 \cdot \frac{-9}{17} + 3 \cdot \frac{8}{17} = 1 \end{cases}$

練習 5.10[28] クラーメルの公式を利用して，連立 1 次方程式を解きなさい．

(1) $\begin{cases} 7x + 9y = 1 \\ 8x + 7y = -1 \end{cases}$　　(2) $\begin{cases} x + 2y + z = 1 \\ 2x + 7y + 3z = 0 \\ 2x + 5y + 4z = 0 \end{cases}$　　検算

5.6 余 因 子

第 5 章の最後として，行列式と逆行列の関係について調べてみよう．まずは，その準備としていくつかの用語を説明する．

n 次正方行列 $A = \left[a_{ij} \right]$ において，A の「第 i 行」と「第 j 列」を取り除いて得られる行列を，(第 i 行と第 j 列を取り除いた) **部分行列** といい A_{ij} と表す．つまり，A_{ij} は 次のような $(n-1)$ 次正方行列である[29]．

$$A_{ij} = \begin{bmatrix} a_{11} & \cdots & a_{1\,j-1} & a_{1\,j} & a_{1\,j+1} & \cdots & a_{1n} \\ \vdots & & \vdots & \vdots & \vdots & & \vdots \\ a_{i-1\,1} & \cdots & a_{i-1\,j-1} & a_{i-1\,j} & a_{i-1\,j+1} & \cdots & a_{i-1\,n} \\ a_{i1} & \cdots & a_{i\,j-1} & a_{ij} & a_{i\,j+1} & \cdots & a_{in} \\ a_{i+1\,1} & \cdots & a_{i+1\,j-1} & a_{i+1\,j} & a_{i+1\,j+1} & \cdots & a_{i+1\,n} \\ \vdots & & \vdots & \vdots & \vdots & & \vdots \\ a_{n1} & \cdots & a_{n\,j-1} & a_{nj} & a_{n\,j+1} & \cdots & a_{nn} \end{bmatrix} \text{第 } i \text{ 行を除去}$$

第 j 列を除去

$$= \begin{bmatrix} a_{11} & \cdots & a_{1\,j-1} & a_{1\,j+1} & \cdots & a_{1n} \\ \vdots & & \vdots & \vdots & & \vdots \\ a_{i-1\,1} & \cdots & a_{i-1\,j-1} & a_{i-1\,j+1} & \cdots & a_{i-1\,n} \\ a_{i+1\,1} & \cdots & a_{i+1\,j-1} & a_{i+1\,j+1} & \cdots & a_{i+1\,n} \\ \vdots & & \vdots & \vdots & & \vdots \\ a_{n1} & \cdots & a_{n\,j-1} & a_{n\,j+1} & \cdots & a_{nn} \end{bmatrix}$$

---

28) **答 (練習 5.10)**　(1) $\begin{bmatrix} x \\ y \end{bmatrix} = \dfrac{1}{23} \begin{bmatrix} -16 \\ 15 \end{bmatrix}$　(2) $\begin{bmatrix} x \\ y \\ z \end{bmatrix} = \dfrac{1}{5} \begin{bmatrix} 13 \\ -2 \\ -4 \end{bmatrix}$

29) ここで等号を用いるべきではないが，網掛け部分を消すことを前提に用いている (以下同様)．

例 8 $A = \begin{bmatrix} 1 & 2 & 3 \\ 4 & 5 & 6 \\ 7 & 8 & 9 \end{bmatrix}$ のとき, 例えば

$$A_{12} = \begin{bmatrix} 1 & 2 & 3 \\ 4 & 5 & 6 \\ 7 & 8 & 9 \end{bmatrix} = \begin{bmatrix} 4 & 6 \\ 7 & 9 \end{bmatrix},$$

第 1 行を除去

第 2 列を除去

$$A_{13} = \begin{bmatrix} 1 & 2 & 3 \\ 4 & 5 & 6 \\ 7 & 8 & 9 \end{bmatrix} = \begin{bmatrix} 4 & 5 \\ 7 & 8 \end{bmatrix},$$

$$A_{31} = \begin{bmatrix} 1 & 2 & 3 \\ 4 & 5 & 6 \\ 7 & 8 & 9 \end{bmatrix} = \begin{bmatrix} 2 & 3 \\ 5 & 6 \end{bmatrix}$$

■

練習 5.11 [30] $A = \begin{bmatrix} 1 & 2 & 3 & 4 \\ 5 & 4 & 3 & 2 \\ 0 & 2 & 4 & 6 \\ 9 & 7 & 5 & 3 \end{bmatrix}$ の部分行列 A_{23}, A_{32} を求めなさい.

部分行列 A_{ij} において, その行列式 $\left|A_{ij}\right|$ を A の (i, j) **小行列式** という. また,

$$\Delta_{ij} = (-1)^{i+j} \left|A_{ij}\right|$$

を A の (i, j) **余因子** という[31].

n 次正方行列 A において, その第 i 行を

$$\begin{aligned} &\begin{bmatrix} a_{i1} & a_{i2} & a_{i3} & \cdots & a_{i\,n-1} & a_{in} \end{bmatrix} \\ &= \begin{bmatrix} a_{i1} & 0 & 0 & \cdots & 0 & 0 \end{bmatrix} + \begin{bmatrix} 0 & a_{i2} & 0 & \cdots & 0 & 0 \end{bmatrix} \\ &\quad + \cdots + \begin{bmatrix} 0 & 0 & 0 & \cdots & 0 & a_{in} \end{bmatrix} \end{aligned}$$

と分解して, 行列式の性質 (D9) と (D5) を使うと

30) 答 (練習 5.11) $A_{23} = \begin{bmatrix} 1 & 2 & 4 \\ 0 & 2 & 6 \\ 9 & 7 & 3 \end{bmatrix}$, $A_{32} = \begin{bmatrix} 1 & 3 & 4 \\ 5 & 3 & 2 \\ 9 & 5 & 3 \end{bmatrix}$

31) Δ はギリシア文字「デルタ」の大文字である. ギリシア文字表は p.vii 参照.

$$
\begin{aligned}
&|A| \\
&\overset{(D9)}{=} \begin{vmatrix} a_{11} & a_{12} & \cdots & a_{1n} \\ \vdots & \vdots & & \vdots \\ a_{i-1\,1} & a_{i-1\,2} & \cdots & a_{i-1\,n} \\ a_{i1} & 0 & \cdots & 0 \\ a_{i+1\,1} & a_{i+1\,2} & \cdots & a_{i+1\,n} \\ \vdots & \vdots & & \vdots \\ a_{n1} & a_{n2} & \cdots & a_{nn} \end{vmatrix} + \begin{vmatrix} a_{11} & a_{12} & \cdots & a_{1n} \\ \vdots & \vdots & & \vdots \\ a_{i-1\,1} & a_{i-1\,2} & \cdots & a_{i-1\,n} \\ 0 & a_{i2} & \cdots & 0 \\ a_{i+1\,1} & a_{i+1\,2} & \cdots & a_{i+1\,n} \\ \vdots & \vdots & & \vdots \\ a_{n1} & a_{n2} & \cdots & a_{nn} \end{vmatrix} \\
&\quad + \cdots + \begin{vmatrix} a_{11} & a_{12} & \cdots & a_{1n} \\ \vdots & \vdots & & \vdots \\ a_{i-1\,1} & a_{i-1\,2} & \cdots & a_{i-1\,n} \\ 0 & 0 & \cdots & a_{in} \\ a_{i+1\,1} & a_{i+1\,2} & \cdots & a_{i+1\,n} \\ \vdots & \vdots & & \vdots \\ a_{n1} & a_{n2} & \cdots & a_{nn} \end{vmatrix} \\
&\overset{(D5)}{=} a_{i1} \cdot (-1)^{i+1} \,|A_{i1}| + a_{i2} \cdot (-1)^{i+2} \,|A_{i2}| + \cdots + a_{in} \cdot (-1)^{i+n} \,|A_{in}| \\
&= a_{i1}\,\Delta_{i1} + a_{i2}\,\Delta_{i2} + \cdots + a_{in}\,\Delta_{in} \qquad (5.2)
\end{aligned}
$$

と表すことができる．これを，$|A|$ の第 i 行に関する **余因子展開** という．

同様に，$|A|$ の 第 j 列に関する 余因子展開

$$
|A| = a_{1j}\,\Delta_{1j} + a_{2j}\,\Delta_{2j} + \cdots + a_{nj}\,\Delta_{nj} \qquad (5.3)
$$

も考えることができる．

例 9　3次の行列式 $\begin{vmatrix} 9 & 8 & 7 \\ 6 & 5 & 4 \\ 3 & 2 & 1 \end{vmatrix}$ の 第1行 に関する余因子展開は

$$
\begin{aligned}
\begin{vmatrix} 9 & 8 & 7 \\ 6 & 5 & 4 \\ 3 & 2 & 1 \end{vmatrix} &= 9 \cdot \Delta_{11} + 8 \cdot \Delta_{12} + 7 \cdot \Delta_{13} \\
&= 9 \cdot (-1)^{1+1} \begin{vmatrix} 5 & 4 \\ 2 & 1 \end{vmatrix} + 8 \cdot (-1)^{1+2} \begin{vmatrix} 6 & 4 \\ 3 & 1 \end{vmatrix} + 7 \cdot (-1)^{1+3} \begin{vmatrix} 6 & 5 \\ 3 & 2 \end{vmatrix} \\
&= 9 \begin{vmatrix} 5 & 4 \\ 2 & 1 \end{vmatrix} - 8 \begin{vmatrix} 6 & 4 \\ 3 & 1 \end{vmatrix} + 7 \begin{vmatrix} 6 & 5 \\ 3 & 2 \end{vmatrix}
\end{aligned}
$$

■

練習 5.12 [32] 行列式 $\begin{vmatrix} 9 & 8 & 7 \\ 6 & 5 & 4 \\ 3 & 2 & 1 \end{vmatrix}$ の第 2 列に関する余因子展開を求めなさい.

この余因子展開を念頭において, (i, j) 成分が (i, j) 余因子 Δ_{ij} であるような行列の 転置行列

$$\widetilde{A} = {}^t\begin{bmatrix} \Delta_{11} & \Delta_{12} & \cdots & \Delta_{1n} \\ \Delta_{21} & \Delta_{22} & \cdots & \Delta_{2n} \\ \vdots & \vdots & \ddots & \vdots \\ \Delta_{n1} & \Delta_{n2} & \cdots & \Delta_{nn} \end{bmatrix}$$

を考える. この $\widetilde{A}$ を, A の **余因子行列** という.

余因子行列の各成分にある余因子 $\Delta_{ij} = (-1)^{i+j}\left|A_{ij}\right|$ の $(-1)^{i+j}$ の符号のみを考えると,

$$\widetilde{A} = {}^t\begin{bmatrix} + & - & + & - & \cdots \\ - & + & - & + & \cdots \\ + & - & + & - & \cdots \\ - & + & - & + & \cdots \\ \vdots & \vdots & \vdots & \vdots & \ddots \end{bmatrix}$$

となっていることがわかる. つまり, 対角成分の符号はつねに $+$ であり, $+$ と $-$ は上下左右に必ず隣り合って現れている. ただし, ここでは小行列式 $\left|A_{ij}\right|$ の符号は考慮していないので注意すること.

例 10 3 次正方行列 $A = \begin{bmatrix} -1 & 1 & 1 \\ 1 & 2 & 1 \\ 0 & 1 & 3 \end{bmatrix}$ の余因子行列 $\widetilde{A}$ を求めよう.

そのために, 余因子行列の各成分にある余因子を定義にしたがって計算すると,

$$\widetilde{A} = {}^t\begin{bmatrix} \Delta_{11} & \Delta_{12} & \Delta_{13} \\ \Delta_{21} & \Delta_{22} & \Delta_{23} \\ \Delta_{31} & \Delta_{32} & \Delta_{33} \end{bmatrix} = {}^t\begin{bmatrix} +\left|A_{11}\right| & -\left|A_{12}\right| & +\left|A_{13}\right| \\ -\left|A_{21}\right| & +\left|A_{22}\right| & -\left|A_{23}\right| \\ +\left|A_{31}\right| & -\left|A_{32}\right| & +\left|A_{33}\right| \end{bmatrix}$$

---

32) 答 (練習 5.12) $-8\begin{vmatrix} 6 & 4 \\ 3 & 1 \end{vmatrix} + 5\begin{vmatrix} 9 & 7 \\ 3 & 1 \end{vmatrix} - 2\begin{vmatrix} 9 & 7 \\ 6 & 4 \end{vmatrix}$

$$= {}^t\begin{bmatrix} +\begin{vmatrix} 2 & 1 \\ 1 & 3 \end{vmatrix} & -\begin{vmatrix} 1 & 1 \\ 0 & 3 \end{vmatrix} & +\begin{vmatrix} 1 & 2 \\ 0 & 1 \end{vmatrix} \\ -\begin{vmatrix} 1 & 1 \\ 1 & 3 \end{vmatrix} & +\begin{vmatrix} -1 & 1 \\ 0 & 3 \end{vmatrix} & -\begin{vmatrix} -1 & 1 \\ 0 & 1 \end{vmatrix} \\ +\begin{vmatrix} 1 & 1 \\ 2 & 1 \end{vmatrix} & -\begin{vmatrix} -1 & 1 \\ 1 & 1 \end{vmatrix} & +\begin{vmatrix} -1 & 1 \\ 1 & 2 \end{vmatrix} \end{bmatrix}$$

$$= {}^t\begin{bmatrix} +5 & -3 & +1 \\ -2 & +(-3) & -(-1) \\ +(-1) & -(-2) & +(-3) \end{bmatrix}$$

$$= \begin{bmatrix} 5 & -2 & -1 \\ -3 & -3 & 2 \\ 1 & 1 & -3 \end{bmatrix}$$ ■

> **余因子行列を求めるときは,**
> **符号 だけでなく「転置」する ことも忘れずに!!**

ここで, 例 10 の余因子行列 $\widetilde{A}$ と, もとの行列 A との積を計算すると,

$$A\widetilde{A} = \begin{bmatrix} -1 & 1 & 1 \\ 1 & 2 & 1 \\ 0 & 1 & 3 \end{bmatrix}\begin{bmatrix} 5 & -2 & -1 \\ -3 & -3 & 2 \\ 1 & 1 & -3 \end{bmatrix}$$

$$= \begin{bmatrix} -7 & 0 & 0 \\ 0 & -7 & 0 \\ 0 & 0 & -7 \end{bmatrix} = -7E,$$

$$\widetilde{A}A = \begin{bmatrix} 5 & -2 & -1 \\ -3 & -3 & 2 \\ 1 & 1 & -3 \end{bmatrix}\begin{bmatrix} -1 & 1 & 1 \\ 1 & 2 & 1 \\ 0 & 1 & 3 \end{bmatrix} = -7E$$

とスカラー行列 (p.25) になって, しかもこれらは一致する. では, この対角成分に現れた -7 という数は何を表しているのだろうか? じつは, A の行列式の値

$$|A| = \begin{vmatrix} -1 & 1 & 1 \\ 1 & 2 & 1 \\ 0 & 1 & 3 \end{vmatrix} = \begin{vmatrix} 0 & 3 & 2 \\ 1 & 2 & 1 \\ 0 & 1 & 3 \end{vmatrix} = -\begin{vmatrix} 3 & 2 \\ 1 & 3 \end{vmatrix} = -7$$

であるということが, 後ほど示される.

練習 5.13 [33] 次の正方行列の余因子行列を求めなさい．さらに, 得られた余因子行列と, もとの行列との積を計算しなさい．

(1) $A = \begin{bmatrix} 1 & 3 & 3 \\ -1 & 1 & 4 \\ 1 & 2 & 1 \end{bmatrix}$ (2) $B = \begin{bmatrix} 3 & 0 & 2 \\ -1 & 5 & 1 \\ 2 & 1 & 2 \end{bmatrix}$

では 一般の場合に, A と $\widetilde{A}$ の積

$$A\widetilde{A} = \begin{bmatrix} a_{11} & a_{12} & \cdots & a_{1n} \\ a_{21} & a_{22} & \cdots & a_{2n} \\ \vdots & \vdots & \ddots & \vdots \\ a_{n1} & a_{n2} & \cdots & a_{nn} \end{bmatrix} {}^t\!\begin{bmatrix} \Delta_{11} & \Delta_{12} & \cdots & \Delta_{1n} \\ \Delta_{21} & \Delta_{22} & \cdots & \Delta_{2n} \\ \vdots & \vdots & \ddots & \vdots \\ \Delta_{n1} & \Delta_{n2} & \cdots & \Delta_{nn} \end{bmatrix}$$

$$= \begin{bmatrix} a_{11} & a_{12} & \cdots & a_{1n} \\ \vdots & \vdots & & \vdots \\ a_{i1} & a_{i2} & \cdots & a_{in} \\ \vdots & \vdots & & \vdots \\ a_{n1} & a_{n2} & \cdots & a_{nn} \end{bmatrix} \begin{bmatrix} \Delta_{11} & \cdots & \Delta_{j1} & \cdots & \Delta_{n1} \\ \Delta_{12} & \cdots & \Delta_{j2} & \cdots & \Delta_{n2} \\ \vdots & & \vdots & & \vdots \\ \Delta_{1n} & \cdots & \Delta_{jn} & \cdots & \Delta_{nn} \end{bmatrix}$$

はスカラー行列になることを確かめよう．具体的に $A\widetilde{A}$ の (i, j) 成分を調べてみると,

$$\begin{bmatrix} a_{i1} & a_{i2} & \cdots & a_{in} \end{bmatrix} \begin{bmatrix} \Delta_{j1} \\ \Delta_{j2} \\ \vdots \\ \Delta_{jn} \end{bmatrix} = a_{i1}\,\Delta_{j1} + a_{i2}\,\Delta_{j2} + \cdots + a_{in}\,\Delta_{jn}$$

である．もし, $i = j$ であれば, 余因子展開の式 (5.2) から

$$a_{i1}\,\Delta_{i1} + a_{i2}\,\Delta_{i2} + \cdots + a_{in}\,\Delta_{in} = |A|$$

がわかる．一方, $i \neq j$ のときは

$$a_{i1}\,\Delta_{j1} + a_{i2}\,\Delta_{j2} + \cdots + a_{in}\,\Delta_{jn} = 0$$

が成り立つことが, 次のようにして示される．行列 A の代わりに, A の第 j 行

---

33) **答 (練習 5.13)** (1) $\widetilde{A} = \begin{bmatrix} -7 & 3 & 9 \\ 5 & -2 & -7 \\ -3 & 1 & 4 \end{bmatrix}$, $A\widetilde{A} = \widetilde{A}A = -E$
(2) $\widetilde{B} = \begin{bmatrix} 9 & 2 & -10 \\ 4 & 2 & -5 \\ -11 & -3 & 15 \end{bmatrix}$, $B\widetilde{B} = \widetilde{B}B = 5E$

を第 i 行に変えた行列

$$A' = \begin{bmatrix} a_{11} & \cdots & a_{1n} \\ \vdots & & \vdots \\ a_{i1} & \cdots & a_{in} \\ \vdots & & \vdots \\ a_{i1} & \cdots & a_{in} \\ \vdots & & \vdots \\ a_{n1} & \cdots & a_{nn} \end{bmatrix} \begin{matrix} \\ \\ \text{第 } i \text{ 行} \\ \\ \text{第 } j \text{ 行} \\ \\ \\ \end{matrix}$$

を考えると, 行列式の性質 (D7) より

$$|A'| = 0$$

である. しかも, A と A' の違いは第 j 行だけなので, これらの行列から第 j 行と第 k 列 $(k=1,2,\ldots,n)$ を取り除いた部分行列は一致する. つまり,

$$A_{jk} = A'_{jk} \quad (k=1,2,\ldots,n)$$

となるので, 互いの (j,k) 余因子はともに Δ_{jk} に等しいことがわかる. さらに, A' の第 j 行は A の第 i 行と同じなので, A' の (j,k) 成分を a'_{jk} と表すことにすれば,

$$a'_{jk} = a_{ik} \quad (k=1,2,\ldots,n)$$

である. ここで, A' の第 j 行に関する余因子展開を利用して,

$$\begin{aligned} &a_{i1}\Delta_{j1} + a_{i2}\Delta_{j2} + \cdots + a_{in}\Delta_{jn} \\ &\quad = a'_{j1}\Delta_{j1} + a'_{j2}\Delta_{j2} + \cdots + a'_{jn}\Delta_{jn} = |A'| = 0 \end{aligned}$$

が得られる.

以上から, $A\widetilde{A}$ の (i,j) 成分は

$$a_{i1}\Delta_{j1} + a_{i2}\Delta_{j2} + \cdots + a_{in}\Delta_{jn} = |A|\,\delta_{ij} = \begin{cases} |A| & (i=j), \\ 0 & (i \neq j) \end{cases}$$

となるので[34],

$$A\widetilde{A} = \begin{bmatrix} |A| & 0 & \cdots & 0 \\ 0 & |A| & & 0 \\ \vdots & & \ddots & \vdots \\ 0 & 0 & \cdots & |A| \end{bmatrix} = |A|E$$

であることがわかった. 同様にして, 余因子展開の式 (5.3) から

34) 記号 δ_{ij} はクロネッカーのデルタで, すでに p.25 で紹介している.

$$\widetilde{A}A = |A|E$$

も示されるので, もし $|A| \neq 0$ であれば,

$$A\left(\frac{1}{|A|}\widetilde{A}\right) = \left(\frac{1}{|A|}\widetilde{A}\right)A = E$$

が成り立つ. したがって, 逆行列の定義 (p.38) から

$$A^{-1} = \frac{1}{|A|}\widetilde{A}$$

と表すことができる. 逆に, A^{-1} が存在すれば, 逆行列の定義から $AA^{-1} = E$ が成り立つので, 行列式の性質 (D10) と (D8) より

$$|A|\cdot|A^{-1}| \overset{\text{(D10)}}{=} |AA^{-1}| \overset{\text{定義}}{=} |E| \overset{\text{(D8)}}{=} 1$$

がいえる. これより, $|A| \neq 0$ が導かれる.

行列式・余因子行列・逆行列の関係

n 次正方行列 A の余因子行列を $\widetilde{A}$ とすると,

$$|A| \neq 0 \quad \Leftrightarrow \quad A^{-1} \text{ が存在し, } A^{-1} = \frac{1}{|A|}\widetilde{A}.$$

注意 上の関係に加え,「正則」という用語や, 第 3 章で学習した「階数」との関係についても各自でまとめてみよう.

逆行列の定義によると, 2 つの条件式 (等式)

$$AB = BA = E$$

を満たす必要があるが, じつは $AB = E$ あるいは $BA = E$ のどちらか一方のみを満たせば十分であることがわかる. 実際,

$$AB = E \tag{5.4}$$

だけが満たされている場合, 先ほどの考察と同じように

$$|A|\cdot|B| \overset{\text{(D10)}}{=} |AB| \overset{\text{定義}}{=} |E| \overset{\text{(D8)}}{=} 1$$

が成り立つ. これより $|A| \neq 0$ が導かれ, A の逆行列 A^{-1} が存在することがわかる. このとき, (5.4) 式より

$$B = EB = A^{-1}AB \overset{(5.4)}{=} A^{-1}E = A^{-1}$$

が得られ[35], さらに

$$BA = A^{-1}A = E$$

が導かれる. つまり,

$$AB = E \;\Rightarrow\; |A| \neq 0 \;\Leftrightarrow\; A^{-1} \text{ が存在 } \;\Rightarrow\; \begin{cases} B = A^{-1} \\ BA = E \end{cases}$$

が示される. $BA = E$ だけが満たされる場合でも同様に示される.

例 11 行列 $A = \begin{bmatrix} -1 & 1 & 1 \\ 1 & 2 & 1 \\ 0 & 1 & 3 \end{bmatrix}$ の行列式の値は, すでに求めたように

$$|A| = \begin{vmatrix} -1 & 1 & 1 \\ 1 & 2 & 1 \\ 0 & 1 & 3 \end{vmatrix} = -7 \neq 0$$

であるから, 逆行列 A^{-1} は存在する. A の余因子行列 $\widetilde{A}$ もすでに 例 10 で

$$\widetilde{A} = \begin{bmatrix} 5 & -2 & -1 \\ -3 & -3 & 2 \\ 1 & 1 & -3 \end{bmatrix}$$

と求めているので, これらの関係から A^{-1} は次のような形で与えられる.

$$A^{-1} = \frac{1}{|A|}\widetilde{A} = \frac{1}{-7}\begin{bmatrix} 5 & -2 & -1 \\ -3 & -3 & 2 \\ 1 & 1 & -3 \end{bmatrix} = \frac{1}{7}\begin{bmatrix} -5 & 2 & 1 \\ 3 & 3 & -2 \\ -1 & -1 & 3 \end{bmatrix}$$ ■

注意 例 10 で求めた余因子行列が正しいかどうかは, すでに関係式

$$A\widetilde{A} = \widetilde{A}A = |A|E$$

を満たすことを確かめている. しかも, 例 11 で求めた逆行列についても

$$AA^{-1} = \begin{bmatrix} -1 & 1 & 1 \\ 1 & 2 & 1 \\ 0 & 1 & 3 \end{bmatrix}\left\{\frac{1}{7}\begin{bmatrix} -5 & 2 & 1 \\ 3 & 3 & -2 \\ -1 & -1 & 3 \end{bmatrix}\right\} = \begin{bmatrix} 1 & 0 & 0 \\ 0 & 1 & 0 \\ 0 & 0 & 1 \end{bmatrix} = E$$

が成り立つので, 正しいことがわかる.

---

35) ここのどの行列も n 次正方行列であるから, これらの積はすべて計算可能である.

例題 5.3 余因子行列を利用して，$A = \begin{bmatrix} 5 & -3 & 0 \\ 3 & 2 & -3 \\ -6 & 4 & 0 \end{bmatrix}$ の逆行列を求めなさい．検算

解答 まず，A の行列式の値を求めると，

$$|A| = \begin{vmatrix} 5 & -3 & 0 \\ 3 & 2 & -3 \\ -6 & 4 & 0 \end{vmatrix} = (-1)^{2+3} \cdot (-3) \cdot \begin{vmatrix} 5 & -3 \\ -6 & 4 \end{vmatrix} = 3(20-18) = 6$$

次に，A の余因子行列を求めると，

$$\widetilde{A} = {}^t\begin{bmatrix} 0+12 & -(0-18) & 12+12 \\ -(0-0) & 0-0 & -(20-18) \\ 9-0 & -(-15-0) & 10+9 \end{bmatrix} = \begin{bmatrix} 12 & 0 & 9 \\ 18 & 0 & 15 \\ 24 & -2 & 19 \end{bmatrix}$$

である．よって，求める逆行列は以下である[36]．

$$A^{-1} = \frac{1}{|A|}\widetilde{A} = \frac{1}{6}\begin{bmatrix} 12 & 0 & 9 \\ 18 & 0 & 15 \\ 24 & -2 & 19 \end{bmatrix}$$

■

練習 5.14[37] 余因子行列を利用して，逆行列を求めなさい．検算

(1) $A = \begin{bmatrix} 1 & 3 & 3 \\ -1 & 1 & 4 \\ 1 & 2 & 1 \end{bmatrix}$ (2) $B = \begin{bmatrix} 3 & 0 & 2 \\ -1 & 5 & 1 \\ 2 & 1 & 2 \end{bmatrix}$

最後に，逆行列を利用した連立 1 次方程式の解法について考える．正則な n 次正方行列を係数行列とする n 元 連立 1 次方程式は

$$\underbrace{\begin{bmatrix} a_{11} & a_{12} & \cdots & a_{1n} \\ a_{21} & a_{22} & \cdots & a_{2n} \\ \vdots & \vdots & \ddots & \vdots \\ a_{n1} & a_{n2} & \cdots & a_{nn} \end{bmatrix}}_{A} \underbrace{\begin{bmatrix} x_1 \\ x_2 \\ \vdots \\ x_n \end{bmatrix}}_{\boldsymbol{x}} = \underbrace{\begin{bmatrix} b_1 \\ b_2 \\ \vdots \\ b_n \end{bmatrix}}_{\boldsymbol{b}} \Leftrightarrow A\boldsymbol{x} = \boldsymbol{b} \qquad (5.5)$$

---

36) 検算：$A A^{-1} = \begin{bmatrix} 5 & -3 & 0 \\ 3 & 2 & -3 \\ -6 & 4 & 0 \end{bmatrix} \left\{ \frac{1}{6} \begin{bmatrix} 12 & 0 & 9 \\ 18 & 0 & 15 \\ 24 & -2 & 19 \end{bmatrix} \right\} = E$

37) 答 (練習 5.14) (1) $A^{-1} = \begin{bmatrix} 7 & -3 & -9 \\ -5 & 2 & 7 \\ 3 & -1 & -4 \end{bmatrix}$ (2) $B^{-1} = \frac{1}{5}\begin{bmatrix} 9 & 2 & -10 \\ 4 & 2 & -5 \\ -11 & -3 & 15 \end{bmatrix}$

と表すことができる．いま，係数行列 A は正則なので[38)]，逆行列 A^{-1} が存在する．(5.5) 式の左から A^{-1} を両辺に掛けると，左辺と右辺はそれぞれ

$$
\begin{aligned}
(\text{左辺}) &= A^{-1}A\boldsymbol{x} = E\boldsymbol{x} = \boldsymbol{x}, \\
(\text{右辺}) &= A^{-1}\boldsymbol{b}
\end{aligned}
$$

となるので，

$$\boldsymbol{x} = A^{-1}\boldsymbol{b}$$

が得られる．これは，まさに連立 1 次方程式 (5.5) のただ 1 組の解である．

逆行列を用いた連立 1 次方程式の解法

n 次正方行列 A を係数行列とする連立 1 次方程式 $A\boldsymbol{x} = \boldsymbol{b}$ において，A が正則，つまり $|A| \neq 0$ ならば，この連立 1 次方程式の解 $\boldsymbol{x}$ はただ 1 組存在し，次の形で求めることができる．

$$\boldsymbol{x} = A^{-1}\boldsymbol{b}$$

注意 係数行列が正方行列でないときや，正則でない（つまり $|A| = 0$ の）ときは，A の逆行列は存在しない（定義できない）のでこの方法は使えない．このことは，第 4 章で学習した連立 1 次方程式の解がただ 1 組存在するかどうか，と関係がある．

例題 5.4 係数行列の逆行列を利用して，連立 1 次方程式

$$
\begin{cases}
-x + y + z = 0 \\
x + 2y + z = 4 \\
y + 3z = -1
\end{cases}
$$

を解きなさい．**検算**

解答 連立 1 次方程式の係数行列を A，解を $\boldsymbol{x}$，定数項ベクトルを $\boldsymbol{b}$ とすると，

$$
A = \begin{bmatrix} -1 & 1 & 1 \\ 1 & 2 & 1 \\ 0 & 1 & 3 \end{bmatrix}, \quad \boldsymbol{x} = \begin{bmatrix} x \\ y \\ z \end{bmatrix}, \quad \boldsymbol{b} = \begin{bmatrix} 0 \\ 4 \\ -1 \end{bmatrix}
$$

である．係数行列の行列式は $|A| = -7 \neq 0$ であるから逆行列 A^{-1} は存在し，余因子行列を用いて求めると，例 11 より

$$
A^{-1} = \frac{1}{7}\begin{bmatrix} -5 & 2 & 1 \\ 3 & 3 & -2 \\ -1 & -1 & 3 \end{bmatrix}
$$

38) A は正則なので，$|A| \neq 0$ を満たすことに注意．

である．よって，求める解は

$$\boldsymbol{x} = A^{-1}\boldsymbol{b} = \frac{1}{7}\begin{bmatrix} -5 & 2 & 1 \\ 3 & 3 & -2 \\ -1 & -1 & 3 \end{bmatrix}\begin{bmatrix} 0 \\ 4 \\ -1 \end{bmatrix} = \underline{\begin{bmatrix} 1 \\ 2 \\ -1 \end{bmatrix}}$$

である[39)]． ■

注意 掃き出し法と比べるとこの方法は時間がかかると思うが，実社会では非常に多く (例えば 10000 個) の未知数や条件を含む連立 1 次方程式を考えるため，逆行列を求めたり，行列の積を計算したりする際に，計算機を用いることでこの方法ですぐに解を求めることができる．前節で学習したクラーメルの公式も含め，手法をいくつか知っておけば，その場の状況に応じて使い分けることができ，とても有利である．

練習 5.15 [40)] 係数行列の逆行列を利用して，次の連立 1 次方程式を解きなさい．

(1) $\begin{cases} 7x + 9y = 1 \\ 8x + 7y = -1 \end{cases}$ (2) $\begin{cases} x + 3y + 3z = 2 \\ -x + y + 4z = 1 \\ x + 2y + z = 1 \end{cases}$ 検算

第 5 章 章末問題

【A】 (答えは p.242)

1. 次の置換の符号を求めなさい．

(1) $\sigma = \begin{pmatrix} 1 & 2 & 3 & 4 & 5 \\ 5 & 4 & 3 & 1 & 2 \end{pmatrix}$ (2) $\sigma = \begin{pmatrix} 1 & 2 & 3 & 4 & 5 \\ 3 & 2 & 1 & 5 & 4 \end{pmatrix}$

2. $r > 0,\ \theta \in \mathbb{R}$ とする．次の行列式の値を求めなさい．

(1) $\begin{vmatrix} \cos\theta & -r\sin\theta \\ \sin\theta & r\cos\theta \end{vmatrix}$ (2) $\begin{vmatrix} 3 & 1 & 5 \\ 1 & 1 & 3 \\ -2 & 7 & -4 \end{vmatrix}$ (3) $\begin{vmatrix} -3 & 2 & 6 \\ 5 & 1 & 3 \\ 2 & -1 & 3 \end{vmatrix}$

(4) $\begin{vmatrix} 101 & 100 & 100 \\ 99 & 101 & 99 \\ 100 & 99 & 101 \end{vmatrix}$ (5) $\begin{vmatrix} 12 & 33 & 21 \\ 11 & 35 & 24 \\ 7 & 18 & 23 \end{vmatrix}$ (6) $\begin{vmatrix} 10 & 7 & -1 \\ 5 & 5 & -3 \\ 2 & 4 & 1 \end{vmatrix}$

---

39) 検算：$\begin{cases} -1 + 2 + (-1) = 0 \\ 1 + 2\cdot 2 + (-1) = 4 \\ 2 + 3\cdot(-1) = -1 \end{cases}$

40) 答 (練習 5.15) (1) $\begin{bmatrix} x \\ y \end{bmatrix} = \frac{1}{23}\begin{bmatrix} -16 \\ 15 \end{bmatrix}$ (2) $\begin{bmatrix} x \\ y \\ z \end{bmatrix} = \begin{bmatrix} 2 \\ -1 \\ 1 \end{bmatrix}$

3. 次の行列式の値を求めなさい.

(1) $\begin{vmatrix} 1 & 2 & 3 & 9 \\ 1 & 3 & 4 & 7 \\ 1 & 4 & 5 & 5 \\ 1 & 5 & 2 & 7 \end{vmatrix}$　(2) $\begin{vmatrix} 3 & 7 & 4 & 9 \\ 2 & 5 & 5 & 4 \\ 1 & 1 & 2 & 1 \\ 4 & 2 & 6 & 3 \end{vmatrix}$　(3) $\begin{vmatrix} 3 & 3 & 6 & 3 \\ 4 & 3 & 9 & 5 \\ 2 & 4 & 5 & 1 \\ 4 & 1 & 7 & 3 \end{vmatrix}$

(4) $\begin{vmatrix} 1 & 0 & 2 & 4 \\ 4 & -4 & 5 & 9 \\ -2 & 6 & 2 & -1 \\ 5 & -1 & 7 & 6 \end{vmatrix}$　(5) $\begin{vmatrix} 0 & -2 & -3 & 2 \\ 3 & 5 & -4 & 1 \\ 2 & 3 & -1 & -1 \\ -2 & 0 & -3 & 2 \end{vmatrix}$

(6) $\begin{vmatrix} 3 & 2 & 5 & -2 \\ -2 & 3 & 2 & 5 \\ 5 & -2 & 3 & 2 \\ 2 & 5 & -2 & 3 \end{vmatrix}$　(7) $\begin{vmatrix} 1 & -1 & 1 & -1 & 1 \\ 1 & 1 & -1 & -1 & -1 \\ -1 & 1 & 1 & 1 & 1 \\ 1 & -1 & -1 & 1 & -1 \\ 1 & -1 & 1 & 1 & -1 \end{vmatrix}$

4. $x, y \in \mathbb{R}$ とする. 次の行列式の値を求めなさい.

(1) $\begin{vmatrix} 1 & 0 & 2 & 3 \\ 0 & 3 & 1 & 2 \\ -2 & 1 & -1 & 1 \\ 2 & 1 & x & y \end{vmatrix}$　(2) $\begin{vmatrix} 2 & 3 & x & 1 \\ 1 & -2 & 4 & 1 \\ 0 & 2 & 2 & x \\ 2 & -1 & 1 & 2 \end{vmatrix}$

5. 次の連立 1 次方程式を, クラーメルの公式を利用する方法と, 係数行列の逆行列を利用する方法の 2 通りで解きなさい.

(1) $\begin{cases} x - 3y = -1 \\ 2x - 5y = -1 \end{cases}$　(2) $\begin{cases} x + 2y = 4 \\ 2x + 7y = 11 \end{cases}$

(3) $\begin{cases} x + 3y = 5 \\ 5x + 13y = 23 \end{cases}$　(4) $\begin{cases} x - 3y = -1 \\ 4x - 7y = 1 \end{cases}$

(5) $\begin{cases} 3x + 2y = 1 \\ 2x + 3y = -1 \end{cases}$　(6) $\begin{cases} 3x - 4y = 7 \\ 5x + 2y = 3 \end{cases}$

(7) $\begin{cases} 7x + 2y = 9 \\ 3x + 5y = 8 \end{cases}$　(8) $\begin{cases} 8x + 3y = 11 \\ -3x + 4y = 1 \end{cases}$

6. 次の連立 1 次方程式を, クラーメルの公式を利用する方法と, 係数行列の逆行列を利用する方法の 2 通りで解きなさい.

(1) $\begin{cases} 3x + 5y - 2z = 0 \\ x + 3y - z = -2 \\ -3x - 6y + 2z = 1 \end{cases}$　(2) $\begin{cases} 2x + y - 5z = 4 \\ 3x + 2y - 4z = 3 \\ 4x + 3y - 2z = 1 \end{cases}$

(3) $\begin{cases} 2x - y + 3z = 2 \\ 3x + 2y - 3z = -1 \\ 4x - 2y + z = 3 \end{cases}$　(4) $\begin{cases} 2x + y + z = -1 \\ x + 2y + 3z = 5 \\ 3x - 3y + 2z = 3 \end{cases}$

7. 次の行列の余因子行列を求め, それを利用して逆行列を求めなさい. 逆行列が存在しないときは, 理由とともに「存在しない」と答えなさい.

(1) $A = \begin{bmatrix} 1 & 2 & 1 \\ 2 & 7 & 3 \\ 2 & 5 & 4 \end{bmatrix}$ (2) $B = \begin{bmatrix} 3 & 4 & 5 \\ 5 & 6 & 8 \\ 2 & 3 & 4 \end{bmatrix}$ (3) $C = \begin{bmatrix} 2 & 1 & 2 \\ 1 & 2 & -1 \\ 4 & -4 & 5 \end{bmatrix}$

(4) $D = \begin{bmatrix} 4 & 3 & 2 \\ 2 & 4 & 3 \\ 3 & 2 & 1 \end{bmatrix}$ (5) $F = \begin{bmatrix} 3 & 2 & -3 \\ 2 & -1 & 3 \\ 4 & -2 & 1 \end{bmatrix}$ (6) $G = \begin{bmatrix} 1 & 3 & 3 \\ -1 & 1 & 4 \\ 1 & 2 & 1 \end{bmatrix}$

8. 次の行列 A に対して, x の多項式 $\left| xE - A \right|$ を因数分解しなさい.

(1) $A = \begin{bmatrix} 2 & 1 & 1 \\ 1 & 2 & 1 \\ 1 & 1 & 2 \end{bmatrix}$ (2) $A = \begin{bmatrix} 1 & 2 & 2 \\ 2 & 1 & 2 \\ 2 & 2 & 1 \end{bmatrix}$ (3) $A = \begin{bmatrix} 4 & 1 & 1 \\ 1 & 1 & 2 \\ 1 & 2 & 1 \end{bmatrix}$

【B】 (答えは p.243)

1. 4 個の自然数 1, 2, 3, 4 を並べ替え, その数字の並びを 4 桁の数としてこの置換を表すとき, この置換すべてのパターンを辞書式順序で列挙しなさい.

2. $A = \begin{bmatrix} a_{11} & a_{12} & a_{13} & a_{14} \\ a_{21} & a_{22} & a_{23} & a_{24} \\ a_{31} & a_{32} & a_{33} & a_{34} \\ a_{41} & a_{42} & a_{43} & a_{44} \end{bmatrix}$ の行列式の値を 定義にしたがって 求めなさい.

3. 問題【A】2 を, 別の計算方法でもう一度求めなさい (どこかが異なればよい).

4. 問題【A】3 を, 別の計算方法でもう一度求めなさい (どこかが異なればよい).

5. 連立 1 次方程式 $\begin{cases} 3x + 7y + 4z + 9w = 3 \\ 2x + 5y + 5z + 4w = 2 \\ x + y + 2z + w = 1 \\ 4x + 2y + 6z + 3w = 3 \end{cases}$ の係数行列を A とするとき, 以下の問いに答えなさい.

(1) この連立 1 次方程式を 掃き出し法で 解きなさい.

(2) クラーメルの公式を利用して, この連立 1 次方程式を解きなさい.

(3) 係数行列の逆行列 A^{-1} を, 余因子行列を利用して 求めなさい.

(4) 係数行列の逆行列 A^{-1} を, 基本変形を利用して 求めなさい.

(5) 係数行列の逆行列を利用して, この連立 1 次方程式を解きなさい.

6. $A = \begin{bmatrix} a & b \\ b & a \end{bmatrix}$, $B = \begin{bmatrix} c & d \\ d & c \end{bmatrix}$ の行列式を利用し, 以下の等式が成り立つことを証明しなさい.

$$(a^2 - b^2)(c^2 - d^2) = (ac + bd)^2 - (ad + bc)^2$$

6
線 形 空 間

6.1 線 形 空 間

第 1 章で学習したように, n 次元 数ベクトル $\boldsymbol{a}, \boldsymbol{b} \in \mathbb{R}^n$ に対して, 和 $\boldsymbol{a}+\boldsymbol{b}$ とスカラー倍 $k\boldsymbol{a}$ という 2 つの演算が定義され, これらは 8 つの「数ベクトルの性質」(p.4) を満たす. これと同じように, 集合 V に 2 つの演算

- **和**: $\boldsymbol{u}, \boldsymbol{v} \in V$ に対して, $\boldsymbol{u}+\boldsymbol{v} \in V$
- **スカラー倍**: $\boldsymbol{u} \in V$, $k \in \mathbb{R}$ に対して, $k\boldsymbol{u} \in V$

を定義し, さらに次の 8 つの性質を満たすような V を ($\mathbb{R}$ 上の) **線形空間** あるいは **ベクトル空間** といい, V の元を **ベクトル** という.

線形空間の性質

$\boldsymbol{u}$, $\boldsymbol{v}$, $\boldsymbol{w} \in V$, $k, \ell \in \mathbb{R}$ と, 以下の (3) で定義される V の **零ベクトル** $\boldsymbol{o} \in V$ に対して, 次が成り立つ.

(1) $\boldsymbol{u}+\boldsymbol{v} = \boldsymbol{v}+\boldsymbol{u}$

(2) $(\boldsymbol{u}+\boldsymbol{v})+\boldsymbol{w} = \boldsymbol{u}+(\boldsymbol{v}+\boldsymbol{w})$ (これを $\boldsymbol{u}+\boldsymbol{v}+\boldsymbol{w}$ と表す.)

(3) $\boldsymbol{u}+\boldsymbol{o} = \boldsymbol{o}+\boldsymbol{u} = \boldsymbol{u}$ を満たす $\boldsymbol{o} \in V$ が存在する.

(4) $k(\ell\boldsymbol{u}) = (k\ell)\boldsymbol{u}$

(5) $(k+\ell)\boldsymbol{u} = k\boldsymbol{u}+\ell\boldsymbol{u}$

(6) $k(\boldsymbol{u}+\boldsymbol{v}) = k\boldsymbol{u}+k\boldsymbol{v}$

(7) $1\boldsymbol{u} = \boldsymbol{u}$

(8) $0\boldsymbol{u} = \boldsymbol{o}$

例 1 $\mathbb{R}^n$ が線形空間であることを簡単に確認してみよう. $\mathbb{R}^n$ の元は n 次元 数ベクトルで表されるが, これら n 次元 数ベクトルに対しては, 第 1 章で学習したとおり和とスカラー倍が定義される. また, これらは「数ベクトルの性質」をすべて満たすので, $\mathbb{R}^n$ の元は「線形空間の性質」を満たすことがわかる. よって, $\mathbb{R}^n$ は線形空間である. また, このことから線形空間は $\mathbb{R}^n$ の拡張になっていることがわかる. ■

注意 (1) 線形空間は, 線形空間の性質を満たす「集合」である.

(2) 線形空間の性質で k, ℓ は実数としたが「複素数」で考えることもでき, その場合は「$\mathbb{C}$ 上の 線形空間」という. 本書では実数の場合のみを考えるので, 「$\mathbb{R}$ 上の線形空間」のことを単に「線形空間」ということにする.

例 2 (1) x に関する 2 次以下の実数係数の多項式[1] ax^2+bx+c (a, b, $c \in \mathbb{R}$) 全体の集合を

$$V = \left\{ ax^2 + bx + c \;\middle|\; a, b, c \in \mathbb{R} \right\}$$

とするとき, 多項式の和とスカラー倍

$$\begin{aligned} \boldsymbol{u} + \boldsymbol{v} &= (u_2x^2 + u_1x + u_0) + (v_2x^2 + v_1x + v_0) \\ &= (u_2 + v_2)x^2 + (u_1 + v_1)x + (u_0 + v_0), \\ k\boldsymbol{u} &= k(u_2x^2 + u_1x + u_0) \\ &= (ku_2)x^2 + (ku_1)x + (ku_0) \end{aligned}$$

もまた V に属しているので, V の演算を与えている. しかも, これらの演算は線形空間の性質をすべて満たしているので, V は線形空間であることがわかる. このことから, x に関する 2 次以下の実数係数の多項式 $ax^2 + bx + c$ は, 線形空間の元とみなせるので「ベクトル」である.

(2) 実数成分の 2 次正方行列 $\begin{bmatrix} a & b \\ c & d \end{bmatrix}$ (a, b, c, $d \in \mathbb{R}$) 全体の集合を

$$V = \left\{ \begin{bmatrix} a & b \\ c & d \end{bmatrix} \;\middle|\; a, b, c, d \in \mathbb{R} \right\}$$

とするとき, 行列の和とスカラー倍

$$\boldsymbol{u} + \boldsymbol{v} = \begin{bmatrix} u_{11} & u_{12} \\ u_{21} & u_{22} \end{bmatrix} + \begin{bmatrix} v_{11} & v_{12} \\ v_{21} & v_{22} \end{bmatrix} = \begin{bmatrix} u_{11} + v_{11} & u_{12} + v_{12} \\ u_{21} + v_{21} & u_{22} + v_{22} \end{bmatrix},$$

1) n 次以下の多項式を「高々 n 次の多項式」ということもある.

$$k\boldsymbol{u} = k\begin{bmatrix} u_{11} & u_{12} \\ u_{21} & u_{22} \end{bmatrix} = \begin{bmatrix} k\,u_{11} & k\,u_{12} \\ k\,u_{21} & k\,u_{22} \end{bmatrix}$$

もまた V に属しているので, V の演算を与えている. しかも, これらの演算は線形空間の性質をすべて満たしているので, V は線形空間であることがわかる. このことから, 実数成分の 2 次正方行列 $\begin{bmatrix} a & b \\ c & d \end{bmatrix}$ は線形空間の元とみなせるので「ベクトル」である.

(3) x に関する「2 次」の実数係数の多項式 $ax^2 + bx + c$ $(a, b, c \in \mathbb{R},\ a \neq 0)$ 全体の集合を

$$V = \left\{ ax^2 + bx + c \;\middle|\; a, b, c \in \mathbb{R},\ a \neq 0 \right\}$$

とするとき, 多項式の和とスカラー倍は V の演算を与えない. 実際, $\boldsymbol{u} = ax^2 + bx + c \in V$ $(a \neq 0)$ と $k = 0$ に対しては

$$k\boldsymbol{u} = 0\left(ax^2 + bx + c \right) = 0x^2 + 0x + 0 = \boldsymbol{o}$$

となるが, $\boldsymbol{o}$ は「2 次」の多項式ではないので $\boldsymbol{o} \notin V$ である. このことから, x に関する「2 次」の実数係数の多項式 $ax^2 + bx + c$ $(a \neq 0)$ 全体の集合 V は線形空間ではない. ■

注意 x に関する n 次以下の実数係数の多項式全体の集合を $\mathbb{R}[x]_n$ と表すと, 例 2 (1) の V は $\mathbb{R}[x]_2$ と表すことができる. つまり,

$$\mathbb{R}[x]_2 = \left\{ ax^2 + bx + c \;\middle|\; a, b, c \in \mathbb{R} \right\}$$

であり, これは 例 2 (1) での考察より, 線形空間である.

練習 6.1 [2] 実数の数列 $\{a_n\}$ $(a_n \in \mathbb{R},\ n = 1, 2, 3, \ldots)$ の集合を

$$V = \left\{ \{a_n\} \;\middle|\; a_n \in \mathbb{R},\ n = 1, 2, 3, \ldots \right\}$$

とする. $\{a_n\}, \{b_n\} \in V$, $k \in \mathbb{R}$ に対して, 数列の和とスカラー倍を

- 和 : $\{a_n\} + \{b_n\} = \{a_n + b_n\}$
- スカラー倍 : $k\{a_n\} = \{k\,a_n\}$

によって定義するとき, V は線形空間であるかどうかを調べなさい.

---

2) 答 (練習 6.1) 線形空間である.

このように，実数係数の関数や数列なども，和とスカラー倍をうまく定義することによって線形空間であることが示されるので，数ベクトル以外でも「ベクトル」とみなせるものはたくさんある．本書では以後，線形空間とその元である「ベクトル」について考察するが，感覚的にわかりやすい数ベクトルを主に使って説明する．ただ，その際に 例 2 で扱ったようないろいろな「ベクトル」でも成り立つかどうかを意識して読み進めてもらいたい．

6.2 線形部分空間

まず，線形空間 V として $\mathbb{R}^3$ を考えよう．$\mathbb{R}^3$ の元 $\boldsymbol{x}$ で，連立 1 次方程式

$$\begin{cases} x_1 + \ \ x_2 - x_3 = 0 \\ x_1 + 2x_2 + x_3 = 0 \end{cases} \tag{6.1}$$

を満たすもの全体の集合を W とすると，W は V の部分集合であり，

$$W = \left\{ \boldsymbol{x} = \begin{bmatrix} x_1 \\ x_2 \\ x_3 \end{bmatrix} \in \mathbb{R}^3 \;\middle|\; \begin{array}{rcl} x_1 + \ \ x_2 - x_3 &=& 0 \\ x_1 + 2x_2 + x_3 &=& 0 \end{array} \right\}$$

と表される．このとき，$V = \mathbb{R}^3$ は (V の和とスカラー倍によって) 線形空間であるが，その部分集合である W も線形空間になるのだろうか？ このことを調べるには，V の和とスカラー倍の演算が W の演算を与え，それらが線形空間の性質を満たすかどうかを調べればよい．

まずは，W の元が満たす連立 1 次方程式 (6.1) を解き，その解を具体的に表記しよう．斉次なので係数行列のみを簡約化すると[3]，

$$\begin{bmatrix} 1 & 1 & -1 \\ 1 & 2 & 1 \end{bmatrix} \to \begin{bmatrix} 1 & 1 & -1 \\ 0 & 1 & 2 \end{bmatrix} \to \begin{bmatrix} 1 & 0 & -3 \\ 0 & 1 & 2 \end{bmatrix}$$

となるので，その不定解は

$$\boldsymbol{x} = \begin{bmatrix} x_1 \\ x_2 \\ x_3 \end{bmatrix} = \begin{bmatrix} 3c \\ -2c \\ c \end{bmatrix} = c \begin{bmatrix} 3 \\ -2 \\ 1 \end{bmatrix} \qquad (c \in \mathbb{R})$$

で与えられる．このことから，W は

$$W = \left\{ c \begin{bmatrix} 3 \\ -2 \\ 1 \end{bmatrix} \;\middle|\; c \in \mathbb{R} \right\}$$

3) p.88 の 注意 (3) を参照．

と具体的な形で書き表すことができる．W の元

$$\boldsymbol{u} = c_1 \begin{bmatrix} 3 \\ -2 \\ 1 \end{bmatrix}, \quad \boldsymbol{v} = c_2 \begin{bmatrix} 3 \\ -2 \\ 1 \end{bmatrix} \quad (c_1\,,\, c_2 \in \mathbb{R})$$

と $k \in \mathbb{R}$ に対して，V の演算である和とスカラー倍を考えると

$$\boldsymbol{u}+\boldsymbol{v} = c_1 \begin{bmatrix} 3 \\ -2 \\ 1 \end{bmatrix} + c_2 \begin{bmatrix} 3 \\ -2 \\ 1 \end{bmatrix} = (c_1 + c_2) \begin{bmatrix} 3 \\ -2 \\ 1 \end{bmatrix} \in W,$$

$$k\boldsymbol{u} = k \cdot c_1 \begin{bmatrix} 3 \\ -2 \\ 1 \end{bmatrix} = (k\,c_1) \begin{bmatrix} 3 \\ -2 \\ 1 \end{bmatrix} \in W$$

となる．よって，V の演算である和とスカラー倍は，部分集合 W の演算として引き継がれていることがわかる．しかも，これらの演算は線形空間の性質をすべて満たしているので，W は線形空間になることがわかる．このように，線形空間 V の空でない部分集合 W が，V の和とスカラー倍によって線形空間となるとき，W を V の **線形部分空間** あるいは **部分ベクトル空間** という．

線形空間 V の空でない部分集合 W が線形部分空間であるかどうかを調べる際に，性質 (1) ～ (8) のすべてを確かめるのはかなり面倒である．しかし，じつは次のような線形部分空間であるかどうかを判定する定理がある[4]．

線形部分空間の判定定理

V を線形空間とし，W を V の空でない部分集合とする．このとき，

W が V の線形部分空間である

$\Leftrightarrow$　和とスカラー倍の演算に対して，次の 2 つの条件を満たす[5]．

(E1)　$\boldsymbol{u}, \boldsymbol{v} \in W \quad \Rightarrow \quad \boldsymbol{u} + \boldsymbol{v} \in W$

(E2)　$\boldsymbol{u} \in W\,,\ k \in \mathbb{R} \quad \Rightarrow \quad k\boldsymbol{u} \in W$　特に，$k = 0$ を選ぶと $\boldsymbol{o} \in W$

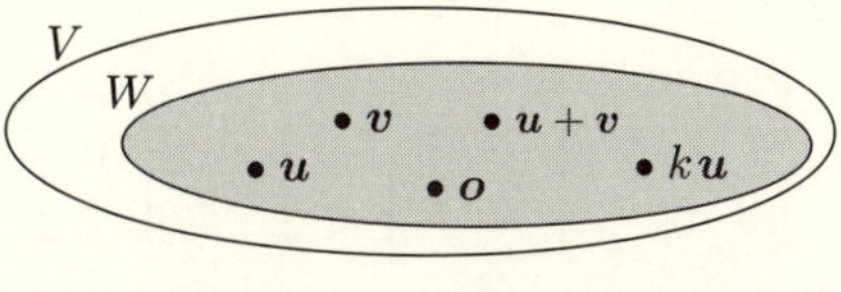

図 6.1　線形空間 V の線形部分空間 W の様子

4)　この判定定理の証明については，例えば参考文献 [1] 参照．

5)　これらの性質が成り立つとき，W は和とスカラー倍について **閉じている** という．

線形空間 V の空でない部分集合 W が線形部分空間であるかどうかを調べるには, この「線形部分空間の判定定理」を使えばよい. つまり, 与えられた W が判定定理の 2 つの条件 (E1) と (E2) を満たすかどうかを調べればよい.

判定定理の 2 つの条件 (E1) と (E2) を満たすことが証明できれば
「W は V の線形部分空間である」ことが示される.
一方, どちらか 1 つでも条件を満たさないことが証明できれば
「W は V の線形部分空間ではない」ことが示される.

後者の場合, W が判定定理の条件を満たすかどうか調べる代わりに,

もし線形部分空間ではないことを証明するのであれば
判定定理の条件のなかで
「前提条件は満たすが, 結論は成り立たないような具体例」(反例 という)
を 1 つ あげればよい.

例題 6.1 W が $\mathbb{R}^3$ の線形部分空間であるかどうか調べなさい.

(1) $W = \left\{ \boldsymbol{x} = \begin{bmatrix} x \\ y \\ z \end{bmatrix} \in \mathbb{R}^3 \;\middle|\; x + y + z = 0 \right\}$

(2) $W = \left\{ \boldsymbol{x} = \begin{bmatrix} x \\ y \\ z \end{bmatrix} \in \mathbb{R}^3 \;\middle|\; x + y \geq 0 \right\}$

解答 W が判定定理の 2 つの条件を満たすかどうかを調べてみよう.

(1) W は $x + y + z = 0$ を満たすような $\boldsymbol{x} \in \mathbb{R}^3$ 全体の集合であるから, $\mathbb{R}^3$ の部分集合である. W の元は

$$\boldsymbol{x} = \begin{bmatrix} x \\ y \\ z \end{bmatrix} = \begin{bmatrix} -c_1 - c_2 \\ c_1 \\ c_2 \end{bmatrix} = c_1 \begin{bmatrix} -1 \\ 1 \\ 0 \end{bmatrix} + c_2 \begin{bmatrix} -1 \\ 0 \\ 1 \end{bmatrix} \quad (c_1, c_2 \in \mathbb{R})$$

で与えられるので, 部分集合 W は

$$W = \left\{ c_1 \begin{bmatrix} -1 \\ 1 \\ 0 \end{bmatrix} + c_2 \begin{bmatrix} -1 \\ 0 \\ 1 \end{bmatrix} \;\middle|\; c_1, c_2 \in \mathbb{R} \right\}$$

と具体的な形で書き表すことができる．W の元

$$\boldsymbol{u} = a\begin{bmatrix}-1\\1\\0\end{bmatrix} + b\begin{bmatrix}-1\\0\\1\end{bmatrix}, \quad \boldsymbol{v} = c\begin{bmatrix}-1\\1\\0\end{bmatrix} + d\begin{bmatrix}-1\\0\\1\end{bmatrix} \quad (a, b, c, d \in \mathbb{R})$$

と $k \in \mathbb{R}$ に対して,

$$\begin{aligned}\boldsymbol{u}+\boldsymbol{v} &= \left(a\begin{bmatrix}-1\\1\\0\end{bmatrix} + b\begin{bmatrix}-1\\0\\1\end{bmatrix}\right) + \left(c\begin{bmatrix}-1\\1\\0\end{bmatrix} + d\begin{bmatrix}-1\\0\\1\end{bmatrix}\right)\\ &= (a+c)\begin{bmatrix}-1\\1\\0\end{bmatrix} + (b+d)\begin{bmatrix}-1\\0\\1\end{bmatrix} \in W,\\ k\boldsymbol{u} &= k\cdot\left(a\begin{bmatrix}-1\\1\\0\end{bmatrix} + b\begin{bmatrix}-1\\0\\1\end{bmatrix}\right)\\ &= (ka)\begin{bmatrix}-1\\1\\0\end{bmatrix} + (kb)\begin{bmatrix}-1\\0\\1\end{bmatrix} \in W\end{aligned}$$

より, (E1), (E2) が満たされることがわかる．よって, W は $\mathbb{R}^3$ の線形部分空間である．

(2) 与えられた部分集合 W が線形部分空間ではないことを証明するためには, 判定定理の 2 つの条件 (E1) または (E2) において「前提条件は満たすが, 結論は成り立たないような具体例 (反例)」を 1 つあげればよい．そこで, ここでは (E2) を満たさないような状況, 具体的には

> $\boldsymbol{u} \in W$, $k \in \mathbb{R}$ を仮定したときに, $k\boldsymbol{u} \notin W$ となるような状況

を考える．例えば, $\boldsymbol{u} = \begin{bmatrix}1\\0\\0\end{bmatrix}$ とするとき, まずは前提条件の $\boldsymbol{u} \in W$ を確認する．そのために, W の条件式において $\boldsymbol{u}$ を代入すると

$$(\text{左辺}) = x+y = 1+0 = 1 \geq 0 = (\text{右辺})$$

となり, 条件式が満たされていることが確かめられる．そこで, $k=-1$ として $k\boldsymbol{u} = -\boldsymbol{u} = \begin{bmatrix}-1\\0\\0\end{bmatrix} \in W$ であるかどうかを調べる．すると,

$$(\text{左辺}) = x+y = (-1)+0 = -1 < 0 = (\text{右辺})$$

となり, 条件式を満たさない．よって, $-\boldsymbol{u} \notin W$ が示される．この $\boldsymbol{u}$ と $k=-1$ は判定定理の条件 (E2) の反例となるので, W は $\mathbb{R}^3$ の線形部分空間ではない．■

注意 例題 6.1 (2) において，じつは $\boldsymbol{o} = \begin{bmatrix} 0 \\ 0 \\ 0 \end{bmatrix} \in W$ であるから，この W は判定定理の条件 (E2) の $k = 0$ のときは満たすことがわかる．ただ，成り立たないことを証明するには，条件の一部が成り立つことを示しても意味がなく，条件を満たさないものについて，その反例だけを考えればよい．この問題の解答のように，最初から成り立たないと見当をつけて反例を探すには経験が必要であるが，それまでは 1 つひとつの条件が成り立つかどうかを調べればよい．

線形部分空間ではないことの確認手順

線形空間 V の部分集合 W が 線形部分空間ではないことを示すには，次の手順にしたがって 反例を探せばよい．

(i) $\boldsymbol{o} \in W$ かどうか？

(ii) どのような $k \in \mathbb{R}$ に対しても，(E2) が成り立つかどうか？

(iii) (E1) が成り立たない例があるかどうか？

練習 6.2 [6] W が $\mathbb{R}^2$ の線形部分空間であれば ○，なければ ×と答えなさい．

(1) $W = \left\{ \boldsymbol{x} = \begin{bmatrix} x \\ y \end{bmatrix} \in \mathbb{R}^2 \;\middle|\; x = 2y \right\}$

(2) $W = \left\{ \boldsymbol{x} = \begin{bmatrix} x \\ y \end{bmatrix} \in \mathbb{R}^2 \;\middle|\; x - y = 1 \right\}$

(3) $W = \left\{ \boldsymbol{o} \right\} \quad \left(= \left\{ \boldsymbol{x} = \begin{bmatrix} x \\ y \end{bmatrix} \in \mathbb{R}^2 \;\middle|\; x = y = 0 \right\} \right)$

(4) $W = \left\{ \boldsymbol{x} = \begin{bmatrix} x \\ y \end{bmatrix} \in \mathbb{R}^2 \;\middle|\; xy \geq 0 \right\}$

練習 6.2 (3) からわかるように，

零ベクトルだけからなる集合 $\left\{ \boldsymbol{o} \right\}$ は線形空間である．

6) **答 (練習 6.2)** (1) ○ (2) × (3) ○ (4) ×

本節の冒頭や 例題 6.1 (1) で与えられた $\mathbb{R}^3$ の部分集合 W は, いずれも 斉次 連立 1 次方程式の解からなる集合であり, これらはすでに調べたように線形部分空間であった. 一般に, 連立 1 次方程式の解からなる集合を **解空間** というが, 特に 斉次 連立 1 次方程式の解空間はつねに線形部分空間であることが次のように示される[7].

斉次 連立 1 次方程式の解空間は線形部分空間

A を $m \times n$ 行列, $\boldsymbol{x}$ を n 次元の未知数ベクトルとすると, 斉次 連立 1 次方程式 $A\boldsymbol{x} = \boldsymbol{o}$ の解空間

$$W = \left\{ \boldsymbol{x} = \begin{bmatrix} x_1 \\ x_2 \\ \vdots \\ x_n \end{bmatrix} \in \mathbb{R}^n \;\middle|\; A\boldsymbol{x} = \boldsymbol{o} \right\}$$

は $\mathbb{R}^n$ の線形部分空間である.

このことを確認してみよう. 解空間 W の元 $\boldsymbol{u}, \boldsymbol{v}$ は斉次連立 1 次方程式 $A\boldsymbol{x} = \boldsymbol{o}$ の解であるから

$$A\boldsymbol{u} = \boldsymbol{o}, \quad A\boldsymbol{v} = \boldsymbol{o}$$

を満たしている. よって, $\boldsymbol{u}, \boldsymbol{v} \in W$ と $k \in \mathbb{R}$ に対して

$$A(\boldsymbol{u}+\boldsymbol{v}) = A\boldsymbol{u}+A\boldsymbol{v} = \boldsymbol{o}+\boldsymbol{o} = \boldsymbol{o},$$
$$A(k\boldsymbol{u}) = kA\boldsymbol{u} = k\boldsymbol{o} = \boldsymbol{o}$$

が成り立つ. これより, $\boldsymbol{u}+\boldsymbol{v}$ と $k\boldsymbol{u}$ もまた斉次連立 1 次方程式 $A\boldsymbol{x} = \boldsymbol{o}$ の解であるから, これらはともに解空間 W の元となり, 判定定理の条件 (E1) と (E2) が満たされることがわかる. したがって, 解空間 W は $\mathbb{R}^n$ の線形部分空間であることが示された.

以後, 斉次 連立 1 次方程式の解空間が線形部分空間であることは, 断りなく用いる.

---

7) 非斉次 連立 1 次方程式の解空間は線形部分空間ではない (章末問題).

6.3 線形独立と線形従属

5つの3次元 数ベクトル

$$\boldsymbol{a}_1 = \begin{bmatrix} 1 \\ 2 \\ 1 \end{bmatrix},\ \boldsymbol{a}_2 = \begin{bmatrix} 1 \\ 3 \\ 2 \end{bmatrix},\ \boldsymbol{a}_3 = \begin{bmatrix} -2 \\ -4 \\ -2 \end{bmatrix},\ \boldsymbol{a}_4 = \begin{bmatrix} 1 \\ 2 \\ 2 \end{bmatrix},\ \boldsymbol{a}_5 = \begin{bmatrix} 4 \\ 5 \\ 3 \end{bmatrix}$$

を考える. これらを列に並べて得られる行列 $\begin{bmatrix} \boldsymbol{a}_1 & \boldsymbol{a}_2 & \boldsymbol{a}_3 & \boldsymbol{a}_4 & \boldsymbol{a}_5 \end{bmatrix}$ を行基本変形によって簡約化すると

$$\begin{bmatrix} \boldsymbol{a}_1 & \boldsymbol{a}_2 & \boldsymbol{a}_3 & \boldsymbol{a}_4 & \boldsymbol{a}_5 \end{bmatrix} = \begin{bmatrix} \boxed{1} & 1 & -2 & 1 & 4 \\ 2 & 3 & -4 & 2 & 5 \\ 1 & 2 & -2 & 2 & 3 \end{bmatrix}$$

$$\to \begin{bmatrix} 1 & 1 & -2 & 1 & 4 \\ 0 & \boxed{1} & 0 & 0 & -3 \\ 0 & 1 & 0 & 1 & -1 \end{bmatrix} \to \begin{bmatrix} 1 & 0 & -2 & 1 & 7 \\ 0 & 1 & 0 & 0 & -3 \\ 0 & 0 & 0 & \boxed{1} & 2 \end{bmatrix}$$

$$\to \begin{bmatrix} 1 & 0 & -2 & 0 & 5 \\ 0 & 1 & 0 & 0 & -3 \\ 0 & 0 & 0 & 1 & 2 \end{bmatrix} = \begin{bmatrix} \boldsymbol{b}_1 & \boldsymbol{b}_2 & \boldsymbol{b}_3 & \boldsymbol{b}_4 & \boldsymbol{b}_5 \end{bmatrix}$$

となる. 簡約化して得られた3次元 数ベクトル $\boldsymbol{b}_1$, $\boldsymbol{b}_2$, $\boldsymbol{b}_3$, $\boldsymbol{b}_4$, $\boldsymbol{b}_5$ は簡潔な形で表されているので, 次の関係式

$$\boldsymbol{b}_3 = -2\,\boldsymbol{b}_1, \qquad \boldsymbol{b}_5 = 5\,\boldsymbol{b}_1 - 3\,\boldsymbol{b}_2 + 2\,\boldsymbol{b}_4$$

が成り立つことはすぐに示される. じつは, これらの関係式は, もとの3次元数ベクトル $\boldsymbol{a}_1$, $\boldsymbol{a}_2$, $\boldsymbol{a}_3$, $\boldsymbol{a}_4$, $\boldsymbol{a}_5$ においても成り立つ. 実際,

$$-2\boldsymbol{a}_1 = -2\begin{bmatrix} 1 \\ 2 \\ 1 \end{bmatrix} = \begin{bmatrix} -2 \\ -4 \\ -2 \end{bmatrix} = \boldsymbol{a}_3,$$

$$5\boldsymbol{a}_1 - 3\boldsymbol{a}_2 + 2\boldsymbol{a}_4 = 5\begin{bmatrix} 1 \\ 2 \\ 1 \end{bmatrix} - 3\begin{bmatrix} 1 \\ 3 \\ 2 \end{bmatrix} + 2\begin{bmatrix} 1 \\ 2 \\ 2 \end{bmatrix} = \begin{bmatrix} 4 \\ 5 \\ 3 \end{bmatrix} = \boldsymbol{a}_5$$

であり, これらの式を書き換えると

$$2\boldsymbol{a}_1 + \boldsymbol{a}_3 = \boldsymbol{o}, \quad 5\boldsymbol{a}_1 - 3\boldsymbol{a}_2 + 2\boldsymbol{a}_4 - \boldsymbol{a}_5 = \boldsymbol{o}$$

となる. 一方, 3次元 数ベクトル $\boldsymbol{b}_1$, $\boldsymbol{b}_2$, $\boldsymbol{b}_4$ を選ぶと, これらは $\mathbb{R}^3$ の基本ベクトル $\boldsymbol{e}_1$, $\boldsymbol{e}_2$, $\boldsymbol{e}_3$ であるから, 斉次連立1次方程式

$$x_1\,\boldsymbol{b}_1 + x_2\,\boldsymbol{b}_2 + x_3\,\boldsymbol{b}_4 = x_1\,\boldsymbol{e}_1 + x_2\,\boldsymbol{e}_2 + x_3\,\boldsymbol{e}_3 = \boldsymbol{o}$$

は自明解 $\boldsymbol{x} = \begin{bmatrix} x_1 \\ x_2 \\ x_3 \end{bmatrix} = \boldsymbol{o}$ しか存在しない8). しかも, もとの 3 次元 数ベクトル $\boldsymbol{a}_1, \boldsymbol{a}_2, \boldsymbol{a}_4$ においても, 係数行列の簡約化

$$\begin{bmatrix} \boldsymbol{a}_1 & \boldsymbol{a}_2 & \boldsymbol{a}_4 \end{bmatrix} \overset{\text{簡約化}}{\longrightarrow} \begin{bmatrix} \boldsymbol{b}_1 & \boldsymbol{b}_2 & \boldsymbol{b}_4 \end{bmatrix} = \begin{bmatrix} \boldsymbol{e}_1 & \boldsymbol{e}_2 & \boldsymbol{e}_3 \end{bmatrix}$$

を利用すると, 斉次連立 1 次方程式

$$x_1 \boldsymbol{a}_1 + x_2 \boldsymbol{a}_2 + x_3 \boldsymbol{a}_4 = \boldsymbol{o}$$

の解は自明であり, $\boldsymbol{x} = \boldsymbol{o}$ 以外の解は存在しないことがわかる.

これを一般化してみよう. n 個のベクトル $\boldsymbol{a}_1, \boldsymbol{a}_2, \ldots, \boldsymbol{a}_n$ において9),

$$k_1 \boldsymbol{a}_1 + k_2 \boldsymbol{a}_2 + \cdots + k_n \boldsymbol{a}_n \quad (k_i \in \mathbb{R},\ i = 1, 2, \ldots, n)$$

を $\boldsymbol{a}_1, \boldsymbol{a}_2, \ldots, \boldsymbol{a}_n$ の **線形結合** あるいは **1 次結合** という. また, この線形結合が 零ベクトル であるような関係式

$$k_1 \boldsymbol{a}_1 + k_2 \boldsymbol{a}_2 + \cdots + k_n \boldsymbol{a}_n = \boldsymbol{o} \quad (k_i \in \mathbb{R},\ i = 1, 2, \ldots, n) \qquad (6.2)$$

を **線形関係** という. $k_1 = k_2 = \cdots = k_n = 0$ のとき, $\boldsymbol{a}_1, \boldsymbol{a}_2, \ldots, \boldsymbol{a}_n$ はどのようなベクトルであっても (6.2) 式が成り立つ. また, すでに確かめたように, これらの係数で少なくとも 1 つが 0 でないときに (6.2) 式が成り立つ場合もある.

もし, $k_1 = k_2 = \cdots = k_n = 0$ のときに限って (6.2) 式が成り立つとき, $\boldsymbol{a}_1, \boldsymbol{a}_2, \ldots, \boldsymbol{a}_n$ は **線形独立** あるいは **1 次独立** であるという. また, 線形独立ではないとき, $\boldsymbol{a}_1, \boldsymbol{a}_2, \ldots, \boldsymbol{a}_n$ は **線形従属** あるいは **1 次従属** であるという. つまり, 線形従属とは $k_1, k_2, \ldots, k_n$ のうち少なくとも 1 つが 0 でないときでも, (6.2) 式が成り立つことをいう10). 例えば, ある j $(1 \leq j \leq n)$ で $k_j \neq 0$ とすると, (6.2) 式の両辺を k_j で割って整理することで

$$\boldsymbol{a}_j = -\frac{k_1}{k_j} \boldsymbol{a}_1 - \cdots - \frac{k_{j-1}}{k_j} \boldsymbol{a}_{j-1} - \frac{k_{j+1}}{k_j} \boldsymbol{a}_{j+1} - \cdots - \frac{k_n}{k_j} \boldsymbol{a}_n$$

と変形できるので,

線形従属 ⇔ その中のあるベクトルが他のベクトルの線形結合で書ける.

---

8) 自明解については p.88 を参照.

9) この一般化の議論で扱うベクトルは, 線形空間の元としての (一般的な) ベクトルである.

10) 別のいい方をすれば, $k_1 = k_2 = \cdots = k_n = 0$ 以外にも (6.2) 式を満たすような $k_1, k_2, \ldots, k_n$ が存在すれば線形従属であり, 存在しなければ線形独立である.

なお, $\boldsymbol{a}_1$ だけのときは, $\boldsymbol{a}_1 \neq \boldsymbol{o}$ ならば線形独立, $\boldsymbol{a}_1 = \boldsymbol{o}$ ならば線形従属と定義する.

ベクトル $\boldsymbol{a}_1, \boldsymbol{a}_2, \ldots, \boldsymbol{a}_n$ が線形独立あるいは線形従属であるとき, 次が成り立つことに注意しよう.

- ベクトル $\boldsymbol{a}_1, \boldsymbol{a}_2, \ldots, \boldsymbol{a}_n$ が線形独立であるとき, それらの一部のベクトル $\boldsymbol{a}_{i_1}, \boldsymbol{a}_{i_2}, \ldots, \boldsymbol{a}_{i_m}$ $(m < n)$ も線形独立である.
- ベクトル $\boldsymbol{a}_1, \boldsymbol{a}_2, \ldots, \boldsymbol{a}_n$ が線形従属であるとき, それらをすべて含んだベクトル $\boldsymbol{a}_1, \boldsymbol{a}_2, \ldots, \boldsymbol{a}_n, \boldsymbol{a}_{n+1}, \ldots, \boldsymbol{a}_{n+m}$ $(m \geq 1)$ も線形従属である.

線形独立の定義より, n 個のベクトル $\boldsymbol{a}_1, \boldsymbol{a}_2, \ldots, \boldsymbol{a}_n$ が線形独立であるかどうかを調べるためには, 線形関係の係数を未知数にした

$$x_1 \boldsymbol{a}_1 + x_2 \boldsymbol{a}_2 + \cdots + x_n \boldsymbol{a}_n = \boldsymbol{o} \quad (x_i \in \mathbb{R},\ i = 1, 2, \ldots, n)$$

が自明解 $x_1 = x_2 = \cdots = x_n = 0$ しかもたないのか, それとも非自明解ももつのかどうかを調べればよい. ここで, ベクトル $\boldsymbol{a}_1, \boldsymbol{a}_2, \ldots, \boldsymbol{a}_n$ が数ベクトルの場合, 線形関係は $\boldsymbol{x}$ を未知数ベクトルとした斉次連立 1 次方程式

$$x_1 \boldsymbol{a}_1 + x_2 \boldsymbol{a}_2 + \cdots + x_n \boldsymbol{a}_n = \begin{bmatrix} \boldsymbol{a}_1 & \boldsymbol{a}_2 & \cdots & \boldsymbol{a}_n \end{bmatrix} \boldsymbol{x} = \boldsymbol{o}$$

で与えられる. よって, 第 4 章で学習したように, この斉次連立 1 次方程式の係数行列 $\begin{bmatrix} \boldsymbol{a}_1 & \boldsymbol{a}_2 & \cdots & \boldsymbol{a}_n \end{bmatrix}$ を簡約化して, どのような解をもつのか, つまり自明解 $\boldsymbol{x} = \boldsymbol{o}$ しかもたないのか, あるいは非自明解ももつのかどうかを調べればよいことになる.

$m \times n$ 行列 $A = \begin{bmatrix} \boldsymbol{a}_1 & \boldsymbol{a}_2 & \cdots & \boldsymbol{a}_n \end{bmatrix}$ が行基本変形によって行列 $B = \begin{bmatrix} \boldsymbol{b}_1 & \boldsymbol{b}_2 & \cdots & \boldsymbol{b}_n \end{bmatrix}$ と簡約化されるということは, 基本行列の積で与えられる「ある m 次正方行列 P」を行列 A の<u>左から</u>掛けると, 等式

$$PA = B$$

が得られることと同値である. しかも P は正則で逆行列 P^{-1} が存在するので,

$$A = P^{-1}B$$

と表すこともできる. これより, 次のことがすぐにわかる.

斉次連立 1 次方程式

$$x_1 \boldsymbol{a}_1 + x_2 \boldsymbol{a}_2 + \cdots + x_n \boldsymbol{a}_n = \begin{bmatrix} \boldsymbol{a}_1 & \boldsymbol{a}_2 & \cdots & \boldsymbol{a}_n \end{bmatrix} \boldsymbol{x} = A\boldsymbol{x} = \boldsymbol{o}$$

の解 $\boldsymbol{x}$ は, 係数行列 A を簡約化した斉次連立 1 次方程式

$$x_1 \boldsymbol{b}_1 + x_2 \boldsymbol{b}_2 + \cdots + x_n \boldsymbol{b}_n = \begin{bmatrix} \boldsymbol{b}_1 & \boldsymbol{b}_2 & \cdots & \boldsymbol{b}_n \end{bmatrix} \boldsymbol{x} = B\boldsymbol{x} = \boldsymbol{o}$$

の解と一致する.

よって,「もとのベクトル $\boldsymbol{a}_1, \boldsymbol{a}_2, \ldots, \boldsymbol{a}_n$」と「簡約化で得られたベクトル $\boldsymbol{b}_1, \boldsymbol{b}_2, \ldots, \boldsymbol{b}_n$」の間には, 次の同値関係 (I), (II), (III) が成り立つことがわかる.

線形独立と線形従属の判定法

n 個の m 次元 数ベクトル $\boldsymbol{a}_1, \boldsymbol{a}_2, \ldots, \boldsymbol{a}_n$ に対して, $m \times n$ 行列 $A = \begin{bmatrix} \boldsymbol{a}_1 & \boldsymbol{a}_2 & \cdots & \boldsymbol{a}_n \end{bmatrix}$ を行基本変形によって

$$A = \begin{bmatrix} \boldsymbol{a}_1 & \boldsymbol{a}_2 & \cdots & \boldsymbol{a}_n \end{bmatrix} \overset{\text{簡約化}}{\longrightarrow} \begin{bmatrix} \boldsymbol{b}_1 & \boldsymbol{b}_2 & \cdots & \boldsymbol{b}_n \end{bmatrix} = B$$

と簡約化するとき,「もとのベクトル $\boldsymbol{a}_1, \boldsymbol{a}_2, \ldots, \boldsymbol{a}_n$」と「簡約化で得られたベクトル $\boldsymbol{b}_1, \boldsymbol{b}_2, \ldots, \boldsymbol{b}_n$」の間には, 次の同値関係が成り立つ.

(I) ベクトル $\boldsymbol{a}_1, \boldsymbol{a}_2, \ldots, \boldsymbol{a}_n$ は線形独立である.
$\Leftrightarrow$ ベクトル $\boldsymbol{b}_1, \boldsymbol{b}_2, \ldots, \boldsymbol{b}_n$ は線形独立である.

(II) ベクトル $\boldsymbol{a}_1, \boldsymbol{a}_2, \ldots, \boldsymbol{a}_n$ は線形従属である.
$\Leftrightarrow$ ベクトル $\boldsymbol{b}_1, \boldsymbol{b}_2, \ldots, \boldsymbol{b}_n$ は線形従属である.

(III) ベクトル $\boldsymbol{a}_j \ (1 \leq j \leq n)$ が

$$\boldsymbol{a}_j = x_1 \boldsymbol{a}_1 + \cdots + x_{j-1} \boldsymbol{a}_{j-1} + x_{j+1} \boldsymbol{a}_{j+1} + \cdots + x_n \boldsymbol{a}_n$$

と線形結合で表される.

$\Leftrightarrow$ ベクトル $\boldsymbol{b}_j \ (1 \leq j \leq n)$ が <u>同じ係数</u> $x_i \ (i \neq j)$ で

$$\boldsymbol{b}_j = x_1 \boldsymbol{b}_1 + \cdots + x_{j-1} \boldsymbol{b}_{j-1} + x_{j+1} \boldsymbol{b}_{j+1} + \cdots + x_n \boldsymbol{b}_n$$

と線形結合で表される.

例題 6.2 次のベクトルの組が線形独立であるか, 線形従属であるかを調べなさい. もし線形従属ならば, 線形独立なベクトルを 1 組選び, 他のベクトルをそれらの線形結合で表しなさい.

(1) $\boldsymbol{a}_1 = \begin{bmatrix} 2 \\ 1 \\ 1 \\ 4 \end{bmatrix}$, $\boldsymbol{a}_2 = \begin{bmatrix} 3 \\ 2 \\ 1 \\ 1 \end{bmatrix}$, $\boldsymbol{a}_3 = \begin{bmatrix} 5 \\ 4 \\ 1 \\ -5 \end{bmatrix}$

(2) $\boldsymbol{a}_1 = \begin{bmatrix} 1 \\ 0 \\ 2 \\ 4 \end{bmatrix}$, $\boldsymbol{a}_2 = \begin{bmatrix} 1 \\ 1 \\ 0 \\ 3 \end{bmatrix}$, $\boldsymbol{a}_3 = \begin{bmatrix} 2 \\ 1 \\ 3 \\ 0 \end{bmatrix}$, $\boldsymbol{a}_4 = \begin{bmatrix} -2 \\ 0 \\ -1 \\ 1 \end{bmatrix}$

解答 (1) 斉次連立 1 次方程式

$$x_1 \boldsymbol{a}_1 + x_2 \boldsymbol{a}_2 + x_3 \boldsymbol{a}_3 = \boldsymbol{o}$$

が自明解 $\boldsymbol{x} = \begin{bmatrix} x_1 \\ x_2 \\ x_3 \end{bmatrix} = \boldsymbol{o}$ しかもたないかどうかを調べる. そのために, 係数行列 $\begin{bmatrix} \boldsymbol{a}_1 & \boldsymbol{a}_2 & \boldsymbol{a}_3 \end{bmatrix}$ を簡約化すると

$$\begin{bmatrix} \boldsymbol{a}_1 & \boldsymbol{a}_2 & \boldsymbol{a}_3 \end{bmatrix} = \begin{bmatrix} 2 & 3 & 5 \\ 1 & 2 & 4 \\ \boxed{1} & 1 & 1 \\ 4 & 1 & -5 \end{bmatrix} \to \begin{bmatrix} \boxed{1} & 1 & 1 \\ 1 & 2 & 4 \\ 2 & 3 & 5 \\ 4 & 1 & -5 \end{bmatrix}$$

$$\to \begin{bmatrix} 1 & 1 & 1 \\ 0 & \boxed{1} & 3 \\ 0 & 1 & 3 \\ 0 & -3 & -9 \end{bmatrix} \to \begin{bmatrix} 1 & 0 & -2 \\ 0 & 1 & 3 \\ 0 & 0 & 0 \\ 0 & 0 & 0 \end{bmatrix} = \begin{bmatrix} \boldsymbol{b}_1 & \boldsymbol{b}_2 & \boldsymbol{b}_3 \end{bmatrix}$$

となるので, この斉次連立 1 次方程式は <u>$\boldsymbol{x} = \boldsymbol{o}$ 以外の解ももつ</u>. したがって, <u>線形従属</u>である. また, $\boldsymbol{b}_1$, $\boldsymbol{b}_2$ は基本ベクトルとなるので線形独立であり, 残りのベクトル $\boldsymbol{b}_3$ は

$$\boldsymbol{b}_3 = \begin{bmatrix} -2 \\ 3 \\ 0 \\ 0 \end{bmatrix} = -2\,\boldsymbol{b}_1 + 3\,\boldsymbol{b}_2$$

と線形独立なベクトル $\boldsymbol{b}_1$, $\boldsymbol{b}_2$ の線形結合で表される. ここで, 「線形独立と線形従属の判定法」の (I) と (Ⅲ) から, 各 $\boldsymbol{b}_i$ $(i = 1, 2, 3)$ に対応する もとのベクトル $\boldsymbol{a}_i$

についても 同じように 成り立つ. つまり, いまの場合は $\boldsymbol{a}_1$, $\boldsymbol{a}_2$ は線形独立で, 残りのベクトル $\boldsymbol{a}_3$ は

$$\boldsymbol{a}_3 = -2\boldsymbol{a}_1 + 3\boldsymbol{a}_2$$

と線形独立なベクトル $\boldsymbol{a}_1$, $\boldsymbol{a}_2$ の線形結合で表されることがわかる.

(2) 斉次連立 1 次方程式

$$x_1\boldsymbol{a}_1 + x_2\boldsymbol{a}_2 + x_3\boldsymbol{a}_3 + x_4\boldsymbol{a}_4 = \boldsymbol{o}$$

が自明解 $\boldsymbol{x} = \begin{bmatrix} x_1 \\ x_2 \\ x_3 \\ x_4 \end{bmatrix} = \boldsymbol{o}$ しかもたないかどうかを調べる. そのために, 係数行列 $\begin{bmatrix} \boldsymbol{a}_1 & \boldsymbol{a}_2 & \boldsymbol{a}_3 & \boldsymbol{a}_4 \end{bmatrix}$ を簡約化すると

$$\begin{aligned}
&\begin{bmatrix} \boldsymbol{a}_1 & \boldsymbol{a}_2 & \boldsymbol{a}_3 & \boldsymbol{a}_4 \end{bmatrix} \\
&= \begin{bmatrix} \boxed{1} & 1 & 2 & -2 \\ 0 & 1 & 1 & 0 \\ 2 & 0 & 3 & -1 \\ 4 & 3 & 0 & 1 \end{bmatrix} \to \begin{bmatrix} 1 & 1 & 2 & -2 \\ 0 & \boxed{1} & 1 & 0 \\ 0 & -2 & -1 & 3 \\ 0 & -1 & -8 & 9 \end{bmatrix} \to \begin{bmatrix} 1 & 0 & 1 & -2 \\ 0 & 1 & 1 & 0 \\ 0 & 0 & \boxed{1} & 3 \\ 0 & 0 & -7 & 9 \end{bmatrix} \\
&\to \begin{bmatrix} 1 & 0 & 0 & -5 \\ 0 & 1 & 0 & -3 \\ 0 & 0 & 1 & 3 \\ 0 & 0 & 0 & \boxed{30} \end{bmatrix} \to \begin{bmatrix} 1 & 0 & 0 & -5 \\ 0 & 1 & 0 & -3 \\ 0 & 0 & 1 & 3 \\ 0 & 0 & 0 & \boxed{1} \end{bmatrix} \to \begin{bmatrix} 1 & 0 & 0 & 0 \\ 0 & 1 & 0 & 0 \\ 0 & 0 & 1 & 0 \\ 0 & 0 & 0 & 1 \end{bmatrix} = E
\end{aligned}$$

であるから, この斉次連立 1 次方程式は $\boldsymbol{x} = \boldsymbol{o}$ 以外の解をもたない. したがって, 線形独立 である. ■

注意 線形従属の場合, 表記は一意ではない. 例えば, 例題 6.2 (1) では $\boldsymbol{a}_1$ と $\boldsymbol{a}_3$ を線形独立とみれば, $\boldsymbol{a}_2 = \frac{2}{3}\boldsymbol{a}_1 + \frac{1}{3}\boldsymbol{a}_3$ と表せる.

練習 6.3 [11] 次のベクトルの組が線形独立であるか, 線形従属であるかを調べなさい. もし線形従属ならば, 線形独立なベクトルを 1 組選び, 他のベクトルをそれらの線形結合で表しなさい.

(1) $\boldsymbol{a}_1 = \begin{bmatrix} 1 \\ 2 \\ 2 \end{bmatrix}, \ \boldsymbol{a}_2 = \begin{bmatrix} -1 \\ -1 \\ 3 \end{bmatrix}, \ \boldsymbol{a}_3 = \begin{bmatrix} 2 \\ 3 \\ -1 \end{bmatrix}$

(2) $\boldsymbol{a}_1 = \begin{bmatrix} 1 \\ 2 \\ 2 \end{bmatrix}, \ \boldsymbol{a}_2 = \begin{bmatrix} -1 \\ -1 \\ 3 \end{bmatrix}, \ \boldsymbol{a}_3 = \begin{bmatrix} 2 \\ 3 \\ 2 \end{bmatrix}$

---

11) **答 (練習 6.3)** (1) 線形従属, $\boldsymbol{a}_1, \boldsymbol{a}_2$ は線形独立, $\boldsymbol{a}_3 = \boldsymbol{a}_1 - \boldsymbol{a}_2$ (2) 線形独立

最後に, 線形独立と正則行列についての関係をまとめる. 証明については, 例えば参考文献 [1] を参照のこと.

正則行列の判定条件

n 次正方行列 $A = \begin{bmatrix} \boldsymbol{a}_1 & \boldsymbol{a}_2 & \cdots & \boldsymbol{a}_n \end{bmatrix}$ に対して, 次の各条件は互いに同値である.

(1) A は正則である.

(2) $\boldsymbol{a}_1, \boldsymbol{a}_2, \ldots, \boldsymbol{a}_n$ は線形独立である.

(3) $|A| \neq 0$ である.

(4) $\operatorname{rank} A = n$ である.

(5) A を簡約化すると, 単位行列 E となる.

6.4 基底と次元

この節では, 線形空間やその線形部分空間を構成するのに最低限必要な「線形独立であるベクトルの組 (基底という)」や, 「そのベクトルの個数 (次元という)」について考える. まずは, いくつか新しい用語が必要なのでその説明をし, その後に具体的な例を調べよう.

V を線形空間とする. $\boldsymbol{a}_1, \boldsymbol{a}_2, \ldots, \boldsymbol{a}_n \in V$ の線形結合

$$k_1 \boldsymbol{a}_1 + k_2 \boldsymbol{a}_2 + \cdots + k_n \boldsymbol{a}_n \quad (k_i \in \mathbb{R},\ i = 1, 2, \ldots, n)$$

で V のすべてのベクトルを表すことができるとき, $\boldsymbol{a}_1, \boldsymbol{a}_2, \ldots, \boldsymbol{a}_n$ は V を **生成する** といい,

$$V = \langle \boldsymbol{a}_1, \boldsymbol{a}_2, \ldots, \boldsymbol{a}_n \rangle$$

と表す.

例 3 (1) $\boldsymbol{a}_1 = \begin{bmatrix} 1 \\ 1 \end{bmatrix}$, $\boldsymbol{a}_2 = \begin{bmatrix} 1 \\ -1 \end{bmatrix} \in \mathbb{R}^2$ の線形結合は

$$k_1 \boldsymbol{a}_1 + k_2 \boldsymbol{a}_2 = k_1 \begin{bmatrix} 1 \\ 1 \end{bmatrix} + k_2 \begin{bmatrix} 1 \\ -1 \end{bmatrix} = \begin{bmatrix} k_1 + k_2 \\ k_1 - k_2 \end{bmatrix}$$

となり, $\mathbb{R}^2$ のすべてのベクトルを表すことができるので, この $\boldsymbol{a}_1, \boldsymbol{a}_2$ は $\mathbb{R}^2$ を生成する. しかも, $\boldsymbol{a}_1, \boldsymbol{a}_2$ は線形独立である.

(2) $\boldsymbol{a}_1 = \begin{bmatrix} 1 \\ 1 \end{bmatrix}$, $\boldsymbol{a}_2 = \begin{bmatrix} 2 \\ 2 \end{bmatrix} \in \mathbb{R}^2$ の線形結合は

$$k_1\boldsymbol{a}_1 + k_2\boldsymbol{a}_2 = \begin{bmatrix} k_1 + 2k_2 \\ k_1 + 2k_2 \end{bmatrix} = (k_1 + 2k_2)\begin{bmatrix} 1 \\ 1 \end{bmatrix}$$

となり, $\mathbb{R}^2$ のすべてのベクトルを表すことができないので, この $\boldsymbol{a}_1$, $\boldsymbol{a}_2$ は $\mathbb{R}^2$ を生成しない. このとき, $\boldsymbol{a}_1$, $\boldsymbol{a}_2$ は線形従属である.

(3) $\boldsymbol{a}_1 = \begin{bmatrix} 1 \\ 1 \end{bmatrix}$, $\boldsymbol{a}_2 = \begin{bmatrix} 2 \\ 2 \end{bmatrix}$, $\boldsymbol{a}_3 = \begin{bmatrix} 1 \\ -1 \end{bmatrix} \in \mathbb{R}^2$ の線形結合は

$$k_1\boldsymbol{a}_1 + k_2\boldsymbol{a}_2 + k_3\boldsymbol{a}_3 = \begin{bmatrix} k_1 + 2k_2 + k_3 \\ k_1 + 2k_2 - k_3 \end{bmatrix}$$

となり, $\mathbb{R}^2$ のすべてのベクトルを表すことができるので, この $\boldsymbol{a}_1$, $\boldsymbol{a}_2$, $\boldsymbol{a}_3$ は $\mathbb{R}^2$ を生成する. このとき, $\boldsymbol{a}_1$, $\boldsymbol{a}_2$, $\boldsymbol{a}_3$ は線形従属である.

(4) $\boldsymbol{a}_1 = \begin{bmatrix} 1 \\ 1 \end{bmatrix} \in \mathbb{R}^2$ の線形結合は

$$k_1\boldsymbol{a}_1 = \begin{bmatrix} k_1 \\ k_1 \end{bmatrix} = k_1\begin{bmatrix} 1 \\ 1 \end{bmatrix}$$

となり, $\mathbb{R}^2$ のすべてのベクトルを表すことができないので, この $\boldsymbol{a}_1$ は $\mathbb{R}^2$ を生成しない. このとき, $\boldsymbol{a}_1$ は線形独立である[12]. ■

注意 例 3 において, (1) と (3) のベクトルの組は $\mathbb{R}^2$ を生成するが, (2) と (4) のベクトルの組はいずれも $\mathbb{R}^2$ を生成しない. 一方, (1) と (4) のベクトルの組は線形独立であるが, (2) と (3) のベクトルの組はいずれも線形従属である. このことからわかるように,

「線形独立・線形従属」と「生成する・しない」は関係ない.

練習 6.4 [13] 次のベクトルの組は, $\mathbb{R}^2$ を生成するかどうか調べなさい. また, そのベクトルの組は線形独立であるか, 線形従属であるかも調べなさい.

(1) $\boldsymbol{a}_1 = \begin{bmatrix} 1 \\ 0 \end{bmatrix}$, $\boldsymbol{a}_2 = \begin{bmatrix} 0 \\ 1 \end{bmatrix}$ (2) $\boldsymbol{a}_1 = \begin{bmatrix} 1 \\ 0 \end{bmatrix}$, $\boldsymbol{a}_2 = \begin{bmatrix} -1 \\ 0 \end{bmatrix}$

(3) $\boldsymbol{a}_1 = \begin{bmatrix} 1 \\ 0 \end{bmatrix}$, $\boldsymbol{a}_2 = \begin{bmatrix} 1 \\ 1 \end{bmatrix}$, $\boldsymbol{a}_3 = \begin{bmatrix} 2 \\ 1 \end{bmatrix}$

12) 1 つのベクトルの線形独立・線形従属判定については, p.146 参照.
13) **答 (練習 6.4)** (1) 生成する, 線形独立 (2) 生成しない, 線形従属 (3) 生成する, 線形従属

V のベクトルの組 $\{\, \boldsymbol{a}_1\,, \boldsymbol{a}_2\,, \ldots\,, \boldsymbol{a}_n \,\}$ が, 次の 2 つの条件

(F1) $\boldsymbol{a}_1\,, \boldsymbol{a}_2\,, \ldots\,, \boldsymbol{a}_n$ は V を生成する.
(F2) $\boldsymbol{a}_1\,, \boldsymbol{a}_2\,, \ldots\,, \boldsymbol{a}_n$ は線形独立である.

を満たすとき, このベクトルの組を V の **基底** という.

例 4 先ほどの 例 3 において, (1) の $\boldsymbol{a}_1$, $\boldsymbol{a}_2$ の組 $\left\{ \begin{bmatrix} 1 \\ 1 \end{bmatrix}, \begin{bmatrix} 1 \\ -1 \end{bmatrix} \right\}$ は線形独立で, かつ $\mathbb{R}^2$ を生成するので, $\mathbb{R}^2$ の基底である. また, (2), (3), (4) は基底の条件を少なくとも 1 つ満たさないので $\mathbb{R}^2$ の基底ではない. ■

(注意) 例 3 (4) で $\boldsymbol{a}_2 = \begin{bmatrix} 1 \\ 0 \end{bmatrix}$ を加えると, $\boldsymbol{a}_1$, $\boldsymbol{a}_2$ は $\mathbb{R}^2$ の基底となるので,

線形空間における基底は 1 通りではない.

このように, 線形空間の基底は一般に無数に存在するが, <u>基底を構成するベクトルの個数は一定</u>である[14]. この基底を構成するベクトルの個数を V の **次元** といい,

$$\dim V$$

と表す. また,

零ベクトルだけからなる線形空間 $\{\boldsymbol{o}\}$ の次元は 0 と定義する.

例 5 [15] (1) $\mathbb{R}^n$ の基本ベクトル $\boldsymbol{e}_1\,, \boldsymbol{e}_2\,, \ldots\,, \boldsymbol{e}_n$ は $\mathbb{R}^n$ の基底である. このように, 基本ベクトルからなる基底を **標準基底** という. また, 基底を構成するベクトルの個数は n 個なので, $\dim \mathbb{R}^n = n$ である.
♠(2) x に関する 2 次以下の実数係数の多項式全体の集合 $\mathbb{R}[x]_2$ において, $x^2\,, x\,, 1$ は基底であり[16], 基底を構成するベクトルの個数は 3 個なので $\dim \mathbb{R}[x]_2 = 3$ である. ■

14) このことの証明については, 例えば参考文献 [1] 参照.
15) ♠ 印のところは発展的な内容なので, 初見では読みとばしてよい.
16) これらを $\mathbb{R}[x]_2$ の標準基底と定義する場合が多い.

例題 6.3 解空間 W の 1 組の基底と次元を求めなさい.

$$W = \left\{ \begin{bmatrix} x \\ y \\ z \\ u \\ v \end{bmatrix} \in \mathbb{R}^5 \;\middle|\; \begin{array}{rcl} x \quad + 2z \quad\quad - v &=& 0 \\ 2x + y + 3z \quad\quad - v &=& 0 \\ -x \quad - 2z + u + 3v &=& 0 \\ y - z \quad\quad + v &=& 0 \end{array} \right\}$$

解答 W を具体的に表記するため, まずは W の条件式の斉次連立 1 次方程式を解く. 係数行列を簡約化すると

$$\begin{bmatrix} \boxed{1} & 0 & 2 & 0 & -1 \\ 2 & 1 & 3 & 0 & -1 \\ -1 & 0 & -2 & 1 & 3 \\ 0 & 1 & -1 & 0 & 1 \end{bmatrix}$$

$$\to \begin{bmatrix} 1 & 0 & 2 & 0 & -1 \\ 0 & \boxed{1} & -1 & 0 & 1 \\ 0 & 0 & 0 & 1 & 2 \\ 0 & 1 & -1 & 0 & 1 \end{bmatrix} \to \begin{bmatrix} 1 & 0 & 2 & 0 & -1 \\ 0 & 1 & -1 & 0 & 1 \\ 0 & 0 & 0 & 1 & 2 \\ 0 & 0 & 0 & 0 & 0 \end{bmatrix}$$

となるので, その解は

$$\begin{bmatrix} x \\ y \\ z \\ u \\ v \end{bmatrix} = \begin{bmatrix} -2c_1 + c_2 \\ c_1 - c_2 \\ c_1 \\ -2c_2 \\ c_2 \end{bmatrix} = c_1 \underbrace{\begin{bmatrix} -2 \\ 1 \\ 1 \\ 0 \\ 0 \end{bmatrix}}_{= \boldsymbol{a}_1} + c_2 \underbrace{\begin{bmatrix} 1 \\ -1 \\ 0 \\ -2 \\ 1 \end{bmatrix}}_{= \boldsymbol{a}_2} \quad (c_1, c_2 \in \mathbb{R})$$

である. したがって, 解空間 W は

$$W = \left\{ c_1 \begin{bmatrix} -2 \\ 1 \\ 1 \\ 0 \\ 0 \end{bmatrix} + c_2 \begin{bmatrix} 1 \\ -1 \\ 0 \\ -2 \\ 1 \end{bmatrix} \;\middle|\; c_1, c_2 \in \mathbb{R} \right\}$$

と具体的な形で書き表すことができる. ここで, $\boldsymbol{a}_1, \boldsymbol{a}_2$ が W の基底となるかどうかを調べる.

まず, これまでの過程によって $\boldsymbol{a}_1, \boldsymbol{a}_2$ が W を生成することがわかるので (F1) は満たしている.

また, (F2) については, $\boldsymbol{a}_1, \boldsymbol{a}_2$ をよくみると

$$c_1\,\boldsymbol{a}_1 + c_2\,\boldsymbol{a}_2 \;=\; c_1\begin{bmatrix} -2 \\ 1 \\ 1 \\ 0 \\ 0 \end{bmatrix} + c_2\begin{bmatrix} 1 \\ -1 \\ 0 \\ -2 \\ 1 \end{bmatrix} \;=\; \boldsymbol{o}$$

の網掛け部分からすぐに $c_1 = c_2 = 0$ が導かれ, 線形独立であることがわかる. よって, (F2) も満たす. 以上から, W の 1 組の基底は $\left\{\begin{bmatrix} -2 \\ 1 \\ 1 \\ 0 \\ 0 \end{bmatrix}, \begin{bmatrix} 1 \\ -1 \\ 0 \\ -2 \\ 1 \end{bmatrix}\right\}$ であり, 基底を構成するベクトルの個数は 2 個 なので $\dim W = 2$ である. ■

注意 (1) この解空間の次元は, 解の **自由度** を表している (p.87 も参照のこと). これは, 不定解を表記するときの任意定数 c_i の個数と一致する.

(2) 解空間の 1 組の基底を **基本解** という[17]. 例えば, 斉次連立 1 次方程式

$$\begin{cases} x \qquad + 2z \qquad\quad - \ v \;=\; 0 \\ 2x + y + 3z \qquad\quad - \ v \;=\; 0 \\ -x \qquad - 2z + u + 3v \;=\; 0 \\ \qquad\ \ y - \ z \qquad\quad + \ v \;=\; 0 \end{cases}$$

の基本解は, 例題 6.3 より $\left\{\begin{bmatrix} -2 \\ 1 \\ 1 \\ 0 \\ 0 \end{bmatrix}, \begin{bmatrix} 1 \\ -1 \\ 0 \\ -2 \\ 1 \end{bmatrix}\right\}$ である.

(3) 例題 6.3 の係数行列を A とし, その階数を求めると, 途中の計算式から $\operatorname{rank} A = 3$ がわかる. 一方, 例題 6.3 より解空間の次元 (解の自由度) は $\dim W = 2$ であり, またこの 例題 6.3 の全体空間 $\mathbb{R}^5$ の次元は $\dim \mathbb{R}^5 = 5$ であるから,

$$\dim W + \operatorname{rank} A \;=\; 5$$

が成り立っている. じつは, 一般の場合でも次の関係が知られている.

解空間の次元と階数の関係

$m \times n$ 行列 A と斉次連立 1 次方程式 $A\boldsymbol{x} = \boldsymbol{o}$ の解空間 $W \subset \mathbb{R}^n$ との間に, 次の関係式が成り立つ.

$$\dim W + \operatorname{rank} A \;=\; n$$

これは, 例題 6.3 のような解空間の基底と次元を求める問題において, 検算する際に有効である.

17) 微分方程式でもよく用いられる用語である.

練習 6.5 [18)]　解空間 W の 1 組の基底と次元を求めなさい.

$$W = \left\{ \begin{bmatrix} x \\ y \\ z \end{bmatrix} \in \mathbb{R}^3 \;\middle|\; \begin{array}{rcl} x - y - 2z &=& 0 \\ 3x \quad\; + 3z &=& 0 \\ 2x + y + 5z &=& 0 \end{array} \right\}$$

第 6 章　章末問題

【A】 (答えは p.244)

1. W が $\mathbb{R}^3$ の線形部分空間であれば ○, そうでなければ × と答えなさい.

(1) $W = \left\{ \begin{bmatrix} x \\ y \\ z \end{bmatrix} \in \mathbb{R}^3 \;\middle|\; \begin{array}{rcl} x + \;\; y &=& z \\ x - 2y &=& 3z \end{array} \right\}$

(2) $W = \left\{ \begin{bmatrix} x \\ y \\ z \end{bmatrix} \in \mathbb{R}^3 \;\middle|\; x - 2y = 1 - 3z \right\}$

(3) $W = \left\{ \begin{bmatrix} x \\ y \\ z \end{bmatrix} \in \mathbb{R}^3 \;\middle|\; x - 2y \geq 3z \right\}$

(4) $W = \left\{ \begin{bmatrix} x \\ y \\ z \end{bmatrix} \in \mathbb{R}^3 \;\middle|\; y = x^2 \right\}$

(5) $W = \left\{ \begin{bmatrix} x \\ y \\ z \end{bmatrix} \in \mathbb{R}^3 \;\middle|\; xy = 0 \right\}$

2. 次のベクトルの組が線形独立であるか, 線形従属であるかを調べなさい. もし線形従属ならば, 線形独立なベクトルを 1 組選び, 他のベクトルをそれらの線形結合で表しなさい.

(1) $\boldsymbol{a}_1 = \begin{bmatrix} 3 \\ 2 \\ 4 \end{bmatrix}, \ \boldsymbol{a}_2 = \begin{bmatrix} 2 \\ 1 \\ 2 \end{bmatrix}, \ \boldsymbol{a}_3 = \begin{bmatrix} 1 \\ 2 \\ 4 \end{bmatrix}$

---

18) 答 (練習 6.5)　$\left\{ \begin{bmatrix} -1 \\ -3 \\ 1 \end{bmatrix} \right\}, \ \dim W = 1$

(2) $\boldsymbol{a}_1 = \begin{bmatrix} 3 \\ 2 \\ 4 \end{bmatrix},\ \boldsymbol{a}_2 = \begin{bmatrix} 2 \\ 1 \\ 2 \end{bmatrix},\ \boldsymbol{a}_3 = \begin{bmatrix} 1 \\ 2 \\ 1 \end{bmatrix}$

(3) $\boldsymbol{a}_1 = \begin{bmatrix} 3 \\ 2 \\ 2 \end{bmatrix},\ \boldsymbol{a}_2 = \begin{bmatrix} 8 \\ 6 \\ 1 \end{bmatrix},\ \boldsymbol{a}_3 = \begin{bmatrix} 1 \\ 0 \\ 5 \end{bmatrix},\ \boldsymbol{a}_4 = \begin{bmatrix} 5 \\ 4 \\ -1 \end{bmatrix}$

3. 解空間 W の 1 組の基底と次元を求めなさい.

(1) $$W = \left\{ \begin{bmatrix} x \\ y \\ z \\ w \end{bmatrix} \in \mathbb{R}^4 \ \middle|\ \begin{array}{rcl} x + y + 3z + 4w & = & 0 \\ 2x + 2y + 7z + 9w & = & 0 \\ x + y + 5z + 6w & = & 0 \end{array} \right\}$$

(2) $$W = \left\{ \begin{bmatrix} x \\ y \\ z \\ w \end{bmatrix} \in \mathbb{R}^4 \ \middle|\ \begin{array}{rcl} x - y + z & = & 0 \\ 2x - y - 2z - 3w & = & 0 \\ x + y - 7z - 6w & = & 0 \\ 3x - y - 5z - 6w & = & 0 \end{array} \right\}$$

(3) $$W = \left\{ \begin{bmatrix} x \\ y \\ z \\ w \end{bmatrix} \in \mathbb{R}^4 \ \middle|\ \begin{array}{rcl} x + 2y - 4z + 4w & = & 0 \\ -2x - 3y + 5z - 7w & = & 0 \\ -x - 2z - w & = & 0 \\ -3x - 3y + 3z - 5w & = & 0 \end{array} \right\}$$

(4) $$W = \left\{ \begin{bmatrix} x \\ y \\ z \\ u \\ v \end{bmatrix} \in \mathbb{R}^5 \ \middle|\ \begin{array}{rcl} x - y + z - u + v & = & 0 \\ 2x - 2y + 5z + u + 8v & = & 0 \\ 3x - 3y + 5z - u + 7v & = & 0 \end{array} \right\}$$

(5) $$W = \left\{ \begin{bmatrix} x \\ y \\ z \\ u \\ v \end{bmatrix} \in \mathbb{R}^5 \ \middle|\ \begin{array}{rcl} x - y + z + 2u + 3v & = & 0 \\ 2x - 2y + 5z + u + 9v & = & 0 \\ 3x - 3y + z + 8u + 7v & = & 0 \end{array} \right\}$$

(6) $$W = \left\{ \begin{bmatrix} x \\ y \\ z \\ u \\ v \end{bmatrix} \in \mathbb{R}^5 \ \middle|\ \begin{array}{rcl} x + y + z + u + v & = & 0 \\ 3x + 6y + 3z + u + 5v & = & 0 \\ 2x + 4y + 2z + u + 3v & = & 0 \end{array} \right\}$$

(7) $$W = \left\{ \begin{bmatrix} x \\ y \\ z \\ u \\ v \end{bmatrix} \in \mathbb{R}^5 \ \middle|\ \begin{array}{rcl} x + y + z + u + v & = & 0 \\ 3x + 6y + 6z + u + 2v & = & 0 \\ 2x + 4y + 4z + u + v & = & 0 \end{array} \right\}$$

4. ベクトルの組

$$\boldsymbol{a}_1 = \begin{bmatrix} 1 \\ 2 \\ 3 \\ 6 \end{bmatrix}, \ \boldsymbol{a}_2 = \begin{bmatrix} 2 \\ 5 \\ -2 \\ -3 \end{bmatrix}, \ \boldsymbol{a}_3 = \begin{bmatrix} 1 \\ -2 \\ 2 \\ 1 \end{bmatrix}, \ \boldsymbol{a}_4 = \begin{bmatrix} -4 \\ 7 \\ 0 \\ x \end{bmatrix}$$

が線形従属となる $x \in \mathbb{R}$ の値を求めなさい．また，そのときの線形関係を 1 つ明記しなさい．

5. $a, b, c \in \mathbb{R}$ とする．線形空間

$$W = \left\{ \boldsymbol{x} \in \mathbb{R}^4 \ \middle| \ \begin{array}{rcl} 2x - 3y + 3z + w &=& 0 \\ x + 2y + 5z - 2w &=& 0 \\ 3x - 8y + az + bw &=& c \end{array} \right\}$$

の次元が 2 であるとき，a, b, c の値を求めなさい．

6. 次の線形空間の次元を求めなさい．

(1) $W = \left\{ \begin{bmatrix} x \\ y \\ z \end{bmatrix} \in \mathbb{R}^3 \ \middle| \ \begin{array}{rcl} x + y &=& z \\ x - 2y &=& 3z \end{array} \right\}$

(2) $W = \left\{ \begin{bmatrix} x \\ y \\ z \end{bmatrix} \in \mathbb{R}^3 \ \middle| \ x + 2y + 3z = 0 \right\}$

(3) $W = \left\{ \begin{bmatrix} x \\ y \\ z \end{bmatrix} \in \mathbb{R}^3 \ \middle| \ x = y = z \right\}$

(4) $W = \left\{ \begin{bmatrix} x \\ y \\ z \end{bmatrix} \in \mathbb{R}^3 \ \middle| \ x = y = z = 0 \right\}$

【B】 (答えは p.244)

1. $m \times n$ 行列 A と，零ベクトルでない m 次元ベクトル $\boldsymbol{b}$ に対して，非斉次 連立 1 次方程式 $A\boldsymbol{x} = \boldsymbol{b}$ の解空間

$$W = \left\{ \boldsymbol{x} \in \mathbb{R}^n \ \middle| \ A\boldsymbol{x} = \boldsymbol{b} \right\}$$

は，$\mathbb{R}^n$ の線形部分空間ではない．このことを証明しなさい．

2. x に関する 2 次以下の実数係数の多項式全体の集合 $\mathbb{R}[x]_2$ において，$x^2, x, 1$ は基底となることを証明しなさい．

7
線形写像

7.1 写　像

2つの集合 $A = \{1, 2, 3\}$, $B = \{0, 2, 4\}$ において, A の各元を B の 1つ の元に対応させる関係として, 例えば

$$f(a) = 2a - 2 \quad (a \in A)$$

を考えよう. この対応関係を具体的に調べてみると,

$$f(1) = 2 \cdot 1 - 2 = 0 \in B,$$
$$f(2) = 2 \cdot 2 - 2 = 2 \in B,$$
$$f(3) = 2 \cdot 3 - 2 = 4 \in B$$

であり, 確かに A の各元は B の ただ1つ の元に対応していることがわかる.
また, 別の対応関係として, 例えば

$$g(a) = 2(a - 2)^2 \quad (a \in A)$$

を考えてみると,

$$g(1) = 2 \cdot (-1)^2 = 2 \in B,$$
$$g(2) = 2 \cdot 0^2 = 0 \in B,$$
$$g(3) = 2 \cdot 1^2 = 2 \in B$$

であり, 対応先が一致するものも, B の中に対応しないものもあるが, この場合も確かに A の各元は B の ただ1つ の元に対応していることがわかる.

このように, 2つの空でない集合 A, B に対して, A の各元を B の ただ1つ の元に対応させる関係を, A から B への **写像** という[1]. 写像を表す記号は特

1) A のどの元に対しても, その対応先が ただ1つだけ定まるようなもの を写像と定義する.

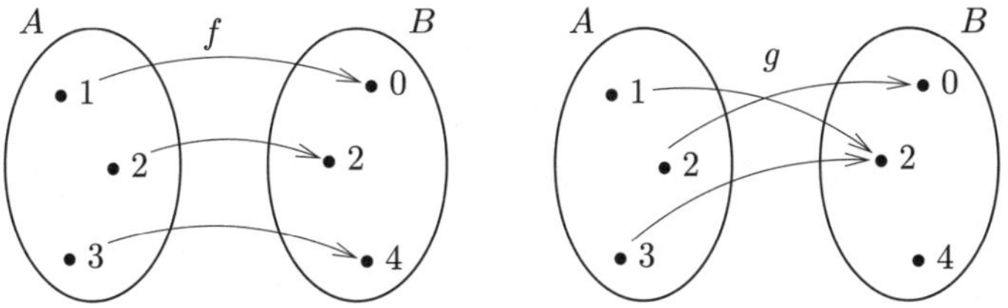

図 7.1　対応関係 f と g のそれぞれの状況

に決まっていないが, 例えば A から B への写像を f とするとき,

$$f : A \to B$$

のように表す. このとき, A を **定義域** あるいは **始域**, B を **終域** という. また, 元 $a \in A$ に対応する元 $b \in B$ を, 写像 f による a の **像** といい,

$$b = f(a)$$

と表す. このとき, 「写像 f は a を b に写す」あるいは「a は写像 f で b に写される」などともいい,

$$f : a \mapsto b$$

と表すこともある[2].

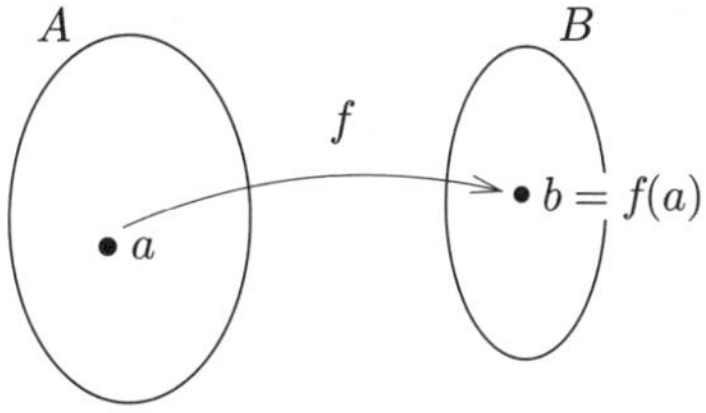

図 7.2　A から B への写像 f

なお, $A=B$ のとき, つまり A から A 自身への写像を A の **変換** ということもある. また, B が $\mathbb{R}$ や $\mathbb{C}$, そしてそれらの部分集合など「数の集合」のとき, 写像のことを **関数** といい, そのとき B のことを **値域** という. 実際, $A = B = \mathbb{R}$ として, 写像 f を

$$f(a) = 2a \quad (a \in A)$$

2)　このように, 写像を「元」で表す場合の矢印は, 単なる矢印 ($\to$) ではなく, 左側に縦線のある矢印 ($\mapsto$) を用いるので注意!

と定義すると，これは

$$y = f(x) = 2x \quad (x \in \mathbb{R})$$

と同値であるから，写像 f は 1 変数関数の 1 次関数である[3]．

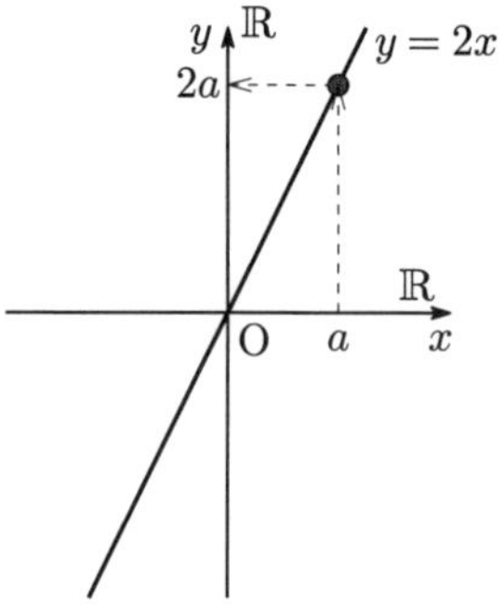

図 7.3 ℝ から ℝ への写像 (関数) f の例

A から B への 2 つの写像 f, g に対して，どの元 $a \in A$ に対しても

$$f(a) = g(a)$$

が成り立つとき，写像 f と g は **等しい** といい，$f = g$ と表す．また，A から A 自身への写像 (変換) で，各元 $a \in A$ に対して，同じ元 $a \in A$ を対応させる写像を **恒等写像** あるいは **恒等変換** といい，I などと表す[4]．つまり，すべての $a \in A$ に対して $I(a) = a$ である．

その他，写像については単射，全射，全単射，逆写像などの概念があるが，それらは巻末の付録で紹介する．

7.2 線 形 写 像

前節では，集合として数の集合を主に考えていたが，ここでは「線形空間」で考える．このとき，写像の対象となるのは線形空間の元である「ベクトル」である．また，この節以降，線形空間の記号として U, V などを，そして写像の記号として T, S などを用いることにする．

3) $A = \mathbb{R}^2$, $B = \mathbb{R}$ とすると，写像 $f : A \to B$ は 2 変数関数となる．

4) 恒等写像の記号 I は「恒等」を意味する英語 identity の頭文字である．

例えば，線形空間 $\mathbb{R}^3$ の元 $\boldsymbol{u} = \begin{bmatrix} u_1 \\ u_2 \\ u_3 \end{bmatrix}$ を，線形空間 $\mathbb{R}^2$ の元

$$T(\boldsymbol{u}) = T\left(\begin{bmatrix} u_1 \\ u_2 \\ u_3 \end{bmatrix}\right) = \begin{bmatrix} u_1 - 2u_2 + 3u_3 \\ 2u_1 - 3u_2 + 5u_3 \end{bmatrix}$$

に写す写像 $T : \mathbb{R}^3 \to \mathbb{R}^2$ を考える．

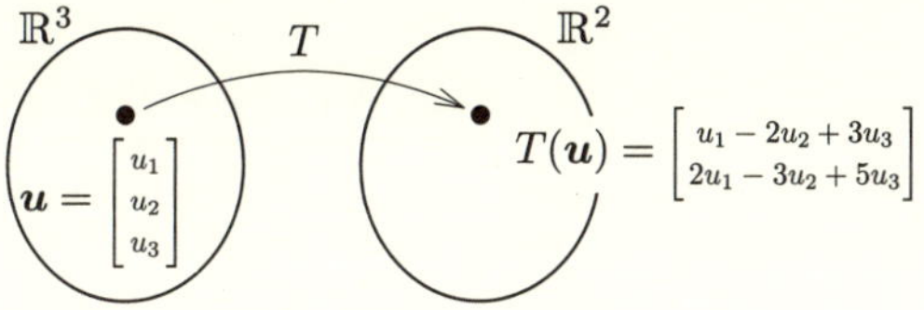

図 7.4 写像 $T : \mathbb{R}^3 \to \mathbb{R}^2$

この写像 T によって，$\mathbb{R}^3$ の零ベクトル $\boldsymbol{o} = \begin{bmatrix} 0 \\ 0 \\ 0 \end{bmatrix}$ は

$$T(\boldsymbol{o}) = T\left(\begin{bmatrix} 0 \\ 0 \\ 0 \end{bmatrix}\right) = \begin{bmatrix} 0 - 2 \cdot 0 + 3 \cdot 0 \\ 2 \cdot 0 - 3 \cdot 0 + 5 \cdot 0 \end{bmatrix} = \begin{bmatrix} 0 \\ 0 \end{bmatrix} = \boldsymbol{o}$$

より，$\mathbb{R}^2$ の零ベクトル $\boldsymbol{o} = \begin{bmatrix} 0 \\ 0 \end{bmatrix}$ に写される．また，$\mathbb{R}^3$ の標準基底を構成する 3 つの基本ベクトル $\boldsymbol{e}_1, \boldsymbol{e}_2, \boldsymbol{e}_3$ は，この写像 T によってそれぞれ

$$T(\boldsymbol{e}_1) = T\left(\begin{bmatrix} 1 \\ 0 \\ 0 \end{bmatrix}\right) = \begin{bmatrix} 1 - 2 \cdot 0 + 3 \cdot 0 \\ 2 \cdot 1 - 3 \cdot 0 + 5 \cdot 0 \end{bmatrix} = \begin{bmatrix} 1 \\ 2 \end{bmatrix},$$

$$T(\boldsymbol{e}_2) = T\left(\begin{bmatrix} 0 \\ 1 \\ 0 \end{bmatrix}\right) = \begin{bmatrix} 0 - 2 \cdot 1 + 3 \cdot 0 \\ 2 \cdot 0 - 3 \cdot 1 + 5 \cdot 0 \end{bmatrix} = \begin{bmatrix} -2 \\ -3 \end{bmatrix},$$

$$T(\boldsymbol{e}_3) = T\left(\begin{bmatrix} 0 \\ 0 \\ 1 \end{bmatrix}\right) = \begin{bmatrix} 0 - 2 \cdot 0 + 3 \cdot 1 \\ 2 \cdot 0 - 3 \cdot 0 + 5 \cdot 1 \end{bmatrix} = \begin{bmatrix} 3 \\ 5 \end{bmatrix}$$

に写される．このとき，

$$T(\boldsymbol{u}) = \begin{bmatrix} u_1 - 2u_2 + 3u_3 \\ 2u_1 - 3u_2 + 5u_3 \end{bmatrix} = \begin{bmatrix} 1 & -2 & 3 \\ 2 & -3 & 5 \end{bmatrix} \begin{bmatrix} u_1 \\ u_2 \\ u_3 \end{bmatrix} = \begin{bmatrix} 1 & -2 & 3 \\ 2 & -3 & 5 \end{bmatrix} \boldsymbol{u},$$

ただし $\boldsymbol{u} = \begin{bmatrix} u_1 \\ u_2 \\ u_3 \end{bmatrix} = u_1 \boldsymbol{e}_1 + u_2 \boldsymbol{e}_2 + u_3 \boldsymbol{e}_3$ である．ここで，2.6 節の行列の性質 (12) と (13) を用いると

$$\begin{aligned} T(\boldsymbol{u}) &= T\big(\underbrace{u_1 \boldsymbol{e}_1 + u_2 \boldsymbol{e}_2 + u_3 \boldsymbol{e}_3}_{\boldsymbol{u}} \big) \\ &= \begin{bmatrix} 1 & -2 & 3 \\ 2 & -3 & 5 \end{bmatrix} \big(\underbrace{u_1 \boldsymbol{e}_1 + u_2 \boldsymbol{e}_2 + u_3 \boldsymbol{e}_3}_{\boldsymbol{u}} \big) \\ &= u_1 \begin{bmatrix} 1 & -2 & 3 \\ 2 & -3 & 5 \end{bmatrix} \boldsymbol{e}_1 + u_2 \begin{bmatrix} 1 & -2 & 3 \\ 2 & -3 & 5 \end{bmatrix} \boldsymbol{e}_2 + u_3 \begin{bmatrix} 1 & -2 & 3 \\ 2 & -3 & 5 \end{bmatrix} \boldsymbol{e}_3 \\ &= u_1 \begin{bmatrix} 1 \\ 2 \end{bmatrix} + u_2 \begin{bmatrix} -2 \\ -3 \end{bmatrix} + u_3 \begin{bmatrix} 3 \\ 5 \end{bmatrix} \\ &= u_1 T(\boldsymbol{e}_1) + u_2 T(\boldsymbol{e}_2) + u_3 T(\boldsymbol{e}_3) \end{aligned}$$

のように変形できることがわかる．つまり，与えられた写像 T では

- $\boldsymbol{u}, \boldsymbol{v} \in \mathbb{R}^3$ に対して，$T(\boldsymbol{u} + \boldsymbol{v}) = T(\boldsymbol{u}) + T(\boldsymbol{v})$
- $\boldsymbol{u} \in \mathbb{R}^3$，$k \in \mathbb{R}$ に対して，$T(k\boldsymbol{u}) = kT(\boldsymbol{u})$

がともに成り立つことを示している．これらの関係式は必ずしもすべての写像について成り立つわけではないが[5]，今後線形空間の写像を考えるうえで，この性質はとても重要かつ有益なので，この性質に注目して次のように定義をする．

U, V を線形空間とする．写像 $T : U \to V$ について，T で「写す前」の U での和とスカラー倍が，「写した後」の V での和とスカラー倍と一致するとき，つまり写像 T が **線形性** とよばれる次の 2 つの性質

(G1) $\boldsymbol{u}, \boldsymbol{v} \in U$ に対して，$T(\boldsymbol{u} + \boldsymbol{v}) = T(\boldsymbol{u}) + T(\boldsymbol{v})$
(G2) $\boldsymbol{u} \in U$，$k \in \mathbb{R}$ に対して，$T(k\boldsymbol{u}) = kT(\boldsymbol{u})$

をともに満たすとき，T を **線形写像** という．特に，U から U 自身への線形

5) 例えば，写像 $T : \mathbb{R}^3 \to \mathbb{R}^2$ で $T(\boldsymbol{u}) = \begin{bmatrix} u_1 - 2u_2 + 3u_3 + 1 \\ 2u_1 - 3u_2 + 5u_3 + 2 \end{bmatrix}$ なるものを考えれば，和とスカラー倍が一致しないことがわかる．

写像 $T: U \to U$ をUの**線形変換**あるいは**1次変換**ということもある.

注意 (1) U は線形空間であるから, $\boldsymbol{u}, \boldsymbol{v} \in U$, $k \in \mathbb{R}$ ならば $\boldsymbol{u}+\boldsymbol{v} \in U$, $k\boldsymbol{u} \in U$ であることに注意する.

(2) T が線形写像であれば $T(\boldsymbol{o}) = \boldsymbol{o}$ である. (G2) で $k=0$ とすればよい.

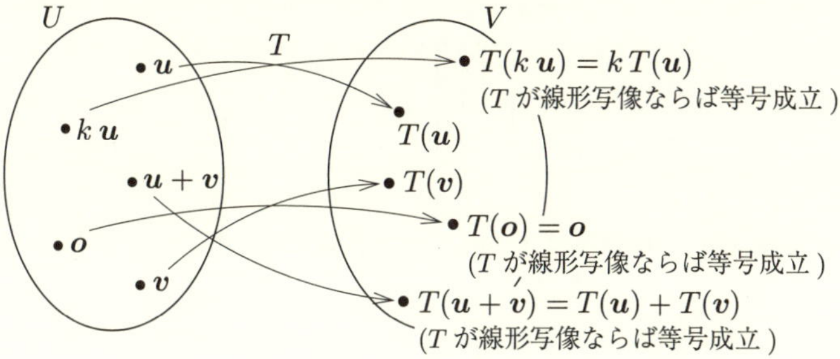

図 7.5 線形写像 $T: U \to V$

特に, $U = \mathbb{R}^m$, $V = \mathbb{R}^n$ のときは, 先の例のように標準基底を構成する基本ベクトルと行列の性質を利用することで, 以下が成り立つことがわかる.

$T(\boldsymbol{u}) = A\boldsymbol{u}$ は線形写像

$\mathbb{R}^{m}$ から $\mathbb{R}^{n}$ への写像 T が, $n \times m$ 行列 A を用いて

$$T(\boldsymbol{u}) = A\boldsymbol{u} \quad \left(\boldsymbol{u} \in \mathbb{R}^{m}\right)$$

と表されるとき, T は線形写像である.

また, どのような線形写像 $T: \mathbb{R}^{m} \to \mathbb{R}^{n}$ も, ある適当な $n \times m$ 行列 A を用いて

$$T(\boldsymbol{u}) = A\boldsymbol{u} \quad \left(\boldsymbol{u} \in \mathbb{R}^{m}\right)$$

と表される. このときの行列 A を**写像 T が定める行列**あるいは T の(標準基底による)**表現行列**という.

注意 (1) 一般の表現行列の定義については, 7.4 節を参照のこと.

(2) 写像と行列の m と n の順序に注意すること! $\boldsymbol{u} \in \mathbb{R}^{m}$ であるから, 行列の積 $A\boldsymbol{u}$ が計算可能な条件と, 写像 T の終域 $\mathbb{R}^{n}$ を考えれば, A の型は $n \times m$ となることがわかる.

例 1 (1) $\mathbb{R}^3$ から $\mathbb{R}^2$ への写像 T を

$$T\left(\begin{bmatrix} x \\ y \\ z \end{bmatrix}\right) = \begin{bmatrix} 4x+3y+5z \\ -7x+2y-6z \end{bmatrix} \quad \left(\boldsymbol{u} = \begin{bmatrix} x \\ y \\ z \end{bmatrix} \in \mathbb{R}^3\right)$$

と定義すると, T は線形空間から線形空間への写像で,

$$T(\boldsymbol{u}) = T\left(\begin{bmatrix} x \\ y \\ z \end{bmatrix}\right) = \begin{bmatrix} 4 & 3 & 5 \\ -7 & 2 & -6 \end{bmatrix}\begin{bmatrix} x \\ y \\ z \end{bmatrix} = A\boldsymbol{u}$$

と表せるので線形写像である. また, $\boldsymbol{a} = \begin{bmatrix} -1 \\ 2 \\ 1 \end{bmatrix}$, $\boldsymbol{b} = \begin{bmatrix} 2 \\ 1 \\ -1 \end{bmatrix}$ とすると,

$$T(\boldsymbol{a}) = T\left(\begin{bmatrix} -1 \\ 2 \\ 1 \end{bmatrix}\right) = \begin{bmatrix} 4 & 3 & 5 \\ -7 & 2 & -6 \end{bmatrix}\begin{bmatrix} -1 \\ 2 \\ 1 \end{bmatrix} = \begin{bmatrix} 7 \\ 5 \end{bmatrix},$$

$$T(\boldsymbol{b}) = T\left(\begin{bmatrix} 2 \\ 1 \\ -1 \end{bmatrix}\right) = \begin{bmatrix} 4 & 3 & 5 \\ -7 & 2 & -6 \end{bmatrix}\begin{bmatrix} 2 \\ 1 \\ -1 \end{bmatrix} = \begin{bmatrix} 6 \\ -6 \end{bmatrix}$$

であるから, $T(5\boldsymbol{a})$ や $T(5\boldsymbol{a}-6\boldsymbol{b})$ を求めるときは, T は線形写像なのでわざわざ $5\boldsymbol{a}$ や $5\boldsymbol{a}-6\boldsymbol{b}$ を計算してから写さなくても, 線形性を利用して

$$T(5\boldsymbol{a}) = 5T(\boldsymbol{a}) = \begin{bmatrix} 35 \\ 25 \end{bmatrix},$$

$$T(5\boldsymbol{a}-6\boldsymbol{b}) = 5T(\boldsymbol{a}) - 6T(\boldsymbol{b}) = \begin{bmatrix} 35 \\ 25 \end{bmatrix} + \begin{bmatrix} -36 \\ 36 \end{bmatrix} = \begin{bmatrix} -1 \\ 61 \end{bmatrix}$$

と簡単に求めることができる.

(2) $\mathbb{R}^3$ から $\mathbb{R}^2$ への写像 T を

$$T\left(\begin{bmatrix} x \\ y \\ z \end{bmatrix}\right) = \begin{bmatrix} x+z+1 \\ y-z-2 \end{bmatrix} \quad \left(\boldsymbol{u} = \begin{bmatrix} x \\ y \\ z \end{bmatrix} \in \mathbb{R}^3\right)$$

と定義すると, この写像はこのままでは線形写像かどうかわからない. そこで, 零ベクトル $\boldsymbol{o} \in \mathbb{R}^3$ を写してみると,

$$T(\boldsymbol{o}) = T\left(\begin{bmatrix} 0 \\ 0 \\ 0 \end{bmatrix}\right) = \begin{bmatrix} 1 \\ -2 \end{bmatrix} \neq \begin{bmatrix} 0 \\ 0 \end{bmatrix}$$

であるから, 線形写像ではない. また, $\boldsymbol{a} = \begin{bmatrix} 1 \\ 2 \\ 3 \end{bmatrix}$ とすると,

$$T(\boldsymbol{a}) = T\left(\begin{bmatrix} 1 \\ 2 \\ 3 \end{bmatrix}\right) = \begin{bmatrix} 5 \\ -3 \end{bmatrix},$$

$$T(2\boldsymbol{a}) = T\left(\begin{bmatrix} 2 \\ 4 \\ 6 \end{bmatrix}\right) = \begin{bmatrix} 9 \\ -4 \end{bmatrix} \neq \begin{bmatrix} 10 \\ -6 \end{bmatrix} = 2T(\boldsymbol{a})$$

であるから, 線形性が成り立たないこともわかる. ■

練習 7.1 [6] $\mathbb{R}^3$ から $\mathbb{R}^2$ への線形写像 T を

$$T\left(\begin{bmatrix} x \\ y \\ z \end{bmatrix}\right) = \begin{bmatrix} 8x + 9y - 7z \\ -9x - 6y + 5z \end{bmatrix} \quad \left(\boldsymbol{u} = \begin{bmatrix} x \\ y \\ z \end{bmatrix} \in \mathbb{R}^3\right)$$

と定義し, $\boldsymbol{a} = \begin{bmatrix} -1 \\ 2 \\ 1 \end{bmatrix}$, $\boldsymbol{b} = \begin{bmatrix} 1 \\ 1 \\ 2 \end{bmatrix}$ とするとき, $T(\boldsymbol{a})$, $T(\boldsymbol{b})$, $T(9\boldsymbol{a})$, $T(9\boldsymbol{a} - 8\boldsymbol{b})$ を求めなさい.

続いて, 座標平面上における具体的な線形写像をみてみよう.

例 2 2 次元の座標平面上の点の移動を, $\mathbb{R}^2$ から $\mathbb{R}^2$ への写像 (変換) として考えてみよう. ここでは, 座標平面上の点 (x, y) を 位置ベクトル $\boldsymbol{x} = \begin{bmatrix} x \\ y \end{bmatrix} \in \mathbb{R}^2$ として考えることにする. すると, 以下の (0) ~ (4) の写像は $T_i(\boldsymbol{x}) = A\boldsymbol{x}$ $(i = 0, 1, 2, 3, 4)$ の形で表されるので, これらは線形写像 (いまの場合, $\mathbb{R}^2 \to \mathbb{R}^2$ なので線形変換ともいう) であることが示される. しかし, (5) の写像 T_5 は 線形写像とはならない.

(0) 移動しない (**恒等変換**) : $(x, y) \mapsto (x, y)$

$$T_0 : \mathbb{R}^2 \to \mathbb{R}^2, \quad T_0(\boldsymbol{x}) = T_0\left(\begin{bmatrix} x \\ y \end{bmatrix}\right) = \begin{bmatrix} x \\ y \end{bmatrix} = \begin{bmatrix} 1 & 0 \\ 0 & 1 \end{bmatrix}\begin{bmatrix} x \\ y \end{bmatrix}$$

---

6) 答 (練習 7.1) $T(\boldsymbol{a}) = \begin{bmatrix} 3 \\ 2 \end{bmatrix}$, $T(\boldsymbol{b}) = \begin{bmatrix} 3 \\ -5 \end{bmatrix}$, $T(9\boldsymbol{a}) = \begin{bmatrix} 27 \\ 18 \end{bmatrix}$, $T(9\boldsymbol{a} - 8\boldsymbol{b}) = \begin{bmatrix} 3 \\ 58 \end{bmatrix}$

(1) x 軸対称移動：$(x, y) \mapsto (x, -y)$

$$T_1 : \mathbb{R}^2 \to \mathbb{R}^2,\ T_1(\boldsymbol{x}) = T_1\left(\begin{bmatrix} x \\ y \end{bmatrix}\right) = \begin{bmatrix} x \\ -y \end{bmatrix} = \begin{bmatrix} 1 & 0 \\ 0 & -1 \end{bmatrix}\begin{bmatrix} x \\ y \end{bmatrix}$$

(2) y 軸対称移動：$(x, y) \mapsto (-x, y)$

$$T_2 : \mathbb{R}^2 \to \mathbb{R}^2,\ T_2(\boldsymbol{x}) = T_2\left(\begin{bmatrix} x \\ y \end{bmatrix}\right) = \begin{bmatrix} -x \\ y \end{bmatrix} = \begin{bmatrix} -1 & 0 \\ 0 & 1 \end{bmatrix}\begin{bmatrix} x \\ y \end{bmatrix}$$

(3) 原点対称移動：$(x, y) \mapsto (-x, -y)$

$$T_3 : \mathbb{R}^2 \to \mathbb{R}^2,\ T_3(\boldsymbol{x}) = T_3\left(\begin{bmatrix} x \\ y \end{bmatrix}\right) = \begin{bmatrix} -x \\ -y \end{bmatrix} = \begin{bmatrix} -1 & 0 \\ 0 & -1 \end{bmatrix}\begin{bmatrix} x \\ y \end{bmatrix}$$

(4) 直線 $y = x$ に関する対称移動：$(x, y) \mapsto (y, x)$

$$T_4 : \mathbb{R}^2 \to \mathbb{R}^2,\ T_4(\boldsymbol{x}) = T_4\left(\begin{bmatrix} x \\ y \end{bmatrix}\right) = \begin{bmatrix} y \\ x \end{bmatrix} = \begin{bmatrix} 0 & 1 \\ 1 & 0 \end{bmatrix}\begin{bmatrix} x \\ y \end{bmatrix}$$

(5) x の正の方向に 1, y の正の方向に 2 平行移動：$(x, y) \mapsto (x+1, y+2)$

$$T_5 : \mathbb{R}^2 \to \mathbb{R}^2,\ T_5(\boldsymbol{x}) = T_5\left(\begin{bmatrix} x \\ y \end{bmatrix}\right) = \begin{bmatrix} x+1 \\ y+2 \end{bmatrix}$$
$$= \begin{bmatrix} 1 & 0 \\ 0 & 1 \end{bmatrix}\begin{bmatrix} x \\ y \end{bmatrix} + \begin{bmatrix} 1 \\ 2 \end{bmatrix}$$

となり，$T_5(\boldsymbol{x}) = A\boldsymbol{x}$ の形で表すことができない．このままでは T_5 が線形写像であるかどうかわからないので，T_5 が線形写像であると仮定して矛盾が生じるかどうか調べる．すると，T_5 は線形性 (G1), (G2) を満たすはずであるが，$\boldsymbol{o} \in \mathbb{R}^2$ を T_5 で写してみると

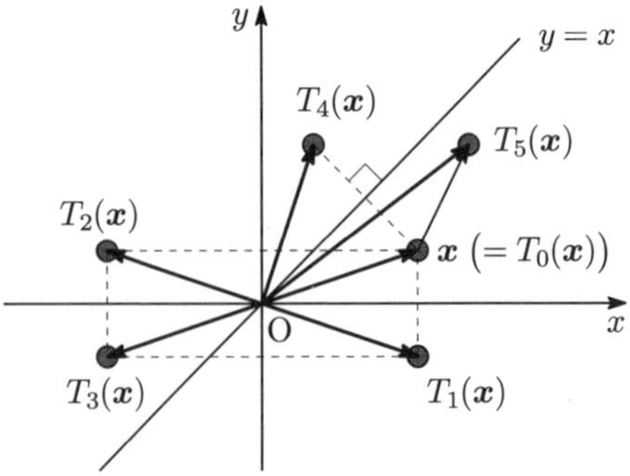

図 7.6　例 2 (0) ～ (5) の各写像 T_i $(i = 0, 1, 2, 3, 4, 5)$

$$T_5(\boldsymbol{o}) = T_5\left(\begin{bmatrix}0\\0\end{bmatrix}\right) = \begin{bmatrix}0+1\\0+2\end{bmatrix} = \begin{bmatrix}1\\2\end{bmatrix} \neq \begin{bmatrix}0\\0\end{bmatrix} \in \mathbb{R}^2$$

となる．これは，(G2) で $k=0$ とした $T_5(\boldsymbol{o})=\boldsymbol{o}$ に矛盾する．したがって，T_5 は線形写像ではない． ■

また, この他にも

- **相似変換**：位置ベクトルとみてスカラー倍する移動
- **回転移動**：原点を中心として回転させる移動
- **正射影**：原点を通る直線に対して, 位置ベクトルをその直線に垂直に射影する移動 (正射影で写ったベクトルを **正射影ベクトル** という)
- **鏡映変換**：原点を通る直線に関する対称移動 (鏡映変換で写ったベクトルを **鏡像ベクトル** という)

という写像が考えられ, これらはいずれも線形写像 (線形変換) であることが示される (練習 7.2, A.3 節).

練習 7.2 [7] $\mathbb{R}^2$ における相似変換 $T_6 : (x, y) \mapsto (kx, ky)$ $(k \in \mathbb{R})$ は線形写像であることを証明しなさい.

♠ **注意** 例 2 (5) は恒等変換と平行移動をあわせた写像であるが, このように線形写像と平行移動をあわせた写像を **アフィン写像** という．アフィン写像は線形写像ではないが, 次のように次元を 1 つ加えることで「行列の積」として表現できる.

$$U = \mathbb{R}^2 \times \{1\} = \left\{ \begin{bmatrix}x\\y\\1\end{bmatrix} \;\middle|\; \begin{bmatrix}x\\y\end{bmatrix} \in \mathbb{R}^2 \right\}$$

とし, 写像 $T : U \to U$ を

$$T\left(\begin{bmatrix}x\\y\\1\end{bmatrix}\right) = \begin{bmatrix}x+1\\y+2\\1\end{bmatrix} \quad \left(\begin{bmatrix}x\\y\\1\end{bmatrix} \in U\right)$$

と定義すると,

$$T\left(\begin{bmatrix}x\\y\\1\end{bmatrix}\right) = \begin{bmatrix}x+1\\y+2\\1\end{bmatrix} = \begin{bmatrix}1&0&1\\0&1&2\\0&0&1\end{bmatrix}\begin{bmatrix}x\\y\\1\end{bmatrix}$$

のように表せる．ただし，U は線形空間ではないので T は線形写像ではない (章末問題).

---

7) **答 (練習 7.2)** $T_6\left(\begin{bmatrix}x\\y\end{bmatrix}\right) = \begin{bmatrix}kx\\ky\end{bmatrix} = \begin{bmatrix}k&0\\0&k\end{bmatrix}\begin{bmatrix}x\\y\end{bmatrix}$ $\left(\begin{bmatrix}x\\y\end{bmatrix} \in \mathbb{R}^2\right)$ であるから線形写像である.

7.3 核と像

前節の冒頭で扱った線形写像 $T : \mathbb{R}^3 \to \mathbb{R}^2$,

$$T(\boldsymbol{u}) = \begin{bmatrix} u_1 - 2u_2 + 3u_3 \\ 2u_1 - 3u_2 + 5u_3 \end{bmatrix} = \begin{bmatrix} 1 & -2 & 3 \\ 2 & -3 & 5 \end{bmatrix} \boldsymbol{u} \quad (\boldsymbol{u} \in \mathbb{R}^3)$$

を再度考えてみよう．このとき，$T(\boldsymbol{u}) = \boldsymbol{o}$ は斉次連立 1 次方程式を表すので，$T(\boldsymbol{u}) = \boldsymbol{o}$ を満たすような $\boldsymbol{u}$ 全体の集合は解空間となる．その解空間を具体的に求めるために, 係数行列を簡約化すると

$$\begin{bmatrix} 1 & -2 & 3 \\ 2 & -3 & 5 \end{bmatrix} \to \begin{bmatrix} 1 & -2 & 3 \\ 0 & 1 & -1 \end{bmatrix} \to \begin{bmatrix} 1 & 0 & 1 \\ 0 & 1 & -1 \end{bmatrix}$$

である．よって, この斉次連立 1 次方程式の解は

$$\boldsymbol{u} = \begin{bmatrix} u_1 \\ u_2 \\ u_3 \end{bmatrix} = \begin{bmatrix} -c \\ c \\ c \end{bmatrix} = c \begin{bmatrix} -1 \\ 1 \\ 1 \end{bmatrix} \quad (c \in \mathbb{R})$$

と表されるから, 解空間は

$$\left\{ c \begin{bmatrix} -1 \\ 1 \\ 1 \end{bmatrix} \;\middle|\; c \in \mathbb{R} \right\}$$

である．また, この解空間は線形空間で, 解空間の 1 組の基底は $\left\{ \begin{bmatrix} -1 \\ 1 \\ 1 \end{bmatrix} \right\}$ であること, そして基底を構成するベクトルの個数は 1 なので, この解空間の次元は 1 であることもわかる．

以上の考察を一般の形にまとめてみよう．2 つの線形空間 U から V への線形写像を T とする．$\boldsymbol{u} \in U$ を T で写したベクトル $T(\boldsymbol{u}) \in V$ が，V の零ベクトル $\boldsymbol{o}$ となるような $\boldsymbol{u} \in U$ 全体の集合を T の **核** といい，$\mathrm{Ker}\, T$ と表す．つまり,

$$\mathrm{Ker}\, T = \left\{ \boldsymbol{u} \in U \;\middle|\; T(\boldsymbol{u}) = \boldsymbol{o} \right\}$$

である．また，$\mathrm{Ker}\, T$ の次元 $\dim(\mathrm{Ker}\, T)$ を T の **退化次数** ともいう．

注意 (1) $\mathrm{Ker}\, T$ は U の部分集合であるが, <u>線形部分空間でもある</u>ことに注意する．また, このことより $\boldsymbol{o} \in \mathrm{Ker}\, T \subset U$ であることにも注意する．

(2) 図 7.7 に $\mathrm{Ker}\, T$ の状況を示す．$\boldsymbol{o}$, $\boldsymbol{u}_i \in U$ $(i = 1, 2, 3, 4)$ において，

$$T(\boldsymbol{o}) = \boldsymbol{o} \in V,$$

$$T(\boldsymbol{u}_i) = \boldsymbol{o} \in V \quad (i = 1, 2, 4),$$
$$T(\boldsymbol{u}_3) = \boldsymbol{v}_3 \neq \boldsymbol{o} \in V$$

とすると，$\mathrm{Ker}\,T = \{\boldsymbol{o}, \boldsymbol{u}_1, \boldsymbol{u}_2, \boldsymbol{u}_4\}$ であるが，$\boldsymbol{u}_3 \notin \mathrm{Ker}\,T$ である．

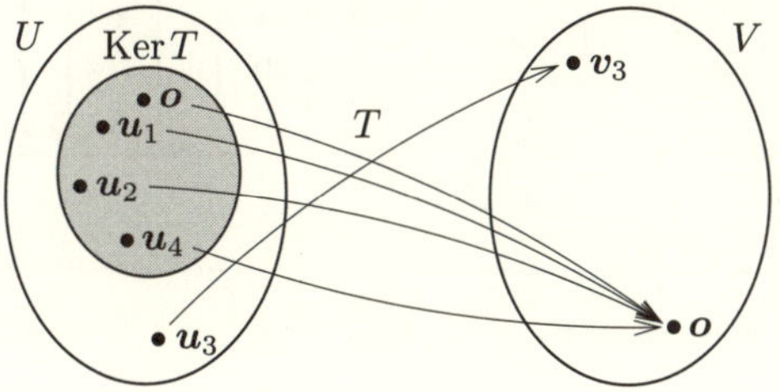

図 7.7　線形写像 T の核 $\mathrm{Ker}\,T$

例題 7.1　$\mathbb{R}^4$ から $\mathbb{R}^3$ への線形写像 T を

$$T\left(\begin{bmatrix} x \\ y \\ z \\ w \end{bmatrix}\right) = \begin{bmatrix} 1 & 3 & 1 & 1 \\ 2 & 6 & 5 & -1 \\ 3 & 9 & 5 & 1 \end{bmatrix}\begin{bmatrix} x \\ y \\ z \\ w \end{bmatrix} \quad \left(\boldsymbol{u} = \begin{bmatrix} x \\ y \\ z \\ w \end{bmatrix} \in \mathbb{R}^4\right)$$

とするとき，T の核の 1 組の基底とその次元を求めなさい．

解答　$\mathrm{Ker}\,T$ は斉次連立 1 次方程式 $T(\boldsymbol{u}) = \boldsymbol{o}$ の解空間となるので，この係数行列を簡約化すると

$$\begin{bmatrix} 1 & 3 & 1 & 1 \\ 2 & 6 & 5 & -1 \\ 3 & 9 & 5 & 1 \end{bmatrix} \to \begin{bmatrix} 1 & 3 & 1 & 1 \\ 0 & 0 & 3 & -3 \\ 0 & 0 & 2 & -2 \end{bmatrix}$$
$$\to \begin{bmatrix} 1 & 3 & 1 & 1 \\ 0 & 0 & 1 & -1 \\ 0 & 0 & 2 & -2 \end{bmatrix} \to \begin{bmatrix} 1 & 3 & 0 & 2 \\ 0 & 0 & 1 & -1 \\ 0 & 0 & 0 & 0 \end{bmatrix}$$

である．よって，この斉次連立 1 次方程式の解は

$$\boldsymbol{u} = \begin{bmatrix} x \\ y \\ z \\ w \end{bmatrix} = \begin{bmatrix} -3c_1 - 2c_2 \\ c_1 \\ c_2 \\ c_2 \end{bmatrix} = c_1\begin{bmatrix} -3 \\ 1 \\ 0 \\ 0 \end{bmatrix} + c_2\begin{bmatrix} -2 \\ 0 \\ 1 \\ 1 \end{bmatrix} \quad (c_1, c_2 \in \mathbb{R})$$

と表される．したがって，

$$\mathrm{Ker}\,T \;=\; \left\{ \; c_1 \begin{bmatrix} -3 \\ 1 \\ 0 \\ 0 \end{bmatrix} + c_2 \begin{bmatrix} -2 \\ 0 \\ 1 \\ 1 \end{bmatrix} \;\middle|\; c_1\,,\, c_2 \in \mathbb{R} \; \right\}$$

であるから, $\mathrm{Ker}\,T$ の 1 組の基底は $\underline{\left\{ \begin{bmatrix} -3 \\ 1 \\ 0 \\ 0 \end{bmatrix}, \begin{bmatrix} -2 \\ 0 \\ 1 \\ 1 \end{bmatrix} \right\}}$ である. また,

その次元は $\underline{\dim(\mathrm{Ker}\,T) = 2}$ である. ■

練習 7.3 [8] $\mathbb{R}^3$ から $\mathbb{R}^3$ への線形写像 T を

$$T\left(\begin{bmatrix} x \\ y \\ z \end{bmatrix}\right) = \begin{bmatrix} 1 & -1 & -2 \\ -3 & 5 & 2 \\ -2 & 1 & 6 \end{bmatrix}\begin{bmatrix} x \\ y \\ z \end{bmatrix} \quad \left(\boldsymbol{u} = \begin{bmatrix} x \\ y \\ z \end{bmatrix} \in \mathbb{R}^3\right)$$

とするとき, T の核の 1 組の基底とその次元を求めなさい.

次に, 本節冒頭と同じ線形写像 $T : \mathbb{R}^3 \to \mathbb{R}^2$,

$$T(\boldsymbol{u}) \;=\; \begin{bmatrix} u_1 - 2u_2 + 3u_3 \\ 2u_1 - 3u_2 + 5u_3 \end{bmatrix} \;=\; \begin{bmatrix} 1 & -2 & 3 \\ 2 & -3 & 5 \end{bmatrix}\boldsymbol{u} \quad (\boldsymbol{u} \in \mathbb{R}^3)$$

において, 定義域 $\mathbb{R}^3$ のすべての元 $\boldsymbol{u}$ を T で写した $T(\boldsymbol{u})$ 全体の集合 W について考えてみよう. つまり,

$$W \;=\; \left\{ \; T(\boldsymbol{u}) \in \mathbb{R}^2 \;\middle|\; \boldsymbol{u} \in \mathbb{R}^3 \; \right\}$$

である. まず, $T : \mathbb{R}^3 \to \mathbb{R}^2$ より W は $\mathbb{R}^2$ の部分集合であることがわかるが, じつは線形部分空間でもある. 実際, 線形部分空間の判定定理 (p.139) で,

(E1) $T(\boldsymbol{u})\,,\,T(\boldsymbol{v}) \in W \quad (\boldsymbol{u}\,,\,\boldsymbol{v} \in \mathbb{R}^3)$ に対して, T は線形写像であり, また $\boldsymbol{u}+\boldsymbol{v} \in \mathbb{R}^3$ であるから

$$T(\boldsymbol{u}) + T(\boldsymbol{v}) \;=\; T(\,\boldsymbol{u}+\boldsymbol{v}\,) \;\in\; W\,,$$

(E2) $T(\boldsymbol{u}) \in W\,,\; k \in \mathbb{R} \;\; (\boldsymbol{u} \in \mathbb{R}^3)$ に対して, T は線形写像であり, また $k\,\boldsymbol{u} \in \mathbb{R}^3$ であるから

$$k\,T(\boldsymbol{u}) \;=\; T(\,k\,\boldsymbol{u}\,) \;\in\; W\,,$$

8) 答 (練習 7.3) $\left\{ \begin{bmatrix} 4 \\ 2 \\ 1 \end{bmatrix} \right\}$, $\dim(\mathrm{Ker}\,T) = 1$

の両方が成り立つことが確かめられる．これより，W が線形空間であるから，W の 1 組の基底を具体的に求めてみよう．そのために，まず

$$A = \begin{bmatrix} 1 & -2 & 3 \\ 2 & -3 & 5 \end{bmatrix} = \begin{bmatrix} \boldsymbol{a}_1 & \boldsymbol{a}_2 & \boldsymbol{a}_3 \end{bmatrix}$$

とおいて $T(\boldsymbol{u})$ を変形しよう．すると，

$$T(\boldsymbol{u}) = A\boldsymbol{u} = \begin{bmatrix} \boldsymbol{a}_1 & \boldsymbol{a}_2 & \boldsymbol{a}_3 \end{bmatrix} \begin{bmatrix} u_1 \\ u_2 \\ u_3 \end{bmatrix} = u_1 \boldsymbol{a}_1 + u_2 \boldsymbol{a}_2 + u_3 \boldsymbol{a}_3$$

であるが，ベクトル $\boldsymbol{a}_1 , \boldsymbol{a}_2 , \boldsymbol{a}_3$ が線形独立かどうかわからないので，6.3 節で学習したことを思い出して調べてみよう．そのために A を簡約化すると，すでに先ほどの解空間のところで計算しているので，すぐに

$$A \overset{\text{簡約化}}{\longrightarrow} \begin{bmatrix} 1 & 0 & 1 \\ 0 & 1 & -1 \end{bmatrix} = \begin{bmatrix} \boldsymbol{b}_1 & \boldsymbol{b}_2 & \boldsymbol{b}_3 \end{bmatrix}$$

が得られる．したがって，ベクトル $\boldsymbol{b}_1$, $\boldsymbol{b}_2$ は線形独立で，$\boldsymbol{b}_3$ は

$$\boldsymbol{b}_3 = \begin{bmatrix} 1 \\ -1 \end{bmatrix} = \begin{bmatrix} 1 \\ 0 \end{bmatrix} - \begin{bmatrix} 0 \\ 1 \end{bmatrix} = \boldsymbol{b}_1 - \boldsymbol{b}_2$$

と線形独立なベクトル $\boldsymbol{b}_1$, $\boldsymbol{b}_2$ の線形結合で表される．ここで，「線形独立と線形従属の判定法」(p.147) より $\boldsymbol{a}_1 , \boldsymbol{a}_2$ は線形独立で，残りのベクトル $\boldsymbol{a}_3$ は

$$\boldsymbol{a}_3 = \boldsymbol{a}_1 - \boldsymbol{a}_2$$

と線形独立なベクトル $\boldsymbol{a}_1 , \boldsymbol{a}_2$ の線形結合で表されることがわかる．以上から，

$$\begin{aligned} T(\boldsymbol{u}) &= u_1 \boldsymbol{a}_1 + u_2 \boldsymbol{a}_2 + u_3 \boldsymbol{a}_3 = u_1 \boldsymbol{a}_1 + u_2 \boldsymbol{a}_2 + u_3 \left(\boldsymbol{a}_1 - \boldsymbol{a}_2 \right) \\ &= \left(u_1 + u_3 \right) \boldsymbol{a}_1 + \left(u_2 - u_3 \right) \boldsymbol{a}_2 \end{aligned}$$

と変形することができるので，

$$W = \left\{ \left(u_1 + u_3 \right) \underbrace{\begin{bmatrix} 1 \\ 2 \end{bmatrix}}_{\boldsymbol{a}_1} + \left(u_2 - u_3 \right) \underbrace{\begin{bmatrix} -2 \\ -3 \end{bmatrix}}_{\boldsymbol{a}_2} \;\middle|\; \boldsymbol{u} \in \mathbb{R}^3 \right\}$$

と具体的な形で書き表すことができる．ここで，先ほどの考察よりベクトル $\boldsymbol{a}_1 , \boldsymbol{a}_2$ は線形独立であり，しかも W を生成するので，このベクトルの組 $\left\{ \boldsymbol{a}_1 , \boldsymbol{a}_2 \right\}$ は W の 1 組の基底である．また，基底を構成するベクトルの個数は 2 なので，$\dim W = 2$ である．

以上の考察についても一般の形にまとめてみよう．2つの線形空間 U から V への線形写像を T とする．U のすべてのベクトル $\boldsymbol{u} \in U$ を，T で写したベクトル $T(\boldsymbol{u}) \in V$ 全体の集合を T の **像** といい，$\mathrm{Im}\,T$ と表す．つまり，

$$\mathrm{Im}\,T = \left\{ T(\boldsymbol{u}) \;\middle|\; \boldsymbol{u} \in U \right\}$$

である．また，$\mathrm{Im}\,T$ の次元 $\dim(\mathrm{Im}\,T)$ を T の **階数** あるいは **ランク** ともいう．なお，T の表現行列を A とするとき，上記の考察から

$$\dim(\mathrm{Im}\,T) = \mathrm{rank}\,A$$

が成り立つことがわかる．

注意 (1) $\mathrm{Im}\,T$ は V の部分集合であるが，<u>線形部分空間でもある</u>ことに注意する．また，このことより $\boldsymbol{o} \in \mathrm{Im}\,T \subset V$ であることにも注意する．

(2) 図 7.8 に $\mathrm{Im}\,T$ の状況を示す．$\boldsymbol{o}, \boldsymbol{u}_i \in U \ (i = 1, 2, 3)$ において，

$$T(\boldsymbol{o}) = \boldsymbol{o} \in V,$$
$$T(\boldsymbol{u}_i) = \boldsymbol{v}_i \in V \quad (i = 1, 2, 3),$$
$$\text{すべての } \boldsymbol{u} \in U \text{ に対して } T(\boldsymbol{u}) \neq \boldsymbol{v} \in V$$

とすると，$\mathrm{Im}\,T = \left\{ \boldsymbol{o}, \boldsymbol{v}_1, \boldsymbol{v}_2, \boldsymbol{v}_3 \right\}$ であるが，$\boldsymbol{v} \notin \mathrm{Im}\,T$ である．

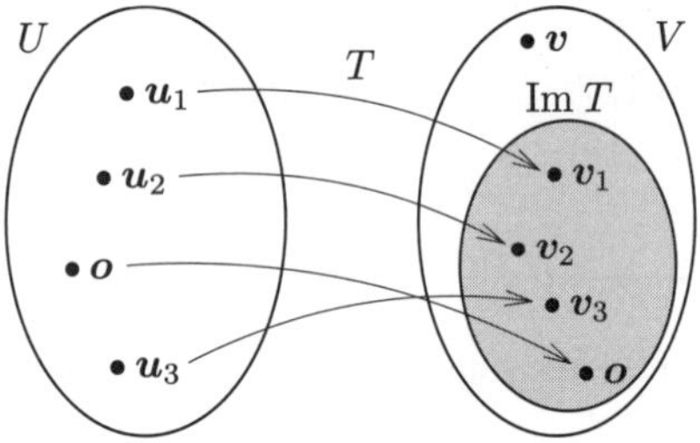

図 7.8 線形写像 T の像 $\mathrm{Im}\,T$

例題 7.2 $\mathbb{R}^4$ から $\mathbb{R}^3$ への線形写像 T を

$$T\left(\begin{bmatrix} x \\ y \\ z \\ w \end{bmatrix}\right) = \begin{bmatrix} 1 & 3 & 1 & 1 \\ 2 & 6 & 5 & -1 \\ 3 & 9 & 5 & 1 \end{bmatrix} \begin{bmatrix} x \\ y \\ z \\ w \end{bmatrix} \quad \left(\boldsymbol{u} = \begin{bmatrix} x \\ y \\ z \\ w \end{bmatrix} \in \mathbb{R}^4 \right)$$

とするとき，T の像の 1 組の基底とその次元を求めなさい．

解答 まず,

$$A = \begin{bmatrix} 1 & 3 & 1 & 1 \\ 2 & 6 & 5 & -1 \\ 3 & 9 & 5 & 1 \end{bmatrix} = \begin{bmatrix} \boldsymbol{a}_1 & \boldsymbol{a}_2 & \boldsymbol{a}_3 & \boldsymbol{a}_4 \end{bmatrix}$$

とおいて $T(\boldsymbol{u})$ を変形する. すると,

$$T(\boldsymbol{u}) = \begin{bmatrix} \boldsymbol{a}_1 & \boldsymbol{a}_2 & \boldsymbol{a}_3 & \boldsymbol{a}_4 \end{bmatrix} \begin{bmatrix} x \\ y \\ z \\ w \end{bmatrix} = x\,\boldsymbol{a}_1 + y\,\boldsymbol{a}_2 + z\,\boldsymbol{a}_3 + w\,\boldsymbol{a}_4$$

であるが, ベクトル $\boldsymbol{a}_1, \boldsymbol{a}_2, \boldsymbol{a}_3, \boldsymbol{a}_4$ が線形独立かどうかわからないので, A を簡約化する. これは, すでに 例題 7.1 で計算しているので, すぐに

$$A \overset{\text{簡約化}}{\longrightarrow} \begin{bmatrix} 1 & 3 & 0 & 2 \\ 0 & 0 & 1 & -1 \\ 0 & 0 & 0 & 0 \end{bmatrix} = \begin{bmatrix} \boldsymbol{b}_1 & \boldsymbol{b}_2 & \boldsymbol{b}_3 & \boldsymbol{b}_4 \end{bmatrix}$$

が得られる. したがって, ベクトル $\boldsymbol{b}_1, \boldsymbol{b}_3$ は線形独立で, $\boldsymbol{b}_2, \boldsymbol{b}_4$ は

$$\boldsymbol{b}_2 = \begin{bmatrix} 3 \\ 0 \\ 0 \end{bmatrix} = 3\,\boldsymbol{b}_1, \qquad \boldsymbol{b}_4 = \begin{bmatrix} 2 \\ -1 \\ 0 \end{bmatrix} = 2\,\boldsymbol{b}_1 - \boldsymbol{b}_3$$

と線形独立なベクトル $\boldsymbol{b}_1, \boldsymbol{b}_3$ の線形結合で表される. ここで, 「線形独立と線形従属の判定法」(p.147) より $\boldsymbol{a}_1, \boldsymbol{a}_3$ は線形独立で, 残りのベクトル $\boldsymbol{a}_2, \boldsymbol{a}_4$ は

$$\boldsymbol{a}_2 = 3\,\boldsymbol{a}_1, \quad \boldsymbol{a}_4 = 2\,\boldsymbol{a}_1 - \boldsymbol{a}_3$$

と線形独立なベクトル $\boldsymbol{a}_1, \boldsymbol{a}_3$ の線形結合で表されることがわかる. よって,

$$\begin{aligned} T(\boldsymbol{u}) &= x\,\boldsymbol{a}_1 + y\,\boldsymbol{a}_2 + z\,\boldsymbol{a}_3 + w\,\boldsymbol{a}_4 \\ &= x\,\boldsymbol{a}_1 + y\,(3\,\boldsymbol{a}_1) + z\,\boldsymbol{a}_3 + w\,(2\,\boldsymbol{a}_1 - \boldsymbol{a}_3) \\ &= (x + 3y + 2w)\,\boldsymbol{a}_1 + (z - w)\,\boldsymbol{a}_3 \end{aligned}$$

と変形することができるので,

$$\mathrm{Im}\,T = \left\{ (x + 3y + 2w) \underbrace{\begin{bmatrix} 1 \\ 2 \\ 3 \end{bmatrix}}_{\boldsymbol{a}_1} + (z - w) \underbrace{\begin{bmatrix} 1 \\ 5 \\ 5 \end{bmatrix}}_{\boldsymbol{a}_3} \;\middle|\; \boldsymbol{u} = \begin{bmatrix} x \\ y \\ z \\ w \end{bmatrix} \in \mathbb{R}^4 \right\}$$

と具体的な形で書き表すことができる. このベクトルの組 $\underline{\left\{ \begin{bmatrix} 1 \\ 2 \\ 3 \end{bmatrix}, \begin{bmatrix} 1 \\ 5 \\ 5 \end{bmatrix} \right\}}$ は $\mathrm{Im}\,T$ を生成し, かつ線形独立であるから, $\mathrm{Im}\,T$ の 1 組の基底である. また, その次元は $\underline{\dim(\mathrm{Im}\,T) = 2}$ である. ■

練習 7.4 9) $\mathbb{R}^3$ から $\mathbb{R}^3$ への線形写像 T を

$$T\left(\begin{bmatrix} x \\ y \\ z \end{bmatrix}\right) = \begin{bmatrix} 1 & -1 & -2 \\ -3 & 5 & 2 \\ -2 & 1 & 6 \end{bmatrix}\begin{bmatrix} x \\ y \\ z \end{bmatrix} \quad \left(\boldsymbol{u} = \begin{bmatrix} x \\ y \\ z \end{bmatrix} \in \mathbb{R}^3\right)$$

とするとき，T の像の 1 組の基底とその次元を求めなさい.

線形写像 T の「核の次元」と「像の次元」との間に, 次の重要な関係式が成り立つ10).

線形写像 T の「核の次元」と「像の次元」の関係式

線形空間 U から V への線形写像 T について, 次の等式が成り立つ.

$$\dim(\operatorname{Ker} T) + \dim(\operatorname{Im} T) = \dim U$$

例 3 例題 7.1 と 例題 7.2 では同じ線形写像 $T : \mathbb{R}^4 \to \mathbb{R}^3$,

$$T\left(\begin{bmatrix} x \\ y \\ z \\ w \end{bmatrix}\right) = \begin{bmatrix} 1 & 3 & 1 & 1 \\ 2 & 6 & 5 & -1 \\ 3 & 9 & 5 & 1 \end{bmatrix}\begin{bmatrix} x \\ y \\ z \\ w \end{bmatrix} \quad \left(\boldsymbol{u} = \begin{bmatrix} x \\ y \\ z \\ w \end{bmatrix} \in \mathbb{R}^4\right)$$

を用いているが,

$$\dim(\operatorname{Ker} T) + \dim(\operatorname{Im} T) = 2 + 2 = 4 = \dim \mathbb{R}^4$$

となっているので, 上記の関係式が成り立っていることがわかる. ■

練習 7.5 11) 練習 7.3 と 練習 7.4 では同じ線形写像 T を用いている. この線形写像 T における「核の次元」と「像の次元」の関係式が成り立つことを確認しなさい.

---

9) **答 (練習 7.4)** 基底 $\left\{ \begin{bmatrix} 1 \\ -3 \\ -2 \end{bmatrix}, \begin{bmatrix} -1 \\ 5 \\ 1 \end{bmatrix} \right\}$, $\dim(\operatorname{Im} T) = 2$

10) 証明については, 例えば参考文献 [1] 参照.

11) **答 (練習 7.5)** $\dim(\operatorname{Ker} T) + \dim(\operatorname{Im} T) = 1 + 2 = 3 = \dim \mathbb{R}^3$

7.4 基底変換行列と表現行列

数ベクトルとは限らない一般の線形写像において, その線形写像を表す行列を具体的に表記することはできるのか? また, それは考える線形空間の基底のとり方によって変わってくるのか? まずは, 基底を変換する行列について, 具体的な例で調べてみよう.

注意 (1) 基底をわざわざ変換しなくても標準基底だけで考えればよいのでは? と思うかもしれないが, 例えば軸に対して傾いた楕円をそのまま考えるよりは, 楕円の長軸方向と短軸方向の基底をとれば解析しやすくなる. このように, 基底のとり方によって複雑なものを簡単に考えることが可能となるので, 基底はとても重要な概念である. また, 状況に応じて基底を変換することもとても重要になる. 本書ではここまでの応用は扱えないが, 例えば参考文献 [2] には詳しく書かれているので参照するとよい.

♠ (2) 基底のメリットは, 一般の線形空間における元や線形写像を「数ベクトル」あるいは「行列」で表現できることにある. 例えば, 線形空間 $\mathbb{R}[x]_2$ から $\mathbb{R}[x]_1$ への線形写像は, $\dim \mathbb{R}[x]_n = n+1$ であるから $\mathbb{R}[x]_2$ の基底 $\{x^2, x, 1\}$ を

$$x^2 = \begin{bmatrix} 1 \\ 0 \\ 0 \end{bmatrix}, \quad x = \begin{bmatrix} 0 \\ 1 \\ 0 \end{bmatrix}, \quad 1 = \begin{bmatrix} 0 \\ 0 \\ 1 \end{bmatrix}$$

とみなすことによって, $\mathbb{R}[x]_2$ の元 ax^2+bx+c を

$$ax^2+bx+c = \begin{bmatrix} a \\ b \\ c \end{bmatrix}$$

と考えることができる. つまり, 一般の線形写像を数ベクトル空間への線形写像と同一視することができ, それによって行列の理論が使えるようになる[12].

例えば, 線形空間 $\mathbb{R}^3$ の基底として 2 組

$$\left\{ \boldsymbol{u}_1 = \begin{bmatrix} 1 \\ 0 \\ 0 \end{bmatrix}, \boldsymbol{u}_2 = \begin{bmatrix} 1 \\ 1 \\ 0 \end{bmatrix}, \boldsymbol{u}_3 = \begin{bmatrix} 1 \\ 1 \\ 1 \end{bmatrix} \right\},$$

$$\left\{ \boldsymbol{u}'_1 = \begin{bmatrix} 1 \\ 0 \\ 1 \end{bmatrix}, \boldsymbol{u}'_2 = \begin{bmatrix} 0 \\ 1 \\ 1 \end{bmatrix}, \boldsymbol{u}'_3 = \begin{bmatrix} 1 \\ 1 \\ 0 \end{bmatrix} \right\}$$

を考えよう. 後者の基底の各ベクトル $\boldsymbol{u}'_1, \boldsymbol{u}'_2, \boldsymbol{u}'_3$ は $\mathbb{R}^3$ の元であるから, 前者の基底の線形結合で表すことができるはずである. 実際, すぐに係数をみつけるのは大変だが, 連立 1 次方程式を利用すれば, 係数をみつけることがで

12) いまの場合は, $\mathbb{R}^3$ から $\mathbb{R}^2$ への線形写像と同一視することができる.

きる. そこで, $\left[\boldsymbol{u}_1 \quad \boldsymbol{u}_2 \quad \boldsymbol{u}_3 \,\middle|\, \boldsymbol{u}'_1 \quad \boldsymbol{u}'_2 \quad \boldsymbol{u}'_3\right]$ を簡約化すると

$$\left[\begin{array}{ccc|ccc} 1 & 1 & 1 & 1 & 0 & 1 \\ 0 & 1 & 1 & 0 & 1 & 1 \\ 0 & 0 & 1 & 1 & 1 & 0 \end{array}\right] \to \left[\begin{array}{ccc|ccc} 1 & 0 & 0 & 1 & -1 & 0 \\ 0 & 1 & 1 & 0 & 1 & 1 \\ 0 & 0 & 1 & 1 & 1 & 0 \end{array}\right]$$

$$\to \left[\begin{array}{ccc|ccc} 1 & 0 & 0 & 1 & -1 & 0 \\ 0 & 1 & 0 & -1 & 0 & 1 \\ 0 & 0 & 1 & 1 & 1 & 0 \end{array}\right] = \left[\begin{array}{c|c} E & C \end{array}\right]$$

となる. よって, $\boldsymbol{u}'_1, \boldsymbol{u}'_2, \boldsymbol{u}'_3$ はそれぞれ $\boldsymbol{u}_1, \boldsymbol{u}_2, \boldsymbol{u}_3$ の線形結合として

$$\boldsymbol{u}'_1 = \boldsymbol{u}_1 - \boldsymbol{u}_2 + \boldsymbol{u}_3, \quad \boldsymbol{u}'_2 = -\boldsymbol{u}_1 + \boldsymbol{u}_3, \quad \boldsymbol{u}'_3 = \boldsymbol{u}_2$$

と具体的な形で書き表すことができる. ここで, これら 3 つのベクトルを列に並べて得られる行列は

$$\begin{aligned} \begin{bmatrix} \boldsymbol{u}'_1 & \boldsymbol{u}'_2 & \boldsymbol{u}'_3 \end{bmatrix} &= \begin{bmatrix} \boldsymbol{u}_1 - \boldsymbol{u}_2 + \boldsymbol{u}_3 & -\boldsymbol{u}_1 + \boldsymbol{u}_3 & \boldsymbol{u}_2 \end{bmatrix} \\ &= \begin{bmatrix} \boldsymbol{u}_1 & \boldsymbol{u}_2 & \boldsymbol{u}_3 \end{bmatrix} \underbrace{\begin{bmatrix} 1 & -1 & 0 \\ -1 & 0 & 1 \\ 1 & 1 & 0 \end{bmatrix}}_{=C} \end{aligned}$$

と変形することができる. このとき, 右辺右側にある行列 C は, $\mathbb{R}^3$ の基底 $\{\boldsymbol{u}_1, \boldsymbol{u}_2, \boldsymbol{u}_3\}$ を, 同じ線形空間 $\mathbb{R}^3$ の別の基底 $\{\boldsymbol{u}'_1, \boldsymbol{u}'_2, \boldsymbol{u}'_3\}$ に変換していると考えられる. つまり, 基底を変える線形変換

$$T : \underbrace{\langle \boldsymbol{u}_1, \boldsymbol{u}_2, \boldsymbol{u}_3 \rangle}_{=\mathbb{R}^3} \to \underbrace{\langle \boldsymbol{u}'_1, \boldsymbol{u}'_2, \boldsymbol{u}'_3 \rangle}_{=\mathbb{R}^3}$$

は, ある 3 次正方行列 C によって与えられていることがわかる. しかも, 行列 C は正則であることに注意しよう[13].

一般に, 線形空間 U の基底 $\{\boldsymbol{u}_1, \boldsymbol{u}_2, \ldots, \boldsymbol{u}_m\}$, $\{\boldsymbol{u}'_1, \boldsymbol{u}'_2, \ldots, \boldsymbol{u}'_m\}$ について, 後者の基底の各ベクトルは 前者の基底の線形結合で

$$\begin{aligned} \boldsymbol{u}'_1 &= c_{11}\boldsymbol{u}_1 + c_{21}\boldsymbol{u}_2 + \cdots + c_{m1}\boldsymbol{u}_m, \\ \boldsymbol{u}'_2 &= c_{12}\boldsymbol{u}_1 + c_{22}\boldsymbol{u}_2 + \cdots + c_{m2}\boldsymbol{u}_m, \\ &\vdots \\ \boldsymbol{u}'_m &= c_{1m}\boldsymbol{u}_1 + c_{2m}\boldsymbol{u}_2 + \cdots + c_{mm}\boldsymbol{u}_m \end{aligned}$$

と具体的な形で書き表すことができる. ここで, これら m 個のベクトルを列に

13) なぜだか考えてみよう.

並べて得られる行列は

$$\begin{aligned}\begin{bmatrix} \boldsymbol{u}'_1 & \boldsymbol{u}'_2 & \cdots & \boldsymbol{u}'_m \end{bmatrix} &= \begin{bmatrix} \boldsymbol{u}_1 & \boldsymbol{u}_2 & \cdots & \boldsymbol{u}_m \end{bmatrix} \underbrace{\begin{bmatrix} c_{11} & c_{12} & \cdots & c_{1m} \\ c_{21} & c_{22} & \cdots & c_{2m} \\ \vdots & \vdots & & \vdots \\ c_{m1} & c_{m2} & \cdots & c_{mm} \end{bmatrix}}_{=C}\end{aligned}$$

と変形することができる[14]. このとき, 右辺右側にある <u>m 次正方行列</u>

$$C = \begin{bmatrix} c_{11} & c_{12} & \cdots & c_{1m} \\ c_{21} & c_{22} & \cdots & c_{2m} \\ \vdots & \vdots & & \vdots \\ c_{m1} & c_{m2} & \cdots & c_{mm} \end{bmatrix}$$

は, U の基底 $\{\boldsymbol{u}_1, \boldsymbol{u}_2, \ldots, \boldsymbol{u}_m\}$ を, 同じ線形空間 U の別の基底 $\{\boldsymbol{u}'_1, \boldsymbol{u}'_2, \ldots, \boldsymbol{u}'_m\}$ に変える線形変換

$$T : \underbrace{\langle \boldsymbol{u}_1, \boldsymbol{u}_2, \ldots, \boldsymbol{u}_m \rangle}_{=U} \to \underbrace{\langle \boldsymbol{u}'_1, \boldsymbol{u}'_2, \ldots, \boldsymbol{u}'_m \rangle}_{=U}$$

を与えているので, **基底変換行列** とよばれる.

特に, $U = \mathbb{R}^m$ であれば $\begin{bmatrix} \boldsymbol{u}_1 & \boldsymbol{u}_2 & \cdots & \boldsymbol{u}_m \end{bmatrix}$ も $\begin{bmatrix} \boldsymbol{u}'_1 & \boldsymbol{u}'_2 & \cdots & \boldsymbol{u}'_m \end{bmatrix}$ も m 次正方行列になるので, 上の関係式の両辺に左から $\begin{bmatrix} \boldsymbol{u}_1 & \boldsymbol{u}_2 & \cdots & \boldsymbol{u}_m \end{bmatrix}$ の逆行列をそれぞれ掛けることで[15], 基底変換行列が得られる.

$\mathbb{R}^m$ における基底変換行列の求め方

線形空間 $\mathbb{R}^m$ の基底 $\{\boldsymbol{u}_1, \boldsymbol{u}_2, \ldots, \boldsymbol{u}_m\}$ を, 同じ線形空間 $\mathbb{R}^m$ の別の基底 $\{\boldsymbol{u}'_1, \boldsymbol{u}'_2, \ldots, \boldsymbol{u}'_m\}$ に変える線形変換

$$T : \underbrace{\langle \boldsymbol{u}_1, \boldsymbol{u}_2, \ldots, \boldsymbol{u}_m \rangle}_{=\mathbb{R}^m} \to \underbrace{\langle \boldsymbol{u}'_1, \boldsymbol{u}'_2, \ldots, \boldsymbol{u}'_m \rangle}_{=\mathbb{R}^m}$$

の基底変換行列 C は, 次式によって与えられる.

$$C = \begin{bmatrix} \boldsymbol{u}_1 & \boldsymbol{u}_2 & \cdots & \boldsymbol{u}_m \end{bmatrix}^{-1} \begin{bmatrix} \boldsymbol{u}'_1 & \boldsymbol{u}'_2 & \cdots & \boldsymbol{u}'_m \end{bmatrix}$$

---

14)　行列の積の計算方法から, 行列 C の係数の並びは, その前の式での係数の並びを転置した形となっていることに注意する.

15)　$\boldsymbol{u}_i$ $(i = 1, 2, \ldots, m)$ は基底であるから, この行列は正則, つまり逆行列をもつ.

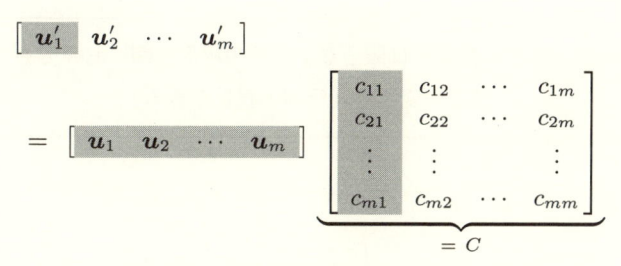

なお, 次の事実は重要なことであるから注意しよう.

数ベクトル空間とは限らない一般の線形空間においても
基底の変換を「行列で表現できる」.

例 4 線形空間 $\mathbb{R}^2$ の 1 組の基底

$$\left\{\ \boldsymbol{u}_1 = \begin{bmatrix}1\\1\end{bmatrix},\ \boldsymbol{u}_2 = \begin{bmatrix}1\\-1\end{bmatrix}\ \right\}$$

を, 同じ線形空間 $\mathbb{R}^2$ の別の基底

$$\left\{\ \boldsymbol{u}'_1 = \begin{bmatrix}2\\1\end{bmatrix},\ \boldsymbol{u}'_2 = \begin{bmatrix}1\\2\end{bmatrix}\ \right\}$$

に変える線形変換

$$T\ :\ \underbrace{\langle\,\boldsymbol{u}_1\,,\,\boldsymbol{u}_2\,\rangle}_{=\ \mathbb{R}^2} \to \underbrace{\langle\,\boldsymbol{u}'_1\,,\,\boldsymbol{u}'_2\,\rangle}_{=\ \mathbb{R}^2}$$

の基底変換行列 C を求めてみよう. ここで考えている線形空間は $\mathbb{R}^2$ であるから, 「基底変換行列の求め方」より

$$C = \begin{bmatrix}\boldsymbol{u}_1 & \boldsymbol{u}_2\end{bmatrix}^{-1}\begin{bmatrix}\boldsymbol{u}'_1 & \boldsymbol{u}'_2\end{bmatrix} = \begin{bmatrix}1 & 1\\1 & -1\end{bmatrix}^{-1}\begin{bmatrix}2 & 1\\1 & 2\end{bmatrix}$$

$$= \frac{1}{-2}\begin{bmatrix}-1 & -1\\-1 & 1\end{bmatrix}\begin{bmatrix}2 & 1\\1 & 2\end{bmatrix} = \begin{bmatrix}\frac{3}{2} & \frac{3}{2}\\\frac{1}{2} & -\frac{1}{2}\end{bmatrix}$$

である[16). ■

注意 (1) 本節冒頭で考えたように, $\boldsymbol{u}'_1\,,\boldsymbol{u}'_2$ を $\boldsymbol{u}_1\,,\boldsymbol{u}_2$ の線形結合で表すために, $\left[\boldsymbol{u}_1\ \ \boldsymbol{u}_2 \,\middle|\, \boldsymbol{u}'_1\ \ \boldsymbol{u}'_2\right]$ を簡約化すると

$$\left[\boldsymbol{u}_1\ \ \boldsymbol{u}_2 \,\middle|\, \boldsymbol{u}'_1\ \ \boldsymbol{u}'_2\right] = \left[\begin{array}{cc|cc}1 & 1 & 2 & 1\\1 & -1 & 1 & 2\end{array}\right] \to \left[\begin{array}{cc|cc}1 & 1 & 2 & 1\\0 & -2 & -1 & 1\end{array}\right]$$

$$\to \left[\begin{array}{cc|cc}1 & 1 & 2 & 1\\0 & 1 & \frac{1}{2} & -\frac{1}{2}\end{array}\right] \to \left[\begin{array}{cc|cc}1 & 0 & \frac{3}{2} & \frac{3}{2}\\0 & 1 & \frac{1}{2} & -\frac{1}{2}\end{array}\right] = \left[\,E \,\middle|\, C\,\right]$$

となる. よって, $\boldsymbol{u}'_1\,,\boldsymbol{u}'_2$ は それぞれ $\boldsymbol{u}_1\,,\boldsymbol{u}_2$ の線形結合として

---

16) 検算 : $[\boldsymbol{u}_1\ \ \boldsymbol{u}_2]C = \begin{bmatrix}1 & 1\\1 & -1\end{bmatrix}\begin{bmatrix}\frac{3}{2} & \frac{3}{2}\\\frac{1}{2} & -\frac{1}{2}\end{bmatrix} = \begin{bmatrix}2 & 1\\1 & 2\end{bmatrix} = [\boldsymbol{u}'_1\ \ \boldsymbol{u}'_2]$

$$\boldsymbol{u}_1' = \frac{3}{2}\boldsymbol{u}_1 + \frac{1}{2}\boldsymbol{u}_2\,, \quad \boldsymbol{u}_2' = \frac{3}{2}\boldsymbol{u}_1 - \frac{1}{2}\boldsymbol{u}_2$$

と具体的な形で書き表すことができる．これより，以下のように求めてもよい．

$$\begin{bmatrix} \boldsymbol{u}_1' & \boldsymbol{u}_2' \end{bmatrix} = \begin{bmatrix} \boldsymbol{u}_1 & \boldsymbol{u}_2 \end{bmatrix} \underbrace{\begin{bmatrix} \frac{3}{2} & \frac{3}{2} \\ \frac{1}{2} & -\frac{1}{2} \end{bmatrix}}_{=C}$$

♠ (2) 考えている線形空間が数ベクトル空間 $\mathbb{R}^m$ でないときは「基底変換行列の求め方」が使えないので，この注意 (1) のように線形結合で表すことによって求めることになる．例えば，$\mathbb{R}[x]_1$ において 1 組の基底 $\{\boldsymbol{u}_1 = x+1\,, \boldsymbol{u}_2 = x-1\}$ を，同じ線形空間 $\mathbb{R}[x]_1$ の別の基底 $\{\boldsymbol{u}_1' = 2x+1\,, \boldsymbol{u}_2' = x+2\}$ に変換する行列を考えてみるとよい (章末問題)．なお この場合，$\begin{bmatrix} \boldsymbol{u}_1 & \boldsymbol{u}_2 \end{bmatrix}$ や $\begin{bmatrix} \boldsymbol{u}_1' & \boldsymbol{u}_2' \end{bmatrix}$ は 2 次正方行列にはならないが，基底変換行列は 2 次正方行列として得られる．

練習 7.6 [17] 線形空間 $\mathbb{R}^2$ の 1 組の基底 $\left\{ \boldsymbol{u}_1 = \begin{bmatrix} 2 \\ 1 \end{bmatrix},\ \boldsymbol{u}_2 = \begin{bmatrix} 1 \\ 2 \end{bmatrix} \right\}$ を，同じ $\mathbb{R}^2$ の別の基底 $\left\{ \boldsymbol{u}_1' = \begin{bmatrix} 1 \\ 1 \end{bmatrix},\ \boldsymbol{u}_2' = \begin{bmatrix} 1 \\ -1 \end{bmatrix} \right\}$ に変える線形変換

$$T : \underbrace{\langle \boldsymbol{u}_1\,, \boldsymbol{u}_2 \rangle}_{=\mathbb{R}^2} \to \underbrace{\langle \boldsymbol{u}_1'\,, \boldsymbol{u}_2' \rangle}_{=\mathbb{R}^2}$$

の基底変換行列 C を求めなさい．

続いて，線形写像を表す行列について調べてみよう．そのために，本章で何度か用いた線形写像 $T : \mathbb{R}^3 \to \mathbb{R}^2$，

$$T(\boldsymbol{u}) = \begin{bmatrix} 1 & -2 & 3 \\ 2 & -3 & 5 \end{bmatrix} \boldsymbol{u} \quad (\boldsymbol{u} \in \mathbb{R}^3)$$

を再び使って考える．まずは，$A = \begin{bmatrix} 1 & -2 & 3 \\ 2 & -3 & 5 \end{bmatrix}$ とおいて，標準基底の場合にどうなるか，調べてみよう．

与えられた線形写像

$$T : \underbrace{\langle \boldsymbol{e}_1\,, \boldsymbol{e}_2\,, \boldsymbol{e}_3 \rangle}_{=\mathbb{R}^3} \to \underbrace{\langle \boldsymbol{e}_1'\,, \boldsymbol{e}_2' \rangle}_{=\mathbb{R}^2}$$

17) 答 (練習 7.6) $C = \begin{bmatrix} \frac{1}{3} & 1 \\ \frac{1}{3} & -1 \end{bmatrix}$

において[18]，$\mathbb{R}^3$ の標準基底 $\{e_1, e_2, e_3\}$ の各ベクトルを，線形写像 T でそれぞれ写した $T(e_1), T(e_2), T(e_3)$ は $\mathbb{R}^2$ の元であるから，$\mathbb{R}^2$ の標準基底 $\{e'_1, e'_2\}$ の線形結合で表すことができるはずである．実際，

$$T(e_1) = e'_1 + 2e'_2, \quad T(e_2) = -2e'_1 - 3e'_2, \quad T(e_3) = 3e'_1 + 5e'_2$$

と具体的に $\mathbb{R}^2$ の基底の線形結合で書き表すことができる．ここで，これら 3 つのベクトルを列に並べて得られる行列は

$$\begin{aligned} \begin{bmatrix} T(e_1) & T(e_2) & T(e_3) \end{bmatrix} &= \begin{bmatrix} e'_1 + 2e'_2 & -2e'_1 - 3e'_2 & 3e'_1 + 5e'_2 \end{bmatrix} \\ &= \begin{bmatrix} e'_1 & e'_2 \end{bmatrix} \underbrace{\begin{bmatrix} 1 & -2 & 3 \\ 2 & -3 & 5 \end{bmatrix}}_{=A} \end{aligned} \tag{7.1}$$

と変形することができる．このとき，右辺右側にある行列 $A = \begin{bmatrix} 1 & -2 & 3 \\ 2 & -3 & 5 \end{bmatrix}$ は，まさに T を定める行列 A そのものである[19]．

では，標準基底ではない一般の基底の場合，線形写像を表す行列はどのように変化するのだろうか？ 例えば，T の定義域 $\mathbb{R}^3$ における 1 組の基底として

$$\left\{ u_1 = \begin{bmatrix} 1 \\ 0 \\ 0 \end{bmatrix}, u_2 = \begin{bmatrix} 1 \\ 1 \\ 0 \end{bmatrix}, u_3 = \begin{bmatrix} 1 \\ 1 \\ 1 \end{bmatrix} \right\}$$

を，また T の終域 $\mathbb{R}^2$ における 1 組の基底として

$$\left\{ v_1 = \begin{bmatrix} 1 \\ 1 \end{bmatrix}, v_2 = \begin{bmatrix} 1 \\ -1 \end{bmatrix} \right\}$$

を考える．このとき，与えられた線形写像

$$T : \underbrace{\langle u_1, u_2, u_3 \rangle}_{=\mathbb{R}^3} \to \underbrace{\langle v_1, v_2 \rangle}_{=\mathbb{R}^2}$$

において，$\mathbb{R}^3$ の基底 $\{u_1, u_2, u_3\}$ の各ベクトルを，T でそれぞれ写した $T(u_1), T(u_2), T(u_3)$ は

$$T(u_1) = \begin{bmatrix} 1 & -2 & 3 \\ 2 & -3 & 5 \end{bmatrix} \begin{bmatrix} 1 \\ 0 \\ 0 \end{bmatrix} = \begin{bmatrix} 1 \\ 2 \end{bmatrix},$$

---

18) 標準基底を表す基本ベクトル e_i は，考える線形空間が異なっても同じ記号となるが，ここでは混乱を避けるため，$\mathbb{R}^3$ では e_i という記号を，$\mathbb{R}^2$ では e'_i という記号を用いる．

19) この行列 A の型は $2 \times \boxed{3}$ で，線形写像 $T : \mathbb{R}^{\boxed{3}} \to \mathbb{R}^{2}$ の順序と逆になっていることに注意！

$$T(\boldsymbol{u}_2) = \begin{bmatrix} 1 & -2 & 3 \\ 2 & -3 & 5 \end{bmatrix}\begin{bmatrix} 1 \\ 1 \\ 0 \end{bmatrix} = \begin{bmatrix} -1 \\ -1 \end{bmatrix},$$

$$T(\boldsymbol{u}_3) = \begin{bmatrix} 1 & -2 & 3 \\ 2 & -3 & 5 \end{bmatrix}\begin{bmatrix} 1 \\ 1 \\ 1 \end{bmatrix} = \begin{bmatrix} 2 \\ 4 \end{bmatrix}$$

となり，これらは $\mathbb{R}^2$ の元であるから，$\mathbb{R}^2$ の基底 $\{\boldsymbol{v}_1, \boldsymbol{v}_2\}$ の線形結合で書き表すことができるはずである．実際, すぐに係数をみつけるのは大変だが，連立 1 次方程式を利用すれば係数をみつけることができる．そこで, $\begin{bmatrix} \boldsymbol{v}_1 & \boldsymbol{v}_2 & | & T(\boldsymbol{u}_1) & T(\boldsymbol{u}_2) & T(\boldsymbol{u}_3) \end{bmatrix}$ を簡約化すると

$$\left[\begin{array}{cc|ccc} 1 & 1 & 1 & -1 & 2 \\ 1 & -1 & 2 & -1 & 4 \end{array}\right] \to \left[\begin{array}{cc|ccc} 1 & 1 & 1 & -1 & 2 \\ 0 & -2 & 1 & 0 & 2 \end{array}\right]$$

$$\to \left[\begin{array}{cc|ccc} 1 & 1 & 1 & -1 & 2 \\ 0 & 1 & -\frac{1}{2} & 0 & -1 \end{array}\right] \to \left[\begin{array}{cc|ccc} 1 & 0 & \frac{3}{2} & -1 & 3 \\ 0 & 1 & -\frac{1}{2} & 0 & -1 \end{array}\right] = \left[\begin{array}{c|c} E & B \end{array}\right]$$

となる．よって，$T(\boldsymbol{u}_1), T(\boldsymbol{u}_2), T(\boldsymbol{u}_3)$ はそれぞれ $\boldsymbol{v}_1, \boldsymbol{v}_2$ の線形結合で

$$T(\boldsymbol{u}_1) = \frac{3}{2}\boldsymbol{v}_1 - \frac{1}{2}\boldsymbol{v}_2, \quad T(\boldsymbol{u}_2) = -\boldsymbol{v}_1, \quad T(\boldsymbol{u}_3) = 3\boldsymbol{v}_1 - \boldsymbol{v}_2$$

と具体的な形で書き表すことができる．ここで, これら 3 つのベクトルを列に並べて得られる行列は

$$\begin{aligned} \begin{bmatrix} T(\boldsymbol{u}_1) & T(\boldsymbol{u}_2) & T(\boldsymbol{u}_3) \end{bmatrix} &= \begin{bmatrix} \frac{3}{2}\boldsymbol{v}_1 - \frac{1}{2}\boldsymbol{v}_2 & -\boldsymbol{v}_1 & 3\boldsymbol{v}_1 - \boldsymbol{v}_2 \end{bmatrix} \\ &= \begin{bmatrix} \boldsymbol{v}_1 & \boldsymbol{v}_2 \end{bmatrix} \underbrace{\begin{bmatrix} \frac{3}{2} & -1 & 3 \\ -\frac{1}{2} & 0 & -1 \end{bmatrix}}_{=B} \end{aligned} \tag{7.2}$$

と変形することができる．このとき, 右辺右側にある行列 $B = \begin{bmatrix} \frac{3}{2} & -1 & 3 \\ -\frac{1}{2} & 0 & -1 \end{bmatrix}$ は，T を定める行列 $A = \begin{bmatrix} 1 & -2 & 3 \\ 2 & -3 & 5 \end{bmatrix}$ とは異なっている．

では, この行列 B は T を定めるもとの行列 A とどのような関係にあるのか, 基底の変換に注意しながらあらためて考えてみよう．まず，T の定義域 $\mathbb{R}^3$ の標準基底 $\{\boldsymbol{e}_1, \boldsymbol{e}_2, \boldsymbol{e}_3\}$ を, 同じ線形空間 $\mathbb{R}^3$ の別の基底

$$\left\{ \boldsymbol{u}_1 = \begin{bmatrix} 1 \\ 0 \\ 0 \end{bmatrix}, \boldsymbol{u}_2 = \begin{bmatrix} 1 \\ 1 \\ 0 \end{bmatrix}, \boldsymbol{u}_3 = \begin{bmatrix} 1 \\ 1 \\ 1 \end{bmatrix} \right\}$$

に変換する行列を C_1 とし, T の終域 $\mathbb{R}^2$ の標準基底 $\left\{\boldsymbol{e}_1', \boldsymbol{e}_2'\right\}$ を, 同じ線形空間 $\mathbb{R}^2$ の別の基底

$$\left\{\ \boldsymbol{v}_1 = \begin{bmatrix}1\\1\end{bmatrix},\ \boldsymbol{v}_2 = \begin{bmatrix}1\\-1\end{bmatrix}\ \right\}$$

に変換する行列を C_2 とする. すると,

$$\begin{cases}\boldsymbol{u}_1 &=& \boldsymbol{e}_1\\ \boldsymbol{u}_2 &=& \boldsymbol{e}_1+\boldsymbol{e}_2\\ \boldsymbol{u}_3 &=& \boldsymbol{e}_1+\boldsymbol{e}_2+\boldsymbol{e}_3\end{cases},\qquad \begin{cases}\boldsymbol{v}_1 &=& \boldsymbol{e}_1'+\boldsymbol{e}_2'\\ \boldsymbol{v}_2 &=& \boldsymbol{e}_1'-\boldsymbol{e}_2'\end{cases} \tag{7.3}$$

と表されるので,

$$\begin{bmatrix}\boldsymbol{u}_1 & \boldsymbol{u}_2 & \boldsymbol{u}_3\end{bmatrix} = \begin{bmatrix}\boldsymbol{e}_1 & \boldsymbol{e}_2 & \boldsymbol{e}_3\end{bmatrix}\underbrace{\begin{bmatrix}1&1&1\\0&1&1\\0&0&1\end{bmatrix}}_{=C_1} = \begin{bmatrix}\boldsymbol{e}_1 & \boldsymbol{e}_2 & \boldsymbol{e}_3\end{bmatrix}C_1$$

$$\begin{bmatrix}\boldsymbol{v}_1 & \boldsymbol{v}_2\end{bmatrix} = \begin{bmatrix}\boldsymbol{e}_1' & \boldsymbol{e}_2'\end{bmatrix}\underbrace{\begin{bmatrix}1&1\\1&-1\end{bmatrix}}_{=C_2} = \begin{bmatrix}\boldsymbol{e}_1' & \boldsymbol{e}_2'\end{bmatrix}C_2$$

が導かれる. ここで, B と2つの基底変換行列 C_1, C_2 がどのように関係しているのかを調べるために, 基底の変換に注意しながら $\begin{bmatrix}T(\boldsymbol{u}_1) & T(\boldsymbol{u}_2) & T(\boldsymbol{u}_3)\end{bmatrix}$ を変形してみよう. まず, (7.3) 式の左側の等式を線形写像 T でそれぞれ写すと, 線形性から

$$\begin{cases}T(\boldsymbol{u}_1) &=& T(\boldsymbol{e}_1)\\ T(\boldsymbol{u}_2) &=& T(\,\boldsymbol{e}_1+\boldsymbol{e}_2\,) \;=\; T(\boldsymbol{e}_1)+T(\boldsymbol{e}_2)\\ T(\boldsymbol{u}_3) &=& T(\,\boldsymbol{e}_1+\boldsymbol{e}_2+\boldsymbol{e}_3\,) \;=\; T(\boldsymbol{e}_1)+T(\boldsymbol{e}_2)+T(\boldsymbol{e}_3)\end{cases} \tag{7.4}$$

が得られるので,

$$\begin{bmatrix}T(\boldsymbol{u}_1) & T(\boldsymbol{u}_2) & T(\boldsymbol{u}_3)\end{bmatrix} = \begin{bmatrix}T(\boldsymbol{e}_1) & T(\boldsymbol{e}_2) & T(\boldsymbol{e}_3)\end{bmatrix}\underbrace{\begin{bmatrix}1&1&1\\0&1&1\\0&0&1\end{bmatrix}}_{=C_1}$$

が導かれる. さらに, (7.1) 式より,

$$\begin{aligned}\begin{bmatrix}T(\boldsymbol{u}_1) & T(\boldsymbol{u}_2) & T(\boldsymbol{u}_3)\end{bmatrix} &= \begin{bmatrix}T(\boldsymbol{e}_1) & T(\boldsymbol{e}_2) & T(\boldsymbol{e}_3)\end{bmatrix}C_1\\ &= \begin{bmatrix}\boldsymbol{e}_1' & \boldsymbol{e}_2'\end{bmatrix}\underbrace{\begin{bmatrix}1&-2&3\\2&-3&5\end{bmatrix}}_{=A}C_1 = \begin{bmatrix}\boldsymbol{e}_1' & \boldsymbol{e}_2'\end{bmatrix}AC_1\end{aligned} \tag{7.5}$$

と変形することができる[20]．一方，(7.2) 式より

$$\begin{aligned}&\begin{bmatrix} T(\boldsymbol{u}_1) & T(\boldsymbol{u}_2) & T(\boldsymbol{u}_3) \end{bmatrix}\\ &= \begin{bmatrix} \boldsymbol{v}_1 & \boldsymbol{v}_2 \end{bmatrix} \underbrace{\begin{bmatrix} \frac{3}{2} & -1 & 3 \\ -\frac{1}{2} & 0 & -1 \end{bmatrix}}_{=B} = \begin{bmatrix} \boldsymbol{e}'_1 & \boldsymbol{e}'_2 \end{bmatrix} C_2 B \end{aligned} \tag{7.6}$$

と変形することができる[21]．

ここで，2 つの式 (7.5)，(7.6) と，$\{\boldsymbol{e}'_1, \boldsymbol{e}'_2\}$ が $\mathbb{R}^2$ の基底であり，線形独立であることから，

$$\begin{aligned}\begin{bmatrix} \boldsymbol{e}'_1 & \boldsymbol{e}'_2 \end{bmatrix} A C_1 &= \begin{bmatrix} \boldsymbol{e}'_1 & \boldsymbol{e}'_2 \end{bmatrix} C_2 B \\ \Rightarrow \quad \begin{bmatrix} \boldsymbol{e}'_1 & \boldsymbol{e}'_2 \end{bmatrix} \left(A C_1 - C_2 B \right) &= O \\ \Rightarrow \quad A C_1 - C_2 B = O \quad &\Rightarrow \quad B = C_2^{-1} A C_1 \end{aligned}$$

が得られる[22]．これは一般の場合でも成り立つことがわかるので，(7.2) 式

$$\begin{bmatrix} T(\boldsymbol{u}_1) & T(\boldsymbol{u}_2) & \cdots & T(\boldsymbol{u}_m) \end{bmatrix} = \begin{bmatrix} \boldsymbol{v}_1 & \boldsymbol{v}_2 & \cdots & \boldsymbol{v}_n \end{bmatrix} B$$

を満たす $n \times m$ 行列 B を，線形空間 U の基底 $\{\boldsymbol{u}_1, \boldsymbol{u}_2, \ldots, \boldsymbol{u}_m\}$ と，線形空間 V の基底 $\{\boldsymbol{v}_1, \boldsymbol{v}_2, \ldots, \boldsymbol{v}_n\}$ に関する線形写像

$$T : \underbrace{\langle \boldsymbol{u}_1, \boldsymbol{u}_2, \ldots, \boldsymbol{u}_m \rangle}_{=U} \to \underbrace{\langle \boldsymbol{v}_1, \boldsymbol{v}_2, \ldots, \boldsymbol{v}_n \rangle}_{=V}$$

の **表現行列** という．特に，「線形写像 T が定める行列」は「標準基底による表現行列」と一致するので，

> **混乱のない場合は，「線形写像 T が定める行列」を**
> **「線形写像 T の表現行列」ということにする．**

なお，次の事実も重要なことであるから注意しよう．

> **数ベクトル空間とは限らない一般の線形空間における線形写像でも**
> **「行列で表現できる」．**

20)　A の型は 2×3，C_1 の型は 3×3 なので，積 AC_1 は計算可能であることに注意．

21)　C_2 の型は 2×2，B の型は 2×3 なので，積 C_2B は計算可能であることに注意．

22)　2 つ目 $\Rightarrow$ のところで，$\boldsymbol{e}'_1, \boldsymbol{e}'_2$ が線形独立であることを用いている．また，C_2 は正則であることを確認しておこう．

注意 実際に一般の表現行列を求めるときは，上で考察したように「標準基底による」表現行列と，各 標準基底からの 基底変換行列を用いることになるので[23)]，以下のようにまとめることができる．

表現行列の求め方

次元 m の線形空間 U から次元 n の線形空間 V への線形写像 T において，T の「標準基底による」表現行列を A (型は $n\times m$) とする．また，U の標準基底 $\{\boldsymbol{e}_1, \boldsymbol{e}_2, \ldots, \boldsymbol{e}_m\}$ を，U の別の基底 $\{\boldsymbol{u}_1, \boldsymbol{u}_2, \ldots, \boldsymbol{u}_m\}$ に変換する基底変換行列を C_1，V の標準基底 $\{\boldsymbol{e}'_1, \boldsymbol{e}'_2, \ldots, \boldsymbol{e}'_n\}$ を，V の別の基底 $\{\boldsymbol{v}_1, \boldsymbol{v}_2, \ldots, \boldsymbol{v}_n\}$ に変換する基底変換行列を C_2 とするとき，基底 $\{\boldsymbol{u}_1, \boldsymbol{u}_2, \ldots, \boldsymbol{u}_m\}$ と $\{\boldsymbol{v}_1, \boldsymbol{v}_2, \ldots, \boldsymbol{v}_n\}$ に関する線形写像

$$T : \underbrace{\langle \boldsymbol{u}_1, \boldsymbol{u}_2, \ldots, \boldsymbol{u}_m \rangle}_{=U} \to \underbrace{\langle \boldsymbol{v}_1, \boldsymbol{v}_2, \ldots, \boldsymbol{v}_n \rangle}_{=V}$$

の表現行列 B は，$n \times m$ 行列で

$$B = C_2^{-1} A C_1$$

と表される．特に，$U = \mathbb{R}^m$, $V = \mathbb{R}^n$ のときは，上記の考察より

$$C_1 = \begin{bmatrix} \boldsymbol{u}_1 & \boldsymbol{u}_2 & \cdots & \boldsymbol{u}_m \end{bmatrix}, \quad C_2 = \begin{bmatrix} \boldsymbol{v}_1 & \boldsymbol{v}_2 & \cdots & \boldsymbol{v}_n \end{bmatrix}$$

例題 7.3 $\mathbb{R}^3$ から $\mathbb{R}^2$ への線形写像 T，

$$T\left(\begin{bmatrix} x \\ y \\ z \end{bmatrix}\right) = \begin{bmatrix} 2 & 3 & -1 \\ -1 & 1 & 4 \end{bmatrix} \begin{bmatrix} x \\ y \\ z \end{bmatrix} \quad \left(\boldsymbol{u} = \begin{bmatrix} x \\ y \\ z \end{bmatrix} \in \mathbb{R}^3\right)$$

において，次の基底に関する表現行列 B を求めなさい．

$$\mathbb{R}^3 \text{ の基底 } \left\{ \boldsymbol{u}_1 = \begin{bmatrix} 1 \\ 0 \\ 0 \end{bmatrix}, \boldsymbol{u}_2 = \begin{bmatrix} 1 \\ 1 \\ 0 \end{bmatrix}, \boldsymbol{u}_3 = \begin{bmatrix} 1 \\ 1 \\ 1 \end{bmatrix} \right\},$$

$$\mathbb{R}^2 \text{ の基底 } \left\{ \boldsymbol{v}_1 = \begin{bmatrix} 1 \\ 1 \end{bmatrix}, \boldsymbol{v}_2 = \begin{bmatrix} 1 \\ -1 \end{bmatrix} \right\}$$

23) 先の例でも，$\boldsymbol{e}_1$ や $\boldsymbol{e}'_1$ などと 標準基底から 基底変換していたことに注意しよう．

解答 標準基底による表現行列 A は, T の定める行列と一致するので

$$A = \begin{bmatrix} 2 & 3 & -1 \\ -1 & 1 & 4 \end{bmatrix}$$

である. また, 各標準基底から別の基底に変換する行列 C_1, C_2 は

$$C_1 = \begin{bmatrix} \boldsymbol{u}_1 & \boldsymbol{u}_2 & \boldsymbol{u}_3 \end{bmatrix} = \begin{bmatrix} 1 & 1 & 1 \\ 0 & 1 & 1 \\ 0 & 0 & 1 \end{bmatrix},$$

$$C_2 = \begin{bmatrix} \boldsymbol{v}_1 & \boldsymbol{v}_2 \end{bmatrix} = \begin{bmatrix} 1 & 1 \\ 1 & -1 \end{bmatrix}$$

であるから,「表現行列の求め方」より求める表現行列 B は

$$\begin{aligned} B &= {C_2}^{-1} A C_1 \\ &= \begin{bmatrix} 1 & 1 \\ 1 & -1 \end{bmatrix}^{-1} \begin{bmatrix} 2 & 3 & -1 \\ -1 & 1 & 4 \end{bmatrix} \begin{bmatrix} 1 & 1 & 1 \\ 0 & 1 & 1 \\ 0 & 0 & 1 \end{bmatrix} \\ &= \frac{1}{-2} \begin{bmatrix} -1 & -1 \\ -1 & 1 \end{bmatrix} \begin{bmatrix} 2 & 5 & 4 \\ -1 & 0 & 4 \end{bmatrix} = \underline{\begin{bmatrix} \frac{1}{2} & \frac{5}{2} & 4 \\ \frac{3}{2} & \frac{5}{2} & 0 \end{bmatrix}} \end{aligned}$$

■

練習 7.7 [24] $\mathbb{R}^3$ から $\mathbb{R}^2$ への線形写像 T,

$$T\left(\begin{bmatrix} x \\ y \\ z \end{bmatrix}\right) = \begin{bmatrix} 1 & 3 & -2 \\ 2 & 1 & -1 \end{bmatrix} \begin{bmatrix} x \\ y \\ z \end{bmatrix} \quad \left(\boldsymbol{u} = \begin{bmatrix} x \\ y \\ z \end{bmatrix} \in \mathbb{R}^3\right)$$

において, 次の基底に関する表現行列 B を求めなさい.

$$\mathbb{R}^3 \text{ の基底 } \left\{ \boldsymbol{u}_1 = \begin{bmatrix} 1 \\ 0 \\ 1 \end{bmatrix}, \boldsymbol{u}_2 = \begin{bmatrix} 0 \\ 1 \\ 1 \end{bmatrix}, \boldsymbol{u}_3 = \begin{bmatrix} 1 \\ 1 \\ 0 \end{bmatrix} \right\},$$

$$\mathbb{R}^2 \text{ の基底 } \left\{ \boldsymbol{v}_1 = \begin{bmatrix} 2 \\ 1 \end{bmatrix}, \boldsymbol{v}_2 = \begin{bmatrix} 1 \\ 2 \end{bmatrix} \right\}$$

24) 答 (練習 7.7) $B = \begin{bmatrix} -1 & \frac{2}{3} & \frac{5}{3} \\ 1 & -\frac{1}{3} & \frac{2}{3} \end{bmatrix}$

第7章　章末問題

【A】 (答えは p.244)

1. $\boldsymbol{a} = \begin{bmatrix} 1 \\ 2 \\ 3 \end{bmatrix}$, $\boldsymbol{b} = \begin{bmatrix} 3 \\ 2 \\ 1 \end{bmatrix}$ とする. 線形写像 $T : \mathbb{R}^3 \to \mathbb{R}^3$ に対して

$$T(\boldsymbol{a}) = \begin{bmatrix} -1 \\ 3 \\ 2 \end{bmatrix}, \quad T(\boldsymbol{b}) = \begin{bmatrix} -2 \\ 1 \\ 4 \end{bmatrix}$$

であるとき, 次を求めなさい.

(1) $T(3\boldsymbol{a})$　　(2) $T(3\boldsymbol{a} - 4\boldsymbol{b})$　　(3) $T\left(\begin{bmatrix} 7 \\ 2 \\ -3 \end{bmatrix}\right)$

2. 次の線形写像 T において, 核の1組の基底とその次元, 像の1組の基底とその次元をそれぞれ求めなさい.

(1) $T : \mathbb{R}^4 \to \mathbb{R}^3$,

$$T\left(\begin{bmatrix} x \\ y \\ z \\ w \end{bmatrix}\right) = \begin{bmatrix} 0 & -1 & 3 & 1 \\ 1 & 3 & -4 & 1 \\ 1 & 2 & -1 & 2 \end{bmatrix} \begin{bmatrix} x \\ y \\ z \\ w \end{bmatrix} \quad \left(\boldsymbol{u} = \begin{bmatrix} x \\ y \\ z \\ w \end{bmatrix} \in \mathbb{R}^4\right)$$

(2) $T : \mathbb{R}^4 \to \mathbb{R}^4$,

$$T\left(\begin{bmatrix} x \\ y \\ z \\ w \end{bmatrix}\right) = \begin{bmatrix} 1 & 3 & 1 & -1 \\ 3 & 7 & 1 & 5 \\ 1 & 2 & 0 & 3 \\ 2 & 5 & 1 & 2 \end{bmatrix} \begin{bmatrix} x \\ y \\ z \\ w \end{bmatrix} \quad \left(\boldsymbol{u} = \begin{bmatrix} x \\ y \\ z \\ w \end{bmatrix} \in \mathbb{R}^4\right)$$

(3) $T : \mathbb{R}^5 \to \mathbb{R}^3$,

$$T\left(\begin{bmatrix} x \\ y \\ z \\ u \\ v \end{bmatrix}\right) = \begin{bmatrix} 1 & -1 & 1 & 2 & 3 \\ 2 & -2 & 5 & 1 & 9 \\ 3 & -3 & 1 & 8 & 7 \end{bmatrix} \begin{bmatrix} x \\ y \\ z \\ u \\ v \end{bmatrix} \quad \left(\boldsymbol{u} = \begin{bmatrix} x \\ y \\ z \\ u \\ v \end{bmatrix} \in \mathbb{R}^5\right)$$

(4) $T : \mathbb{R}^5 \to \mathbb{R}^3$,

$$T\left(\begin{bmatrix} x \\ y \\ z \\ u \\ v \end{bmatrix}\right) = \begin{bmatrix} 1 & -1 & 1 & -1 & 1 \\ 2 & -2 & 5 & 1 & 8 \\ 3 & -3 & 5 & -1 & 7 \end{bmatrix} \begin{bmatrix} x \\ y \\ z \\ u \\ v \end{bmatrix} \quad \left(\boldsymbol{u} = \begin{bmatrix} x \\ y \\ z \\ u \\ v \end{bmatrix} \in \mathbb{R}^5\right)$$

3. 線形空間 U の基底 $\{\boldsymbol{u}_i\}$ を, 同じ線形空間 U の別の基底 $\{\boldsymbol{u}'_i\}$ に変える基底変換行列 C を求めなさい.

(1) $U=\mathbb{R}^2$, $\boldsymbol{u}_1=\begin{bmatrix}1\\0\end{bmatrix}$, $\boldsymbol{u}_2=\begin{bmatrix}0\\1\end{bmatrix}$, $\boldsymbol{u}'_1=\begin{bmatrix}1\\1\end{bmatrix}$, $\boldsymbol{u}'_2=\begin{bmatrix}1\\-1\end{bmatrix}$

(2) $U=\mathbb{R}^2$, $\boldsymbol{u}_1=\begin{bmatrix}1\\1\end{bmatrix}$, $\boldsymbol{u}_2=\begin{bmatrix}1\\-1\end{bmatrix}$, $\boldsymbol{u}'_1=\begin{bmatrix}1\\0\end{bmatrix}$, $\boldsymbol{u}'_2=\begin{bmatrix}0\\1\end{bmatrix}$

4. 線形写像 $T:U\to V$ の 次の基底に関する表現行列 B を求めなさい.

(1) $U=\mathbb{R}^2$, $V=\mathbb{R}^2$, $T\left(\begin{bmatrix}x\\y\end{bmatrix}\right)=\begin{bmatrix}1&2\\3&4\end{bmatrix}\begin{bmatrix}x\\y\end{bmatrix}$ $\left(\boldsymbol{u}=\begin{bmatrix}x\\y\end{bmatrix}\in U\right)$

$$U \text{ の基底 } \left\{\boldsymbol{u}_1=\begin{bmatrix}1\\0\end{bmatrix},\ \boldsymbol{u}_2=\begin{bmatrix}0\\1\end{bmatrix}\right\},$$

$$V \text{ の基底 } \left\{\boldsymbol{v}_1=\begin{bmatrix}1\\1\end{bmatrix},\ \boldsymbol{v}_2=\begin{bmatrix}1\\-1\end{bmatrix}\right\}$$

(2) $U=\mathbb{R}^2$, $V=\mathbb{R}^2$, $T\left(\begin{bmatrix}x\\y\end{bmatrix}\right)=\begin{bmatrix}1&2\\3&4\end{bmatrix}\begin{bmatrix}x\\y\end{bmatrix}$ $\left(\boldsymbol{u}=\begin{bmatrix}x\\y\end{bmatrix}\in U\right)$

$$U \text{ の基底 } \left\{\boldsymbol{u}_1=\begin{bmatrix}1\\1\end{bmatrix},\ \boldsymbol{u}_2=\begin{bmatrix}1\\-1\end{bmatrix}\right\},$$

$$V \text{ の基底 } \left\{\boldsymbol{v}_1=\begin{bmatrix}1\\0\end{bmatrix},\ \boldsymbol{v}_2=\begin{bmatrix}0\\1\end{bmatrix}\right\}$$

【B】 (答えは p.245)

1. $U=\mathbb{R}^2\times\{1\} = \left\{\begin{bmatrix}x\\y\\1\end{bmatrix}\ \middle|\ \begin{bmatrix}x\\y\end{bmatrix}\in\mathbb{R}^2\right\}$ は線形空間ではないことを証明しなさい.

2. 零ベクトルでないベクトル $\boldsymbol{a}=\begin{bmatrix}a\\b\\c\end{bmatrix}$ に対して, 線形写像 $T:\mathbb{R}^3\to\mathbb{R}^3$ を

$$T(\boldsymbol{u})=\boldsymbol{a}\times\boldsymbol{u}\quad(\boldsymbol{u}\in\mathbb{R}^3)$$

で定める. このとき, T の核と像の 1 組の基底をそれぞれ求めなさい.

3. M_2 を 2 次正方行列全体の集合とする. 次の問いに答えなさい.

(1) M_2 は線形空間であることを証明しなさい.

(2) M_2 の 1 組の基底と次元を求めなさい.

4. $\mathbb{R}[x]_1$ において 1 組の基底 $\{\boldsymbol{u}_1=x+1,\ \boldsymbol{u}_2=x-1\}$ を, 同じ線形空間 $\mathbb{R}[x]_1$ の別の基底 $\{\boldsymbol{u}'_1=2x+1,\ \boldsymbol{u}'_2=x+2\}$ に変える基底変換行列 C を求めなさい.

8 行列の対角化

8.1　固有値・固有ベクトル

線形空間 $\mathbb{R}^2$ から, それ自身への線形変換 $T : \mathbb{R}^2 \to \mathbb{R}^2$ において, 例えば T の (標準基底による) 表現行列として

$$A = \begin{bmatrix} -2 & 2 \\ -2 & 3 \end{bmatrix}$$

を考えよう. この線形変換 T で $\boldsymbol{u}_1 = \begin{bmatrix} 1 \\ 2 \end{bmatrix}$ を写してみると,

$$T(\boldsymbol{u}_1) = \begin{bmatrix} -2 & 2 \\ -2 & 3 \end{bmatrix}\begin{bmatrix} 1 \\ 2 \end{bmatrix} = \begin{bmatrix} 2 \\ 4 \end{bmatrix} = 2\begin{bmatrix} 1 \\ 2 \end{bmatrix} = 2\,\boldsymbol{u}_1$$

となり, もとのベクトル $\boldsymbol{u}_1$ の 2 倍となっていることがわかる. また, 同じく T で $\boldsymbol{u}_2 = \begin{bmatrix} 2 \\ 1 \end{bmatrix}$ を写してみると,

$$T(\boldsymbol{u}_2) = \begin{bmatrix} -2 & 2 \\ -2 & 3 \end{bmatrix}\begin{bmatrix} 2 \\ 1 \end{bmatrix} = \begin{bmatrix} -2 \\ -1 \end{bmatrix} = -\begin{bmatrix} 2 \\ 1 \end{bmatrix} = -\boldsymbol{u}_2$$

となり, もとのベクトル $\boldsymbol{u}_2$ の (-1) 倍となっていることがわかる. しかも, すべての $k \in \mathbb{R}$ に対して

$$T(k\,\boldsymbol{u}_1) = \begin{bmatrix} -2 & 2 \\ -2 & 3 \end{bmatrix}\begin{bmatrix} k \\ 2k \end{bmatrix} = \begin{bmatrix} 2k \\ 4k \end{bmatrix} = 2\begin{bmatrix} k \\ 2k \end{bmatrix} = 2(k\,\boldsymbol{u}_1),$$

$$T(k\,\boldsymbol{u}_2) = \begin{bmatrix} -2 & 2 \\ -2 & 3 \end{bmatrix}\begin{bmatrix} 2k \\ k \end{bmatrix} = \begin{bmatrix} -2k \\ -k \end{bmatrix} = -\begin{bmatrix} 2k \\ k \end{bmatrix} = -(k\,\boldsymbol{u}_2)$$

が成り立つ. つまり, これら 2 種類のスカラー倍 $k\,\boldsymbol{u}_1$, $k\,\boldsymbol{u}_2$ $(k \in \mathbb{R})$ もまた, この線形変換 T でそれぞれもとのベクトルの 2 倍と (-1) 倍に写っている. じつは, この線形変換 T で写したベクトルがもとのベクトルのスカラー倍となるのは, これら 2 種類のベクトル $k\,\boldsymbol{u}_1$, $k\,\boldsymbol{u}_2$ だけである.

では, この状況を座標平面上の点として考えてみよう. ベクトル $\boldsymbol{u}_1 = \begin{bmatrix} 1 \\ 2 \end{bmatrix}$ を 座標平面上の点 $(1, 2)$ とみなせば, それを線形変換 T で写した点は $(2, 4)$ である. ここで, ベクトル $\boldsymbol{u}_1$ は座標平面上の直線 $y = 2x$ の方向を表しており, さらに すべての $k \in \mathbb{R}$ に対して $T(k\boldsymbol{u}_1) = 2(k\boldsymbol{u}_1)$ が成り立つことから, 点 $(k, 2k)$ を $(2k, 4k)$ に写すことがわかる. したがって, この線形変換 T は 原点を通る直線 $y = 2x$ 上の点を, 同じ直線 $y = 2x$ 上の点に写すことがわかる. このように, 線形変換で写しても変わらない直線を, その線形変換の **不動直線** という. この線形変換 T では, 原点を通る 2 つの直線 $y = 2x$, $y = \dfrac{1}{2}x$ が T の不動直線となるが[1], T の不動直線はこの 2 直線だけである.

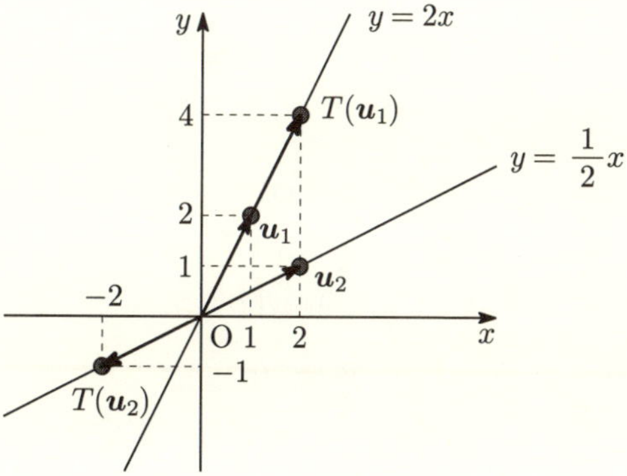

図 8.1 ベクトル $\boldsymbol{u}_1$, $\boldsymbol{u}_2$, $T(\boldsymbol{u}_1)$, $T(\boldsymbol{u}_2)$ の $\mathbb{R}^2$ (座標平面) での状況

このような不動直線を探すことは, 例えば物体の運動を考える際に, その運動によって軸がずれないような方向を探すことと同じであり, それ以外にも応用上とても有効である. それを一般の線形空間に拡張して考えたいが, まずはどのようにしてこの不動直線 (の方向) を探せばよいか, 冒頭の線形変換の例を用いて調べてみよう[2].

$A = \begin{bmatrix} -2 & 2 \\ -2 & 3 \end{bmatrix}$ によって定められる線形変換 $T : \mathbb{R}^2 \to \mathbb{R}^2$ において,

---

1) $\boldsymbol{u}_2 = \begin{bmatrix} 2 \\ 1 \end{bmatrix}$ は直線 $y = \dfrac{1}{2}x$ の方向を表す.

2) この具体例では不動「直線」となったが, 次元によって不動「平面」や不動「空間」となる. また, 表現行列によっては零ベクトルとなってしまう場合もある.

不動直線の方向を求めてみよう．そのためには，$\mathbb{R}^2$ のベクトル $\boldsymbol{u}$ で T で写すと，もとのベクトル $\boldsymbol{u}$ のスカラー倍になるようなものをみつければよい．このような場面では，そのスカラーとして $\lambda \in \mathbb{R}$ を使って表すことが多いので[3]，本書でも λ を用いる．すると，$T(\boldsymbol{u}) = A\boldsymbol{u}$ であるから

$$A\boldsymbol{u} = \lambda\boldsymbol{u} \tag{8.1}$$

を満たす $\boldsymbol{u} \in \mathbb{R}^2$ をみつければ，T の不動直線の方向が求められる．ただし，もし $\boldsymbol{u} = \boldsymbol{o}$ のときは不動直線の方向が定まらないので，$\boldsymbol{u} \neq \boldsymbol{o}$ としよう．

では，どのようなときに (8.1) 式を満たすような $\boldsymbol{u} \in \mathbb{R}^2$ ($\boldsymbol{u} \neq \boldsymbol{o}$) が存在するのだろうか？ この式の左辺を右辺に移項して

$$\lambda\boldsymbol{u} - A\boldsymbol{u} = \boldsymbol{o}$$

とし，さらに A と同じ型の単位行列 E を用いて

$$\lambda\boldsymbol{u} = \lambda E\boldsymbol{u}$$

と書き換えると，(8.1) 式は

$$(\lambda E - A)\boldsymbol{u} = \boldsymbol{o}$$

と変形することができる[4]．ここで，もし $|\lambda E - A| \neq 0$ であれば，$(\lambda E - A)$ の逆行列が存在し，上式の両辺の左から その逆行列を掛けると

$$\boldsymbol{u} = \boldsymbol{o}$$

が導かれる．したがって，$|\lambda E - A| \neq 0$ の状況では，(8.1) 式を満たすような $\boldsymbol{u} \neq \boldsymbol{o}$ は存在しないことがわかる．これより，

$$|\lambda E - A| = 0 \tag{8.2}$$

とすることで，(8.1) 式を満たすような $\boldsymbol{u} \neq \boldsymbol{o}$ が求まりそうである[5]．

では具体的に，(8.2) 式の左辺を計算してみよう．すると，

$$\lambda E - A = \lambda\begin{bmatrix} 1 & 0 \\ 0 & 1 \end{bmatrix} - \begin{bmatrix} -2 & 2 \\ -2 & 3 \end{bmatrix} = \begin{bmatrix} \lambda+2 & -2 \\ 2 & \lambda-3 \end{bmatrix}$$

より

$$\begin{aligned} |\lambda E - A| &= \begin{vmatrix} \lambda+2 & -2 \\ 2 & \lambda-3 \end{vmatrix} \\ &= (\lambda+2)(\lambda-3) - (-4) = \lambda^2 - \lambda - 2 = (\lambda-2)(\lambda+1) \end{aligned}$$

---

3) λ はギリシア文字「ラムダ」の小文字である．ギリシア文字表は p.vii 参照．

4) λ は「実数」で A は「行列」であるから，$(\lambda - A)\boldsymbol{u} = \boldsymbol{o}$ とはできないことに注意．

5) $|A - \lambda E| = 0$ と考えてもよい．

であるから，(8.2) 式を満たす λ は

$$\left|\,\lambda E - A\,\right| = 0 \quad \Leftrightarrow \quad (\lambda-2)(\lambda+1) = 0 \quad \Leftrightarrow \quad \lambda = 2,\ -1$$

と求まる．この λ を (8.1) 式に代入して，$\boldsymbol{u}$ を具体的に求めよう．

まず，$\lambda = 2$ のとき，(8.1) 式を満たす $\boldsymbol{u}$ を $\boldsymbol{u}_1$ とすると

$$A\boldsymbol{u}_1 = 2\boldsymbol{u}_1$$

であるが，これは斉次連立 1 次方程式である．したがって，この斉次連立 1 次方程式の係数行列となる $2E - A$ を簡約化すると[6)]，

$$2E - A = \begin{bmatrix} 4 & -2 \\ 2 & -1 \end{bmatrix} \to \begin{bmatrix} 1 & -\frac{1}{2} \\ 2 & -1 \end{bmatrix} \to \begin{bmatrix} 1 & -\frac{1}{2} \\ 0 & 0 \end{bmatrix}$$

であるから，この斉次連立 1 次方程式の解 $\boldsymbol{u}_1$ は

$$\boldsymbol{u}_1 = \begin{bmatrix} \frac{1}{2}c_1 \\ c_1 \end{bmatrix} = \frac{1}{2}c_1\begin{bmatrix} 1 \\ 2 \end{bmatrix} \quad (c_1 \in \mathbb{R})$$

である．よって，$c_1 = 2$ とすれば $\boldsymbol{u}_1 = \begin{bmatrix} 1 \\ 2 \end{bmatrix}$ が得られる．これは，まさに冒頭で現れた $\boldsymbol{u}_1$ と一致している．

次に，$\lambda = -1$ のとき，(8.1) 式を満たす $\boldsymbol{u}$ を $\boldsymbol{u}_2$ とすると

$$A\boldsymbol{u}_2 = -\boldsymbol{u}_2$$

である．この斉次連立 1 次方程式の係数行列 $-E - A$ を簡約化すると，

$$-E - A = \begin{bmatrix} 1 & -2 \\ 2 & -4 \end{bmatrix} \to \begin{bmatrix} 1 & -2 \\ 0 & 0 \end{bmatrix}$$

であるから，この斉次連立 1 次方程式の解 $\boldsymbol{u}_2$ は

$$\boldsymbol{u}_2 = \begin{bmatrix} 2c_2 \\ c_2 \end{bmatrix} = c_2\begin{bmatrix} 2 \\ 1 \end{bmatrix} \quad (c_2 \in \mathbb{R})$$

である．よって，$c_2 = 1$ とすれば $\boldsymbol{u}_2 = \begin{bmatrix} 2 \\ 1 \end{bmatrix}$ が得られる．これは，まさに冒頭で現れた $\boldsymbol{u}_2$ と一致している．

以上のことは，一般の線形空間でも基底や表現行列を用いることで考察できそうである．そこで，次のように定義しよう．

線形空間 U 上の線形変換 $T : U \to U$ を考える．ある $\lambda \in \mathbb{R}$ に対して，

$$T(\boldsymbol{u}) = \lambda\boldsymbol{u} \tag{8.3}$$

6) この斉次連立 1 次方程式を変形すると $(2E - A)\boldsymbol{u}_1 = \boldsymbol{o}$ であるから，係数行列は $2E - A$ である．もちろん，$A - 2E$ と考えてもよい．

を満たす $\boldsymbol{u} \in U$ $(\boldsymbol{u} \neq \boldsymbol{o})$ が存在するとき, λ を T の **固有値** という. また, このときの $\boldsymbol{u}$ $(\neq \boldsymbol{o})$ を 固有値 λ に対する T の **固有ベクトル** という.

$\boldsymbol{u} \neq \boldsymbol{o}$ であるから, 零ベクトルは固有ベクトルとはならないが, 固有ベクトルに零ベクトルを加えた集合は, じつは U の線形部分空間となる (章末問題). この集合を T の固有値 λ の **固有空間** いい, $W(\lambda)$ と表す. つまり,

$$W(\lambda) = \left\{ \boldsymbol{u} \in U \;\middle|\; T(\boldsymbol{u}) = \lambda \boldsymbol{u} \right\}$$

である. 本節の冒頭で説明した不動直線 (次元が増えると不動平面, 不動空間となる) は, この固有空間の基底から得られるので, T の固有値 λ とその固有空間 $W(\lambda)$ を求めることがポイントである.

線形変換 T の固有値とその固有空間を求めるには, T の表現行列 A を用いて, 先の例のように考えればよい. なお, このように線形変換 T の表現行列 A が明らかな場合は,「T の」固有値・固有ベクトル という表現を,「A の」固有値・固有ベクトル ということもある.

固有値・固有空間の求め方

線形空間 U 上の線形変換 $T : U \to U$ の表現行列を A とする. つまり, $T(\boldsymbol{u}) = A\boldsymbol{u}$ $(\boldsymbol{u} \in U)$ とする. このとき, A の固有値 $\lambda \in \mathbb{R}$ を求めるには, **固有方程式**

$$\left| \lambda E - A \right| = 0$$

を解けばよい. また, A の各固有値 λ における固有空間 $W(\lambda)$ は, 斉次連立 1 次方程式

$$A\boldsymbol{u} = \lambda \boldsymbol{u}$$

の解空間である. つまり, 各固有値 λ に対して, この斉次連立 1 次方程式の係数行列 $\lambda E - A$ を簡約化して不定解を求めれば, その集合が λ の固有空間 $W(\lambda)$ である.
なお, 固有方程式の左辺 $\left| \lambda E - A \right|$ を **固有多項式** という.

注意 (1) 先の例における A の固有値は $2, -1$ であり, そのそれぞれの固有値における固有空間 $W(2)$, $W(-1)$ は以下のとおりである[7].

---

7) $W(2)$ の表記で, 固有ベクトルを求める際に現れた $\frac{1}{2}c_1$ を c_1 に置き換えた. いずれも実数倍なので見やすさを優先させた. 以後も特に断らずにこのような操作をするので気をつけよう.

$$W(2)=\left\{\ c_1\begin{bmatrix}1\\2\end{bmatrix}\ \middle|\ c_1\in\mathbb{R}\ \right\},\qquad W(-1)=\left\{\ c_2\begin{bmatrix}2\\1\end{bmatrix}\ \middle|\ c_2\in\mathbb{R}\ \right\}$$

(2) 行列の成分がすべて実数でも, また固有方程式の各係数が実数でも, 固有値が虚数となる場合がある. 例えば, $A=\begin{bmatrix}-1 & 2\\-5 & 3\end{bmatrix}$ の固有多項式は

$$|\,\lambda E-A\,|=\begin{vmatrix}\lambda+1 & -2\\5 & \lambda-3\end{vmatrix}=(\lambda+1)(\lambda-3)-(-10)=\lambda^2-2\lambda+7$$

であるから, 固有値 λ は

$$|\,\lambda E-A\,|=\lambda^2-2\lambda+7=0\quad\Leftrightarrow\quad\lambda=1\pm\sqrt{6}\,i$$

と 虚数となる. なお, 本書では固有値が実数となる場合のみを考えるが, 虚数の固有値に興味があれば, 例えば参考文献 [4] 参照.

(3) x の方程式において, $(x-\alpha)^n f(x)=0$ かつ $f(\alpha)\neq 0$ を満たすとき, この方程式は解 $x=\alpha$ を n 個もつが, このときの n をその解 $x=\alpha$ の **重複度** という. A が m 次正方行列のとき, 固有方程式 $|\,\lambda E-A\,|=0$ は λ の m 次方程式になるので, その解は重複や虚数解を含めて m 個存在する (代数学の基本定理).

例題 8.1 線形変換 $T:\mathbb{R}^3\to\mathbb{R}^3$ の表現行列を A とするとき, A の固有値をすべて求め, 各固有値における固有空間を求めなさい.

(1) $A=\begin{bmatrix}2&0&1\\4&2&1\\1&0&2\end{bmatrix}$ (2) $A=\begin{bmatrix}1&2&2\\2&1&2\\2&2&1\end{bmatrix}$ (3) $A=\begin{bmatrix}3&2&4\\2&0&7\\2&1&2\end{bmatrix}$

解答 「固有値・固有空間の求め方」に沿って求める.

(1) まず,

$$T(\boldsymbol{u})=A\boldsymbol{u}=\lambda\boldsymbol{u}\tag{8.4}$$

を満たす λ を求めるために, 固有方程式

$$|\,\lambda E-A\,|=0$$

を λ について解く. すると,

$$|\,\lambda E-A\,|=\begin{vmatrix}\lambda-2 & 0 & -1\\-4 & \lambda-2 & -1\\-1 & 0 & \lambda-2\end{vmatrix}$$

$$\overset{\text{(D5)}}{=}(-1)^{2+2}(\lambda-2)\cdot\begin{vmatrix}\lambda-2 & -1\\-1 & \lambda-2\end{vmatrix}\overset{\text{サラス}}{=}(\lambda-2)\Big\{(\lambda-2)^2-1\Big\}$$

$$=(\lambda-2)\big((\lambda-2)+1\big)\big((\lambda-2)-1\big)=(\lambda-1)(\lambda-2)(\lambda-3)=0$$

より, $\underline{\lambda = 1\,,\,2\,,\,3}$ が A の固有値である.

続いて, A の各固有値における固有空間をそれぞれ求める.

まず, $\lambda = 1$ のとき, (8.4) 式を満たす $\boldsymbol{u}$ を $\boldsymbol{u}_1$ とすると

$$A\boldsymbol{u}_1 = \boldsymbol{u}_1 \tag{8.5}$$

である. この斉次連立1次方程式の係数行列 $E - A$ を簡約化すると,

$$E - A = \begin{bmatrix} -1 & 0 & -1 \\ -4 & -1 & -1 \\ -1 & 0 & -1 \end{bmatrix} \to \begin{bmatrix} 1 & 0 & 1 \\ 4 & 1 & 1 \\ 1 & 0 & 1 \end{bmatrix} \to \begin{bmatrix} 1 & 0 & 1 \\ 0 & 1 & -3 \\ 0 & 0 & 0 \end{bmatrix}$$

であるから, この斉次連立1次方程式 (8.5) の解 $\boldsymbol{u}_1$ は

$$\boldsymbol{u}_1 = \begin{bmatrix} -c_1 \\ 3\,c_1 \\ c_1 \end{bmatrix} = c_1\begin{bmatrix} -1 \\ 3 \\ 1 \end{bmatrix} \quad (c_1 \in \mathbb{R})$$

である[8]. よって, A の固有値 1 における固有空間 $W(1)$ は

$$\underline{W(1) = \left\{ c_1\begin{bmatrix} -1 \\ 3 \\ 1 \end{bmatrix} \;\middle|\; c_1 \in \mathbb{R} \right\}}$$

次に, $\lambda = 2$ のとき, (8.4) 式を満たす $\boldsymbol{u}$ を $\boldsymbol{u}_2$ とすると

$$A\boldsymbol{u}_2 = 2\,\boldsymbol{u}_2 \tag{8.6}$$

である. この斉次連立1次方程式の係数行列 $2E - A$ を簡約化すると,

$$2E - A = \begin{bmatrix} 0 & 0 & -1 \\ -4 & 0 & -1 \\ -1 & 0 & 0 \end{bmatrix} \to \begin{bmatrix} 0 & 0 & 1 \\ 4 & 0 & 1 \\ 1 & 0 & 0 \end{bmatrix}$$

$$\to \begin{bmatrix} 1 & 0 & 0 \\ 4 & 0 & 1 \\ 0 & 0 & 1 \end{bmatrix} \to \begin{bmatrix} 1 & 0 & 0 \\ 0 & 0 & 1 \\ 0 & 0 & 1 \end{bmatrix} \to \begin{bmatrix} 1 & 0 & 0 \\ 0 & 0 & 1 \\ 0 & 0 & 0 \end{bmatrix}$$

であるから, この斉次連立1次方程式 (8.6) の解 $\boldsymbol{u}_2$ は

$$\boldsymbol{u}_2 = \begin{bmatrix} 0 \\ c_2 \\ 0 \end{bmatrix} = c_2\begin{bmatrix} 0 \\ 1 \\ 0 \end{bmatrix} \quad (c_2 \in \mathbb{R})$$

である. よって, A の固有値 2 における固有空間 $W(2)$ は

$$\underline{W(2) = \left\{ c_2\begin{bmatrix} 0 \\ 1 \\ 0 \end{bmatrix} \;\middle|\; c_2 \in \mathbb{R} \right\}}$$

---

8) 厳密には $\boldsymbol{u}_1 \neq \boldsymbol{o}$ なので $c_1 \neq 0$ であるが, ここでは固有空間を求めているので零ベクトルも含める. 以下同様.

同様に，$\lambda = 3$ のとき，(8.4) 式を満たす $\boldsymbol{u}$ を $\boldsymbol{u}_3$ とする．斉次連立 1 次方程式

$$A\boldsymbol{u}_3 = 3\boldsymbol{u}_3$$

の係数行列 $3E - A$ を簡約化すると，

$$3E - A = \begin{bmatrix} 1 & 0 & -1 \\ -4 & 1 & -1 \\ -1 & 0 & 1 \end{bmatrix} \to \begin{bmatrix} 1 & 0 & -1 \\ 0 & 1 & -5 \\ 0 & 0 & 0 \end{bmatrix}$$

であるから，この斉次連立 1 次方程式の解 $\boldsymbol{u}_3$ は

$$\boldsymbol{u}_3 = \begin{bmatrix} c_3 \\ 5c_3 \\ c_3 \end{bmatrix} = c_3 \begin{bmatrix} 1 \\ 5 \\ 1 \end{bmatrix} \quad (c_3 \in \mathbb{R})$$

である．よって，A の固有値 3 における固有空間 $W(3)$ は

$$\underline{W(3) = \left\{ c_3 \begin{bmatrix} 1 \\ 5 \\ 1 \end{bmatrix} \middle| \ c_3 \in \mathbb{R} \right\}}$$

(2) 固有方程式 $|\lambda E - A| = 0$ を解くと，

$$\begin{aligned}
|\lambda E - A| &= \begin{vmatrix} \lambda-1 & -2 & -2 \\ -2 & \lambda-1 & -2 \\ -2 & -2 & \lambda-1 \end{vmatrix} \\
&\overset{\text{(D3)}}{=} \begin{vmatrix} \lambda-5 & \lambda-5 & \lambda-5 \\ -2 & \lambda-1 & -2 \\ -2 & -2 & \lambda-1 \end{vmatrix} \text{①}+\text{②}+\text{③} \\
&\overset{\text{(D2)}}{=} (\lambda-5)\cdot \begin{vmatrix} 1 & 1 & 1 \\ -2 & \lambda-1 & -2 \\ -2 & -2 & \lambda-1 \end{vmatrix} \text{①}\times\tfrac{1}{\lambda-5} \\
&\overset{\text{(D3)}}{=} (\lambda-5) \begin{vmatrix} 1 & 1 & 1 \\ 0 & \lambda+1 & 0 \\ 0 & 0 & \lambda+1 \end{vmatrix} \begin{matrix} \\ \text{②}+\text{①}\times 2 \\ \text{③}+\text{①}\times 2 \end{matrix} \\
&\overset{\text{(D8)}}{=} (\lambda-5)(\lambda+1)^2 = 0
\end{aligned}$$

より，$\underline{\lambda = 5, -1}$ が A の固有値である（-1 の重複度は 2）．

まず，$\lambda = 5$ のときの固有ベクトルを $\boldsymbol{u}_1$ とする．斉次連立 1 次方程式

$$A\boldsymbol{u}_1 = 5\boldsymbol{u}_1$$

の係数行列 $5E - A$ を簡約化すると，

$$5E - A = \begin{bmatrix} 4 & -2 & -2 \\ -2 & 4 & -2 \\ -2 & -2 & 4 \end{bmatrix} \to \begin{bmatrix} -2 & 4 & -2 \\ 4 & -2 & -2 \\ -2 & -2 & 4 \end{bmatrix} \to \begin{bmatrix} 1 & -2 & 1 \\ 2 & -1 & -1 \\ 1 & 1 & -2 \end{bmatrix} \to$$

$$\to \begin{bmatrix} 1 & -2 & 1 \\ 0 & 3 & -3 \\ 0 & 3 & -3 \end{bmatrix} \to \begin{bmatrix} 1 & -2 & 1 \\ 0 & 1 & -1 \\ 0 & 1 & -1 \end{bmatrix} \to \begin{bmatrix} 1 & 0 & -1 \\ 0 & 1 & -1 \\ 0 & 0 & 0 \end{bmatrix}$$

であるから, この斉次連立 1 次方程式の解 $\boldsymbol{u}_1$ は

$$\boldsymbol{u}_1 = \begin{bmatrix} c_1 \\ c_1 \\ c_1 \end{bmatrix} = c_1 \begin{bmatrix} 1 \\ 1 \\ 1 \end{bmatrix} \quad (c_1 \in \mathbb{R})$$

である．よって，A の固有値 5 における固有空間 $W(5)$ は

$$\underline{W(5) = \left\{ c_1 \begin{bmatrix} 1 \\ 1 \\ 1 \end{bmatrix} \;\middle|\; c_1 \in \mathbb{R} \right\}}$$

次に，$\lambda = -1$ のときの固有ベクトルを $\boldsymbol{u}_2$ とする．斉次連立 1 次方程式

$$A\boldsymbol{u}_2 = -\boldsymbol{u}_2$$

の係数行列 $-E-A$ を簡約化すると，

$$-E-A = \begin{bmatrix} -2 & -2 & -2 \\ -2 & -2 & -2 \\ -2 & -2 & -2 \end{bmatrix} \to \begin{bmatrix} 1 & 1 & 1 \\ 1 & 1 & 1 \\ 1 & 1 & 1 \end{bmatrix} \to \begin{bmatrix} 1 & 1 & 1 \\ 0 & 0 & 0 \\ 0 & 0 & 0 \end{bmatrix}$$

であるから, この斉次連立 1 次方程式の解 $\boldsymbol{u}_2$ は

$$\boldsymbol{u}_2 = \begin{bmatrix} -c_2 - c_3 \\ c_2 \\ c_3 \end{bmatrix} = c_2 \begin{bmatrix} -1 \\ 1 \\ 0 \end{bmatrix} + c_3 \begin{bmatrix} -1 \\ 0 \\ 1 \end{bmatrix} \quad (c_2,\, c_3 \in \mathbb{R})$$

である．よって，A の固有値 -1 における固有空間 $W(-1)$ は

$$\underline{W(-1) = \left\{ c_2 \begin{bmatrix} -1 \\ 1 \\ 0 \end{bmatrix} + c_3 \begin{bmatrix} -1 \\ 0 \\ 1 \end{bmatrix} \;\middle|\; c_2,\, c_3 \in \mathbb{R} \right\}}$$

(3) 固有方程式 $|\lambda E - A| = 0$ を解くと，

$$|\lambda E - A| = \begin{vmatrix} \lambda - 3 & -2 & -4 \\ -2 & \lambda & -7 \\ -2 & -1 & \lambda - 2 \end{vmatrix}$$

$$\overset{(D3)}{=} \begin{vmatrix} \lambda + 1 & 0 & -2\lambda \\ -2\lambda - 2 & 0 & \lambda(\lambda - 2) - 7 \\ -2 & -1 & \lambda - 2 \end{vmatrix}$$

$$\overset{(D5)}{=} (-1)^{3+2} \cdot (-1) \cdot \begin{vmatrix} \lambda + 1 & -2\lambda \\ -2(\lambda + 1) & \lambda^2 - 2\lambda - 7 \end{vmatrix}$$

$$\overset{(D2)}{=} (\lambda + 1) \begin{vmatrix} 1 & -2\lambda \\ -2 & \lambda^2 - 2\lambda - 7 \end{vmatrix}$$

$$\overset{\text{サラス}}{=} (\lambda+1)(\lambda^2-2\lambda-7-4\lambda) = (\lambda+1)^2(\lambda-7) = 0$$

より，$\underline{\lambda = 7,\ -1}$ が A の固有値である (-1 の重複度は 2).

まず，$\lambda = 7$ のときの固有ベクトルを $\boldsymbol{u}_1$ とする．斉次連立 1 次方程式 $A\boldsymbol{u}_1 = 7\boldsymbol{u}_1$ の係数行列 $7E - A$ を簡約化すると，

$$7E - A = \begin{bmatrix} 4 & -2 & -4 \\ -2 & 7 & -7 \\ -2 & -1 & 5 \end{bmatrix} \to \begin{bmatrix} 1 & -\frac{1}{2} & -1 \\ -2 & 7 & -7 \\ -2 & -1 & 5 \end{bmatrix}$$

$$\to \begin{bmatrix} 1 & -\frac{1}{2} & -1 \\ 0 & 6 & -9 \\ 0 & -2 & 3 \end{bmatrix} \to \begin{bmatrix} 1 & -\frac{1}{2} & -1 \\ 0 & 1 & -\frac{3}{2} \\ 0 & -2 & 3 \end{bmatrix} \to \begin{bmatrix} 1 & 0 & -\frac{7}{4} \\ 0 & 1 & -\frac{3}{2} \\ 0 & 0 & 0 \end{bmatrix}$$

であるから，この斉次連立 1 次方程式の解 $\boldsymbol{u}_1$ は

$$\boldsymbol{u}_1 = \begin{bmatrix} \frac{7}{4}c_1 \\ \frac{3}{2}c_1 \\ c_1 \end{bmatrix} = \frac{1}{4}c_1\begin{bmatrix} 7 \\ 6 \\ 4 \end{bmatrix} \quad (c_1 \in \mathbb{R})$$

である．よって，A の固有値 7 における固有空間 $W(7)$ は

$$\underline{W(7) = \left\{ c_1\begin{bmatrix} 7 \\ 6 \\ 4 \end{bmatrix} \;\middle|\; c_1 \in \mathbb{R} \right\}}$$

次に，$\lambda = -1$ のときの固有ベクトルを $\boldsymbol{u}_2$ とする．斉次連立 1 次方程式 $A\boldsymbol{u}_2 = -\boldsymbol{u}_2$ の係数行列 $-E - A$ を簡約化すると，

$$-E - A = \begin{bmatrix} -4 & -2 & -4 \\ -2 & -1 & -7 \\ -2 & -1 & -3 \end{bmatrix} \to \begin{bmatrix} 1 & \frac{1}{2} & 1 \\ 2 & 1 & 7 \\ 2 & 1 & 3 \end{bmatrix}$$

$$\to \begin{bmatrix} 1 & \frac{1}{2} & 1 \\ 0 & 0 & 5 \\ 0 & 0 & 1 \end{bmatrix} \to \begin{bmatrix} 1 & \frac{1}{2} & 1 \\ 0 & 0 & 1 \\ 0 & 0 & 1 \end{bmatrix} \to \begin{bmatrix} 1 & \frac{1}{2} & 0 \\ 0 & 0 & 1 \\ 0 & 0 & 0 \end{bmatrix}$$

であるから，この斉次連立 1 次方程式の解 $\boldsymbol{u}_2$ は

$$\boldsymbol{u}_2 = \begin{bmatrix} -\frac{1}{2}c_2 \\ c_2 \\ 0 \end{bmatrix} = \frac{1}{2}c_2\begin{bmatrix} -1 \\ 2 \\ 0 \end{bmatrix} \quad (c_2 \in \mathbb{R})$$

である．よって，A の固有値 -1 における固有空間 $W(-1)$ は

$$\underline{W(-1) = \left\{ c_2\begin{bmatrix} -1 \\ 2 \\ 0 \end{bmatrix} \;\middle|\; c_2 \in \mathbb{R} \right\}} \qquad \blacksquare$$

注意 例題 8.1 では すべて 3 次元 数ベクトル空間 $\mathbb{R}^3$ 内の線形変換を考えた．つまり，T の表現行列 A は 3 次正方行列である．

(1) では，互いに異なる 3 つの固有値 1, 2, 3 が存在し，各固有空間の次元は 1 であった．その和は 3 であり，この線形空間の次元と一致している．

$$\dim W(1) + \dim W(2) + \dim W(3) \;=\; 1+1+1 \;=\; 3 \;=\; \dim \mathbb{R}^3$$

(2) では，2 つの固有値 5, -1 が存在したが，重複度が 1 の固有値 5 に対する固有空間の次元は 1，重複度が 2 の固有値 -1 に対する固有空間の次元は 2 であった．その和は 3 であり，この線形空間の次元と一致している．

$$\dim W(5) + \dim W(-1) \;=\; 1+2 \;=\; 3 \;=\; \dim \mathbb{R}^3$$

(3) では，(2) と同じく 2 つの固有値 7, -1 が存在したが，重複度が 1 の固有値 7 に対する固有空間の次元は 1，重複度が 2 の固有値 -1 に対する固有空間の次元は 1 であった．その和は $\boxed{2}$ であり，この線形空間の次元よりも小さい．

$$\dim W(7) + \dim W(-1) \;=\; 1+1 \;=\; \boxed{2} \;<\; 3 \;=\; \dim \mathbb{R}^3$$

練習 8.1 [9] 線形変換 $T : \mathbb{R}^3 \to \mathbb{R}^3$ の表現行列 A の固有値をすべて求め，各固有値における固有空間を求めなさい．

(1) $A = \begin{bmatrix} 1 & 2 & 1 \\ -1 & 4 & 1 \\ 2 & -4 & 0 \end{bmatrix}$ (2) $A = \begin{bmatrix} 3 & 1 & -1 \\ 2 & 3 & -2 \\ 1 & 1 & 1 \end{bmatrix}$

例題 8.1 につづく注意で調べたように，「考えている線形空間の次元」と「固有空間の次元の和」について，次の不等式が成り立つことが知られている．

---

9) **答 (練習 8.1)** (1) $\lambda = 1,\ 2$ (重複度 2)，$W(1) = \left\{ c_1 \begin{bmatrix} -1 \\ -1 \\ 2 \end{bmatrix} \middle| \ c_1 \in \mathbb{R} \right\}$，
$W(2) = \left\{ c_2 \begin{bmatrix} 2 \\ 1 \\ 0 \end{bmatrix} + c_3 \begin{bmatrix} 1 \\ 0 \\ 1 \end{bmatrix} \middle| \ c_2, c_3 \in \mathbb{R} \right\}$ (2) $\lambda = 2$ (重複度 2)，3，
$W(2) = \left\{ c_1 \begin{bmatrix} 1 \\ 0 \\ 1 \end{bmatrix} \middle| \ c_1 \in \mathbb{R} \right\}$，$W(3) = \left\{ c_2 \begin{bmatrix} 1 \\ 1 \\ 1 \end{bmatrix} \middle| \ c_2 \in \mathbb{R} \right\}$

固有空間の次元の和

次元 m の線形空間 U における線形変換 T の表現行列を A とする (つまり, A は m 次正方行列である). A の相異なる固有値が $\lambda_1, \lambda_2, \ldots, \lambda_n$ $(n \leq m)$ のとき,

$$\dim W(\lambda_1) + \dim W(\lambda_2) + \cdots + \dim W(\lambda_n) \ \leq \ m \ = \ \dim U$$

ただし, λ_i の重複度を d_i とすると, $1 \leq \dim W(\lambda_i) \leq d_i$ であることに注意する. これは, 固有方程式が λ の m 次方程式になることと,「各固有値の重複度」と「固有空間の次元」との大小関係からわかるだろう.

関連して, 次のことも知られている.

固有ベクトル は 線形独立

次元 m の線形空間 U における線形変換 T の表現行列を A とし (つまり, A は m 次正方行列である), A の相異なる固有値 $\lambda_1, \lambda_2, \ldots, \lambda_n$ $(n \leq m)$ に対する固有ベクトルをそれぞれ $\boldsymbol{u}_1, \boldsymbol{u}_2, \ldots, \boldsymbol{u}_n$ とする. つまり,

$$A\boldsymbol{u}_i \ = \ \lambda_i \boldsymbol{u}_i \quad (i = 1, 2, \ldots, n)$$

を満たしているとする.

このとき, 固有ベクトル $\boldsymbol{u}_1, \boldsymbol{u}_2, \ldots, \boldsymbol{u}_n$ は線形独立である.

これは, もし固有ベクトル $\boldsymbol{u}_1, \boldsymbol{u}_2, \ldots, \boldsymbol{u}_n$ が線形従属だと仮定すると, ある固有ベクトルが零ベクトルとなり矛盾が生じる[10].

8.2 対 角 化

前節で考察したように, 2 次正方行列 $A = \begin{bmatrix} -2 & 2 \\ -2 & 3 \end{bmatrix}$ の固有値は $2, -1$ であり, これらの固有値における固有空間 $W(2), W(-1)$ の基底として それぞれ $\boldsymbol{u}_1 = \begin{bmatrix} 1 \\ 2 \end{bmatrix}$, $\boldsymbol{u}_2 = \begin{bmatrix} 2 \\ 1 \end{bmatrix}$ を選ぶことができた. そこで, これらの固有空間の基底を用いて

10) 詳しくは, 例えば参考文献 [3] 参照.

$$P = \begin{bmatrix} \boldsymbol{u}_1 & \boldsymbol{u}_2 \end{bmatrix} = \begin{bmatrix} 1 & 2 \\ 2 & 1 \end{bmatrix}$$

とおき，$P^{-1}AP$ を計算すると

$$P^{-1}AP = \underbrace{\frac{1}{1-4}\begin{bmatrix} 1 & -2 \\ -2 & 1 \end{bmatrix}}_{=P^{-1}} \begin{bmatrix} -2 & 2 \\ -2 & 3 \end{bmatrix}\begin{bmatrix} 1 & 2 \\ 2 & 1 \end{bmatrix}$$

$$= \frac{1}{3}\begin{bmatrix} -1 & 2 \\ 2 & -1 \end{bmatrix} \begin{bmatrix} 2 & -2 \\ 4 & -1 \end{bmatrix} = \begin{bmatrix} 2 & 0 \\ 0 & -1 \end{bmatrix}$$

のように対角行列となり，しかも対角成分には固有値の $2, -1$ が現れている！

一般に，2 つの m 次正方行列 A, B に対して

$$B = P^{-1}AP$$

を満たすような m 次正方行列で正則な P が存在するとき，A と B は **相似** であるという．このとき，P を **変換行列** というが，A を線形変換の表現行列として考えれば，この P は 基底変換行列 であり，B はその表現行列である．この相似という概念を用いて，一般の行列を「対角行列」に変形することを **対角化** という．

この節では，いまの例のように一般の行列を「対角化」することを考える．対角行列については第 2 章で学習したとおりだが，対角行列の性質で「特に重要なこと」は，行列式の値が，行列式の性質 (D8) より「対角成分の積」となるので簡単に求められる点，そして対角行列どうしの積は対角行列になることから，n 乗の計算が簡単にできる点である．特に後者の n 乗計算については，例えばある変化を同じように繰り返す状況において，それが n 回繰り返されたあとの状況を示す行列とみることができる．さらに，そこで極限 $n \to \infty$ をとることで，その現象の最終的な状況を考察することが可能となる[11]．

例えば，$A = \begin{bmatrix} a & b \\ c & d \end{bmatrix}$ の 5 乗を求めたいとき，そのまま A^5 を計算すると

$$A^5 = A^2A^2A = \begin{bmatrix} a^2+bc & ab+bd \\ ac+cd & bc+d^2 \end{bmatrix}\begin{bmatrix} a^2+bc & ab+bd \\ ac+cd & bc+d^2 \end{bmatrix}\begin{bmatrix} a & b \\ c & d \end{bmatrix} = \cdots$$

と続き，計算の途中でイヤになってしまう．そこで，もしこの行列 A に対して，ある正則行列 P を用いて $P^{-1}AP = \begin{bmatrix} \alpha & 0 \\ 0 & \beta \end{bmatrix}$ と対角化できたとすると，

11)　顧客推移や天気予報などに使われるマルコフ連鎖などがその一例である．例えば，参考文献 [8], [10] 参照.

$$\begin{bmatrix} \alpha & 0 \\ 0 & \beta \end{bmatrix}^5 = \left(P^{-1}\,\boxed{A}\,P\right)^5$$

$$= \left(P^{-1}\,\boxed{A}\,P\right)\left(P^{-1}\,\boxed{A}\,P\right)\left(P^{-1}\,\boxed{A}\,P\right)\left(P^{-1}\,\boxed{A}\,P\right)\left(P^{-1}\,\boxed{A}\,P\right)$$

$$= P^{-1}\,\boxed{A}\,\underbrace{P\,P^{-1}}_{=E}\,\boxed{A}\,\underbrace{P\,P^{-1}}_{=E}\,\boxed{A}\,\underbrace{P\,P^{-1}}_{=E}\,\boxed{A}\,\underbrace{P\,P^{-1}}_{=E}\,\boxed{A}\,P$$

$$= P^{-1}\,\boxed{A}^5 P$$

が成り立つ．一方,

$$\begin{bmatrix} \alpha & 0 \\ 0 & \beta \end{bmatrix}^5 = \begin{bmatrix} \alpha^5 & 0 \\ 0 & \beta^5 \end{bmatrix}$$

であるから, 先の等式で両辺の左から P を, 右から P^{-1} を掛けることで

$$A^5 = P \begin{bmatrix} \alpha^5 & 0 \\ 0 & \beta^5 \end{bmatrix} P^{-1}$$

とそれほど苦なく A^5 を求めることができる．このように, 対角行列を用いると 複雑な計算を大幅に省略することができる ので, とても便利である．

では, 一般の行列を対角化する際, どのようにして正則行列 P をみつければよいだろうか？ また, 対角化できるのはどのようなときなのだろうか？ これらについて調べてみよう．

m 次正方行列 A が, ある正則行列 P で 対角行列 $D = P^{-1}AP$ に対角化できたとする．このとき,

$$\lambda E = \lambda P^{-1}P = \lambda P^{-1}EP = P^{-1}(\lambda E)P$$

であるから, 行列式の性質 (D10) より

$$\begin{aligned}
|\lambda E - D| &= |\lambda E - P^{-1}AP| \\
&= \left|P^{-1}(\lambda E - A)P\right| \\
&\overset{\text{(D10)}}{=} |P^{-1}|\cdot|\lambda E - A|\cdot|P| \\
&\overset{\text{(D10)}}{=} \underbrace{|P^{-1}P|}_{=|E|=1}\cdot|\lambda E - A| = |\lambda E - A|
\end{aligned}$$

が成り立つことがわかる．これは, 対角行列 D の固有多項式と A の固有多項式が一致すること, つまり

「$D = P^{-1}AP$ の固有値」は「A の固有値」と一致する

ことを示している．ここで，A の固有値はすべて実数とし，A の「重複を含む」固有値を $\lambda_1, \lambda_2, \ldots, \lambda_m$ とすると[12)]，$D = P^{-1}AP$ は対角行列であり，その固有値は A の固有値と一致するから

$$D = P^{-1}AP = \begin{bmatrix} \lambda_1 & 0 & \cdots & 0 \\ 0 & \lambda_2 & & 0 \\ \vdots & & \ddots & \vdots \\ 0 & 0 & \cdots & \lambda_m \end{bmatrix}$$

と表されるはずである．さらに，$P = \begin{bmatrix} \boldsymbol{p}_1 & \boldsymbol{p}_2 & \cdots & \boldsymbol{p}_m \end{bmatrix}$ とすると，

$$\begin{aligned} AP &= A\begin{bmatrix} \boldsymbol{p}_1 & \boldsymbol{p}_2 & \cdots & \boldsymbol{p}_m \end{bmatrix} \\ &= \begin{bmatrix} A\boldsymbol{p}_1 & A\boldsymbol{p}_2 & \cdots & A\boldsymbol{p}_m \end{bmatrix}, \\ PD &= \begin{bmatrix} \boldsymbol{p}_1 & \boldsymbol{p}_2 & \cdots & \boldsymbol{p}_m \end{bmatrix} \begin{bmatrix} \lambda_1 & 0 & \cdots & 0 \\ 0 & \lambda_2 & & 0 \\ \vdots & & \ddots & \vdots \\ 0 & 0 & \cdots & \lambda_m \end{bmatrix} \\ &= \begin{bmatrix} \lambda_1\boldsymbol{p}_1 & \lambda_2\boldsymbol{p}_2 & \cdots & \lambda_m\boldsymbol{p}_m \end{bmatrix} \end{aligned}$$

である．$P^{-1}AP = D$ より $AP = PD$ なので，各列ベクトルを比べると

$$A\boldsymbol{p}_i = \lambda_i\boldsymbol{p}_i \quad (i = 1, 2, \ldots, m)$$

であるから，P の各列ベクトル $\boldsymbol{p}_i$ は A の固有値 λ_i に対する固有ベクトルであることがわかる．行列 P は正則であるから，この m 個の固有ベクトルは線形独立となる[13)]．

逆に，行列 A が線形独立な m 個の固有ベクトル $\boldsymbol{p}_1, \boldsymbol{p}_2, \ldots, \boldsymbol{p}_m$ をもつとしよう．ここで，

$$P = \begin{bmatrix} \boldsymbol{p}_1 & \boldsymbol{p}_2 & \cdots & \boldsymbol{p}_m \end{bmatrix}$$

とすると，$\boldsymbol{p}_1, \boldsymbol{p}_2, \ldots, \boldsymbol{p}_m$ は線形独立であるから正則である．また，

$$\begin{aligned} AP &= A\begin{bmatrix} \boldsymbol{p}_1 & \boldsymbol{p}_2 & \cdots & \boldsymbol{p}_m \end{bmatrix} \\ &= \begin{bmatrix} \lambda_1\boldsymbol{p}_1 & \lambda_2\boldsymbol{p}_2 & \cdots & \lambda_m\boldsymbol{p}_m \end{bmatrix} \end{aligned}$$

12) A は m 次正方行列なので A の固有方程式は m 次で，重複を含んで m 個の解が存在する．
13) 正則行列と線形独立の関係については，p.150 で述べている．

$$= \underbrace{\begin{bmatrix} \boldsymbol{p}_1 & \boldsymbol{p}_2 & \cdots & \boldsymbol{p}_m \end{bmatrix}}_{=P} \begin{bmatrix} \lambda_1 & 0 & \cdots & 0 \\ 0 & \lambda_2 & & 0 \\ \vdots & & \ddots & \vdots \\ 0 & 0 & \cdots & \lambda_m \end{bmatrix}$$

と表されるので, 正則行列 P の逆行列 P^{-1} を この等式の左から掛けると

$$P^{-1}AP = \begin{bmatrix} \lambda_1 & 0 & \cdots & 0 \\ 0 & \lambda_2 & & 0 \\ \vdots & & \ddots & \vdots \\ 0 & 0 & \cdots & \lambda_m \end{bmatrix}$$

が得られる. したがって, 行列 A は対角化可能である.

> **$\boldsymbol{m}$ 次正方行列 A が, ある正則行列 P で $D = P^{-1}AP$ と対角化可能**
> **$\Leftrightarrow$ A が $\boldsymbol{m}$ 個の線形独立な固有ベクトルをもつ**

ただし, A の固有値は重複する場合もあり, そのときに線形独立な固有ベクトルをもつためには, その固有空間の次元が, 対応する固有値の重複度と一致しなければならない. つまり, 各固有空間の次元の和が, 考えている線形変換の次元と一致しなければならない.

対角化の判定条件

> 次元 m の線形空間 U における線形変換 T の表現行列を A とする (つまり, A は m 次正方行列である). A の 相異なる 固有値が $\lambda_1, \lambda_2, \ldots, \lambda_n$ $(n \leq m)$ のとき,
>
> A が対角化可能である.
>
> $\Leftrightarrow$ $\dim W(\lambda_1) + \dim W(\lambda_2) + \cdots + \dim W(\lambda_n) = m = \dim U$

以上から, 対角化の方法を次のようにまとめることができる.

対角化の方法

> m 次正方行列 A が対角化可能であるとき, その変換行列 P は A の「各固有空間の基底」 $\boldsymbol{p}_i$ $(i = 1, 2, \ldots, m)$ を
>
> $$P = \begin{bmatrix} \boldsymbol{p}_1 & \boldsymbol{p}_2 & \cdots & \boldsymbol{p}_m \end{bmatrix}$$

のように列に並べることで得られる[14]. このとき, $P^{-1}AP$ は

$$P^{-1}AP = \begin{bmatrix} \lambda_1 & 0 & \cdots & 0 \\ 0 & \lambda_2 & & 0 \\ \vdots & & \ddots & \vdots \\ 0 & 0 & \cdots & \lambda_m \end{bmatrix}$$

と対角行列で表され, その対角成分は P の各列 $\boldsymbol{p}_i$ に対応する固有値 λ_i がそのままの順序で並んでいる.

具体的に, 以下の例題で確かめてみよう.

例題 8.2　次の行列 A が対角化可能かどうか調べ, もし対角化可能ならば 変換行列 P を明記して 対角化し, さらに A^n を求めなさい.

(1) $A = \begin{bmatrix} 1 & 2 & 2 \\ 2 & 1 & 2 \\ 2 & 2 & 1 \end{bmatrix}$　　　(2) $A = \begin{bmatrix} 3 & 2 & 4 \\ 2 & 0 & 7 \\ 2 & 1 & 2 \end{bmatrix}$

解答　(1) 例題 8.1 (2) より, この行列 A の固有値は $5, -1$ である. また, 固有空間の次元の和について

$$\dim W(5) + \dim W(-1) = 1 + 2 = 3 = \dim \mathbb{R}^3$$

を満たすので, この A は対角化可能である. ここで, $W(5)$ の基底 $\boldsymbol{p}_1 = \begin{bmatrix} 1 \\ 1 \\ 1 \end{bmatrix}$

と, $W(-1)$ の基底 $\boldsymbol{p}_2 = \begin{bmatrix} -1 \\ 1 \\ 0 \end{bmatrix}$, $\boldsymbol{p}_3 = \begin{bmatrix} -1 \\ 0 \\ 1 \end{bmatrix}$ を選ぶと

$$A\boldsymbol{p}_1 = 5\boldsymbol{p}_1, \quad A\boldsymbol{p}_2 = -\boldsymbol{p}_2, \quad A\boldsymbol{p}_3 = -\boldsymbol{p}_3$$

となる. そこで, これらの基底を列に並べて得られる行列 $P = \begin{bmatrix} 1 & -1 & -1 \\ 1 & 1 & 0 \\ 1 & 0 & 1 \end{bmatrix}$

を考えると

$$P^{-1}AP = \begin{bmatrix} 5 & 0 & 0 \\ 0 & -1 & 0 \\ 0 & 0 & -1 \end{bmatrix}$$

14) この変換行列 P は正則である.

と対角化できる．ここで，この両辺を n 乗すると

$$\left(P^{-1}AP\right)^n = \begin{bmatrix} 5^n & 0 & 0 \\ 0 & (-1)^n & 0 \\ 0 & 0 & (-1)^n \end{bmatrix}$$

であるから，p.201 の議論と余因子行列による逆行列の求め方 (5.6 節) によって

$$\begin{aligned} A^n &= P\begin{bmatrix} 5^n & 0 & 0 \\ 0 & (-1)^n & 0 \\ 0 & 0 & (-1)^n \end{bmatrix}P^{-1} \\ &= \begin{bmatrix} 1 & -1 & -1 \\ 1 & 1 & 0 \\ 1 & 0 & 1 \end{bmatrix}\begin{bmatrix} 5^n & 0 & 0 \\ 0 & (-1)^n & 0 \\ 0 & 0 & (-1)^n \end{bmatrix}\left\{\frac{1}{3}\begin{bmatrix} 1 & 1 & 1 \\ -1 & 2 & -1 \\ -1 & -1 & 2 \end{bmatrix}\right\} \\ &= \frac{1}{3}\begin{bmatrix} 5^n & -(-1)^n & -(-1)^n \\ 5^n & (-1)^n & 0 \\ 5^n & 0 & (-1)^n \end{bmatrix}\begin{bmatrix} 1 & 1 & 1 \\ -1 & 2 & -1 \\ -1 & -1 & 2 \end{bmatrix} \\ &= \underline{\frac{1}{3}\begin{bmatrix} 5^n+2(-1)^n & 5^n-(-1)^n & 5^n-(-1)^n \\ 5^n-(-1)^n & 5^n+2(-1)^n & 5^n-(-1)^n \\ 5^n-(-1)^n & 5^n-(-1)^n & 5^n+2(-1)^n \end{bmatrix}} \end{aligned}$$

(2) 例題 8.1 (3) より，この行列 A の固有値は $7,\ -1$ である．また，固有空間の次元の和について

$$\dim W(7) + \dim W(-1) = 1+1 = 2 \ \boxed{<}\ 3 = \dim \mathbb{R}^3$$

となるので，この行列 A は <u>対角化できない</u>． ■

注意 例題 8.2 (1) において，もし P の列の並びを変えて $P = \begin{bmatrix} \boldsymbol{p}_2 & \boldsymbol{p}_3 & \boldsymbol{p}_1 \end{bmatrix}$ とすると，$P^{-1}AP$ は <u>固有ベクトルの並びに応じて</u> $P^{-1}AP = \begin{bmatrix} -1 & 0 & 0 \\ 0 & -1 & 0 \\ 0 & 0 & 5 \end{bmatrix}$ と<u>固有値の並びも変わる</u>．また，P の列をなす固有空間の基底を取り換えても，$P^{-1}AP$ の行列は変わらない．例えば，$P = \begin{bmatrix} 2\boldsymbol{p}_1 & \boldsymbol{p}_2 & \boldsymbol{p}_3 - \boldsymbol{p}_2 \end{bmatrix}$ とすると[15)]，$P^{-1}AP$ は変わらずに $P^{-1}AP = \begin{bmatrix} 5 & 0 & 0 \\ 0 & -1 & 0 \\ 0 & 0 & -1 \end{bmatrix}$ である．これらのことは，他の対角化可能な行列でも同様に成り立つ．

15) $A(2\boldsymbol{p}_1) = 5(2\boldsymbol{p}_1)$, $A(\boldsymbol{p}_3 - \boldsymbol{p}_2) = -(\boldsymbol{p}_3 - \boldsymbol{p}_2)$ である．

練習 8.2[16] 次の行列 A が対角化可能か調べ，もし対角化可能ならば変換行列 P を明記して対角化しなさい．

(1) $A=\begin{bmatrix}1&2&1\\-1&4&1\\2&-4&0\end{bmatrix}$ (2) $A=\begin{bmatrix}3&1&-1\\2&3&-2\\1&1&1\end{bmatrix}$

8.3 正規直交基底

1.5 節では，n 次元 数ベクトルの内積を定義したが，その内積は「内積の基本性質」(p.11) を満たしていた．ここでは，一般の線形空間の元である「ベクトル」の内積を，内積の基本性質を満たすように定義する．

ベクトル (線形空間の元) の内積

線形空間 U の元 $\boldsymbol{u}$, $\boldsymbol{v}$ に対して，$\boldsymbol{u}\cdot\boldsymbol{v}\in\mathbb{R}$ が U の **内積** であるとは[17]，$\boldsymbol{u}$, $\boldsymbol{v}$, $\boldsymbol{w}\in U$ と $k\in\mathbb{R}$ に対して次が成り立つときをいう．

(1) $\boldsymbol{u}\cdot\boldsymbol{v}=\boldsymbol{v}\cdot\boldsymbol{u}$

(2) $(\boldsymbol{u}+\boldsymbol{v})\cdot\boldsymbol{w}=\boldsymbol{u}\cdot\boldsymbol{w}+\boldsymbol{v}\cdot\boldsymbol{w}$,
$\boldsymbol{u}\cdot(\boldsymbol{v}+\boldsymbol{w})=\boldsymbol{u}\cdot\boldsymbol{v}+\boldsymbol{u}\cdot\boldsymbol{w}$

(3) $(k\boldsymbol{u})\cdot\boldsymbol{v}=k(\boldsymbol{u}\cdot\boldsymbol{v})=\boldsymbol{u}\cdot(k\boldsymbol{v})$

(4) $\boldsymbol{u}\cdot\boldsymbol{u}\geq 0$ であり，$\boldsymbol{u}\cdot\boldsymbol{u}=0$ となるのは $\boldsymbol{u}=\boldsymbol{o}$ のときに限る．

内積をもつ線形空間を **内積空間** あるいは **計量ベクトル空間** という．特に，$\mathbb{R}^m$ で 1.5 節で定義した内積

$$\boldsymbol{u}\cdot\boldsymbol{v}={}^t\boldsymbol{u}\boldsymbol{v}$$

を $\mathbb{R}^m$ の **標準内積** という．

---

16) 答 (練習 8.2) (1) 対角化可能，$P=\begin{bmatrix}-1&2&1\\-1&1&0\\2&0&1\end{bmatrix}$, $P^{-1}AP=\begin{bmatrix}1&0&0\\0&2&0\\0&0&2\end{bmatrix}$
(2) 対角化できない

17) 線形空間の元としてのベクトル $\boldsymbol{u}$, $\boldsymbol{v}$ の内積を $(\boldsymbol{u},\boldsymbol{v})$ と表すこともある．

内積空間 U のベクトル $\boldsymbol{u}$ に対して,

$$\|\boldsymbol{u}\| = \sqrt{\boldsymbol{u}\cdot\boldsymbol{u}}$$

を $\boldsymbol{u}$ の **ノルム** という[18]. ノルムのことを **大きさ** あるいは **長さ** ともいう. 内積空間のノルムについても, 第1章でのノルムと同じく「ノルムの性質」(p.12) を満たすことに注意しよう. また, U の零ベクトルではないベクトル $\boldsymbol{u}, \boldsymbol{v}$ に対して, $\boldsymbol{u}\cdot\boldsymbol{v}=0$ を満たすとき, ベクトル $\boldsymbol{u}$ と $\boldsymbol{v}$ は **直交** する といい,

$$\boldsymbol{u} \perp \boldsymbol{v}$$

と表す.

例 1 (1) $\mathbb{R}^2$ のベクトル $\boldsymbol{u}=\begin{bmatrix}1\\2\end{bmatrix}$, $\boldsymbol{v}=\begin{bmatrix}2\\-1\end{bmatrix}$ の標準内積は

$$\boldsymbol{u}\cdot\boldsymbol{v} = 1\cdot 2+2\cdot(-1) = 0$$

となるので, $\boldsymbol{u}\perp\boldsymbol{v}$ である.

♠(2) $\mathbb{R}[x]_1$ のベクトル $\boldsymbol{u}=u(x)$, $\boldsymbol{v}=v(x)$ に対して, 内積 $\boldsymbol{u}\cdot\boldsymbol{v}$ を

$$\boldsymbol{u}\cdot\boldsymbol{v} = \int_{-1}^{1} u(x)\,v(x)\,dx$$

と定義すると, この内積は定義の 4 条件すべてを満たす (章末問題). 例えば, $\mathbb{R}[x]_1$ のベクトル $\boldsymbol{u}=2x+1$, $\boldsymbol{v}=-3x+2$ の, この定義での内積は

$$\boldsymbol{u}\cdot\boldsymbol{v} = \int_{-1}^{1}(2x+1)(-3x+2)\,dx = \int_{-1}^{1}(-6x^2+x+2)\,dx$$
$$= 2\int_{0}^{1}(-6x^2+2)\,dx = 4\Big[-x^3+x\Big]_0^1 = 0$$

となるので[19], $\boldsymbol{u}\perp\boldsymbol{v}$ である. ■

内積空間 U の m 個のベクトル $\boldsymbol{u}_1, \boldsymbol{u}_2, \ldots, \boldsymbol{u}_m$ が互いに直交しているとき, つまり

$$\boldsymbol{u}_i\cdot\boldsymbol{u}_j = 0 \quad (i\neq j)$$

を満たすとき, $\boldsymbol{u}_1, \boldsymbol{u}_2, \ldots, \boldsymbol{u}_m$ は **直交系** である という. 特に, これらがすべて単位ベクトルのとき, つまり

$$\boldsymbol{u}_i\cdot\boldsymbol{u}_j = \delta_{ij} = \begin{cases} 1 & (i=j), \\ 0 & (i\neq j) \end{cases}$$

18) 内積の性質 (4) より $\boldsymbol{u}\cdot\boldsymbol{u}\geq 0$ であることに注意.
19) 偶関数・奇関数の定積分の知識を使った. 「基礎数学」[11] p.153 参照.

を満たすとき[20), $\boldsymbol{u}_1, \boldsymbol{u}_2, \ldots, \boldsymbol{u}_m$ は **正規直交系**である という.

直交系ベクトルに関しては, 次のことが知られている (背理法で証明可能).

直交系ベクトルは線形独立

内積空間 U のベクトル $\boldsymbol{u}_1, \boldsymbol{u}_2, \ldots, \boldsymbol{u}_m$ が直交系であるならば, それらは線形独立である.

このことから, 直交系ベクトル $\boldsymbol{u}_1, \boldsymbol{u}_2, \ldots, \boldsymbol{u}_m$ が U を生成すれば, これらは内積空間 U の基底となる. 特に, 正規直交系ベクトルからなる基底を**正規直交基底** あるいは **完全正規直交系** という.

ここで, 内積空間 U の基底を「正規直交基底」に置き換える **グラム・シュミットの正規直交化法** について述べる. ただし, 正規直交基底を構成するベクトルはすべて「単位ベクトル」であるから, 成分に分数が現れることが多い[21). そのため, ここでは単位ベクトルに限定せずにまずは「互いに直交する基底」を求め (これを **直交化** という), そのあとに, その基底を構成する各ベクトルを, そのノルムで割って単位ベクトルにする (これを **正規化** という) 順序で説明する.

では, 内積空間の与えられた基底を「互いに直交する基底」に置き換える方法を具体的に考えてみよう. 標準内積をもつ内積空間 $\mathbb{R}^3$ の基底を

$$\left\{ \boldsymbol{v}_1 = \begin{bmatrix} 1 \\ 1 \\ 0 \end{bmatrix},\ \boldsymbol{v}_2 = \begin{bmatrix} 1 \\ 0 \\ 1 \end{bmatrix},\ \boldsymbol{v}_3 = \begin{bmatrix} 0 \\ 1 \\ 1 \end{bmatrix} \right\}$$

とする[22). これを直交系ベクトルの基底 $\left\{ \boldsymbol{u}_1, \boldsymbol{u}_2, \boldsymbol{u}_3 \right\}$ に取り換えたい.

まず, 最初のベクトル $\boldsymbol{u}_1$ については, 与えられた基底の最初のベクトル $\boldsymbol{v}_1$ をそのまま用いる. つまり,

$$\boldsymbol{u}_1 = \boldsymbol{v}_1 = \begin{bmatrix} 1 \\ 1 \\ 0 \end{bmatrix} \tag{8.7}$$

とする. 次に, $\boldsymbol{u}_1$ と直交するようなベクトル $\boldsymbol{u}_2$ を, ベクトル $\boldsymbol{v}_2$ からつくることを考える. そこで, 図 8.2 のように, $\boldsymbol{v}_2$ を $\boldsymbol{u}_1$ に正射影したベクトル $\boldsymbol{w}_1$

20) 記号 δ_{ij} はクロネッカーのデルタで, すでに p.25 で紹介している.
21) 基本ベクトル以外の単位ベクトルでは, どこかしらの成分に分数が現れる.
22) これらの内積を考えれば, 直交していないことがすぐにわかる.

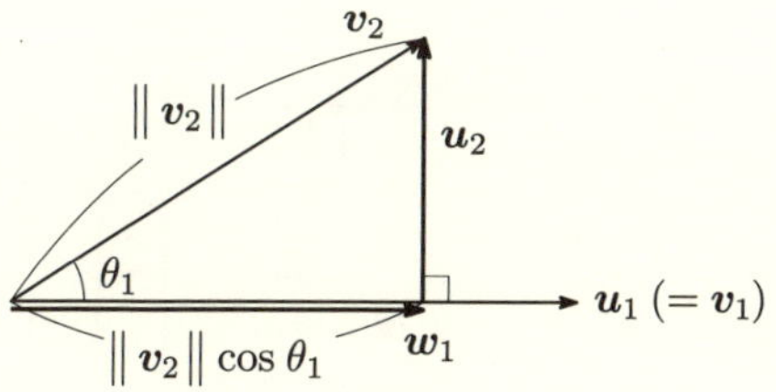

図 8.2 $\boldsymbol{u}_2$ のつくり方

を用いて考えてみよう[23]．

$\boldsymbol{u}_1$ と $\boldsymbol{v}_2$ のなす角を θ_1 とすると，$\boldsymbol{w}_1$ は $\boldsymbol{u}_1$ と平行で，大きさが $\|\boldsymbol{v}_2\|\cos\theta_1$ となるようなベクトルである．ただし，$\dfrac{\pi}{2}<\theta_1<\pi$ のときは $\cos\theta_1<0$ となるので，このときの $\boldsymbol{w}_1$ の大きさは $-\|\boldsymbol{v}_2\|\cos\theta_1$ で，向きは $\boldsymbol{u}_1$ と反対方向となることに注意する．このような $\boldsymbol{w}_1$ を用いると，図 8.2 から明らかなように

$$\boldsymbol{w}_1+\boldsymbol{u}_2=\boldsymbol{v}_2 \qquad \text{かつ} \qquad \boldsymbol{u}_1\perp\boldsymbol{u}_2$$

を満たすようなベクトル $\boldsymbol{u}_2$ を，ベクトル $\boldsymbol{v}_2$ からつくることができる．ここで，$\boldsymbol{w}_1$ の「大きさ」と「向き」から，$\boldsymbol{u}_1$ の大きさを考慮して

$$\begin{aligned}\boldsymbol{w}_1 &= \underbrace{\|\boldsymbol{v}_2\|\cos\theta_1}_{\boldsymbol{w}_1\text{ の大きさ（と正方向か反対方向か）}}\ \underbrace{\left\{\frac{1}{\|\boldsymbol{u}_1\|}\boldsymbol{u}_1\right\}}_{\boldsymbol{u}_1\text{ 方向の「単位ベクトル」}}\\ &= \frac{\|\boldsymbol{v}_2\|\cos\theta_1}{\|\boldsymbol{u}_1\|}\boldsymbol{u}_1\\ &= \frac{\|\boldsymbol{u}_1\|\,\|\boldsymbol{v}_2\|\cos\theta_1}{\|\boldsymbol{u}_1\|\,\|\boldsymbol{u}_1\|}\boldsymbol{u}_1 = \frac{\boldsymbol{u}_1\cdot\boldsymbol{v}_2}{\boldsymbol{u}_1\cdot\boldsymbol{u}_1}\boldsymbol{u}_1\end{aligned}$$

と表される．したがって，$\boldsymbol{u}_2$ は

$$\boldsymbol{u}_2=\boldsymbol{v}_2-\boldsymbol{w}_1=\boldsymbol{v}_2-\frac{\boldsymbol{u}_1\cdot\boldsymbol{v}_2}{\boldsymbol{u}_1\cdot\boldsymbol{u}_1}\boldsymbol{u}_1$$

で与えられる．このように，$\boldsymbol{u}_2$ は $\boldsymbol{v}_2$ と $\boldsymbol{u}_1$ を用いて表されるが，いまの場合に その成分表示を具体的に求めると，

23) 正射影については，7.2 節，A.3 節で紹介している．

$$\boldsymbol{u}_2 = \boldsymbol{v}_2 - \frac{\boldsymbol{u}_1\cdot\boldsymbol{v}_2}{\boldsymbol{u}_1\cdot\boldsymbol{u}_1}\boldsymbol{u}_1 = \begin{bmatrix}1\\0\\1\end{bmatrix} - \frac{\begin{bmatrix}1\\1\\0\end{bmatrix}\cdot\begin{bmatrix}1\\0\\1\end{bmatrix}}{\begin{bmatrix}1\\1\\0\end{bmatrix}\cdot\begin{bmatrix}1\\1\\0\end{bmatrix}}\begin{bmatrix}1\\1\\0\end{bmatrix}$$

$$= \begin{bmatrix}1\\0\\1\end{bmatrix} - \frac{1}{2}\begin{bmatrix}1\\1\\0\end{bmatrix} = \frac{1}{2}\begin{bmatrix}1\\-1\\2\end{bmatrix}$$

となる．ここで，求めている直交系ベクトルでは大きさ (ノルム) を考えないので，$\boldsymbol{u}_2$ を 2 倍して分母を払った $2\boldsymbol{u}_2$ をあらためて $\boldsymbol{u}_2$ と書く[24)]．つまり，

$$\boldsymbol{u}_2 = \begin{bmatrix}1\\-1\\2\end{bmatrix} \tag{8.8}$$

とする．このとき，$\boldsymbol{u}_1\cdot\boldsymbol{u}_2 = \begin{bmatrix}1\\1\\0\end{bmatrix}\cdot\begin{bmatrix}1\\-1\\2\end{bmatrix} = 0$ より $\boldsymbol{u}_1 \perp \boldsymbol{u}_2$ となっていることに注意する．

最後に，$\boldsymbol{u}_1$ と $\boldsymbol{u}_2$ の両方に直交するようなベクトル $\boldsymbol{u}_3$ を，ベクトル $\boldsymbol{v}_3$ からつくることを考える．そこで，図 8.3 のように，$\boldsymbol{v}_3$ を「$\boldsymbol{u}_1$ と $\boldsymbol{u}_2$ を含む平面 α」上に正射影したベクトル $\boldsymbol{w}_2$ を用いて考えてみよう．

$\boldsymbol{v}_3$ と 平面 α のなす角を θ_2 とすると，$\boldsymbol{w}_2$ は 平面 α 上のベクトルで，その大きさは $\|\boldsymbol{v}_3\|\,|\cos\theta_2|$ である．ここで，$\boldsymbol{w}_2$ を $\boldsymbol{u}_1$ と $\boldsymbol{u}_2$ にそれぞれ正射影したベクトルを $\boldsymbol{w}_{21}, \boldsymbol{w}_{22}$ とすると，これらは $\boldsymbol{v}_3$ を $\boldsymbol{u}_1$ と $\boldsymbol{u}_2$ に

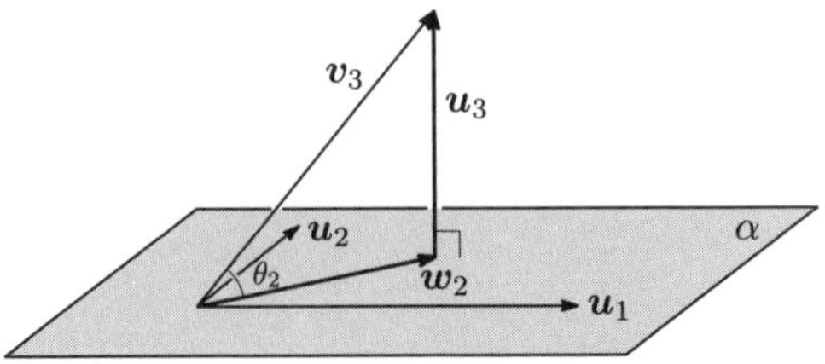

図 8.3　$\boldsymbol{u}_3$ のつくり方

24)　図 8.2 の $\boldsymbol{u}_2$ は，ここで 2 倍するまえのベクトルであるが，このあとの計算を楽にするために 2 倍して分数が現れないようにした．

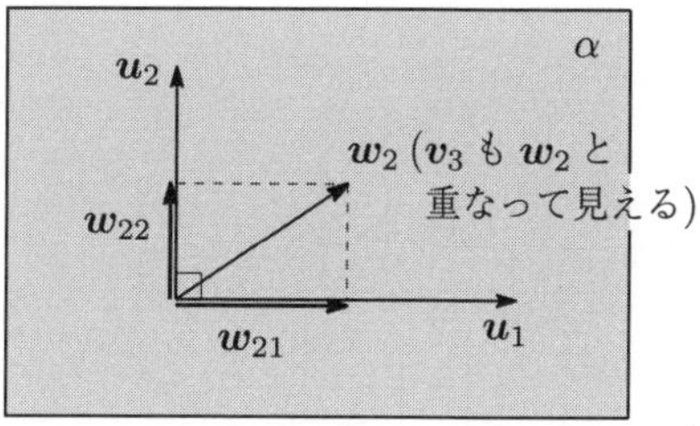

図 8.4 平面 α を上からみた様子

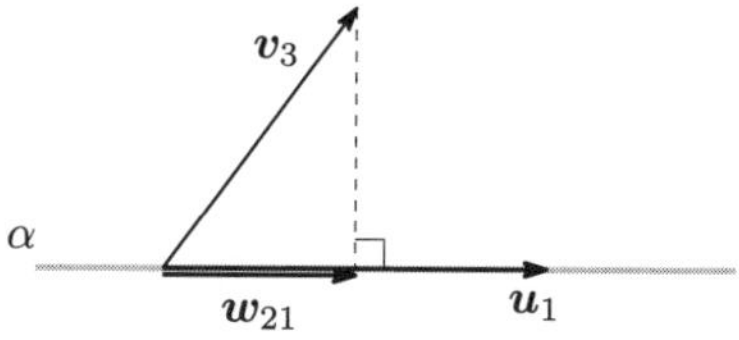

図 8.5 平面 α を横からみたときの $\boldsymbol{v}_3$ と $\boldsymbol{w}_{21}$ の関係

それぞれ正射影したベクトルと一致する (図 8.4). これは, 図 8.5 のように平面 α を横からみるとわかる.

以上のことから, このような $\boldsymbol{w}_2$, $\boldsymbol{w}_{21}$, $\boldsymbol{w}_{22}$ を用いると, 図 8.3 ~ 8.5 から明らかなように

$$\boldsymbol{w}_2 + \boldsymbol{u}_3 = \boldsymbol{v}_3, \quad \boldsymbol{w}_2 = \boldsymbol{w}_{21} + \boldsymbol{w}_{22}, \quad \boldsymbol{u}_1 \perp \boldsymbol{u}_3, \quad \boldsymbol{u}_2 \perp \boldsymbol{u}_3$$

を満たすようなベクトル $\boldsymbol{u}_3$ を, ベクトル $\boldsymbol{v}_3$ からつくることができる. ここで, 先ほどの $\boldsymbol{w}_1$ と同じように考えれば, $\boldsymbol{w}_{21}$, $\boldsymbol{w}_{22}$ は

$$\begin{aligned}
\boldsymbol{w}_{21} &= \|\boldsymbol{v}_3\| \cos\theta_2 \left\{ \frac{1}{\|\boldsymbol{u}_1\|} \boldsymbol{u}_1 \right\} = \frac{\|\boldsymbol{v}_3\| \cos\theta_2}{\|\boldsymbol{u}_1\|} \boldsymbol{u}_1 \\
&= \frac{\|\boldsymbol{u}_1\| \, \|\boldsymbol{v}_3\| \cos\theta_2}{\|\boldsymbol{u}_1\| \, \|\boldsymbol{u}_1\|} \boldsymbol{u}_1 = \frac{\boldsymbol{u}_1 \cdot \boldsymbol{v}_3}{\boldsymbol{u}_1 \cdot \boldsymbol{u}_1} \boldsymbol{u}_1, \\
\boldsymbol{w}_{22} &= \|\boldsymbol{v}_3\| \cos\theta_2 \left\{ \frac{1}{\|\boldsymbol{u}_2\|} \boldsymbol{u}_2 \right\} = \frac{\|\boldsymbol{v}_3\| \cos\theta_2}{\|\boldsymbol{u}_2\|} \boldsymbol{u}_2 \\
&= \frac{\|\boldsymbol{u}_2\| \, \|\boldsymbol{v}_3\| \cos\theta_2}{\|\boldsymbol{u}_2\| \, \|\boldsymbol{u}_2\|} \boldsymbol{u}_2 = \frac{\boldsymbol{u}_2 \cdot \boldsymbol{v}_3}{\boldsymbol{u}_2 \cdot \boldsymbol{u}_2} \boldsymbol{u}_2
\end{aligned}$$

と表される. したがって, $\boldsymbol{u}_3$ は

$$\begin{aligned}
\boldsymbol{u}_3 &= \boldsymbol{v}_3 - \boldsymbol{w}_2 = \boldsymbol{v}_3 - (\boldsymbol{w}_{21} + \boldsymbol{w}_{22}) \\
&= \boldsymbol{v}_3 - \frac{\boldsymbol{u}_1 \cdot \boldsymbol{v}_3}{\boldsymbol{u}_1 \cdot \boldsymbol{u}_1} \boldsymbol{u}_1 - \frac{\boldsymbol{u}_2 \cdot \boldsymbol{v}_3}{\boldsymbol{u}_2 \cdot \boldsymbol{u}_2} \boldsymbol{u}_2
\end{aligned}$$

で与えられる. このように, $\boldsymbol{u}_3$ は $\boldsymbol{v}_3$ と $\boldsymbol{u}_1$, $\boldsymbol{u}_2$ を用いて表されるが, いまの場合に その成分表示を具体的に求めると,

$$\begin{aligned}\boldsymbol{u}_3 &= \boldsymbol{v}_3 - \frac{\boldsymbol{u}_1\cdot\boldsymbol{v}_3}{\boldsymbol{u}_1\cdot\boldsymbol{u}_1}\boldsymbol{u}_1 - \frac{\boldsymbol{u}_2\cdot\boldsymbol{v}_3}{\boldsymbol{u}_2\cdot\boldsymbol{u}_2}\boldsymbol{u}_2 \\ &= \begin{bmatrix}0\\1\\1\end{bmatrix} - \frac{\begin{bmatrix}1\\1\\0\end{bmatrix}\cdot\begin{bmatrix}0\\1\\1\end{bmatrix}}{\begin{bmatrix}1\\1\\0\end{bmatrix}\cdot\begin{bmatrix}1\\1\\0\end{bmatrix}}\begin{bmatrix}1\\1\\0\end{bmatrix} - \frac{\begin{bmatrix}1\\-1\\2\end{bmatrix}\cdot\begin{bmatrix}0\\1\\1\end{bmatrix}}{\begin{bmatrix}1\\-1\\2\end{bmatrix}\cdot\begin{bmatrix}1\\-1\\2\end{bmatrix}}\begin{bmatrix}1\\-1\\2\end{bmatrix} \\ &= \begin{bmatrix}0\\1\\1\end{bmatrix} - \frac{1}{2}\begin{bmatrix}1\\1\\0\end{bmatrix} - \frac{1}{6}\begin{bmatrix}1\\-1\\2\end{bmatrix} = \frac{2}{3}\begin{bmatrix}-1\\1\\1\end{bmatrix}\end{aligned}$$

となる．ここで，$\boldsymbol{u}_2$ のときと同様に <u>$\frac{3}{2}\boldsymbol{u}_3$ をあらためて $\boldsymbol{u}_3$ と書く</u> ことにする．つまり，

$$\boldsymbol{u}_3 = \begin{bmatrix}-1\\1\\1\end{bmatrix} \tag{8.9}$$

とする．このとき，$\boldsymbol{u}_1\cdot\boldsymbol{u}_3 = \begin{bmatrix}1\\1\\0\end{bmatrix}\cdot\begin{bmatrix}-1\\1\\1\end{bmatrix} = 0$ より $\boldsymbol{u}_1 \perp \boldsymbol{u}_3$ となり，

かつ，$\boldsymbol{u}_2\cdot\boldsymbol{u}_3 = \begin{bmatrix}1\\-1\\2\end{bmatrix}\cdot\begin{bmatrix}-1\\1\\1\end{bmatrix} = 0$ より $\boldsymbol{u}_2 \perp \boldsymbol{u}_3$ となる．

以上の考察から，求める直交系ベクトルは 3 式 (8.7)，(8.8)，(8.9) より

$$\left\{ \boldsymbol{u}_1 = \begin{bmatrix}1\\1\\0\end{bmatrix},\ \boldsymbol{u}_2 = \begin{bmatrix}1\\-1\\2\end{bmatrix},\ \boldsymbol{u}_3 = \begin{bmatrix}-1\\1\\1\end{bmatrix} \right\}$$

である[25]．さらに，正規直交基底 $\{\boldsymbol{u}'_1, \boldsymbol{u}'_2, \boldsymbol{u}'_3\}$ を求めるには それぞれのベクトルのノルムで割ればよいので，

$$\|\boldsymbol{u}_1\| = \sqrt{2},\quad \|\boldsymbol{u}_2\| = \sqrt{6},\quad \|\boldsymbol{u}_3\| = \sqrt{3}$$

より

$$\left\{ \boldsymbol{u}'_1 = \frac{1}{\sqrt{2}}\begin{bmatrix}1\\1\\0\end{bmatrix},\ \boldsymbol{u}'_2 = \frac{1}{\sqrt{6}}\begin{bmatrix}1\\-1\\2\end{bmatrix},\ \boldsymbol{u}'_3 = \frac{1}{\sqrt{3}}\begin{bmatrix}-1\\1\\1\end{bmatrix} \right\}$$

25) これらが $\mathbb{R}^3$ の基底となっていることを各自確かめよう．

である[26].

練習 8.3 [27] 内積空間 $\mathbb{R}^2$ の基底を $\left\{ \boldsymbol{v}_1 = \begin{bmatrix} 1 \\ 1 \end{bmatrix}, \boldsymbol{v}_2 = \begin{bmatrix} 0 \\ 1 \end{bmatrix} \right\}$ とする. ただし, $\mathbb{R}^2$ の直交系ベクトルによる基底を $\{ \boldsymbol{u}_1, \boldsymbol{u}_2 \}$ とし, さらに $\boldsymbol{u}_1 = \boldsymbol{v}_1$ とする. 以下の問いに答えなさい.

(1) 図 8.2 を参考に, この状況を表す図を描きなさい. ただし, $\boldsymbol{v}_2$ の $\boldsymbol{u}_1$ への正射影ベクトルを $\boldsymbol{w}_1$ とし, $\boldsymbol{w}_1 + \boldsymbol{u}_2 = \boldsymbol{v}_2$ とする.

(2) $\boldsymbol{w}_1$ を $\boldsymbol{v}_2$ と $\boldsymbol{u}_1$ で表しなさい. また, $\boldsymbol{w}_1$ を成分で答えなさい.

(3) $\boldsymbol{u}_2$ を成分で答えなさい. ただし, (1) の図のままの $\boldsymbol{u}_2$ とする (分数が現れないような実数倍の調整はしないこと).

(4) (3) で求めた $\boldsymbol{u}_2$ に適当な実数を掛けて分数が現れないようにしたものをあらためて $\boldsymbol{u}_2$ とおくことにより, $\{ \boldsymbol{v}_1, \boldsymbol{v}_2 \}$ を $\{ \boldsymbol{u}_1, \boldsymbol{u}_2 \}$ に取り換えなさい. また, $\{ \boldsymbol{u}_1, \boldsymbol{u}_2 \}$ が $\mathbb{R}^2$ の基底となっていることを確認しなさい.

(5) (4) で求めた $\{ \boldsymbol{u}_1, \boldsymbol{u}_2 \}$ を正規化して, 正規直交基底 $\{ \boldsymbol{u}'_1, \boldsymbol{u}'_2 \}$ を求めなさい. また, $\boldsymbol{u}'_i \cdot \boldsymbol{u}'_j = \delta_{ij}$ を満たすことを確認しなさい.

以上の考察で用いたグラム・シュミットの正規直交化法をまとめよう. なお, 本来の正規直交化法では各ベクトルを求める時点で正規化するが, 本書では先に述べたとおり, 分数での計算を極力減らすためにまずは直交系ベクトルを求め, 最後にまとめて正規化している点 (直交化 → 正規化の順) に注意すること.

---

26) このとき, $\boldsymbol{u}'_i \cdot \boldsymbol{u}'_j = \delta_{ij}$ を満たしていることを各自確かめよう.

27) 答 (練習 8.3)　(1)

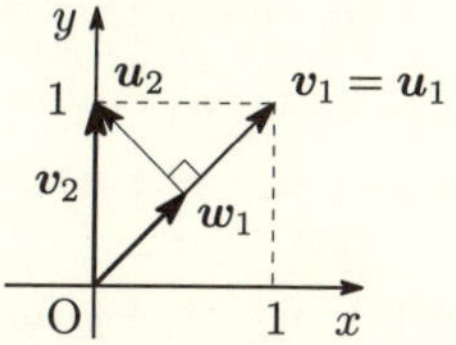

(2) $\boldsymbol{w}_1 = \dfrac{\boldsymbol{u}_1 \cdot \boldsymbol{v}_2}{\boldsymbol{u}_1 \cdot \boldsymbol{u}_1} \boldsymbol{u}_1 = \dfrac{1}{2} \begin{bmatrix} 1 \\ 1 \end{bmatrix}$

(3) $\boldsymbol{u}_2 = \dfrac{1}{2} \begin{bmatrix} -1 \\ 1 \end{bmatrix}$　(4) $\left\{ \boldsymbol{u}_1 = \begin{bmatrix} 1 \\ 1 \end{bmatrix}, \boldsymbol{u}_2 = \begin{bmatrix} -1 \\ 1 \end{bmatrix} \right\}$

(5) $\left\{ \boldsymbol{u}'_1 = \dfrac{1}{\sqrt{2}} \begin{bmatrix} 1 \\ 1 \end{bmatrix}, \boldsymbol{u}'_2 = \dfrac{1}{\sqrt{2}} \begin{bmatrix} -1 \\ 1 \end{bmatrix} \right\}$

グラム・シュミットの正規直交化法

次元 m の内積空間 U の基底を $\{\, \boldsymbol{v}_1, \boldsymbol{v}_2, \ldots, \boldsymbol{v}_m \,\}$ とする．このとき，

$$\begin{aligned}
\boldsymbol{u}_1 &= \boldsymbol{v}_1, \\
\boldsymbol{u}_2 &= \boldsymbol{v}_2 - \frac{\boldsymbol{u}_1 \cdot \boldsymbol{v}_2}{\boldsymbol{u}_1 \cdot \boldsymbol{u}_1}\boldsymbol{u}_1, \\
\boldsymbol{u}_3 &= \boldsymbol{v}_3 - \frac{\boldsymbol{u}_1 \cdot \boldsymbol{v}_3}{\boldsymbol{u}_1 \cdot \boldsymbol{u}_1}\boldsymbol{u}_1 - \frac{\boldsymbol{u}_2 \cdot \boldsymbol{v}_3}{\boldsymbol{u}_2 \cdot \boldsymbol{u}_2}\boldsymbol{u}_2, \\
&\cdots \\
\boldsymbol{u}_k &= \boldsymbol{v}_k - \sum_{i=1}^{k-1} \frac{\boldsymbol{u}_i \cdot \boldsymbol{v}_k}{\boldsymbol{u}_i \cdot \boldsymbol{u}_i}\boldsymbol{u}_i \quad (k = 2, 3, \ldots, m)
\end{aligned}$$

とすると，$\{\, \boldsymbol{u}_1, \boldsymbol{u}_2, \ldots, \boldsymbol{u}_m \,\}$ は U の直交系ベクトルによる基底となる．つまり，

$$\boldsymbol{u}_i \cdot \boldsymbol{u}_j = 0 \quad (i \neq j)$$

を満たす．なお，必要に応じて正の実数倍をしたものと置き換えて，分数が現れないようにしてもよい．

さらに，この各ベクトルを そのノルムで割って正規化した

$$\{\, \boldsymbol{u}'_1, \boldsymbol{u}'_2, \ldots, \boldsymbol{u}'_m \,\} \quad \left(\boldsymbol{u}'_i = \frac{1}{\|\boldsymbol{u}_i\|}\boldsymbol{u}_i,\ i = 1, 2, \ldots, m \right)$$

は U の正規直交基底となる．つまり，$\boldsymbol{u}'_i \cdot \boldsymbol{u}'_j = \delta_{ij}$ を満たす．

注意 先の説明のような，いくつかの図を交えた幾何的な考察について，その内容をすぐに理解することは難しいかもしれないが，じつは代数的には

$$\boldsymbol{u}_1 = \boldsymbol{v}_1, \quad \boldsymbol{u}_2 = \boldsymbol{v}_2 + x\,\boldsymbol{u}_1, \quad \boldsymbol{u}_3 = \boldsymbol{v}_3 + y\,\boldsymbol{u}_1 + z\,\boldsymbol{u}_2$$

とおいて，これらが互いに直交するような係数 x, y, z を単に定めることと同じである．実際，$\boldsymbol{u}_1 \perp \boldsymbol{u}_2$，$\boldsymbol{u}_1 \perp \boldsymbol{u}_3$，$\boldsymbol{u}_2 \perp \boldsymbol{u}_3$ であるためには，

$$\begin{aligned}
\boldsymbol{u}_1 \cdot \boldsymbol{u}_2 &= \boldsymbol{u}_1 \cdot (\boldsymbol{v}_2 + x\,\boldsymbol{u}_1) = \boldsymbol{u}_1 \cdot \boldsymbol{v}_2 + x\,\boldsymbol{u}_1 \cdot \boldsymbol{u}_1 = 0, \\
\boldsymbol{u}_1 \cdot \boldsymbol{u}_3 &= \boldsymbol{u}_1 \cdot (\boldsymbol{v}_3 + y\,\boldsymbol{u}_1 + z\,\boldsymbol{u}_2) = \boldsymbol{u}_1 \cdot \boldsymbol{v}_3 + y\,\boldsymbol{u}_1 \cdot \boldsymbol{u}_1 + z\,\underbrace{\boldsymbol{u}_1 \cdot \boldsymbol{u}_2}_{=0} = 0, \\
\boldsymbol{u}_2 \cdot \boldsymbol{u}_3 &= \boldsymbol{u}_2 \cdot (\boldsymbol{v}_3 + y\,\boldsymbol{u}_1 + z\,\boldsymbol{u}_2) = \boldsymbol{u}_2 \cdot \boldsymbol{v}_3 + y\,\underbrace{\boldsymbol{u}_2 \cdot \boldsymbol{u}_1}_{=0} + z\,\boldsymbol{u}_2 \cdot \boldsymbol{u}_2 = 0
\end{aligned}$$

を満たす必要があるので，各係数 x, y, z は 以下のように定まる．

$$x = -\frac{\boldsymbol{u}_1 \cdot \boldsymbol{v}_2}{\boldsymbol{u}_1 \cdot \boldsymbol{u}_1}, \quad y = -\frac{\boldsymbol{u}_1 \cdot \boldsymbol{v}_3}{\boldsymbol{u}_1 \cdot \boldsymbol{u}_1}, \quad z = -\frac{\boldsymbol{u}_2 \cdot \boldsymbol{v}_3}{\boldsymbol{u}_2 \cdot \boldsymbol{u}_2}$$

よって, $\boldsymbol{u}_2$ も $\boldsymbol{u}_3$ も 先ほどの幾何的考察と同じように表されていることがわかる.

練習 8.4 [28] 内積空間 $\mathbb{R}^2$ の基底 $\left\{ \boldsymbol{v}_1 = \begin{bmatrix} 1 \\ 1 \end{bmatrix}, \ \boldsymbol{v}_2 = \begin{bmatrix} 0 \\ 1 \end{bmatrix} \right\}$ を, グラム・シュミットの正規直交化法を用いて まずは直交系ベクトルの基底 $\{ \boldsymbol{u}_1, \boldsymbol{u}_2 \}$ に取り換えなさい. また, この直交系ベクトルを正規化して, 正規直交基底 $\{ \boldsymbol{u}'_1, \boldsymbol{u}'_2 \}$ を求めなさい. ただし, $\boldsymbol{u}_1 = \boldsymbol{v}_1$ とする.

最後に, 正規直交基底すべてを列に並べて得られる行列について調べてみよう. 例えば, 先の例で得られた内積空間 $\mathbb{R}^3$ の正規直交基底

$$\left\{ \boldsymbol{u}'_1 = \frac{1}{\sqrt{2}} \begin{bmatrix} 1 \\ 1 \\ 0 \end{bmatrix}, \ \boldsymbol{u}'_2 = \frac{1}{\sqrt{6}} \begin{bmatrix} 1 \\ -1 \\ 2 \end{bmatrix}, \ \boldsymbol{u}'_3 = \frac{1}{\sqrt{3}} \begin{bmatrix} -1 \\ 1 \\ 1 \end{bmatrix} \right\}$$

について, これらすべてを列に並べて得られる行列を

$$T = \begin{bmatrix} \boldsymbol{u}'_1 & \boldsymbol{u}'_2 & \boldsymbol{u}'_3 \end{bmatrix} = \frac{1}{\sqrt{6}} \begin{bmatrix} \sqrt{3} & 1 & -\sqrt{2} \\ \sqrt{3} & -1 & \sqrt{2} \\ 0 & 2 & \sqrt{2} \end{bmatrix}$$

とすると, T は直交行列である. 実際, ${}^tT\,T$ を計算すると

$$\begin{aligned} {}^tT\,T &= \frac{1}{\sqrt{6}} \begin{bmatrix} \sqrt{3} & \sqrt{3} & 0 \\ 1 & -1 & 2 \\ -\sqrt{2} & \sqrt{2} & \sqrt{2} \end{bmatrix} \left\{ \frac{1}{\sqrt{6}} \begin{bmatrix} \sqrt{3} & 1 & -\sqrt{2} \\ \sqrt{3} & -1 & \sqrt{2} \\ 0 & 2 & \sqrt{2} \end{bmatrix} \right\} \\ &= \frac{1}{6} \begin{bmatrix} 6 & 0 & 0 \\ 0 & 6 & 0 \\ 0 & 0 & 6 \end{bmatrix} = \begin{bmatrix} 1 & 0 & 0 \\ 0 & 1 & 0 \\ 0 & 0 & 1 \end{bmatrix} = E. \end{aligned}$$

正規直交基底をすべて列に並べて得られる行列は「直交行列」である.

直交行列 A は ${}^tA\,A = E$ を満たすので, 行列式の性質 (D10), (D0) より

$$1 = |E| = |{}^tA\,A| \overset{\text{(D10)}}{=} |{}^tA| \cdot |A| \overset{\text{(D0)}}{=} |A|^2$$

が導かれ, $|A| = \pm 1$ を得る. つまり,

---

28) 答 (練習 8.4) $\left\{ \boldsymbol{u}'_1 = \frac{1}{\sqrt{2}} \underbrace{\begin{bmatrix} 1 \\ 1 \end{bmatrix}}_{\boldsymbol{u}_1}, \boldsymbol{u}'_2 = \frac{1}{\sqrt{2}} \underbrace{\begin{bmatrix} -1 \\ 1 \end{bmatrix}}_{\boldsymbol{u}_2} \right\}$

> **直交行列の行列式の値は 1 または -1 である.**

8.4 対称行列の直交行列による対角化

この節では, 対称行列を直交行列で対角化することを考えるが[29], もし m 次正方行列 A が直交行列 T で $T^{-1}AT = D$ と対角化できるとすると, $A = TDT^{-1}$, $T^{-1} = {}^tT$ であり, また D は対角行列であるから ${}^tD = D$ が成り立つので,

$$ {}^tA = {}^t\left(TDT^{-1}\right) = {}^t\left(T^{-1}\right){}^tD\,{}^tT = TD\,{}^tT = TDT^{-1} = A $$

が導かれる. つまり, 直交行列で対角化できる行列 A は 対称行列であることがわかる. では, 対称行列はつねに直交行列で対角化できるのだろうか? このことについて考えるために, まずは対称行列の具体例をあげて, それらの固有値と固有空間が満たす性質について調べてみよう.

例 2 (1) 対称行列 $A = \begin{bmatrix} 1 & 2 \\ 2 & -2 \end{bmatrix}$ の固有値は,

$$ |\,\lambda E - A\,| = \begin{vmatrix} \lambda - 1 & -2 \\ -2 & \lambda + 2 \end{vmatrix} = (\lambda - 1)(\lambda + 2) - 4 $$
$$ = \lambda^2 + \lambda - 6 = (\lambda - 2)(\lambda + 3) = 0 $$

より $2, -3$ であり, いずれも実数であることがわかる.

また, 固有値 2 に対する固有空間 $W(2)$ は, 斉次連立 1 次方程式 $A\boldsymbol{u}_1 = 2\boldsymbol{u}_1$ の係数行列 $2E - A$ を簡約化すると,

$$ 2E - A = \begin{bmatrix} 1 & -2 \\ -2 & 4 \end{bmatrix} \to \begin{bmatrix} 1 & -2 \\ 0 & 0 \end{bmatrix} $$

であるから, この斉次連立 1 次方程式の解 $\boldsymbol{u}_1$ は

$$ \boldsymbol{u}_1 = \begin{bmatrix} 2c_1 \\ c_1 \end{bmatrix} = c_1 \begin{bmatrix} 2 \\ 1 \end{bmatrix} \quad (c_1 \in \mathbb{R}) $$

である. よって,

$$ W(2) = \left\{ \; c_1 \begin{bmatrix} 2 \\ 1 \end{bmatrix} \;\middle|\; c_1 \in \mathbb{R} \; \right\} $$

29) 対称行列は 2.8 節で学習した.

である. 同様に, 固有値 -3 に対する固有空間 $W(-3)$ は, 斉次連立 1 次方程式 $A\boldsymbol{u}_2 = -3\,\boldsymbol{u}_2$ の係数行列 $-3E-A$ を簡約化すると,

$$-3E - A = \begin{bmatrix} -4 & -2 \\ -2 & -1 \end{bmatrix} \to \begin{bmatrix} 1 & \frac{1}{2} \\ -2 & -1 \end{bmatrix} \to \begin{bmatrix} 1 & \frac{1}{2} \\ 0 & 0 \end{bmatrix}$$

であるから, この斉次連立 1 次方程式の解 $\boldsymbol{u}_2$ は

$$\boldsymbol{u}_2 = \begin{bmatrix} -\frac{1}{2}c_2 \\ c_2 \end{bmatrix} = \frac{1}{2}c_2\begin{bmatrix} -1 \\ 2 \end{bmatrix} \quad (c_2 \in \mathbb{R})$$

である. よって,

$$W(-3) = \left\{ c_2\begin{bmatrix} -1 \\ 2 \end{bmatrix} \;\middle|\; c_2 \in \mathbb{R} \right\}$$

である. ここで, 各固有空間の基底を $\boldsymbol{p}_1 = \begin{bmatrix} 2 \\ 1 \end{bmatrix}$, $\boldsymbol{p}_2 = \begin{bmatrix} -1 \\ 2 \end{bmatrix}$ とおくと,

$$\boldsymbol{p}_1 \cdot \boldsymbol{p}_2 = \begin{bmatrix} 2 \\ 1 \end{bmatrix} \cdot \begin{bmatrix} -1 \\ 2 \end{bmatrix} = 0$$

が成り立つので, $\boldsymbol{p}_1 \perp \boldsymbol{p}_2$ がわかる.

(2) 例題 8.1 (2) より, 対称行列 $A = \begin{bmatrix} 1 & 2 & 2 \\ 2 & 1 & 2 \\ 2 & 2 & 1 \end{bmatrix}$ の固有値は 5, -1 でいずれも実数であり, 固有値 5 の重複度は 1, 固有値 -1 の重複度は 2 である.

また, 固有値 5, -1 の重複度と 固有空間 $W(5)$, $W(-1)$ の次元は それぞれ一致している. しかも, $W(5)$ の基底 $\boldsymbol{p}_1 = \begin{bmatrix} 1 \\ 1 \\ 1 \end{bmatrix}$ と, $W(-1)$ の基底 $\boldsymbol{p}_2 = \begin{bmatrix} -1 \\ 1 \\ 0 \end{bmatrix}$, $\boldsymbol{p}_3 = \begin{bmatrix} -1 \\ 0 \\ 1 \end{bmatrix}$ を選ぶと,

$$\boldsymbol{p}_1 \cdot \boldsymbol{p}_2 = \begin{bmatrix} 1 \\ 1 \\ 1 \end{bmatrix} \cdot \begin{bmatrix} -1 \\ 1 \\ 0 \end{bmatrix} = 0, \quad \boldsymbol{p}_1 \cdot \boldsymbol{p}_3 = \begin{bmatrix} 1 \\ 1 \\ 1 \end{bmatrix} \cdot \begin{bmatrix} -1 \\ 0 \\ 1 \end{bmatrix} = 0$$

が成り立つので, $\boldsymbol{p}_1 \perp \boldsymbol{p}_2$ かつ $\boldsymbol{p}_1 \perp \boldsymbol{p}_3$ がわかる. ■

このように, 一般の行列では 成分がすべて実数であったとしても「虚数の固有値」が存在することもあるが (p.193 参照), 成分がすべて実数の「対称行列」の固有値と固有空間については, 以下のことが知られている.

対称行列の固有値・固有空間の性質

(成分が実数の) 対称行列について

- 固有値はすべて実数である[30].
- 異なる 固有値に対する固有ベクトルは, つねに直交する[31].

8.2 節で考察したように, 一般の正方行列では対角化できないこともあったが, じつは対称行列については, 直交行列によってつねに対角化できる. そこで, 本節では対称行列に限定して, その対角化について考える.

対称行列の直交行列による対角化

対称行列は, つねに直交行列によって対角化可能である.
このように, 変換行列が直交行列となっているものを **直交変換行列** というが, その求め方は以下のとおりである. A を m 次対称行列とする.

(1) A の固有値とそれに対応する固有空間をすべて求める.

(2) 各固有空間の基底を求める. このとき, A は対角化可能なので, 各固有空間の基底の個数は, それに対応する固有値の重複度と一致する.

(3) (2) で得られた各固有空間の基底を,「グラム・シュミットの正規直交化法」(p.214) を用いて正規直交基底に取り換える.

(4) (3) で得られた各固有空間の正規直交基底をすべて列に並べて得られる m 次正方行列 T が, 求める直交変換行列である. このとき, $T = \begin{bmatrix} \boldsymbol{u}'_1 & \boldsymbol{u}'_2 & \cdots & \boldsymbol{u}'_m \end{bmatrix}$ の各列 $\boldsymbol{u}'_i$ $(i = 1, 2, \ldots, m)$ に対して, $\boldsymbol{u}'_i \cdot \boldsymbol{u}'_j = \delta_{ij}$ が成り立つ.

例題 8.3 次の対称行列 A を対角化する直交変換行列 T を明記し, 対角化しなさい.

(1) $A = \begin{bmatrix} 1 & 2 \\ 2 & -2 \end{bmatrix}$ (2) $A = \begin{bmatrix} 1 & 2 & 2 \\ 2 & 1 & 2 \\ 2 & 2 & 1 \end{bmatrix}$ (3) $A = \begin{bmatrix} 4 & 2 & -2 \\ 2 & 3 & 0 \\ -2 & 0 & 5 \end{bmatrix}$

30) 複素数の演算が現れるので本書での証明は省略する. 例えば参考文献 [2] 参照.
31) このことは, 対称行列における内積の性質を使えば導ける.

解答 (1) 例2 (1) より, この行列 A の固有値 $2, -3$ に対する固有空間 $W(2)$ の基底 $\boldsymbol{p}_1 = \begin{bmatrix} 2 \\ 1 \end{bmatrix}$ と, $W(-3)$ の基底 $\boldsymbol{p}_2 = \begin{bmatrix} -1 \\ 2 \end{bmatrix}$ は $\boldsymbol{p}_1 \cdot \boldsymbol{p}_2 = 0$ を満たすので, $\boldsymbol{p}_1 \perp \boldsymbol{p}_2$ である. しかも, 固有空間 $W(2)$ と $W(-3)$ の基底を構成するベクトルはそれぞれ1つずつなので, これらを正規化すると

$$\boldsymbol{u}_1' = \frac{1}{\|\boldsymbol{p}_1\|}\boldsymbol{p}_1 = \frac{1}{\sqrt{5}}\begin{bmatrix} 2 \\ 1 \end{bmatrix}, \qquad \boldsymbol{u}_2' = \frac{1}{\|\boldsymbol{p}_2\|}\boldsymbol{p}_2 = \frac{1}{\sqrt{5}}\begin{bmatrix} -1 \\ 2 \end{bmatrix}$$

である. ここで, 各固有空間の正規直交基底すべてを列に並べて得られる行列

$$\underline{T = \begin{bmatrix} \boldsymbol{u}_1' & \boldsymbol{u}_2' \end{bmatrix} = \frac{1}{\sqrt{5}}\begin{bmatrix} 2 & -1 \\ 1 & 2 \end{bmatrix}}$$

は直交行列である[32]. また, この直交行列 T で

$$\underline{T^{-1}AT = \begin{bmatrix} 2 & 0 \\ 0 & -3 \end{bmatrix}}$$

と対称行列 A を対角化できる.

(2) 例題 8.2 (1) より, この行列 A の固有値 $5, -1$ に対する固有空間 $W(5)$ の基底 $\boldsymbol{p}_1 = \begin{bmatrix} 1 \\ 1 \\ 1 \end{bmatrix}$ と, $W(-1)$ の基底 $\boldsymbol{p}_2 = \begin{bmatrix} -1 \\ 1 \\ 0 \end{bmatrix}$, $\boldsymbol{p}_3 = \begin{bmatrix} -1 \\ 0 \\ 1 \end{bmatrix}$ を列に並べて得られる行列

$$P = \begin{bmatrix} 1 & -1 & -1 \\ 1 & 1 & 0 \\ 1 & 0 & 1 \end{bmatrix}$$

を変換行列として選ぶと, 行列 A は

$$P^{-1}AP = \begin{bmatrix} 5 & 0 & 0 \\ 0 & -1 & 0 \\ 0 & 0 & -1 \end{bmatrix}$$

と対角化できた. しかし, 残念ながら 変換行列 P は直交行列ではないので, これを正規直交基底からつくられる直交行列 T に取り換える必要がある. なお, $\boldsymbol{p}_1 \cdot \boldsymbol{p}_2 = 0$ と $\boldsymbol{p}_1 \cdot \boldsymbol{p}_3 = 0$ が成り立つので, $\boldsymbol{p}_1 \perp \boldsymbol{p}_2$ かつ $\boldsymbol{p}_1 \perp \boldsymbol{p}_3$ であることに注意しよう.

まず, 固有空間 $W(5)$ の基底を構成するベクトルは1つなので, 正規化すると

$$\boldsymbol{u}_1' = \frac{1}{\sqrt{3}}\begin{bmatrix} 1 \\ 1 \\ 1 \end{bmatrix}$$

である. 一方, 固有空間 $W(-1)$ の基底を構成するベクトルは2つであるが, $\boldsymbol{p}_2 \cdot \boldsymbol{p}_3 =$

32) $\because \quad {}^tT\,T = \dfrac{1}{\sqrt{5}}\begin{bmatrix} 2 & 1 \\ -1 & 2 \end{bmatrix}\left\{\dfrac{1}{\sqrt{5}}\begin{bmatrix} 2 & -1 \\ 1 & 2 \end{bmatrix}\right\} = E$

$1 \neq 0$ となり直交していないことがわかるので, 「グラム・シュミットの正規直交化法」 (p.214) を用いて正規直交基底 $\{\,\boldsymbol{u}_2', \boldsymbol{u}_3'\,\}$ に取り換える.

まず, $\boldsymbol{u}_2 = \boldsymbol{p}_2 = \begin{bmatrix} -1 \\ 1 \\ 0 \end{bmatrix}$ とする. 次に $\boldsymbol{u}_3$ を求めると,

$$\boldsymbol{u}_3 = \boldsymbol{p}_3 - \frac{\boldsymbol{u}_2 \cdot \boldsymbol{p}_3}{\boldsymbol{u}_2 \cdot \boldsymbol{u}_2}\boldsymbol{u}_2 = \begin{bmatrix} -1 \\ 0 \\ 1 \end{bmatrix} - \frac{\begin{bmatrix} -1 \\ 1 \\ 0 \end{bmatrix} \cdot \begin{bmatrix} -1 \\ 0 \\ 1 \end{bmatrix}}{\begin{bmatrix} -1 \\ 1 \\ 0 \end{bmatrix} \cdot \begin{bmatrix} -1 \\ 1 \\ 0 \end{bmatrix}} \begin{bmatrix} -1 \\ 1 \\ 0 \end{bmatrix}$$

$$= \begin{bmatrix} -1 \\ 0 \\ 1 \end{bmatrix} - \frac{1}{2}\begin{bmatrix} -1 \\ 1 \\ 0 \end{bmatrix} = \frac{1}{2}\begin{bmatrix} -1 \\ -1 \\ 2 \end{bmatrix}$$

であるから, $2\,\boldsymbol{u}_3$ をあらためて $\boldsymbol{u}_3$ として $\boldsymbol{u}_3 = \begin{bmatrix} -1 \\ -1 \\ 2 \end{bmatrix}$ とする. 最後にそれぞれ正規化して, 固有空間 $W(-1)$ の正規直交基底

$$\left\{ \boldsymbol{u}_2' = \frac{1}{\sqrt{2}}\begin{bmatrix} -1 \\ 1 \\ 0 \end{bmatrix}, \quad \boldsymbol{u}_3' = \frac{1}{\sqrt{6}}\begin{bmatrix} -1 \\ -1 \\ 2 \end{bmatrix} \right\}$$

を得る. ここで, 各固有空間の正規直交基底すべてを列に並べて得られる行列

$$\underline{T = \begin{bmatrix} \boldsymbol{u}_1' & \boldsymbol{u}_2' & \boldsymbol{u}_3' \end{bmatrix} = \frac{1}{\sqrt{6}}\begin{bmatrix} \sqrt{2} & -\sqrt{3} & -1 \\ \sqrt{2} & \sqrt{3} & -1 \\ \sqrt{2} & 0 & 2 \end{bmatrix}}$$

は直交行列である[33]. また, この直交行列 T で

$$\underline{T^{-1}AT = \begin{bmatrix} 5 & 0 & 0 \\ 0 & -1 & 0 \\ 0 & 0 & -1 \end{bmatrix}}$$

と対称行列 A を対角化できる.

(3) この行列 A の固有値は

$$|\,\lambda E - A\,| = (\lambda - 1)(\lambda - 4)(\lambda - 7) = 0$$

より $\lambda = 1, 4, 7$. また, 固有空間 $W(1), W(4), W(7)$ の基底はそれぞれ, 各係数行列 $E - A$, $4E - A$, $7E - A$ を簡約化して得られる基本解

33) $\because \quad {}^tT\,T = \frac{1}{\sqrt{6}}\begin{bmatrix} \sqrt{2} & \sqrt{2} & \sqrt{2} \\ -\sqrt{3} & \sqrt{3} & 0 \\ -1 & -1 & 2 \end{bmatrix}\left\{ \frac{1}{\sqrt{6}}\begin{bmatrix} \sqrt{2} & -\sqrt{3} & -1 \\ \sqrt{2} & \sqrt{3} & -1 \\ \sqrt{2} & 0 & 2 \end{bmatrix} \right\} = E$

$$\boldsymbol{p}_1 = \begin{bmatrix} 2 \\ -2 \\ 1 \end{bmatrix}, \quad \boldsymbol{p}_2 = \begin{bmatrix} 1 \\ 2 \\ 2 \end{bmatrix}, \quad \boldsymbol{p}_3 = \begin{bmatrix} -2 \\ -1 \\ 2 \end{bmatrix}$$

であり, これらを列に並べて得られる行列

$$P = \begin{bmatrix} 2 & 1 & -2 \\ -2 & 2 & -1 \\ 1 & 2 & 2 \end{bmatrix}$$

を変換行列として選ぶと, 行列 A は

$$P^{-1}AP = \begin{bmatrix} 1 & 0 & 0 \\ 0 & 4 & 0 \\ 0 & 0 & 7 \end{bmatrix}$$

と対角化できる. また, 固有値がすべて異なるので, 各固有空間の基底は互いに直交する[34]. 最後にそれぞれ正規化して, 列に並べた行列

$$\underline{T = \frac{1}{3}\begin{bmatrix} 2 & 1 & -2 \\ -2 & 2 & -1 \\ 1 & 2 & 2 \end{bmatrix}}$$

は直交行列である[35]. また, この直交行列 T で

$$\underline{T^{-1}AT = \begin{bmatrix} 1 & 0 & 0 \\ 0 & 4 & 0 \\ 0 & 0 & 7 \end{bmatrix}}$$

と対称行列 A を対角化できる. ■

練習 8.5[36] 次の対称行列 A を対角化する直交変換行列 T を明記し, 対角化しなさい.

(1) $A = \begin{bmatrix} 4 & 3 \\ 3 & -4 \end{bmatrix}$ (2) $A = \begin{bmatrix} 2 & 0 & 1 \\ 0 & 3 & 0 \\ 1 & 0 & 2 \end{bmatrix}$ (3) $A = \begin{bmatrix} 1 & 2 & 6 \\ 2 & 2 & -2 \\ 6 & -2 & 1 \end{bmatrix}$

---

34) 実際, $\boldsymbol{p}_1 \cdot \boldsymbol{p}_2 = 0$, $\boldsymbol{p}_1 \cdot \boldsymbol{p}_3 = 0$, $\boldsymbol{p}_2 \cdot \boldsymbol{p}_3 = 0$ である.

35) $\because\ {}^tTT = \frac{1}{3}\begin{bmatrix} 2 & -2 & 1 \\ 1 & 2 & 2 \\ -2 & -1 & 2 \end{bmatrix}\left\{\frac{1}{3}\begin{bmatrix} 2 & 1 & -2 \\ -2 & 2 & -1 \\ 1 & 2 & 2 \end{bmatrix}\right\} = E$

36) 答 (練習 8.5) (1) $T = \frac{1}{\sqrt{10}}\begin{bmatrix} 3 & -1 \\ 1 & 3 \end{bmatrix}$, $T^{-1}AT = \begin{bmatrix} 5 & 0 \\ 0 & -5 \end{bmatrix}$

(2) $T = \frac{1}{\sqrt{2}}\begin{bmatrix} -1 & 0 & 1 \\ 0 & \sqrt{2} & 0 \\ 1 & 0 & 1 \end{bmatrix}$, $T^{-1}AT = \begin{bmatrix} 1 & 0 & 0 \\ 0 & 3 & 0 \\ 0 & 0 & 3 \end{bmatrix}$

(3) $T = \frac{1}{3\sqrt{2}}\begin{bmatrix} -1 & 3 & -2\sqrt{2} \\ -4 & 0 & \sqrt{2} \\ 1 & 3 & 2\sqrt{2} \end{bmatrix}$, $T^{-1}AT = \begin{bmatrix} 3 & 0 & 0 \\ 0 & 7 & 0 \\ 0 & 0 & -6 \end{bmatrix}$

最後に, 直交変換とそのメリットについて紹介する. 内積空間 U からそれ自身への線形変換 $T : U \to U$ が

$$T(\boldsymbol{u}) \cdot T(\boldsymbol{v}) = \boldsymbol{u} \cdot \boldsymbol{v} \qquad (\boldsymbol{u}, \boldsymbol{v} \in U)$$

を満たすとき, この線形変換 T を **直交変換** という. このとき, 次のことが知られている.

直交変換と直交行列

直交変換を定める行列は「直交行列」である.
また, 直交行列によって定まる線形変換は「直交変換」である.

線形変換 T が直交変換のとき,

$$\|T(\boldsymbol{u})\|^2 = T(\boldsymbol{u}) \cdot T(\boldsymbol{u}) = \boldsymbol{u} \cdot \boldsymbol{u} = \|\boldsymbol{u}\|^2$$

であり, さらにノルムは 0 以上であるから

$$\|T(\boldsymbol{u})\| = \|\boldsymbol{u}\|$$

が導かれる. つまり, 次のことがわかる.

直交変換では「内積」と「ノルム」が 不変 となるので,
座標平面上 (あるいは 座標空間内) の図形は
直交変換によって形を変えない.

これは, 例えば軸に対して傾斜している図形を, 直交変換によって その形を変えずに 軸と平行・垂直な図形に変換することができ, そのままでは解析しづらかったことが簡単に調べられるようになる. その具体例として, 2 次曲線や 2 次曲面に直交変換を応用したものは, 例えば参考文献 [2], [3] などを参照するとよい.

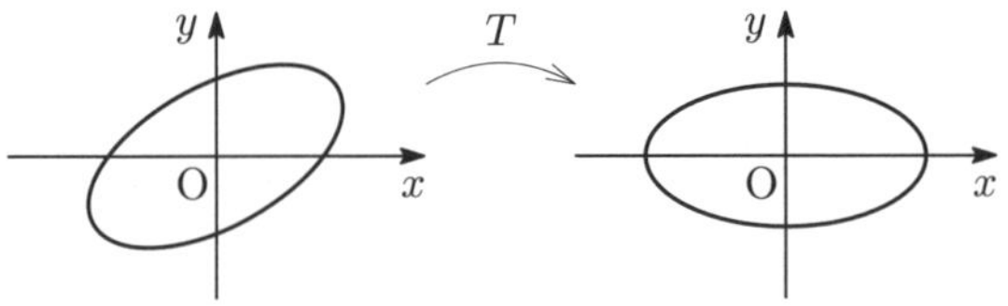

図 8.6 直交変換 T のイメージ

第 8 章　章末問題

【A】 (答えは p.245)

(答えは p.245)

1. A の固有値をすべて求め, 各固有値における固有空間を求めなさい. また, もし対角化可能であるならば, 変換行列 P を明記して対角化しなさい.

(1) $A = \begin{bmatrix} 10 & 8 \\ -7 & -5 \end{bmatrix}$　　(2) $A = \begin{bmatrix} 1 & -1 \\ 2 & 4 \end{bmatrix}$

(3) $A = \begin{bmatrix} 1 & -1 \\ 1 & 3 \end{bmatrix}$

2. A の固有値をすべて求め, 各固有値における固有空間を求めなさい. また, もし対角化可能であるならば, 変換行列 P を明記して対角化しなさい.

(1) $A = \begin{bmatrix} 1 & 3 & 1 \\ 0 & -2 & -1 \\ 3 & -1 & 1 \end{bmatrix}$　　(2) $A = \begin{bmatrix} 1 & 2 & -1 \\ 2 & -2 & 2 \\ -1 & 2 & 1 \end{bmatrix}$

(3) $A = \begin{bmatrix} 3 & 1 & -1 \\ 1 & 3 & -1 \\ -1 & -1 & 3 \end{bmatrix}$　　(4) $A = \begin{bmatrix} 3 & 2 & -1 \\ 2 & 0 & 2 \\ -1 & 2 & 3 \end{bmatrix}$

(5) $A = \begin{bmatrix} 0 & 2 & -4 \\ -1 & 3 & -2 \\ 4 & -4 & -5 \end{bmatrix}$　　(6) $A = \begin{bmatrix} 4 & 3 & 3 \\ -7 & -2 & -7 \\ 1 & -3 & 2 \end{bmatrix}$

3. 内積空間 $\mathbb{R}^2$ の次の基底 $\left\{ \boldsymbol{v}_1 = \begin{bmatrix} 1 \\ 3 \end{bmatrix}, \boldsymbol{v}_2 = \begin{bmatrix} 3 \\ 4 \end{bmatrix} \right\}$ を, <u>グラム・シュミットの正規直交化法を用いて</u> まずは直交系ベクトルの基底 $\{ \boldsymbol{u}_1 , \boldsymbol{u}_2 \}$ に取り換えなさい. また, この直交系ベクトルを正規化して, 正規直交基底 $\{ \boldsymbol{u}'_1 , \boldsymbol{u}'_2 \}$ を求めなさい. ただし, $\boldsymbol{u}_1 = \boldsymbol{v}_1$ とする.

4. 内積空間 $\mathbb{R}^3$ の次の基底 $\{ \boldsymbol{v}_1 , \boldsymbol{v}_2 , \boldsymbol{v}_3 \}$ を, <u>グラム・シュミットの正規直交化法を用いて</u> まずは直交系ベクトルの基底 $\{ \boldsymbol{u}_1 , \boldsymbol{u}_2 , \boldsymbol{u}_3 \}$ に取り換えなさい. また, この直交系ベクトルを正規化して, 正規直交基底 $\{ \boldsymbol{u}'_1 , \boldsymbol{u}'_2 , \boldsymbol{u}'_3 \}$ を求めなさい. ただし, $\boldsymbol{u}_1 = \boldsymbol{v}_1$ とする.

(1) $\boldsymbol{v}_1 = \begin{bmatrix} 1 \\ 1 \\ -1 \end{bmatrix}, \boldsymbol{v}_2 = \begin{bmatrix} 1 \\ 0 \\ 1 \end{bmatrix}, \boldsymbol{v}_3 = \begin{bmatrix} 1 \\ -1 \\ 1 \end{bmatrix}$

(2) $\boldsymbol{v}_1 = \begin{bmatrix} 1 \\ -1 \\ 0 \end{bmatrix}, \boldsymbol{v}_2 = \begin{bmatrix} 0 \\ 1 \\ -2 \end{bmatrix}, \boldsymbol{v}_3 = \begin{bmatrix} 1 \\ 2 \\ 1 \end{bmatrix}$

(3) $\boldsymbol{v}_1 = \begin{bmatrix} 1 \\ 1 \\ 2 \end{bmatrix}, \boldsymbol{v}_2 = \begin{bmatrix} 3 \\ 1 \\ 0 \end{bmatrix}, \boldsymbol{v}_3 = \begin{bmatrix} 3 \\ -2 \\ 1 \end{bmatrix}$

(4) $\boldsymbol{v}_1 = \begin{bmatrix} 1 \\ 2 \\ 1 \end{bmatrix}, \ \boldsymbol{v}_2 = \begin{bmatrix} 2 \\ 0 \\ 1 \end{bmatrix}, \ \boldsymbol{v}_3 = \begin{bmatrix} 5 \\ 1 \\ 3 \end{bmatrix}$

5. 次の対称行列 A を対角化する直交変換行列 T を明記し, 対角化しなさい.

(1) $A = \begin{bmatrix} 2 & 2 \\ 2 & 5 \end{bmatrix}$ (2) $A = \begin{bmatrix} 2 & -2 \\ -2 & -1 \end{bmatrix}$

6. 次の対称行列 A を対角化する直交変換行列 T を明記し, 対角化しなさい.

(1) $A = \begin{bmatrix} 3 & -2 & 0 \\ -2 & 2 & -2 \\ 0 & -2 & 1 \end{bmatrix}$ (2) $A = \begin{bmatrix} 4 & 1 & 1 \\ 1 & 2 & 3 \\ 1 & 3 & 2 \end{bmatrix}$

(3) $A = \begin{bmatrix} 3 & 4 & -2 \\ 4 & 3 & -2 \\ -2 & -2 & 0 \end{bmatrix}$ (4) $A = \begin{bmatrix} 1 & -2 & 2 \\ -2 & -2 & 4 \\ 2 & 4 & -2 \end{bmatrix}$

【B】 (答えは p.248)

1. 線形空間 U 上の線形変換 T において, T の表現行列を A とする. A の固有値 λ に対する固有ベクトル $\boldsymbol{u}$ に, 零ベクトルを加えた集合は U の線形部分空間となることを証明しなさい.

2. $\mathbb{R}[x]_1$ のベクトル $\boldsymbol{u} = u(x), \boldsymbol{v} = v(x)$ に対して, 内積 $\boldsymbol{u} \cdot \boldsymbol{v}$ を

$$\boldsymbol{u} \cdot \boldsymbol{v} = \int_{-1}^{1} u(x)\, v(x)\, dx$$

と定義するとき, 以下の問いに答えなさい.

(1) $\mathbb{R}[x]_1$ は内積空間であることを証明しなさい.

(2) $\mathbb{R}[x]_1$ の基底 $\{\, \boldsymbol{v}_1 = x+1, \boldsymbol{v}_2 = x-1 \,\}$ を, グラム・シュミットの正規直交化法を用いて まずは直交系ベクトルの基底 $\{\, \boldsymbol{u}_1, \boldsymbol{u}_2 \,\}$ に取り換えなさい. また, それらを正規化した正規直交基底 $\{\, \boldsymbol{u}'_1, \boldsymbol{u}'_2 \,\}$ を求めなさい. ただし, $\boldsymbol{u}_1 = \boldsymbol{v}_1$ とする.

A
付　　録

A.1　いろいろな置換

置換については 5.1 節で扱ったが, 行列式の定義に必要な事柄しか説明しなかった. ここでは, 代数学の対称群とも関係のある置換について, 線形代数を脱線してさらに詳しく調べてみる.

まず, 置換の表記について,

$$\sigma = \begin{pmatrix} 1 & 2 & 3 & 4 & 5 & 6 \\ 3 & 6 & 4 & 1 & 5 & 2 \end{pmatrix}$$

のとき, 対応関係 (各列の上下の数字) がくずれなければ,

$$\sigma = \begin{pmatrix} 1 & 3 & 4 & 2 & 6 & 5 \\ 3 & 4 & 1 & 6 & 2 & 5 \end{pmatrix}$$

のように表してもよいことにする. また, σ によって変わらない自然数がある場合は, その列を省略して $\sigma = \begin{pmatrix} 1 & 2 & 3 & 4 & 6 \\ 3 & 6 & 4 & 1 & 2 \end{pmatrix}$ と表してもよいことにする.

続いて, 2 つの置換を連続して行うとどうなるか, 調べてみよう. 例えば, 6 次置換として

$$\sigma = \begin{pmatrix} 1 & 2 & 3 & 4 & 5 & 6 \\ 3 & 6 & 4 & 1 & 5 & 2 \end{pmatrix}, \quad \tau = \begin{pmatrix} 1 & 2 & 3 & 4 & 5 & 6 \\ 6 & 3 & 2 & 1 & 4 & 5 \end{pmatrix}$$

の 2 つを考える. まず σ で置換 してから, さらに τ で置換するとどうなるか 1 つひとつ調べてみると,

$$\begin{array}{ccccccc} & 1 & 2 & 3 & 4 & 5 & 6 \\ \sigma & \downarrow & \downarrow & \downarrow & \downarrow & \downarrow & \downarrow \\ & 3 & 6 & 4 & 1 & 5 & 2 \\ \tau & \downarrow & \downarrow & \downarrow & \downarrow & \downarrow & \downarrow \\ & 2 & 5 & 1 & 6 & 4 & 3 \end{array}$$

となる．これを 置換の **積** という．一般に，n 次置換 σ，τ の積を

$$\tau\sigma(i) = \tau(\sigma(i)) \qquad (i = 1, 2, 3, \ldots, n)$$

と定義する[1]．すると，置換の積は「最初の自然数」が「最終的にどの自然数となるのか」を調べることにより，1つの置換として表すことができる．例えば，先の $\sigma = \begin{pmatrix} 1 & 2 & 3 & 4 & 5 & 6 \\ 3 & 6 & 4 & 1 & 5 & 2 \end{pmatrix}$，$\tau = \begin{pmatrix} 1 & 2 & 3 & 4 & 5 & 6 \\ 6 & 3 & 2 & 1 & 4 & 5 \end{pmatrix}$ であれば，τ の表し方を $\tau = \begin{pmatrix} 3 & 6 & 4 & 1 & 5 & 2 \\ 2 & 5 & 1 & 6 & 4 & 3 \end{pmatrix}$ と書き換えれば すぐに

$$\tau\sigma = \begin{pmatrix} 1 & 2 & 3 & 4 & 5 & 6 \\ 2 & 5 & 1 & 6 & 4 & 3 \end{pmatrix}$$

と表すことができる．また，置換の積の順序を入れ替える場合は，σ の表し方を $\sigma = \begin{pmatrix} 6 & 3 & 2 & 1 & 4 & 5 \\ 2 & 4 & 6 & 3 & 1 & 5 \end{pmatrix}$ と書き換えれば すぐに

$$\sigma\tau = \begin{pmatrix} 1 & 2 & 3 & 4 & 5 & 6 \\ 2 & 4 & 6 & 3 & 1 & 5 \end{pmatrix}$$

と表すことができる．このように，一般には $\tau\sigma \neq \sigma\tau$ である．

練習 A.1[2]　5 次置換

$$\sigma = \begin{pmatrix} 1 & 2 & 3 & 4 & 5 \\ 3 & 2 & 5 & 1 & 4 \end{pmatrix}, \quad \tau = \begin{pmatrix} 1 & 2 & 3 & 4 & 5 \\ 5 & 3 & 2 & 1 & 4 \end{pmatrix}$$

の積 $\tau\sigma$ と $\sigma\tau$ を それぞれ対応がわかるように明記しなさい．

次に，例えば 6 次置換

$$\sigma = \begin{pmatrix} 1 & 2 & 3 & 4 & 5 & 6 \\ 3 & 6 & 4 & 1 & 5 & 2 \end{pmatrix}$$

において，下段から上段への逆の対応

$$\begin{array}{cccccc} 1 & 2 & 3 & 4 & 5 & 6 \\ \uparrow & \uparrow & \uparrow & \uparrow & \uparrow & \uparrow \\ 3 & 6 & 4 & 1 & 5 & 2 \end{array}$$

を考えると，これも $\begin{pmatrix} 3 & 6 & 4 & 1 & 5 & 2 \\ 1 & 2 & 3 & 4 & 5 & 6 \end{pmatrix}$ と表せるので 置換である．このように，上段と下段を入れ替えた置換を，もとの置換 σ の **逆置換** といい，σ^{-1} と表す．

1)　$\tau\sigma$ の場合，先に右の σ から置換することに注意．

2)　答 (練習 **A.1**)　$\tau\sigma = \begin{pmatrix} 1 & 2 & 3 & 4 & 5 \\ 2 & 3 & 4 & 5 & 1 \end{pmatrix}$，$\sigma\tau = \begin{pmatrix} 1 & 2 & 3 & 4 & 5 \\ 4 & 5 & 2 & 3 & 1 \end{pmatrix}$

つまり, この場合

$$\sigma^{-1} = \begin{pmatrix} 3 & 6 & 4 & 1 & 5 & 2 \\ 1 & 2 & 3 & 4 & 5 & 6 \end{pmatrix} = \begin{pmatrix} 1 & 2 & 3 & 4 & 5 & 6 \\ 4 & 6 & 1 & 3 & 5 & 2 \end{pmatrix}$$

である. また, これら置換の積 $\sigma^{-1}\sigma$ を考えると,

$$\begin{array}{cccccccc} & 1 & 2 & 3 & 4 & 5 & 6 & \\ \sigma\downarrow & \downarrow\uparrow & \downarrow\uparrow & \downarrow\uparrow & \downarrow\uparrow & \downarrow\uparrow & \downarrow\uparrow & \uparrow\sigma^{-1} \\ & 3 & 6 & 4 & 1 & 5 & 2 & \end{array}$$

より, もとに戻ることがわかる. つまり, この積は恒等置換となる. 一般に, 置換 σ に対して, 次の関係式が成り立つ.

$$\sigma^{-1}\sigma = \sigma\sigma^{-1} = \varepsilon, \qquad \left(\sigma^{-1}\right)^{-1} = \sigma$$

練習 A.2[3)]　5次置換 $\sigma = \begin{pmatrix} 1 & 2 & 3 & 4 & 5 \\ 3 & 2 & 5 & 1 & 4 \end{pmatrix}$ の逆置換を求め, $\sigma^{-1}\sigma = \sigma\sigma^{-1} = \varepsilon$ と $\left(\sigma^{-1}\right)^{-1} = \sigma$ が成り立つことを確かめなさい.

ここで, 練習 A.1 と 練習 A.2 で扱った置換 $\sigma = \begin{pmatrix} 1 & 2 & 3 & 4 & 5 \\ 3 & 2 & 5 & 1 & 4 \end{pmatrix}$ を再度調べてみると,

$$1 \longrightarrow 3 \longrightarrow 5 \longrightarrow 4 \;(\longrightarrow 1)$$

のように 1 からの置換を考えれば 数が $1 \to 3 \to 5 \to 4$ と順々に変わって, また 1 に戻っている. このように, ある自然数 (1 でなくてもよい) からの置換を考えると, 数が順々に変わって またその自然数に戻るような置換を **巡回置換** といい, その巡回する自然数の順序を用いて

$$\begin{pmatrix} 1 & 3 & 5 & 4 \end{pmatrix}$$

のように表す. つまり,

$$\begin{pmatrix} 1 & 3 & 5 & 4 \end{pmatrix} = \begin{pmatrix} 1 & 3 & 5 & 4 \\ 3 & 5 & 4 & 1 \end{pmatrix} = \begin{pmatrix} 1 & 2 & 3 & 4 & 5 \\ 3 & 2 & 5 & 1 & 4 \end{pmatrix}$$

である. また, m 個の自然数で一巡する巡回置換を **長さ $\boldsymbol{m}$ の巡回置換** という. 例えば, この σ は「長さ 4 の巡回置換」である.

一方, 練習 A.1 の $\tau = \begin{pmatrix} 1 & 2 & 3 & 4 & 5 \\ 5 & 3 & 2 & 1 & 4 \end{pmatrix}$ は

---

3) **答 (練習 A.2)**　$\sigma^{-1} = \begin{pmatrix} 1 & 2 & 3 & 4 & 5 \\ 4 & 2 & 1 & 5 & 3 \end{pmatrix}$

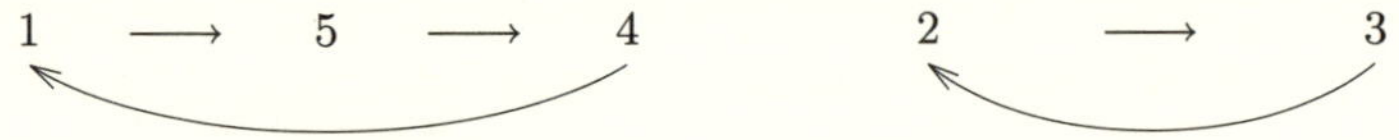

$$1 \longrightarrow 5 \longrightarrow 4 \qquad 2 \longrightarrow 3$$

のように, 2つの巡回置換 $(1\ 5\ 4)$ と $(2\ 3)$ が混ざっている. ここで,

$$\tau_1 = (1\ 5\ 4), \qquad \tau_2 = (2\ 3)$$

とおき, 積 τ_2 τ_1 を考えると

	τ_2		τ_1	
5	←	5	←	1
3	←	2	←	2
2	←	3	←	3
1	←	1	←	4
4	←	4	←	5

τ

であるから, τ_2 τ_1 $= \tau$ が成り立つ. また, τ_1 と τ_2 は<u>互いに共通の自然数を含まない</u>ので, 積の順序を変えても結果は同じである[4]. よって,

$$\begin{pmatrix} 1 & 2 & 3 & 4 & 5 \\ 5 & 3 & 2 & 1 & 4 \end{pmatrix} = (2\ 3)\ (1\ 5\ 4) = (1\ 5\ 4)\ (2\ 3)$$

のように, 巡回置換の積で表すことができる. 一般に, 次の事実が知られている.

> 恒等置換を除くどの置換も
> 「巡回置換」あるいは「巡回置換の積」で表せる.

練習 A.3 [5] 次の置換を巡回置換の積で表しなさい.

(1) $\sigma = \begin{pmatrix} 1 & 2 & 3 & 4 & 5 & 6 \\ 5 & 4 & 6 & 3 & 1 & 2 \end{pmatrix}$

(2) $\sigma = \begin{pmatrix} 1 & 2 & 3 & 4 & 5 & 6 & 7 \\ 5 & 6 & 7 & 3 & 4 & 2 & 1 \end{pmatrix}$

---

4) 実際に $\tau_1 \tau_2$ の置換をして確認しよう. また, このように 積の順序を変えても同じ結果が得られるとき, これらの置換は **可換である** という.

5) 答 (練習 A.3)　(1) $\sigma = (2\ 4\ 3\ 6)(1\ 5)$　(2) $\sigma = (2\ 6)(1\ 5\ 4\ 3\ 7)$

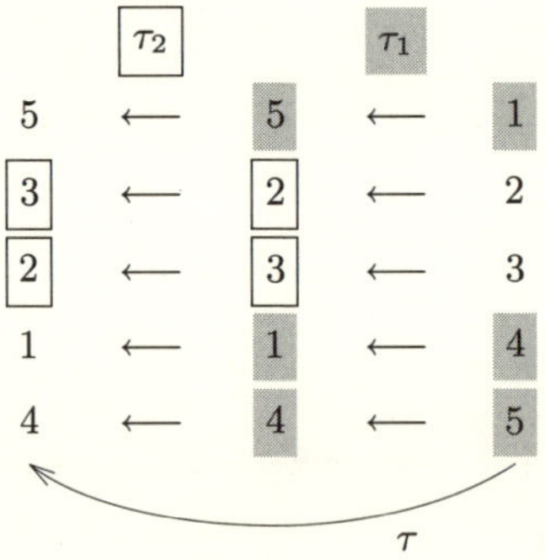

巡回置換のうち, 特に 2 つの自然数についてのみ入れ替えたものを **互換** という. 例えば, 6 次置換のうち $\begin{pmatrix} \boxed{2} & 3 \end{pmatrix}$ は

$$\begin{pmatrix} \boxed{2} & 3 \end{pmatrix} = \begin{pmatrix} \boxed{2} & 3 \\ 3 & \boxed{2} \end{pmatrix} = \begin{pmatrix} 1 & \boxed{2} & 3 & 4 & 5 & 6 \\ 1 & 3 & \boxed{2} & 4 & 5 & 6 \end{pmatrix}$$

のように 2 と 3 のみを入れ替え, あとはそのままであるから互換である.

ここで, 互換の逆置換を考えてみよう. 例えば, $i, j \in \mathbb{N}$ に対して互換

$$\sigma = \begin{pmatrix} \boxed{i} & j \end{pmatrix} = \begin{pmatrix} \boxed{i} & j \\ j & \boxed{i} \end{pmatrix}$$

を考えると, その逆置換 σ^{-1} は

$$\sigma^{-1} = \begin{pmatrix} j & \boxed{i} \\ \boxed{i} & j \end{pmatrix} = \begin{pmatrix} \boxed{i} & j \\ j & \boxed{i} \end{pmatrix} = \begin{pmatrix} \boxed{i} & j \end{pmatrix} = \sigma$$

となるので,

> **互換の逆置換は, もとの互換と一致する.**

また, この過程からもわかるように, 以下が成り立つ.

$$\begin{pmatrix} j & \boxed{i} \end{pmatrix} = \begin{pmatrix} \boxed{i} & j \end{pmatrix}$$

互換の逆置換がもとの互換と一致することを使うと, 次の例のように巡回置換は互換の積で表せることが簡単に示される.

例 1 5 次巡回置換 $\sigma = \begin{pmatrix} 1 & 3 & 5 & 4 \end{pmatrix}$ を互換の積で表してみよう. まずは, 置換の対応関係をみやすくするために

$$\sigma = \begin{pmatrix} 1 & 3 & 5 & 4 \\ 3 & 5 & 4 & 1 \end{pmatrix} = \begin{pmatrix} 1 & 3 & 4 & 5 \\ 3 & 5 & 1 & 4 \end{pmatrix} \tag{A.1}$$

と表す. この左から互換を掛け, 最終的に最右辺が互換の形になるまで続ける.

まずは, 最左列 $\begin{pmatrix} 1 \\ 3 \end{pmatrix}$ に着目し, 下段の 3 を 上段の 1 にするような互換 $\begin{pmatrix} 1 & 3 \end{pmatrix}$ を考える[6]. この互換を (A.1) 式の両辺に <u>左から</u> 掛けると,

$$\begin{aligned} \begin{pmatrix} 1 & 3 \end{pmatrix} \sigma &= \begin{pmatrix} 1 & 3 \end{pmatrix} \begin{pmatrix} 1 & 3 & 4 & 5 \\ 3 & 5 & 1 & 4 \end{pmatrix} \\ &= \begin{pmatrix} 1 & 3 & 4 & 5 \\ 1 & 5 & 3 & 4 \end{pmatrix} = \begin{pmatrix} 3 & 4 & 5 \\ 5 & 3 & 4 \end{pmatrix} \end{aligned}$$

---

6) この操作をすることで最左列が $\begin{pmatrix} 1 \\ 1 \end{pmatrix}$ となり, 自然数 1 はこの置換で変わらない. つまり, 1 を置換の表記から省略することができる. このあとも同様の操作をするので, よく考えてみよう.

であるから,

$$(\,1\ \ 3\,)\sigma = \begin{pmatrix} 3 & 4 & 5 \\ 5 & 3 & 4 \end{pmatrix} \tag{A.2}$$

が得られる. 次に, (A.2) 式の最左列 $\begin{pmatrix} 3 \\ 5 \end{pmatrix}$ に着目し, 下段の 5 を 上段の 3 にするような互換 $(\,3\ \ 5\,)$ を考える. この互換を (A.2) 式の両辺に左から掛けると,

$$(\,3\ \ 5\,)(\,1\ \ 3\,)\sigma = (\,3\ \ 5\,)\begin{pmatrix} 3 & 4 & 5 \\ 5 & 3 & 4 \end{pmatrix}$$

$$= \begin{pmatrix} 3 & 4 & 5 \\ 3 & 5 & 4 \end{pmatrix} = \begin{pmatrix} 4 & 5 \\ 5 & 4 \end{pmatrix} = (\,4\ \ 5\,)$$

であるから,

$$(\,3\ \ 5\,)(\,1\ \ 3\,)\sigma = (\,4\ \ 5\,) \tag{A.3}$$

が得られる. ここで, 右辺が互換になったので, 左辺を σ だけにするために (A.3) 式の両辺に左から

$$(\,1\ \ 3\,)^{-1}(\,3\ \ 5\,)^{-1}$$

をそれぞれ掛けると[7)]

$$(\,1\ \ 3\,)^{-1}(\,3\ \ 5\,)^{-1}(\,3\ \ 5\,)(\,1\ \ 3\,)\sigma = (\,1\ \ 3\,)^{-1}(\,3\ \ 5\,)^{-1}(\,4\ \ 5\,)$$

となる. このとき, 左辺は逆置換の性質より σ のみとなり, 右辺は「互換の逆置換はもとの互換と一致する」ことから

$$\sigma = (\,1\ \ 3\,)(\,3\ \ 5\,)(\,4\ \ 5\,)$$

と互換の積で表すことができる. ■

例 1 の巡回置換 $\sigma = (\,1\ \ 3\ \ 5\ \ 4\,)$ の数字の並びに注目して, 右辺に現れた互換の数字の並びを一部書き換えると

$$\sigma = \begin{pmatrix} 1 & \boxed{3} & 5 & 4 \end{pmatrix} = \begin{pmatrix} 1 & \boxed{3} \end{pmatrix}\begin{pmatrix} \boxed{3} & 5 \end{pmatrix}\begin{pmatrix} 5 & 4 \end{pmatrix}$$

となるので, 一般の巡回置換は互換の積で次のように表せることがわかる.

巡回置換の 互換の積 での表現

長さ m の巡回置換は, $(m-1)$ 個の互換の積で次のように表せる.

$$\begin{pmatrix} i_1 & \boxed{i_2} & i_3 & i_4 & \cdots & i_{m-1} & i_m \end{pmatrix}$$
$$= \begin{pmatrix} i_1 & \boxed{i_2} \end{pmatrix}\begin{pmatrix} \boxed{i_2} & i_3 \end{pmatrix}\begin{pmatrix} i_3 & i_4 \end{pmatrix}\cdots\begin{pmatrix} i_{m-1} & i_m \end{pmatrix}$$

---

7) 左辺を σ だけにするのが目的であるから, σ の左にある互換を恒等置換にするような置換 (つまり, 逆置換) を掛ければよい. 順序に注意すること.

右辺の互換の積が, 左辺の巡回置換と一致することは, 各自確かめよう.

なお, 巡回置換 $\sigma = \begin{pmatrix} 1 & 3 & 5 & 4 \end{pmatrix}$ の表し方は一通りではないので, 例えば $\sigma = \begin{pmatrix} 5 & \boxed{4} & 1 & 3 \end{pmatrix}$ と表してみると,

$$\sigma = \begin{pmatrix} 5 & \boxed{4} & 1 & 3 \end{pmatrix} = \begin{pmatrix} 5 & \boxed{4} \end{pmatrix}\begin{pmatrix} \boxed{4} & 1 \end{pmatrix}\begin{pmatrix} 1 & 3 \end{pmatrix}$$

と 例 1 とは異なった形の互換の積で表されることがわかる[8].

また, 巡回置換の積と違って, 互換の積では互いに共通の自然数が含まれることがあるので, 積の順序を交換するときには注意が必要である. 一般に,

共通の自然数が含まれる置換の積の順序を交換すると
結果が異なることがある.

このことを, 自然数 1 を共通にもつ 2 つの互換 $\begin{pmatrix} 1 & 2 \end{pmatrix}$, $\boxed{\begin{pmatrix} 1 & 3 \end{pmatrix}}$ で確認してみると,

$$\boxed{\begin{pmatrix} 1 & 3 \end{pmatrix}}\begin{pmatrix} 1 & 2 \end{pmatrix} = \begin{pmatrix} 1 & 2 & 3 \end{pmatrix}$$
$$\neq$$
$$\begin{pmatrix} 1 & 2 \end{pmatrix}\boxed{\begin{pmatrix} 1 & 3 \end{pmatrix}} = \begin{pmatrix} 1 & 3 & 2 \end{pmatrix}$$

以上の考察から, 恒等置換を除くどの置換も「巡回置換」あるいは「巡回置換の積」で表すことができるので,

恒等置換を除くどの置換も「互換の積」で表すことができる.

練習 A.4[9] 次の置換を互換の積で表しなさい.

(1) $\sigma = \begin{pmatrix} 2 & 4 & 3 & 6 \end{pmatrix}$

(2) $\sigma = \begin{pmatrix} 1 & 2 & 3 & 4 & 5 & 6 \\ 5 & 4 & 6 & 3 & 1 & 2 \end{pmatrix}$

(3) $\sigma = \begin{pmatrix} 1 & 2 & 3 & 4 & 5 & 6 & 7 & 8 & 9 \\ 5 & 9 & 7 & 3 & 4 & 2 & 1 & 8 & 6 \end{pmatrix}$

---

8) 例えば, 他にも $\begin{pmatrix} 1 & 3 & 5 & 4 \end{pmatrix} = \begin{pmatrix} 3 & 4 \end{pmatrix}\begin{pmatrix} 4 & 5 \end{pmatrix}\begin{pmatrix} 1 & 4 \end{pmatrix}\begin{pmatrix} 3 & 5 \end{pmatrix}\begin{pmatrix} 1 & 3 \end{pmatrix}$ と表せる.

9) **答 (練習 A.4)** (1) $\sigma = \begin{pmatrix} 2 & 4 \end{pmatrix}\begin{pmatrix} 4 & 3 \end{pmatrix}\begin{pmatrix} 3 & 6 \end{pmatrix}$ (2) $\sigma = \begin{pmatrix} 2 & 4 \end{pmatrix}\begin{pmatrix} 4 & 3 \end{pmatrix}\begin{pmatrix} 3 & 6 \end{pmatrix}\begin{pmatrix} 1 & 5 \end{pmatrix}$ (3) $\sigma = \begin{pmatrix} 2 & 9 \end{pmatrix}\begin{pmatrix} 9 & 6 \end{pmatrix}\begin{pmatrix} 1 & 5 \end{pmatrix}\begin{pmatrix} 5 & 4 \end{pmatrix}\begin{pmatrix} 4 & 3 \end{pmatrix}\begin{pmatrix} 3 & 7 \end{pmatrix}$

例 1 で扱った巡回置換 $\sigma = \begin{pmatrix} 1 & 3 & 5 & 4 \end{pmatrix}$ は, 例えば先ほど考えたように

$$\begin{aligned} \sigma &= \begin{pmatrix} 1 & 3 \end{pmatrix}\begin{pmatrix} 3 & 5 \end{pmatrix}\begin{pmatrix} 5 & 4 \end{pmatrix} \\ &= \begin{pmatrix} 5 & 4 \end{pmatrix}\begin{pmatrix} 4 & 1 \end{pmatrix}\begin{pmatrix} 1 & 3 \end{pmatrix} \\ &= \begin{pmatrix} 3 & 4 \end{pmatrix}\begin{pmatrix} 4 & 5 \end{pmatrix}\begin{pmatrix} 1 & 4 \end{pmatrix}\begin{pmatrix} 3 & 5 \end{pmatrix}\begin{pmatrix} 1 & 3 \end{pmatrix} \end{aligned}$$

といろいろな形の互換の積で表すことができる.

ここで, 置換を互換の積で表したときの「互換の個数」について調べてみよう. この σ は 3 個 あるいは 5 個の互換の積で表せるが, 例えば 3 番目の互換の積に, 無理やり $\begin{pmatrix} 1 & 5 \end{pmatrix}\begin{pmatrix} 1 & 5 \end{pmatrix}$ を追加しても σ となる. つまり, 与えられた置換を一度互換の積で表すことができれば, それに偶数個の適当な互換を追加しても, もとと同じ置換を表すことができる. 逆に, 奇数個の互換を追加すると, どこかしらの自然数が入れ替わった状態になるので, もとと同じ置換を表すことは不可能である.

以上の考察から, 先の σ については, いろいろな形の互換の積で表すことはできるが, その互換の数は必ず 奇数個であることがわかる. 同様にして, 与えられた置換が 一度でも偶数個の互換の積で表せるならば, その置換を他のどのような互換の積で表したとしても, この互換の個数は必ず 偶数個になる[10]. これは, 5.1 節で定義した偶置換と奇置換の概念と同じである. 実際, 置換 σ が m 個の互換の積で表せるとき,

$$\mathrm{sgn}\,(\sigma) = (-1)^m$$

が成り立つ. 置換の性質から, 置換の符号に関する次の関係式が得られる.

置換の符号の性質

$$\begin{aligned} \mathrm{sgn}\,(\sigma\tau) &= \mathrm{sgn}\,(\sigma)\,\mathrm{sgn}\,(\tau), \\ \mathrm{sgn}\,(\sigma^{-1}) &= \mathrm{sgn}\,(\sigma) \end{aligned}$$

例 2　置換 $\sigma = \begin{pmatrix} 1 & 2 & 3 & 4 & 5 \\ 3 & 2 & 5 & 3 & 4 \end{pmatrix}$ は, 例えば

$$\sigma = \begin{pmatrix} 1 & 3 & 5 & 4 \end{pmatrix} = \begin{pmatrix} 1 & 3 \end{pmatrix}\begin{pmatrix} 3 & 5 \end{pmatrix}\begin{pmatrix} 5 & 4 \end{pmatrix}$$

と表せるので,

$$\mathrm{sgn}\,(\sigma) = (-1)^3 = -1$$

より奇置換である[11]. ■

10) この考察について, 数学で厳密に証明したいのであれば, 例えば 参考文献 [1] 参照.
11) 長さ $2m$ の巡回置換は奇置換で, 長さ $2m+1$ の巡回置換は偶置換である.

練習 A.5 [12] 次の置換の符号を求め, 偶置換か奇置換か答えなさい.

(1) $\sigma = \begin{pmatrix} 2 & 4 & 3 & 6 \end{pmatrix}$ (2) $\sigma = \begin{pmatrix} 1 & 2 & 3 & 4 & 5 & 6 \\ 5 & 4 & 6 & 3 & 1 & 2 \end{pmatrix}$

(3) $\sigma = \begin{pmatrix} 1 & 2 & 3 & 4 & 5 & 6 & 7 & 8 & 9 \\ 5 & 9 & 7 & 3 & 4 & 2 & 1 & 8 & 6 \end{pmatrix}$

A.2 いろいろな写像

2つの空でない集合 A, B に対して, 写像 $f : A \to B$ を考える. f が **単射** であるとは, どの元 $a_1, a_2 \in A$ についても

$$a_1 \neq a_2 \quad \Rightarrow \quad f(a_1) \neq f(a_2)$$

が成り立つときをいう.

例 3 (1) 2つの集合 $A = \{1, 2, 3\}$, $B = \{0, 2, 4, 6\}$ に対して, 写像 $f : A \to B$ を

$$f(a) = 2a - 2 \quad (a \in A)$$

と定義すると, f は単射である. 実際,

$$f(1) = 0, \quad f(2) = 2, \quad f(3) = 4$$

であるから, A の互いに異なる元が B の互いに異なる元に写ることがわかる[13].

(2) 2つの集合 $A = \{1, 2, 3\}$, $B = \{0, 2, 4, 6\}$ に対して, 写像 $g : A \to B$ を

$$g(a) = 2(a-2)^2 \quad (a \in A)$$

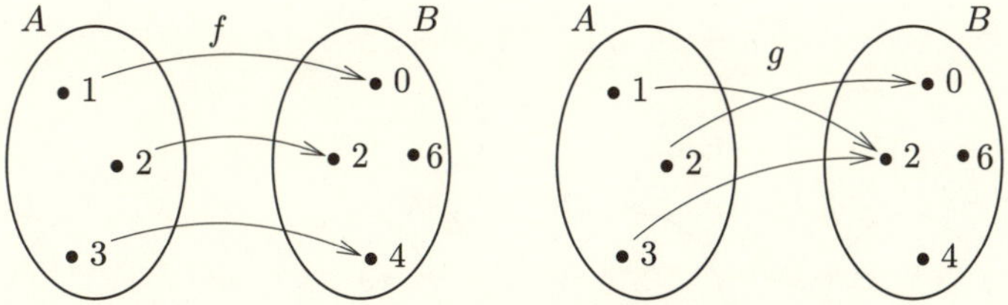

図 A.1 単射 (左) とそうでない写像 (右) の例

12) **答 (練習 A.5)** (1) $\mathrm{sgn}(\sigma) = -1$, 奇置換 (2) $\mathrm{sgn}(\sigma) = 1$, 偶置換 (3) $\mathrm{sgn}(\sigma) = 1$, 偶置換

13) 一般には, 単射の定義の **対偶** $f(a_1) = f(a_2) \Rightarrow a_1 = a_2$ を考えるとよい. いまの場合, $f(a_1) = f(a_2)$ とすれば, f の定義から $2a_1 - 2 = 2a_2 - 2 \Rightarrow a_1 = a_2$ が導かれる.

と定義すると，g は単射ではない. 実際, 反例として

$$g(1) = 2 \cdot (-1)^2 = 2 = 2 \cdot 1^2 = g(3)$$

があげられる. ■

写像 $f : A \to B$ によって，A のすべての元を写した集合を f の **像** といい，$f(A)$ と表す. つまり,

$$f(A) = \left\{ f(a) \;\middle|\; a \in A \right\}$$

である. 定義より，$f(A) \subset B$ がわかる. また, 写像 $f : A \to B$ が **全射** であるとは,

$$f(A) = B$$

が成り立つときをいう.

例 4 (1) 2 つの集合 $A = \left\{ 1, 2, 3 \right\}$，$B = \left\{ 0, 2 \right\}$ に対して, 写像 $f : A \to B$ を

$$f(a) = 2(a-2)^2 \quad (a \in A)$$

と定義すると，f は全射である. 実際,

$$f(1) = 2, \quad f(2) = 0, \quad f(3) = 2$$

であるから

$$f(A) = \left\{ 0, 2 \right\} = B$$

が成り立つ.

(2) 2 つの集合 $A = \left\{ 1, 2, 3 \right\}$，$B = \left\{ 0, 2, 4, 6 \right\}$ に対して, 写像 $g : A \to B$ を

$$g(a) = 2(a-2)^2 \quad (a \in A)$$

と定義すると，g は全射ではない. 実際,

$$g(a) = 2(a-2)^2 = 4 \in B$$

を満たす a を求めると $a = 2 \pm \sqrt{2} \notin A$ であるから，$f(A) \subsetneq B$. ■

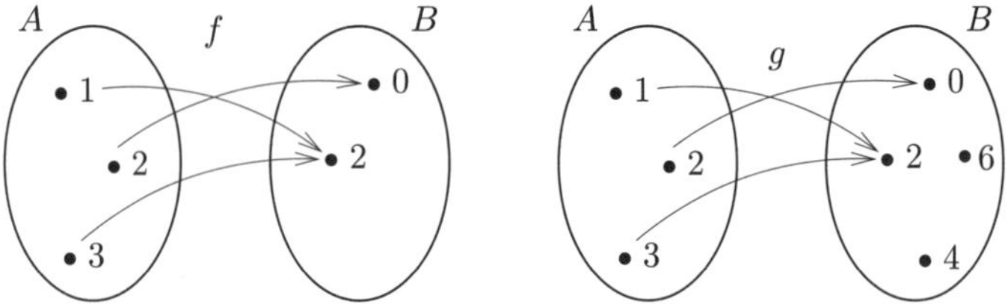

図 A.2 全射 (左) とそうでない写像 (右) の例

写像 $f : A \to B$ が **全単射** であるとは, f が 単射かつ全射 のときをいう. また, 写像 $f : A \to B$ が

$$f(a) = b \quad (a \in A)$$

で定義され, かつ 全単射のとき, B の各元を A のただ1つの元に対応させる写像 $g : B \to A$

$$g(b) = a \quad (b \in B)$$

を考えることができる. これを f の **逆写像** といい, g を f^{-1} と表す.

例 5 2つの集合 $A = \{1, 2, 3\}$, $B = \{0, 2, 4\}$ に対して, 写像 $f : A \to B$ を

$$f(a) = 2a - 2 \quad (a \in A)$$

と定義すると, f は全単射である. 実際,

$$f(1) = 0, \ f(2) = 2, \ f(3) = 4$$

より単射であり, また

$$f(A) = \{0, 2, 4\} = B$$

より全射であることもわかる. さらに, このとき f の逆写像が存在して

$$f^{-1}(b) = \frac{b+2}{2} \quad (b \in B)$$

と表すことができる. 実際,

$$f^{-1}(0) = 1, \ f^{-1}(2) = 2, \ f^{-1}(4) = 3$$

であることがわかる. ■

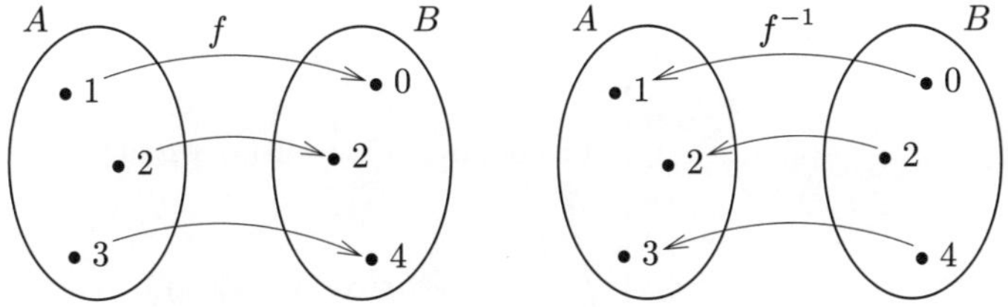

図 A.3 全単射 (左) とその逆写像 (右) の例

A.3 いろいろな線形変換

ここでは座標平面上の回転移動, 正射影, 鏡映変換について説明する.

7.2 節 (p.165) と同様に, 座標平面上の点 (x, y) を 位置ベクトル $\boldsymbol{x} = \begin{bmatrix} x \\ y \end{bmatrix} \in \mathbb{R}^2$ として考える. すると, 以下の (7) ～ (9) の写像は $T_i(\boldsymbol{x}) = A\boldsymbol{x}$ $(i = 7, 8, 9)$ の形で表されるので, これらは線形写像 (線形変換) であることが示される (A は 2 次正方行列).

(7) **回転移動：** x 軸の正方向と位置ベクトル $\boldsymbol{x}$ のなす角を α とし, $r = \|\boldsymbol{x}\|$ とすると

$$\boldsymbol{x} = \begin{bmatrix} x \\ y \end{bmatrix} = \begin{bmatrix} r\cos\alpha \\ r\sin\alpha \end{bmatrix}$$

と表せる. ここで $\boldsymbol{x}$ を, 原点を中心として反時計回りに角 θ 回転させたベクトルを $T_7(\boldsymbol{x})$ とすると,

$$T_7(\boldsymbol{x}) = \begin{bmatrix} r\cos(\alpha+\theta) \\ r\sin(\alpha+\theta) \end{bmatrix}$$

である. これを加法定理で展開すると, $x = r\cos\alpha$, $y = r\sin\alpha$ より

$$\begin{aligned} T_7(\boldsymbol{x}) &= \begin{bmatrix} r\cos\alpha\cos\theta - r\sin\alpha\sin\theta \\ r\sin\alpha\cos\theta + r\cos\alpha\sin\theta \end{bmatrix} \\ &= \begin{bmatrix} x\cos\theta - y\sin\theta \\ y\cos\theta + x\sin\theta \end{bmatrix} \\ &= \begin{bmatrix} \cos\theta & -\sin\theta \\ \sin\theta & \cos\theta \end{bmatrix}\begin{bmatrix} x \\ y \end{bmatrix} \end{aligned}$$

と変形できるので, T_7 は線形写像である.

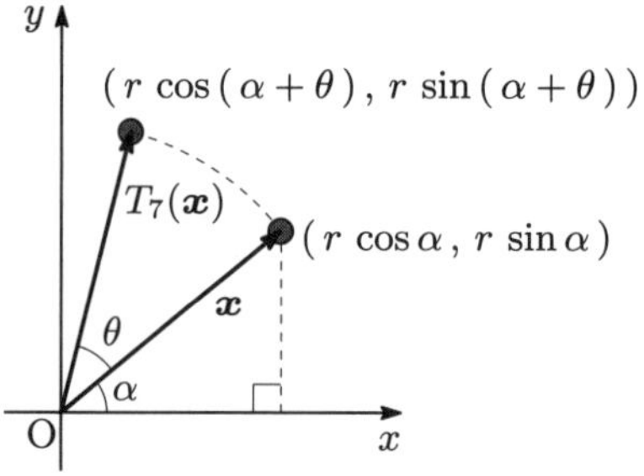

図 A.4 回転移動

(8) **正射影**： 直線 $\ell : y = (\tan\theta)x$ の単位方向ベクトルを $\boldsymbol{e}$ とする[14]. 位置ベクトル $\boldsymbol{x} = \begin{bmatrix} x \\ y \end{bmatrix}$ と直線 ℓ のなす角を α とし，$\boldsymbol{x}$ を ℓ に正射影したベクトル $T_8(\boldsymbol{x})$ は，大きさが

$$\|\boldsymbol{x}\|\cos\alpha = \|\boldsymbol{x}\|\underbrace{\|\boldsymbol{e}\|}_{=1}\cos\alpha = \boldsymbol{x}\cdot\boldsymbol{e}$$

で，向きが単位方向ベクトル $\boldsymbol{e}$ と平行であるから，

$$T_8(\boldsymbol{x}) = (\boldsymbol{x}\cdot\boldsymbol{e})\,\boldsymbol{e}$$

と表すことができる．いま，直線 ℓ の傾きは $\tan\theta$ であるから

$$\boldsymbol{e} = \frac{1}{\sqrt{1+\tan^2\theta}}\begin{bmatrix} 1 \\ \tan\theta \end{bmatrix}$$

である．したがって，

$$\begin{aligned} T_8(\boldsymbol{x}) &= \frac{1}{1+\tan^2\theta}\left(\begin{bmatrix} x \\ y \end{bmatrix}\cdot\begin{bmatrix} 1 \\ \tan\theta \end{bmatrix}\right)\begin{bmatrix} 1 \\ \tan\theta \end{bmatrix} \\ &= \cos^2\theta\,(x + y\tan\theta)\begin{bmatrix} 1 \\ \tan\theta \end{bmatrix} \\ &= \begin{bmatrix} x\cos^2\theta + y\sin\theta\cos\theta \\ x\sin\theta\cos\theta + y\sin^2\theta \end{bmatrix} \\ &= \begin{bmatrix} \cos^2\theta & \sin\theta\cos\theta \\ \sin\theta\cos\theta & \sin^2\theta \end{bmatrix}\begin{bmatrix} x \\ y \end{bmatrix} \end{aligned}$$

と表せるので，T_8 は線形写像である．

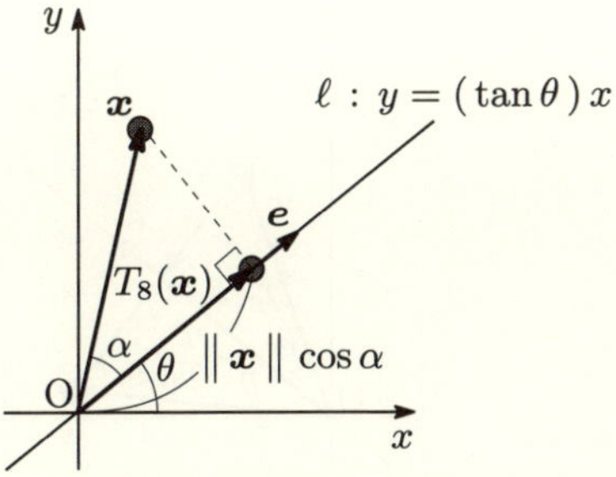

図 A.5 正射影

14) 一般に，直線 $y = mx$ の **方向ベクトル** とは，傾きが m なので $\begin{bmatrix} 1 \\ m \end{bmatrix}$ と表せる．この方向ベクトルの大きさ (ノルム) が 1 のものを **単位方向ベクトル** という．

(9) **鏡映変換：** 直線 $\ell : y=(\tan\theta)x$ の単位方向ベクトルを $\boldsymbol{e}$ とすると,

$$\boldsymbol{e} = \frac{1}{\sqrt{1+\tan^2\theta}}\begin{bmatrix} 1 \\ \tan\theta \end{bmatrix}$$

である. また, 位置ベクトル $\boldsymbol{x}=\begin{bmatrix} x \\ y \end{bmatrix}$ と直線 ℓ のなす角を α とし, $\boldsymbol{x}$ を ℓ に正射影したベクトルを $T_8(\boldsymbol{x})$ とすると, (8) より

$$T_8(\boldsymbol{x}) = (\boldsymbol{x}\cdot\boldsymbol{e})\,\boldsymbol{e}$$

である. ここで, $\boldsymbol{x}$ の終点から $T_8(\boldsymbol{x})$ の終点へのベクトルを $\boldsymbol{y}$ とすると,

$$\boldsymbol{y} = T_8(\boldsymbol{x}) - \boldsymbol{x}$$

と表せる. すると, $\boldsymbol{x}$ を直線 ℓ に対称移動したベクトル $T_9(\boldsymbol{x})$ は, 正射影ベクトル $T_8(\boldsymbol{x})$ に $\boldsymbol{y}$ を加えたベクトルと等しくなるので,

$$T_9(\boldsymbol{x}) = T_8(\boldsymbol{x})+\boldsymbol{y} = 2(\boldsymbol{x}\cdot\boldsymbol{e})\,\boldsymbol{e}-\boldsymbol{x}$$

と表すことができる. したがって,

$$\begin{aligned} T_9(\boldsymbol{x}) &= 2\begin{bmatrix} x\cos^2\theta + y\sin\theta\cos\theta \\ x\sin\theta\cos\theta + y\sin^2\theta \end{bmatrix} - \begin{bmatrix} x \\ y \end{bmatrix} \\ &= \begin{bmatrix} x(2\cos^2\theta-1)+y(2\sin\theta\cos\theta) \\ x(2\sin\theta\cos\theta)-y(1-2\sin^2\theta) \end{bmatrix} \\ &= \begin{bmatrix} \cos2\theta & \sin2\theta \\ \sin2\theta & -\cos2\theta \end{bmatrix}\begin{bmatrix} x \\ y \end{bmatrix} \end{aligned}$$

と表せるので, T_9 は線形写像である.

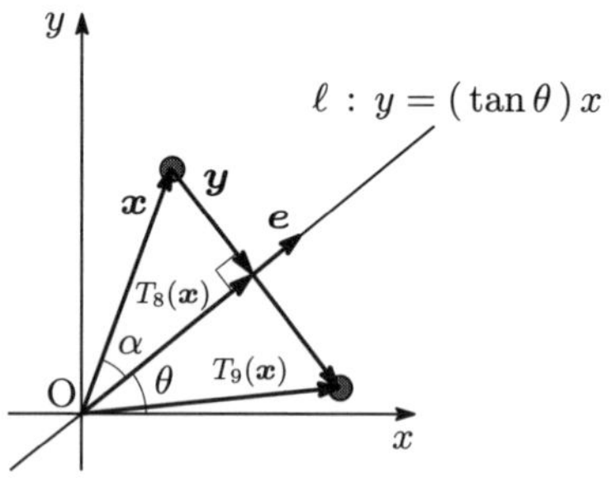

図 A.6　鏡映変換

章末問題略解 (一部 練習の答を含む)

第1章

章末問題【A】(p.20)

1. (1) $\begin{bmatrix} -6 \\ 16 \\ -11 \\ 16 \end{bmatrix}$ (2) $\begin{bmatrix} 25 \\ -10 \\ 9 \\ 7 \end{bmatrix}$ (3) 9 (4) 9

2. (1) $\begin{bmatrix} 2 \\ 1 \\ 4 \end{bmatrix}$ (2) $\begin{bmatrix} -2 \\ -1 \\ -4 \end{bmatrix}$ (3) $\begin{bmatrix} 3 \\ -1 \\ -2 \end{bmatrix}$ (4) $\begin{bmatrix} 18 \\ -13 \\ -16 \end{bmatrix}$

3. (1) $2\sqrt{2}$ (2) 3 (3) $\sqrt{11}$ (4) 8 (5) 6 (6) 0 (7) -7 (8) 6
(9) $\dfrac{1}{\sqrt{2}}$ (10) $\dfrac{\pi}{4}$ (11) 0 (12) $\dfrac{\pi}{2}$

4. $\pm\dfrac{1}{\sqrt{2}}\begin{bmatrix} 1 \\ -1 \\ 0 \end{bmatrix}$

章末問題【B】(p.20)

1. $\overrightarrow{\mathrm{AP}} \perp \boldsymbol{n}$ であるから $\overrightarrow{\mathrm{AP}} \cdot \boldsymbol{n} = \begin{bmatrix} x - x_0 \\ y - y_0 \\ z - z_0 \end{bmatrix} \cdot \begin{bmatrix} a \\ b \\ c \end{bmatrix} = 0$ より得られる.

第2章

練習 2.1 (p.21) 表は以下のとおり. $\begin{bmatrix} 14 & 91 & 31 & 46 \\ 31 & 59 & 14 & 89 \\ 28 & 21 & 0 & 56 \end{bmatrix}$

	キャベツ (個)	ジャガイモ (個)	ニンジン (本)	キュウリ (本)
八百屋 P	14	91	31	46
八百屋 Q	31	59	14	89
八百屋 R	28	21	0	56

章末問題【A】(p.41)

1. (1) $\begin{bmatrix} 6 & 8 \\ 10 & 12 \end{bmatrix}$ (2) $\begin{bmatrix} 6 & 8 \\ 10 & 12 \end{bmatrix}$ (3) $\begin{bmatrix} -4 & -4 \\ -4 & -4 \end{bmatrix}$ (4) $\begin{bmatrix} 4 & 4 \\ 4 & 4 \end{bmatrix}$ (5) $\begin{bmatrix} 1 & 2 \\ 3 & 4 \end{bmatrix}$

(6) $\begin{bmatrix} 1 & 2 \\ 3 & 4 \end{bmatrix}$ (7) $\begin{bmatrix} 2 & 1 \\ 4 & 3 \end{bmatrix}$ (8) $\begin{bmatrix} 3 & 4 \\ 1 & 2 \end{bmatrix}$ (9) $\begin{bmatrix} 7 & 10 \\ 15 & 22 \end{bmatrix}$ (10) $\begin{bmatrix} -4 & -4 \\ -6 & -10 \end{bmatrix}$

(11) $\begin{bmatrix} -4 & -4 \\ -6 & -10 \end{bmatrix}$ (12) $\begin{bmatrix} 0 & 0 \\ 0 & 0 \end{bmatrix}$ (13) $\begin{bmatrix} 0 & 0 \\ 2 & 0 \end{bmatrix}$ (14) 計算不能

(15) $\begin{bmatrix} 4 & 3 & 4 \\ -3 & 4 & -3 \end{bmatrix}$ (16) $\begin{bmatrix} 4 & -3 \\ 3 & 4 \\ 0 & 5 \end{bmatrix}$ (17) 計算不能

2. $AB = \begin{bmatrix} -1 \\ 5 \end{bmatrix}$, $AD = \begin{bmatrix} 1 & 0 \\ 0 & 1 \end{bmatrix}$, $BC = \begin{bmatrix} 4 & -2 \\ -2 & 1 \end{bmatrix}$ (計算過程は下記参照),

$CA = \begin{bmatrix} 0 & 7 \end{bmatrix}$, $CB = 5$, $CD = \begin{bmatrix} 0 & 1 \end{bmatrix}$, $DA = \begin{bmatrix} 1 & 0 \\ 0 & 1 \end{bmatrix}$, $DB = \begin{bmatrix} -\frac{1}{7} \\ \frac{5}{7} \end{bmatrix}$

B の型は 2×1, C の型は 1×2 なので, 積 BC は計算可能で型は 2×2 となり,

$$BC = \left[\begin{array}{c} 2 \\ \hline -1 \end{array}\right] \left[\begin{array}{c|c} 2 & -1 \end{array}\right] = \left[\begin{array}{c|c} 2 \cdot 2 & 2 \cdot (-1) \\ \hline (-1) \cdot 2 & (-1) \cdot (-1) \end{array}\right] = \left[\begin{array}{c|c} 4 & -2 \\ \hline -2 & 1 \end{array}\right]$$

3. (1) $\begin{bmatrix} -13 & -38 & 15 \\ -17 & -46 & 19 \end{bmatrix}$ (2) $\begin{bmatrix} 8 & -27 & 35 & -14 \\ -7 & 22 & -29 & 11 \end{bmatrix}$

(3) $\begin{bmatrix} -11 & 34 \\ 5 & 21 \\ -4 & 16 \end{bmatrix}$ (4) $\begin{bmatrix} -22 & -27 \\ -7 & -8 \\ -15 & -19 \\ -24 & -29 \end{bmatrix}$ (5) $\begin{bmatrix} -32 & -1 & 11 \\ 43 & 3 & 13 \end{bmatrix}$

4. (1) $\begin{bmatrix} 4 & 5 & 6 \\ 1 & 2 & 3 \\ 7 & 8 & 9 \end{bmatrix}$ (2) $\begin{bmatrix} 2 & 1 & 3 \\ 5 & 4 & 6 \\ 8 & 7 & 9 \end{bmatrix}$ (3) $\begin{bmatrix} 1 & 2 & 3 \\ 8 & 10 & 12 \\ 7 & 8 & 9 \end{bmatrix}$ (4) $\begin{bmatrix} 1 & 4 & 3 \\ 4 & 10 & 6 \\ 7 & 16 & 9 \end{bmatrix}$

5. (1) 第 1 行と第 2 行が入れ替わる (2) 第 1 列と第 2 列が入れ替わる

(3) 第 2 行が 2 倍される (4) 第 2 列が 2 倍される

6. (1) $\begin{bmatrix} 2 \\ 3 \\ 1 \end{bmatrix}$ (2) $\begin{bmatrix} 3 \\ 1 \\ 2 \end{bmatrix}$ (3) $\begin{bmatrix} 1 \\ 2 \\ 3 \end{bmatrix}$ (4) $\begin{bmatrix} 3 & 1 & 2 \end{bmatrix}$ (5) $\begin{bmatrix} 2 & 3 & 1 \end{bmatrix}$

7. $B = \begin{bmatrix} 2 & -\frac{5}{2} \\ -1 & \frac{3}{2} \end{bmatrix}$, $BA = \left[\begin{array}{cc} 2 & -\frac{5}{2} \\ \hline -1 & \frac{3}{2} \end{array}\right] \left[\begin{array}{c|c} 3 & 5 \\ 2 & 4 \end{array}\right] = \left[\begin{array}{c|c} 1 & 0 \\ \hline 0 & 1 \end{array}\right]$

8. (1) $X = \begin{bmatrix} 1 & 2 \\ -2 & -5 \end{bmatrix}$ (2) $Y = \begin{bmatrix} -17 & 22 \\ -10 & 13 \end{bmatrix}$

9. 例えば $A = \begin{bmatrix} 1 & 0 \\ 0 & 0 \end{bmatrix} \neq O$, $B = \begin{bmatrix} 0 & 0 \\ 0 & 1 \end{bmatrix} \neq O$ とすれば $AB = \begin{bmatrix} 0 & 0 \\ 0 & 0 \end{bmatrix} = O$.

10. $(AC)^{-1} = \begin{bmatrix} -7 & 4 \\ 2 & -1 \end{bmatrix} = C^{-1}A^{-1}$

章末問題【B】(p.42)

1. (1) $AB = BA = E,\ AC = CA = E$ より $B = BE = BAC = EC = C$.

(2) A, C は正則なので $(AC)(C^{-1}A^{-1}) = A(CC^{-1})A^{-1} = AA^{-1} = E$,
$(C^{-1}A^{-1})(AC) = C^{-1}(A^{-1}A)C = C^{-1}C = E$.

第3章

章末問題【A】(p.67)

1. (1) 2 (2) 1 (3) 1 (4) 2 (5) 4 (6) $a = 9$ のとき 2, $a \neq 9$ のとき 3
(7) $a = -8$ のとき 3, $a \neq -8$ のとき 4 (8) 2

2. (1) $\begin{bmatrix} 7 & -3 & -9 \\ -5 & 2 & 7 \\ 3 & -1 & -4 \end{bmatrix}$ (2) $\begin{bmatrix} 11 & -2 & -6 \\ -13 & 3 & 7 \\ 4 & -1 & -2 \end{bmatrix}$ (3) $\begin{bmatrix} 1 & 3 & -2 \\ -2 & -3 & 3 \\ 2 & 1 & -2 \end{bmatrix}$

(4) $\begin{bmatrix} -11 & 8 & 18 \\ 13 & -9 & -21 \\ 3 & -2 & -5 \end{bmatrix}$ (5) 存在しない (6) $\begin{bmatrix} 0 & 1 & -2 \\ 4 & -2 & -1 \\ -3 & 1 & 2 \end{bmatrix}$

章末問題【B】(p.67)

1. (1) $a = -2$ のとき 2, $a \neq -2$ のとき 3
(2) $a = 1$ のとき 1, $a = -2$ のとき 2, $a \neq 1$ かつ $a \neq -2$ のとき 3

2. (1) $\begin{bmatrix} -4 & -12 & -21 & 8 \\ -6 & -7 & -14 & 6 \\ 0 & 2 & 3 & -1 \\ -1 & -1 & -2 & 1 \end{bmatrix}$ (2) $\begin{bmatrix} -1 & 0 & 0 & 1 \\ 18 & 2 & 3 & -14 \\ -6 & -1 & -1 & 5 \\ -9 & -1 & -2 & 7 \end{bmatrix}$

第4章

章末問題【A】(p.91)

1. (1) $\begin{cases} x = 2 \\ y = 1 \end{cases}$ (2) $\begin{cases} x = -1 \\ y = 2 \end{cases}$ (3) $\begin{cases} x = 2 \\ y = 1 \end{cases}$ (4) $\begin{cases} x = 3 \\ y = -1 \end{cases}$ (5) $\begin{cases} x = 2 \\ y = 1 \end{cases}$

(6) $\begin{cases} x = -3 \\ y = 2 \end{cases}$ (7) $\begin{cases} x = 2 \\ y = 1 \end{cases}$ (8) $\begin{cases} x = 5 \\ y = -2 \end{cases}$ (9) $\begin{cases} x = 2 \\ y = 1 \end{cases}$ (10) $\begin{cases} x = 3 \\ y = -2 \end{cases}$

2. (1) $\begin{cases} x = 3 \\ y = -1 \\ z = 2 \end{cases}$ (2) $\begin{cases} x = -1 \\ y = 1 \\ z = -1 \end{cases}$

3. $c \in \mathbb{R}$ とする.

(1) 解なし (2) $\begin{bmatrix} x \\ y \end{bmatrix} = \begin{bmatrix} 4 \\ 0 \end{bmatrix} + c\begin{bmatrix} -6 \\ 1 \end{bmatrix}$ (3) $\begin{bmatrix} x \\ y \end{bmatrix} = \begin{bmatrix} \frac{1}{2} \\ 0 \end{bmatrix} + c\begin{bmatrix} \frac{3}{2} \\ 1 \end{bmatrix}$

4. $c \in \mathbb{R}$ とする．

(1) 解なし　(2) $\begin{bmatrix} x \\ y \\ z \end{bmatrix} = c \begin{bmatrix} -1 \\ -1 \\ 1 \end{bmatrix}$　(3) $\begin{bmatrix} x \\ y \\ z \end{bmatrix} = \begin{bmatrix} 1 \\ -1 \\ 0 \end{bmatrix} + c \begin{bmatrix} -1 \\ -1 \\ 1 \end{bmatrix}$

(4) $\begin{bmatrix} x \\ y \\ z \end{bmatrix} = \begin{bmatrix} 1 \\ 0 \\ -1 \end{bmatrix} + c \begin{bmatrix} -1 \\ 1 \\ 0 \end{bmatrix}$　(5) $\begin{bmatrix} x \\ y \\ z \end{bmatrix} = \begin{bmatrix} 1 \\ 2 \\ 3 \end{bmatrix}$　(6) $\begin{bmatrix} x \\ y \\ z \end{bmatrix} = \begin{bmatrix} 1 \\ -1 \\ 1 \end{bmatrix}$

5. $c,\ c_1,\ c_2 \in \mathbb{R}$ とする．

(1) $\begin{bmatrix} x \\ y \\ z \\ w \end{bmatrix} = c_1 \begin{bmatrix} -1 \\ 1 \\ 0 \\ 0 \end{bmatrix} + c_2 \begin{bmatrix} -1 \\ 0 \\ -1 \\ 1 \end{bmatrix}$　(2) $a \neq -4$ のとき解なし，$a = -4$ のとき $\begin{bmatrix} x \\ y \\ z \\ w \end{bmatrix} = \begin{bmatrix} 1 \\ 0 \\ -1 \\ 0 \end{bmatrix} + c_1 \begin{bmatrix} -1 \\ 1 \\ 0 \\ 0 \end{bmatrix} + c_2 \begin{bmatrix} -1 \\ 0 \\ -1 \\ 1 \end{bmatrix}$　(3) $\begin{bmatrix} x \\ y \\ z \\ w \end{bmatrix} = c \begin{bmatrix} -1 \\ -1 \\ 1 \\ 0 \end{bmatrix}$

(4) $a \neq -1$ のとき解なし，$a = -1$ のとき $\begin{bmatrix} x \\ y \\ z \\ w \end{bmatrix} = \begin{bmatrix} 1 \\ 1 \\ 0 \\ -1 \end{bmatrix} + c \begin{bmatrix} -1 \\ -1 \\ 1 \\ 0 \end{bmatrix}$

6. ツル 17 羽, カメ 29 匹, カブトムシ 12 匹

7. (1) ツル 10 羽, カメ 5 匹

(2) しょうゆラーメン 38 食, みそラーメン 30 食, しおラーメン 19 食

8. (ツル, カメ, カブトムシ) $= (1, 6, 3), (2, 4, 4), (3, 2, 5)$

9. (1) $\boldsymbol{x} = \begin{bmatrix} x \\ y \\ z \end{bmatrix}$ とおいて $\boldsymbol{a} \times \boldsymbol{x} = \boldsymbol{b}$ を成分で表した連立 1 次方程式が解なし

(2) $\boldsymbol{x} = \begin{bmatrix} 1 \\ -2 \\ 0 \end{bmatrix} + c \begin{bmatrix} -1 \\ 3 \\ 1 \end{bmatrix}$　$(c \in \mathbb{R})$

章末問題【B】(p.92)

1. (1) $\boldsymbol{x} = \dfrac{1}{ad - bc} \begin{bmatrix} pd - bq \\ aq - pc \end{bmatrix}$

(2) $x = 200,\ y = -100,\ z = 100,\ u = -50,\ v = 50$

第 5 章

章末問題【A】(p.132)

1. (1) -1　(2) 1

2. (1) r　(2) -32　(3) -78　(4) 600　(5) 684　(6) 83

3. (1) 0　(2) -10　(3) 24　(4) 105　(5) -50　(6) 1280　(7) -16

4. (1) $-19x+8y+29$　(2) $-3x^2-25x-20$

5. (1) $\begin{bmatrix} x \\ y \end{bmatrix} = \begin{bmatrix} 2 \\ 1 \end{bmatrix}$　(2) $\begin{bmatrix} x \\ y \end{bmatrix} = \begin{bmatrix} 2 \\ 1 \end{bmatrix}$　(3) $\begin{bmatrix} x \\ y \end{bmatrix} = \begin{bmatrix} 2 \\ 1 \end{bmatrix}$　(4) $\begin{bmatrix} x \\ y \end{bmatrix} = \begin{bmatrix} 2 \\ 1 \end{bmatrix}$

(5) $\begin{bmatrix} x \\ y \end{bmatrix} = \begin{bmatrix} 1 \\ -1 \end{bmatrix}$　(6) $\begin{bmatrix} x \\ y \end{bmatrix} = \begin{bmatrix} 1 \\ -1 \end{bmatrix}$　(7) $\begin{bmatrix} x \\ y \end{bmatrix} = \begin{bmatrix} 1 \\ 1 \end{bmatrix}$　(8) $\begin{bmatrix} x \\ y \end{bmatrix} = \begin{bmatrix} 1 \\ 1 \end{bmatrix}$

6. (1) $\begin{bmatrix} x \\ y \\ z \end{bmatrix} = \begin{bmatrix} 3 \\ -1 \\ 2 \end{bmatrix}$　(2) $\begin{bmatrix} x \\ y \\ z \end{bmatrix} = \begin{bmatrix} -1 \\ 1 \\ -1 \end{bmatrix}$　(3) $\begin{bmatrix} x \\ y \\ z \end{bmatrix} = \dfrac{1}{35}\begin{bmatrix} 12 \\ -25 \\ 7 \end{bmatrix}$

(4) $\begin{bmatrix} x \\ y \\ z \end{bmatrix} = \dfrac{1}{24}\begin{bmatrix} -35 \\ -17 \\ 63 \end{bmatrix}$

7. 逆行列を，$\dfrac{1}{\text{行列式の値}}$余因子行列 の形で記す.

(1) $\dfrac{1}{5}\begin{bmatrix} 13 & -3 & -1 \\ -2 & 2 & -1 \\ -4 & -1 & 3 \end{bmatrix}$　(2) $\dfrac{1}{-1}\begin{bmatrix} 0 & -1 & 2 \\ -4 & 2 & 1 \\ 3 & -1 & -2 \end{bmatrix}$

(3) $\dfrac{1}{-21}\begin{bmatrix} 6 & -13 & -5 \\ -9 & 2 & 4 \\ -12 & 12 & 3 \end{bmatrix}$　(4) $\dfrac{1}{-3}\begin{bmatrix} -2 & 1 & 1 \\ 7 & -2 & -8 \\ -8 & 1 & 10 \end{bmatrix}$

(5) $\dfrac{1}{35}\begin{bmatrix} 5 & 4 & 3 \\ 10 & 15 & -15 \\ 0 & 14 & -7 \end{bmatrix}$　(6) $\dfrac{1}{-1}\begin{bmatrix} -7 & 3 & 9 \\ 5 & -2 & -7 \\ -3 & 1 & 4 \end{bmatrix}$

8. (1) $(x-1)^2(x-4)$　(2) $(x+1)^2(x-5)$　(3) $(x+1)(x-2)(x-5)$

章末問題【B】(p.134)

1. 1234, 1243, 1324, 1342, 1423, 1432, 2134, 2143, 2314, 2341, 2413, 2431, 3124, 3142, 3214, 3241, 3412, 3421, 4123, 4132, 4213, 4231, 4312, 4321

2. $a_{11}a_{22}a_{33}a_{44} + a_{12}a_{23}a_{31}a_{44} + a_{12}a_{24}a_{33}a_{41} + a_{13}a_{22}a_{34}a_{41} + a_{11}a_{23}a_{34}a_{42}$
$+ a_{13}a_{21}a_{32}a_{44} + a_{14}a_{21}a_{33}a_{42} + a_{14}a_{22}a_{31}a_{43} + a_{11}a_{24}a_{32}a_{43} + a_{12}a_{21}a_{34}a_{43}$
$+ a_{13}a_{24}a_{31}a_{42} + a_{14}a_{23}a_{32}a_{41} - a_{12}a_{21}a_{33}a_{44} - a_{13}a_{22}a_{31}a_{44} - a_{14}a_{22}a_{33}a_{41}$
$- a_{11}a_{23}a_{32}a_{44} - a_{11}a_{24}a_{33}a_{42} - a_{11}a_{22}a_{34}a_{43} - a_{12}a_{23}a_{34}a_{41} - a_{13}a_{24}a_{32}a_{41}$
$- a_{14}a_{23}a_{31}a_{42} - a_{14}a_{21}a_{32}a_{43} - a_{12}a_{24}a_{31}a_{43} - a_{13}a_{21}a_{34}a_{42}$

3. 問題【A】2 と同じ.

4. 問題【A】3 と同じ.

5. (1) (2) (5) $\begin{bmatrix} x \\ y \\ z \\ w \end{bmatrix} = \begin{bmatrix} -1 \\ -1 \\ 1 \\ 1 \end{bmatrix}$　(3) (4) $A^{-1} = \dfrac{1}{-10}\begin{bmatrix} 3 & -14 & 89 & -20 \\ 3 & -14 & 59 & -10 \\ -1 & 8 & -53 & 10 \\ -4 & 12 & -52 & 10 \end{bmatrix}$

6. 行列式の性質 (D10) の左辺と右辺をそれぞれ計算すればよい.

第6章

章末問題【A】(p.155)

1. (1) ○　(2) ×　(3) ×　(4) ×　(5) ×

2. (1) 線形従属, $\boldsymbol{a}_1, \boldsymbol{a}_2$ は線形独立, $\boldsymbol{a}_3 = 3\boldsymbol{a}_1 - 4\boldsymbol{a}_2$　(2) 線形独立

(3) 線形従属, $\boldsymbol{a}_1, \boldsymbol{a}_2$ は線形独立, $\boldsymbol{a}_3 = 3\boldsymbol{a}_1 - \boldsymbol{a}_2$, $\boldsymbol{a}_4 = -\boldsymbol{a}_1 + \boldsymbol{a}_2$

3. (1) $\left\{\begin{bmatrix}-1\\1\\0\\0\end{bmatrix}, \begin{bmatrix}-1\\0\\-1\\1\end{bmatrix}\right\}$, 2　(2) $\left\{\begin{bmatrix}3\\4\\1\\0\end{bmatrix}, \begin{bmatrix}3\\3\\0\\1\end{bmatrix}\right\}$, 2　(3) $\left\{\begin{bmatrix}-2\\3\\1\\0\end{bmatrix}\right\}$, 1

(4) $\left\{\begin{bmatrix}1\\1\\0\\0\\0\end{bmatrix}, \begin{bmatrix}2\\0\\-1\\1\\0\end{bmatrix}, \begin{bmatrix}1\\0\\-2\\0\\1\end{bmatrix}\right\}$, 3　(5) $\left\{\begin{bmatrix}1\\1\\0\\0\\0\end{bmatrix}, \begin{bmatrix}-3\\0\\1\\1\\0\end{bmatrix}, \begin{bmatrix}-2\\0\\-1\\0\\1\end{bmatrix}\right\}$, 3

(6) $\left\{\begin{bmatrix}-1\\0\\1\\0\\0\end{bmatrix}, \begin{bmatrix}-2\\0\\0\\1\\1\end{bmatrix}\right\}$, 2　(7) $\left\{\begin{bmatrix}0\\-1\\1\\0\\0\end{bmatrix}, \begin{bmatrix}-3\\1\\0\\1\\1\end{bmatrix}\right\}$, 2

4. $x = 11$, $2\boldsymbol{a}_1 - \boldsymbol{a}_2 - 4\boldsymbol{a}_3 - \boldsymbol{a}_4 = \boldsymbol{o}$

5. $a = 1$, $b = 4$, $c = 0$

6. (1) 1　(2) 2　(3) 1　(4) 0

章末問題【B】(p.157)

1. $A\boldsymbol{o} = \boldsymbol{o} \neq \boldsymbol{b}$ より $\boldsymbol{o} \notin W$.

2. $a, b, c \in \mathbb{R}$ に対して $ax^2 + bx + c$ は $\mathbb{R}[x]_2$ のすべての元を表す (生成). また, $ax^2 + bx + c = 0$ を満たす a, b, c は $a = b = c = 0$ のみである (線形独立).

第7章

章末問題【A】(p.186)

1. (1) $\begin{bmatrix}-3\\9\\6\end{bmatrix}$　(2) $\begin{bmatrix}5\\5\\-10\end{bmatrix}$　(3) $\begin{bmatrix}-4\\-3\\8\end{bmatrix}$

2. (1) 核 $\left\{\begin{bmatrix}-5\\3\\1\\0\end{bmatrix}, \begin{bmatrix}-4\\1\\0\\1\end{bmatrix}\right\}$, 2, 像 $\left\{\begin{bmatrix}0\\1\\1\end{bmatrix}, \begin{bmatrix}-1\\3\\2\end{bmatrix}\right\}$, 2

(2) 核 $\left\{\begin{bmatrix}2\\-1\\1\\0\end{bmatrix}, \begin{bmatrix}-11\\4\\0\\1\end{bmatrix}\right\}$, 2, 像 $\left\{\begin{bmatrix}1\\3\\1\\2\end{bmatrix}, \begin{bmatrix}3\\7\\2\\5\end{bmatrix}\right\}$, 2

(3) 核 $\left\{\begin{bmatrix}1\\1\\0\\0\\0\end{bmatrix}, \begin{bmatrix}-3\\0\\1\\1\\0\end{bmatrix}, \begin{bmatrix}-2\\0\\-1\\0\\1\end{bmatrix}\right\}$, 3, 像 $\left\{\begin{bmatrix}1\\2\\3\end{bmatrix}, \begin{bmatrix}1\\5\\1\end{bmatrix}\right\}$, 2

(4) 核 $\left\{\begin{bmatrix}1\\1\\0\\0\\0\end{bmatrix}, \begin{bmatrix}2\\0\\-1\\1\\0\end{bmatrix}, \begin{bmatrix}1\\0\\-2\\0\\1\end{bmatrix}\right\}$, 3, 像 $\left\{\begin{bmatrix}1\\2\\3\end{bmatrix}, \begin{bmatrix}1\\5\\5\end{bmatrix}\right\}$, 2

3. (1) $\begin{bmatrix}1 & 1\\1 & -1\end{bmatrix}$ (2) $\begin{bmatrix}\frac{1}{2} & \frac{1}{2}\\\frac{1}{2} & -\frac{1}{2}\end{bmatrix}$

4. (1) $\begin{bmatrix}2 & 3\\-1 & -1\end{bmatrix}$ (2) $\begin{bmatrix}3 & -1\\7 & -1\end{bmatrix}$

章末問題【B】(p.187)

1. 例えば $\begin{bmatrix}0\\0\\1\end{bmatrix}, \begin{bmatrix}1\\2\\1\end{bmatrix} \in U$ だが, $\begin{bmatrix}0\\0\\1\end{bmatrix} + \begin{bmatrix}1\\2\\1\end{bmatrix} = \begin{bmatrix}1\\2\\2\end{bmatrix} \notin U$

2. 核 $\left\{\begin{bmatrix}a\\b\\c\end{bmatrix}\right\}$, 像 $\left\{\begin{bmatrix}0\\c\\-b\end{bmatrix}, \begin{bmatrix}-c\\0\\a\end{bmatrix}\right\}$

3. (1) 第6章 例2 (2) 参照

(2) $\left\{\begin{bmatrix}1 & 0\\0 & 0\end{bmatrix}, \begin{bmatrix}0 & 1\\0 & 0\end{bmatrix}, \begin{bmatrix}0 & 0\\1 & 0\end{bmatrix}, \begin{bmatrix}0 & 0\\0 & 1\end{bmatrix}\right\}$, 4

4. $\begin{bmatrix}\frac{3}{2} & \frac{3}{2}\\\frac{1}{2} & -\frac{1}{2}\end{bmatrix}$

第8章

章末問題【A】(p.223)

1. (1) $\lambda = 2, 3$, $W(2) = \left\{ c_1 \begin{bmatrix}-1\\1\end{bmatrix} \middle| \ c_1 \in \mathbb{R} \right\}$,

$W(3) = \left\{ c_2 \begin{bmatrix}-8\\7\end{bmatrix} \middle| \ c_2 \in \mathbb{R} \right\}$, $P = \begin{bmatrix}-1 & -8\\1 & 7\end{bmatrix}$, $P^{-1}AP = \begin{bmatrix}2 & 0\\0 & 3\end{bmatrix}$

(2) $\lambda = 2, 3$, $W(2) = \left\{ c_1 \begin{bmatrix} -1 \\ 1 \end{bmatrix} \;\middle|\; c_1 \in \mathbb{R} \right\}$,

$W(3) = \left\{ c_2 \begin{bmatrix} -1 \\ 2 \end{bmatrix} \;\middle|\; c_2 \in \mathbb{R} \right\}$, $P = \begin{bmatrix} -1 & -1 \\ 1 & 2 \end{bmatrix}$, $P^{-1}AP = \begin{bmatrix} 2 & 0 \\ 0 & 3 \end{bmatrix}$

(3) $\lambda = 2$ (重複度 2), $W(2) = \left\{ c \begin{bmatrix} -1 \\ 1 \end{bmatrix} \;\middle|\; c \in \mathbb{R} \right\}$, 対角化不可能

2. (1) $\lambda = 1, 2, -3$, $W(1) = \left\{ c_1 \begin{bmatrix} -1 \\ -3 \\ 9 \end{bmatrix} \;\middle|\; c_1 \in \mathbb{R} \right\}$,

$W(2) = \left\{ c_2 \begin{bmatrix} 1 \\ -1 \\ 4 \end{bmatrix} \;\middle|\; c_2 \in \mathbb{R} \right\}$, $W(-3) = \left\{ c_3 \begin{bmatrix} -1 \\ 1 \\ 1 \end{bmatrix} \;\middle|\; c_3 \in \mathbb{R} \right\}$,

$P = \begin{bmatrix} -1 & 1 & -1 \\ -3 & -1 & 1 \\ 9 & 4 & 1 \end{bmatrix}$, $P^{-1}AP = \begin{bmatrix} 1 & 0 & 0 \\ 0 & 2 & 0 \\ 0 & 0 & -3 \end{bmatrix}$

(2) $\lambda = 2$ (重複度 2), -4, $W(2) = \left\{ c_1 \begin{bmatrix} 2 \\ 1 \\ 0 \end{bmatrix} + c_2 \begin{bmatrix} -1 \\ 0 \\ 1 \end{bmatrix} \;\middle|\; c_1, c_2 \in \mathbb{R} \right\}$,

$W(-4) = \left\{ c_3 \begin{bmatrix} 1 \\ -2 \\ 1 \end{bmatrix} \;\middle|\; c_3 \in \mathbb{R} \right\}$, $P = \begin{bmatrix} 2 & -1 & 1 \\ 1 & 0 & -2 \\ 0 & 1 & 1 \end{bmatrix}$,

$P^{-1}AP = \begin{bmatrix} 2 & 0 & 0 \\ 0 & 2 & 0 \\ 0 & 0 & -4 \end{bmatrix}$

(3) $\lambda = 2$ (重複度 2), 5, $W(2) = \left\{ c_1 \begin{bmatrix} -1 \\ 1 \\ 0 \end{bmatrix} + c_2 \begin{bmatrix} 1 \\ 0 \\ 1 \end{bmatrix} \;\middle|\; c_1, c_2 \in \mathbb{R} \right\}$,

$W(5) = \left\{ c_3 \begin{bmatrix} -1 \\ -1 \\ 1 \end{bmatrix} \;\middle|\; c_3 \in \mathbb{R} \right\}$, $P = \begin{bmatrix} -1 & 1 & -1 \\ 1 & 0 & -1 \\ 0 & 1 & 1 \end{bmatrix}$,

$P^{-1}AP = \begin{bmatrix} 2 & 0 & 0 \\ 0 & 2 & 0 \\ 0 & 0 & 5 \end{bmatrix}$

(4) $\lambda = 4$ (重複度 2), -2, $W(4) = \left\{ c_1 \begin{bmatrix} 2 \\ 1 \\ 0 \end{bmatrix} + c_2 \begin{bmatrix} -1 \\ 0 \\ 1 \end{bmatrix} \;\middle|\; c_1, c_2 \in \mathbb{R} \right\}$,

$W(-2) = \left\{ c_3 \begin{bmatrix} 1 \\ -2 \\ 1 \end{bmatrix} \;\middle|\; c_3 \in \mathbb{R} \right\}$, $P = \begin{bmatrix} 2 & -1 & 1 \\ 1 & 0 & -2 \\ 0 & 1 & 1 \end{bmatrix}$,

$$P^{-1}AP = \begin{bmatrix} 4 & 0 & 0 \\ 0 & 4 & 0 \\ 0 & 0 & -2 \end{bmatrix}$$

(5) $\lambda = 2, -1, -3,\ W(2) = \left\{ c_1 \begin{bmatrix} 1 \\ 1 \\ 0 \end{bmatrix} \middle|\ c_1 \in \mathbb{R} \right\},$

$W(-1) = \left\{ c_2 \begin{bmatrix} 2 \\ 1 \\ 1 \end{bmatrix} \middle|\ c_2 \in \mathbb{R} \right\}, W(-3) = \left\{ c_3 \begin{bmatrix} 2 \\ 1 \\ 2 \end{bmatrix} \middle|\ c_3 \in \mathbb{R} \right\},$

$P = \begin{bmatrix} 1 & 2 & 2 \\ 1 & 1 & 1 \\ 0 & 1 & 2 \end{bmatrix},\ P^{-1}AP = \begin{bmatrix} 2 & 0 & 0 \\ 0 & -1 & 0 \\ 0 & 0 & -3 \end{bmatrix}$

(6) $\lambda = 1, 5, -2,\ W(1) = \left\{ c_1 \begin{bmatrix} -1 \\ 0 \\ 1 \end{bmatrix} \middle|\ c_1 \in \mathbb{R} \right\},$

$W(5) = \left\{ c_2 \begin{bmatrix} 0 \\ -1 \\ 1 \end{bmatrix} \middle|\ c_2 \in \mathbb{R} \right\}, W(-2) = \left\{ c_3 \begin{bmatrix} -1 \\ 1 \\ 1 \end{bmatrix} \middle|\ c_3 \in \mathbb{R} \right\},$

$P = \begin{bmatrix} -1 & 0 & -1 \\ 0 & -1 & 1 \\ 1 & 1 & 1 \end{bmatrix},\ P^{-1}AP = \begin{bmatrix} 1 & 0 & 0 \\ 0 & 5 & 0 \\ 0 & 0 & -2 \end{bmatrix}$

3. 正規直交基底のみ記す. $\boldsymbol{u}_1' = \dfrac{1}{\sqrt{10}} \begin{bmatrix} 1 \\ 3 \end{bmatrix},\ \boldsymbol{u}_2' = \dfrac{1}{\sqrt{10}} \begin{bmatrix} 3 \\ -1 \end{bmatrix}$

4. 正規直交基底のみ記す.

(1) $\boldsymbol{u}_1' = \dfrac{1}{\sqrt{3}} \begin{bmatrix} 1 \\ 1 \\ -1 \end{bmatrix},\ \boldsymbol{u}_2' = \dfrac{1}{\sqrt{2}} \begin{bmatrix} 1 \\ 0 \\ 1 \end{bmatrix},\ \boldsymbol{u}_3' = \dfrac{1}{\sqrt{6}} \begin{bmatrix} 1 \\ -2 \\ -1 \end{bmatrix}$

(2) $\boldsymbol{u}_1' = \dfrac{1}{\sqrt{2}} \begin{bmatrix} 1 \\ -1 \\ 0 \end{bmatrix},\ \boldsymbol{u}_2' = \dfrac{1}{3\sqrt{2}} \begin{bmatrix} 1 \\ 1 \\ -4 \end{bmatrix},\ \boldsymbol{u}_3' = \dfrac{1}{3} \begin{bmatrix} 2 \\ 2 \\ 1 \end{bmatrix}$

(3) $\boldsymbol{u}_1' = \dfrac{1}{\sqrt{6}} \begin{bmatrix} 1 \\ 1 \\ 2 \end{bmatrix},\ \boldsymbol{u}_2' = \dfrac{1}{\sqrt{66}} \begin{bmatrix} 7 \\ 1 \\ -4 \end{bmatrix},\ \boldsymbol{u}_3' = \dfrac{1}{\sqrt{11}} \begin{bmatrix} 1 \\ -3 \\ 1 \end{bmatrix}$

(4) $\boldsymbol{u}_1' = \dfrac{1}{\sqrt{6}} \begin{bmatrix} 1 \\ 2 \\ 1 \end{bmatrix},\ \boldsymbol{u}_2' = \dfrac{1}{\sqrt{14}} \begin{bmatrix} 3 \\ -2 \\ 1 \end{bmatrix},\ \boldsymbol{u}_3' = \dfrac{1}{\sqrt{21}} \begin{bmatrix} -2 \\ -1 \\ 4 \end{bmatrix}$

5. (1) $T = \dfrac{1}{\sqrt{5}} \begin{bmatrix} -2 & 1 \\ 1 & 2 \end{bmatrix},\ T^{-1}AT = \begin{bmatrix} 1 & 0 \\ 0 & 6 \end{bmatrix}$

(2) $T=\dfrac{1}{\sqrt{5}}\begin{bmatrix}-2 & 1\\ 1 & 2\end{bmatrix},\ T^{-1}AT=\begin{bmatrix}3 & 0\\ 0 & -2\end{bmatrix}$

6. (1) $T=\dfrac{1}{3}\begin{bmatrix}-2 & 2 & 1\\ -1 & -2 & 2\\ 2 & 1 & 2\end{bmatrix},\ T^{-1}AT=\begin{bmatrix}2 & 0 & 0\\ 0 & 5 & 0\\ 0 & 0 & -1\end{bmatrix}$

(2) $T=\dfrac{1}{\sqrt{6}}\begin{bmatrix}-2 & \sqrt{2} & 0\\ 1 & \sqrt{2} & -\sqrt{3}\\ 1 & \sqrt{2} & \sqrt{3}\end{bmatrix},\ T^{-1}AT=\begin{bmatrix}3 & 0 & 0\\ 0 & 6 & 0\\ 0 & 0 & -1\end{bmatrix}$

(3) $T=\dfrac{1}{3\sqrt{2}}\begin{bmatrix}-2\sqrt{2} & -3 & 1\\ -2\sqrt{2} & 3 & 1\\ \sqrt{2} & 0 & 4\end{bmatrix},\ T^{-1}AT=\begin{bmatrix}8 & 0 & 0\\ 0 & -1 & 0\\ 0 & 0 & -1\end{bmatrix}$

(4) $T=\dfrac{1}{3\sqrt{5}}\begin{bmatrix}-6 & 2 & -\sqrt{5}\\ 3 & 4 & -2\sqrt{5}\\ 0 & 5 & 2\sqrt{5}\end{bmatrix},\ T^{-1}AT=\begin{bmatrix}2 & 0 & 0\\ 0 & 2 & 0\\ 0 & 0 & -7\end{bmatrix}$

章末問題【B】(p.224)

1. A の固有値 λ の固有ベクトル $\boldsymbol{u}\neq\boldsymbol{o}$ は斉次連立 1 次方程式 $A\boldsymbol{u}=\lambda\boldsymbol{u}$ の解であるから, $\boldsymbol{u}$ 全体の集合に $\boldsymbol{o}$ を加えたものは, この斉次連立方程式の解空間となる.

2. (1) $\boldsymbol{u},\boldsymbol{v}\in\mathbb{R}[x]_1$ だから $\boldsymbol{u}=ax+b,\ \boldsymbol{v}=cx+d\ (a,b,c,d\in\mathbb{R})$ として 内積空間の定義の 4 条件を満たすかどうか 調べればよい. 例えば,

$$\boldsymbol{u}\cdot\boldsymbol{v}=\int_{-1}^{1}(ax+b)(cx+d)\,dx=\int_{-1}^{1}(cx+d)(ax+b)\,dx=\boldsymbol{v}\cdot\boldsymbol{u}$$

のように, すべての条件を満たすことがわかる.

(2) $\boldsymbol{u}_1=x+1,\quad \boldsymbol{u}_2=3x-1,$

$\boldsymbol{u}_1'=\dfrac{\sqrt{6}}{4}x+\dfrac{\sqrt{6}}{4},\quad \boldsymbol{u}_2'=\dfrac{3\sqrt{2}}{4}x-\dfrac{\sqrt{2}}{4}$

参考文献

[1] 「入門 線形代数」, 三宅敏恒 著, 培風館, 1991

[2] 「工科のための線形代数」, 吉村善一 著, 数理工学社, 2005

[3] 「線型代数学」, 佐武一郎 著, 裳華房, 1974

[4] 「線型代数入門」, 松坂和夫 著, 岩波書店, 1980

[5] 「ひとりで学べる線型代数 1 / 2 」, 近藤庄一 著, 数学書房, 2008

[6] 「線形代数 [改訂版]」, 石垣春夫・牧野潔夫 他著, 森北出版, 2011

[7] 「集合論・入門」, 上江洲忠弘 著, 遊星社, 2004

[8] "Introduction to Finite Mathematics, 3rd Edition", John G. Kemeny, J. Laurie Snell and Gerald L. Thompson, Prentice Hall College Div, 1974.

[9] 「数学基礎プラス α (金利編) / α (最適化編) / β (最適化編)」, 高木 悟 著, 早稲田大学出版部, 2013

[10] 「数学基礎プラス γ (線形代数学編) 2016」, 大枝和浩 著, 早稲田大学出版部, 2016

[11] 「理工系のための基礎数学 [改訂増補版]」, 高木 悟・長谷川研二・熊ノ郷直人 共著, 培風館, 2020

索　引

さ　行

た 行

な 行

は 行

著者略歴

高 木 悟（たかぎ さとる）

2003年 早稲田大学大学院理工学研究科数理科学専攻博士後期課程研究指導終了による退学
2012年 工学院大学准教授
現 在 早稲田大学教授
博士(学術)(早稲田大学)

長谷川 研二（はせがわ けんじ）

1990年 東京大学大学院理学系研究科数学専攻博士課程修了
現 在 工学院大学准教授
理学博士(東京大学)

熊ノ郷 直人（くまのごう なおと）

1997年 東京大学大学院数理科学研究科数理科学専攻博士課程修了
現 在 工学院大学教授
博士(数理科学)(東京大学)

菊 田 伸（きくた しん）

2012年 東北大学大学院理学研究科数学専攻博士後期課程修了
現 在 工学院大学准教授
博士(理学)(東北大学)

森 澤 貴 之（もりさわ たかゆき）

2012年 早稲田大学大学院基幹理工学研究科数学応用数理専攻博士後期課程修了
現 在 工学院大学准教授
博士(理学)(早稲田大学)

2016年9月1日 初版発行
2018年11月30日 改訂版発行
2024年3月28日 改訂第7刷発行

理工系のための
線形代数

著 者 高 木 悟
長谷川 研二
熊ノ郷 直人
菊 田 伸
森 澤 貴 之
発行者 山 本 格

発行所 株式会社 培 風 館
東京都千代田区九段南 4-3-12・郵便番号 102-8260
電 話 (03)3262-5256 (代表)・振 替 00140-7-44725

三美印刷・製本

PRINTED IN JAPAN

ISBN 978-4-563-01230-4 C3041